普通高等教育中医药类“十二五”规划教材
全国普通高等教育中医药类精编教材

制药原理与设备

（供制药工程、药物制剂、中药学、药学、生物制药等专业使用）

主　编　王　沛

副主编　任君刚
熊　阳
胡乃合
严永瑄

U0288119

上海科学技术出版社

图书在版编目(CIP)数据

制药原理与设备 / 王沛主编. —上海：上海科学技术出版社，2014.3

普通高等教育中医药类“十二五”规划教材　全国普通高等教育中医药类精编教材

ISBN 978-7-5478-2118-3

Ⅰ.①制…　Ⅱ.①王…　Ⅲ.①药物-制造-高等学校-教材　②化工制药机械-高等学校-教材　Ⅳ.①TQ46

中国版本图书馆 CIP 数据核字(2013)第 312017 号

制药原理与设备
主编　王　沛

上海世纪出版股份有限公司
上海科学技术出版社　出版
(上海钦州南路 71 号　邮政编码 200235)
上海世纪出版股份有限公司发行中心发行
200001　上海福建中路 193 号　www.ewen.cc
常熟市兴达印刷有限公司印刷
开本 787×1092　1/16　印张 16
字数 330 千字
2014 年 3 月第 1 版　2014 年 3 月第 1 次印刷
ISBN 978-7-5478-2118-3/R·693
定价：40.00 元

本书如有缺页、错装或坏损等严重质量问题，请向工厂联系调换

普通高等教育中医药类“十二五”规划教材
全国普通高等教育中医药类精编教材

《制药原理与设备》编委会名单

主　　编　王　沛（长春中医药大学）

副 主 编　任君刚（哈尔滨商业大学药学院）
熊　阳（浙江中医药大学）
胡乃合（山东中医药大学）
严永瑄（吉林医药设计院有限公司）

编　　委　（以姓氏笔画为序）
于　波（长春中医药大学）
王宝华（北京中医药大学）
王宪龄（河南中医学院）
刘　娜（云南中医学院）
刘　琦（大连医科大学药学院）
刘永忠（江西中医药大学）
杨　波（昆明理工大学生命科学与技术学院）
杨岩涛（湖南中医药大学）
庞　红（湖北中医药大学）

普通高等教育中医药类“十二五”规划教材

全国普通高等教育中医药类精编教材

专家指导委员会名单

（以姓氏笔画为序）

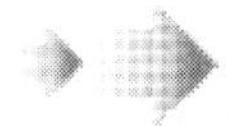

万德光　王　华　王　键　王之虹　王永炎

王亚利　王新陆　邓铁涛　石学敏　匡海学

刘红宁　刘振民　许能贵　李灿东　李金田

严世芸　吴勉华　杨关林　何　任　余曙光

张伯礼　张俊龙　陆德铭　范永升　周永学

周仲瑛　郑玉玲　郑　进　胡鸿毅　施建蓉

耿　直　高思华　唐　农　梁光义　黄政德

翟双庆　颜德馨

前　言

医学乃性命之学，医学教材为医者入门行医之准绳。上海科学技术出版社于1964年受国家卫生部委托出版全国中医院校试用教材迄今，肩负了近半个世纪全国中医院校教材建设、出版的重任。中医前辈殚精竭虑编写的历版中医教材，培养造就了成千上万的中医卓越人才报效于中医事业，尤其是1985年出版的全国统编高等医学院校中医教材（五版教材），被誉为中医教材之经典而蜚声海内外。

进入21世纪，高等教育教材改革提倡一纲多本、形式多样，先后有多家出版社参与了中医教材建设，呈现百花齐放之势。2006年，上海科学技术出版社在全国高等中医药教学管理研究会和专家指导委员会精心指导下，在全国中医院校积极参与下，出版了供中医院校本科生使用的“全国普通高等教育中医药类精编教材”。“精编教材”综合、继承了历版教材之精华，遵循“三基”、“五性”和“三特定”教材编写原则，教材编写依据国家教育部新版教学大纲和国家中医药执业医师资格考试要求，突出“精炼、创新、适用”特点。在教材的组织策划、编写和出版过程中，上海科学技术出版社与作者一起秉承认真、严谨、务实的作风，反复论证，层层把关，使“精编教材”的内容编写、版式设计和质量控制等均达到了预期的要求，并获得中医院校师生的好评。

为了更好地贯彻落实《国家中长期教育改革和发展规划纲要（2010—2020）》，全面提升本科教材质量，充分发挥教材在提高人才培养质量中的基础性作用，2010年秋季，全国高等中医药教学管理研究会和上海科学技术出版社在上海召开了中医院校教材建设研讨会。在会上，院校领导和专家们就如何提高高等教育质量和人才培养质量发表了真知灼见，并就中医药教育和教材建设等议题进行了深入的探讨。根据会议提议，在“十二五”开局之年，上海科学技术出版社全面启动“全国普通高等教育中医药类精编教材”的修订和完善工作。“精编教材”修订和完善将根据《教育部关于“十二五”普通高等教育本科教材建设的若干意见》（教高〔2011〕5号）精神，实施教材精品战略，充分吸纳教材使用过程中的反馈意见，进一步完善教材的组织、编写和出版机制，有利于教材内容的更新、结构的完善和体系的创新，更切合中医院校的教学实践。

“教书育人，教材领先”。教材作为授业传道解惑之书，应使学生能诵而解，解而明，明而彰，然要做到这点实在不易。要提高教材质量，必须不断地对其锤炼和修订，诚恳希望广大中医院校的师生和读者在使用中进行检验，并提出宝贵意见，以使本套教材更加适合现代中医药教学的需要。

全国普通高等教育中医药类精编教材
编审委员会
2011年5月

编写说明

《制药原理与设备》是运用制药工程学的原理和方法，研究制药过程从原料、辅料、半成品到成品以及包装的生产工艺过程的基本原理，包括所涉及设备的设计、制造、安装、使用、维修、保养等知识的一门综合性应用学科。主要解决没有化学反应的纯物理过程的单元加工过程所涉及的制药原理和设备使用、维修、保养等的一系列问题。

《制药原理与设备》是以制药工艺路线为主线，以制药理论为基础，以制药单元操作为切入点，重点叙述各制药工艺过程中所涉及的设备，就其设备的设计、机械原理、技术参数加以详细描述，同时介绍了各类设备的使用、维修、保养等一系列操作要点和注意事项。

《制药原理与设备》研究的内容主要包括：原料药的处理设备、物料干燥设备、粉碎的机械设备、筛分与混合设备、制药的分离设备、热交换设备、蒸发蒸馏设备、输送机械设备、固体制剂的生产设备、液体制剂的生产设备、药品包装机械设备等。

本教材编写力求系统、实用、新颖，以培养能适应规范化、规模化、现代化的医药制药工程所需要的高级人才为宗旨。为此，我们邀请教学、科研、生产三方面专家进行了充分的研讨、论证后才编写了本教材，参加本书编写的人员全部是具有一定科研能力和制药生产实践水平并且长期在教学第一线任教的专家、学者。

本教材主要供全国高等中医药院校本科制药工程专业、药物制剂专业教学使用，除此之外，药学专业、中药学专业、生物制药专业等专业的本科学生，以及制药企业的工程技术人员也可以参考使用。

本教材在编写的过程中得到了上海科学技术出版社及各参编院校的大力支持，在此，我们深表感谢。由于水平所限，教材中可能存在一些不足之处，希望广大师生在使用中提出宝贵意见，我们将不断修订完善。

《制药原理与设备》编委会

2013 年 10 月

目 录

第一章 绪论 …… 1

第一节 制药机械设备相关知识 …… 1

一、制药原理与设备研究的内容 …… 1

二、制药机械设备分类 …… 2

三、制药机械产品代码与型号 …… 3

第二节 制药机械设备材料 …… 4

一、金属材料 …… 4

二、非金属材料 …… 4

第三节 设备管理与验证 …… 5

一、设备的设计和选型 …… 5

二、设备的安装 …… 6

三、设备安装确认 …… 6

四、设备运行测试 …… 7

第四节 制药机械发展的趋势 …… 8

一、提高机械设备的生产能力 …… 8

二、提高设备的自动化程度 …… 9

三、新型设备的研发趋势 …… 10

第二章 原料药处理设备 …… 11

第一节 原料净选设备 …… 11

一、筛药机 …… 12

二、风选机 …… 12

第二节 洗药设备 …… 13

一、喷淋式滚筒洗药机 …… 13

二、籽实类洗药机 …… 14

第三节 润药设备 …… 14
一、真空加温润药机 …… 15
二、减压冷浸罐 …… 15
三、加压冷浸罐 …… 16
第四节 切制设备 …… 16
一、往复式切药机 …… 16
二、转盘式切药机 …… 17
第五节 炒制设备 …… 18
一、卧式滚筒式炒药机 …… 18
二、中药微机程控炒药机 …… 19
第六节 其他设备 …… 20
一、蒸制设备 …… 20
二、煮制设备 …… 20
三、平炉煅药炉 …… 20
四、高温反射炉 …… 21
第三章 干燥原理与设备 …… 22
第一节 干燥过程的物质交换 …… 22
一、物料中水分的性质 …… 23
二、干燥特性曲线 …… 24
三、干燥过程及影响因素 …… 25
第二节 干燥器的选择 …… 26
一、干燥分类 …… 26
二、干燥器的分类 …… 27
三、干燥器的选择原则 …… 28
第三节 干燥设备 …… 30
一、厢式干燥器 …… 30
二、带式干燥器 …… 31
三、气流干燥器 …… 33
四、流化床干燥器 …… 34
五、喷雾干燥器 …… 37

六、转筒式干燥器 …… 40
七、红外线干燥器 …… 40
八、微波干燥 …… 42
九、冷冻干燥器 …… 43

第四章　粉碎原理与设备 …… 46
第一节　粉碎能耗学说 …… 47
一、粉碎机制 …… 47
二、粉碎流程 …… 47
三、粉碎过程中的能耗假说 …… 49
四、影响粉碎因素 …… 50
第二节　常规粉碎机械 …… 50
一、球磨机 …… 51
二、乳钵 …… 52
三、铁研船 …… 52
四、冲钵 …… 52
五、锤击式粉碎机 …… 53
六、万能磨粉机 …… 53
七、柴田式粉碎机 …… 54
八、流能磨 …… 54
九、胶体磨 …… 55
十、羚羊角粉碎机 …… 55
第三节　超微粉碎技术与设备 …… 56
一、超微粉碎原理 …… 56
二、超微粉碎应用于中药材加工的目的 …… 56
三、超微粉碎方法与要求 …… 57
四、超微粉碎设备 …… 58
第四节　粉碎机械的选择、使用与养护 …… 63
一、粉碎机械分类 …… 64
二、粉碎机械的选择 …… 64
三、粉碎机械的使用与养护 …… 65

第五章 筛分与混合设备 …… 67
第一节 筛分 …… 67
一、筛分机制 …… 67
二、筛分效率 …… 68
三、筛分机械 …… 71
四、筛分设备的选择 …… 72
第二节 混合过程 …… 73
一、混合机制 …… 73
二、混合程度 …… 74
三、混合方法 …… 74
四、混合操作要点 …… 75
第三节 混合机械 …… 75
一、容器旋转型混合机 …… 75
二、容器固定型混合机 …… 77
三、影响混合的因素 …… 78
四、混合机型式的选择 …… 79
第六章 固-液分离原理与设备 …… 80
第一节 过滤分离 …… 80
一、过滤原理 …… 80
二、过滤基本理论 …… 81
三、过滤的基本方程式 …… 83
四、过滤介质 …… 86
五、助滤剂 …… 87
六、过滤设备 …… 87
第二节 重力沉降分离 …… 92
一、重力沉降速度 …… 92
二、常用重力沉降设备 …… 94
第三节 离心分离 …… 94
一、离心分离原理 …… 94
二、离心分离因数 …… 94

三、离心机分类 …… 95
四、常用离心分离设备 …… 95
第七章 传热原理与设备 …… 99
第一节 传热过程中的热交换 …… 99
一、辐射传热 …… 100
二、传热强化途径 …… 102
第二节 常用换热设备 …… 103
一、管式换热器 …… 104
二、板式换热器 …… 106
三、夹套式换热器 …… 110
四、沉浸式蛇管换热器 …… 110
五、喷淋式换热器 …… 110
六、套管式换热器 …… 111
七、强化管式换热器 …… 112
八、热管换热器 …… 112
九、流化床换热器 …… 113
第三节 列管式换热器的设计与选用 …… 113
一、设计和选用时应考虑的问题 …… 113
二、列管式换热器的传热系数 …… 116
三、列管式换热器的选用和设计计算步骤 …… 117
四、夹套式换热器的传热 …… 121
第八章 蒸发原理与设备 …… 123
第一节 蒸发过程的基本理论 …… 123
一、单效蒸发 …… 123
二、多效蒸发 …… 127
第二节 常用蒸发设备 …… 129
一、循环型蒸发器 …… 129
二、单程型蒸发器 …… 131
第三节 蒸馏水器 …… 134
一、电热式蒸馏水器 …… 134

二、塔式蒸馏水器 …… 135
三、气压式蒸馏水器 …… 135
四、多效蒸馏水器 …… 136

第九章 流体输送机械 …… 140
第一节 液体输送机械 …… 140
一、离心泵的结构部件 …… 140
二、离心泵的性能参数 …… 143
三、离心泵的特性曲线 …… 144
四、离心泵的安装高度 …… 147
五、离心泵的类型与规格 …… 148
六、离心泵的选用 …… 149
七、往复泵 …… 149
八、齿轮泵 …… 150
九、旋涡泵 …… 150
第二节 气体输送机械 …… 151
一、离心式通风机 …… 151
二、离心式鼓风机 …… 152
三、旋转式鼓风机 …… 152
四、离心式压缩机 …… 152
五、往复式压缩机 …… 152
六、真空泵 …… 153

第十章 液体制剂生产设备 …… 154
第一节 注射剂生产设备 …… 154
一、注射剂生产工艺流程 …… 154
二、安瓿洗涤机 …… 155
三、安瓿灌封设备 …… 161
四、安瓿洗、烘、灌封联动机 …… 169
第二节 输液剂生产设备 …… 171
一、输液剂生产工艺流程 …… 171
二、理瓶机 …… 172

三、外洗瓶机 …… 173
四、玻璃瓶清洗机 …… 174
五、胶塞清洗设备 …… 175
六、输液剂的灌装设备 …… 177
七、输液剂的封口设备 …… 179
八、输液生产联动线 …… 181
第三节　眼用液体制剂的生产设备 …… 182
一、眼用制剂的生产工艺流程 …… 182
二、滴眼剂的灌装设备 …… 182
三、灌装封口设备 …… 183
第四节　合剂生产设备 …… 183
一、合剂生产的工艺流程 …… 184
二、合剂的洗瓶设备 …… 184
三、合剂灌封机 …… 186
四、合剂联动生产线 …… 187
第十一章　固体制剂生产设备 …… 189
第一节　片剂生产设备 …… 189
一、片剂生产的一般过程 …… 189
二、制粒过程与设备 …… 192
三、压片过程与设备 …… 198
四、压片过程中易出现的问题 …… 201
五、包衣方法与设备 …… 204
第二节　丸剂生产设备 …… 208
一、塑制法制丸过程与设备 …… 209
二、泛制法制丸过程与设备 …… 210
三、滴制法制丸过程与设备 …… 211
第三节　胶囊剂生产设备 …… 212
一、硬胶囊剂生产的一般过程 …… 213
二、硬胶囊剂的填充设备 …… 214
三、软胶囊剂生产过程 …… 215

四、软胶囊剂的生产设备 ………………………………… 215

第十二章 药品包装机械设备 ………………………………… 218

第一节 药品包装基本概念 ………………………………… 218

一、药品包装的分类 ………………………………… 219

二、药品包装技术 ………………………………… 219

三、药品包装的作用 ………………………………… 221

第二节 药品包装材料及容器 ………………………………… 221

一、药品包装材料 ………………………………… 221

二、对药品包装材料的要求 ………………………………… 222

三、药品包装材料的选择原则 ………………………………… 223

四、药品包装容器 ………………………………… 223

第三节 药品包装设备 ………………………………… 225

一、药品包装设备分类 ………………………………… 225

二、固体制剂包装设备 ………………………………… 225

三、药品包装辅助设备 ………………………………… 231

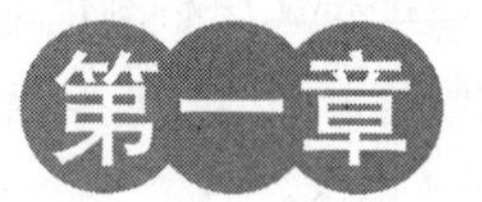

绪　论

本章主要介绍了《制药原理与设备》研究的内容及涉及的相关制药机械设备知识，制药机械设备常用材料，设备管理与验证，制药机械发展的趋势等项内容。所介绍的内容是本书的概要也是本书的精髓所在，至于拓展内容则是补充书中章节篇幅不足所限。学生应当仔细认真阅读本章，以作为深入理解本书之钥匙。

随着新版《药品生产质量管理规范》(GMP)的出台及与国际相应规范的接轨，制药企业面临着更大的机遇和挑战，《药品生产质量管理规范》(GMP)除了对药品生产环境和条件做出硬性规定外，还对直接参与药品生产的制药设备给出了指导性的规定，如设备的设计、选型、安装应符合生产要求，易于清洗、消毒和灭菌，便于生产操作和维修、保养，并能防止差错和减少污染等等。可见设备在药品生产中的地位是何等重要。

第一节　制药机械设备相关知识

纵观制药工业从其原料到产出成品的过程，通常包括药物的合成、中药的提取、分离，从原料到制剂的生产、半成品及产品的包装等具体过程。只有认真学习和把握好制药的每一过程，才能确保所产出的药品符合质量标准，才能达到治病救人的目的。

制药设备恰是完成上述制药过程的重要工具，是制药工业中非常重要的组成部分，制药工业属于大批量、规模化生产，规模化生产离不开机械设备这一重要的生产工具，所以制药设备在整个工业化生产中起着举足轻重的作用。

一、　制药原理与设备研究的内容

《制药原理与设备》是运用制药工程学的原理和方法，研究和探讨制药过程从原料、辅料、半成品到成品以及包装的生产工艺过程中的基本原理与涉及的设备设计、制造、安装、使用、维修、保养等的一门综合性应用学科。它所涉及的是没有化学反应的纯物理的单元加工过程所涉及的制药原理和设备使用、维修、保养等的一系列问题。

在制药工业中，每一个药品的制造都是从原料到产品，而这一过程又都需要借助于一定的设备来完成。所以在制药工业中研究单元操作显得尤为重要，尤其是在药物的提取、分离、制备过程中更不可缺少。

《制药原理与设备》是以制药工艺路线为主线，以制药理论为基础，以制药单元操作为切入点，重点叙述各制药工艺过程中所涉及的设备，就其设备的设计、机械原理、使用注意、维修、保养等一系列操作要点和主要的技术参数展开了描述。

《制药原理与设备》研究的内容主要包括：原料药的处理设备、物料干燥设备、粉碎的机械设备、筛分与混合设备、制药的分离设备、热交换设备、蒸发蒸馏设备、流体输送机械设备、固体制剂的生产设备、液体制剂的生产设备、药品包装机械设备等。

二、 制药机械设备分类

制药设备是实施药物制剂生产操作的关键因素，制药设备的密闭性、先进性、自动化程度的高低，直接影响药品的质量。不同剂型药品的生产操作及制药设备大多不同，同一操作单元的设备选择也往往是多类型、多规格的，所以对制药机械设备进行合理的归纳分类，是十分必要的。制药机械设备的生产制造从属性上应属于机械工业的子行业之一，为区别制药机械设备的生产制造和其他机械的生产制造，从行业角度将完成制药工艺的生产设备统称为制药机械，从广义上说制药设备和制药机械所包含的内容是相近的，可按 GB/T 15692 标准分为 8 类，包括 3 000 多个品种规格。具体分类如下。

1. **原料药机械及设备** 实现生物、化学物质转化，利用动、植、矿物制取医药原料的工艺设备及机械。包括摇瓶机、发酵罐、搪玻璃设备、结晶机、离心机、分离机、过滤设备、提取设备、蒸发器、回收设备、换热器、干燥设备、筛分设备、沉淀设备等。

2. **制剂机械及设备** 将药物制成各种剂型的机械与设备。包括打片机械、针剂机械（包括小容量注射剂、大容量注射液）、粉针剂机械、硬胶囊剂机械、软胶囊剂机械、丸剂机械、软膏剂机械、栓剂机械、口服液机械、滴眼剂机械、颗粒剂机械等。

3. **药用粉碎机械及设备** 用于药物粉碎（含研磨）并符合药品生产要求的机械。包括万能粉碎机、超大型微粉碎机、锤式粉碎机、气流粉碎机、齿式粉碎机、超低温粉碎机、粗碎机、组合式粉碎机、针形磨、球磨机等。

4. **饮片机械及设备** 对天然药用动、植物进行选取、洗、润、切、烘等方法制备中药饮片的机械。包括选药机、洗药机、烘干机、润药机、炒药机等。

5. **制备工艺用水设备** 采用各种方法制取药用纯水（含蒸馏水）的设备。包括多效蒸馏水机、热压式蒸馏水机、电渗析设备、反渗透设备、离子交换纯水设备、纯水蒸气发生器、水处理设备等。

6. **药品包装机械及设备** 完成药品包装过程以及与包装相关的机械与设备。包括小袋包装机、泡罩包装机、瓶装机、印字机、贴标签机、装盒机、捆扎机、拉管机、安瓿制造机、制瓶机、吹瓶机、铝管冲挤机、硬胶囊壳机生产自动线等。

7. **药物检测设备** 检测各种药物制品或半制品的机械与设备。包括测定仪、崩解仪、溶出试验仪、融变仪、脆碎度仪、冻力仪等。

8. **辅助制药机械及设备** 包括空调净化设备、局部层流罩、送料传输装置、提升加料设备、管道弯头卡箍及阀门、不锈钢卫生泵、冲头冲模等。

其中,制剂机械按剂型分为14类。

(1) 片剂机械:将中西原料药与辅料药经混合、造粒、压片、包衣等工序制成各种形状片剂的机械与设备。

(2) 水针剂机械:将灭菌或无菌药液灌封于安瓿等容器内,制成注射针剂的机械与设备。

(3) 西林瓶粉、水针剂机械:将无菌生物制剂药液或粉末灌封于西林瓶内,制成注射针剂的机械与设备。

(4) 大输液剂机械:将无菌药液灌封于输液容器内,制成大剂量注射剂的机械与设备。

(5) 硬胶囊剂机械:将药物充填于空心吸囊内的制剂机械设备。

(6) 软胶囊剂机械:将药液包裹于明胶膜内的制剂机械设备。

(7) 丸剂机械:将药物细粉或浸膏与赋形剂混合,制成丸剂的机械与设备。

(8) 软膏剂机械:将药物与基质混匀,配成软膏,定量灌装于软管内的制剂机械与设备。

(9) 栓剂机械:将药物与基质混合,制成栓剂的机械与设备。

(10) 合剂机械:将药液灌封于口服液瓶内的制剂机械与设备。

(11) 药膜剂机械:将药物溶解于或分散于多聚物质薄膜内的制剂机械与设备。

(12) 气雾剂机械:将药物和抛射剂灌注于耐压容器中,使药物以雾状喷出的制剂机械与设备。

(13) 滴眼剂机械:将无菌的药液灌封于容器内,制成滴眼药剂的制剂机械与设备。

(14) 糖浆剂机械:将药物与糖浆混合后制成口吸糖浆剂的机械与设备。

三、 制药机械产品代码与型号

制药机械的代码:按《全国工农业产品(商品、物资)分类与代码》GB 7635—87标准划分,制药机械代码共6层。前两层65 64,即机械产品[65]、制药机械[64]。第三层为制药机械的大类,如原料药设备及机械[10],制剂机械[13],药用粉碎机械[16],饮片机械[19]等。第四层为区分各剂型机械的代码,如片剂机械[01],水针剂机械[05],大输液剂机械[13],硬胶囊剂机械[17]等。第五层为按功能分类的代码,如片剂机械中压片机械[05]。第六层按型式、结构分类,如压片机中,单冲[01],高速旋转压片机[09],自动高速压片机[13]。例如:高速旋转压片机代码为65 64 13 01 05 09,即第一层为机械产品[65],第二层为制药机械[64],第三层为制剂机械[13],第四层为片剂机械[01],第五层为压片机械[05],第六层为高速旋转压片机[09]。

制药机械产品型号的编制来源于行业标准《制药机械产品型号编制方法》,便于设备的销售、管理、选型与技术交流。其型号编制为主型号+辅助型号。主型号:依次按制药机械分类名称、产品形式、功能及特征型号组成。辅助型号:主要参数、改进设计顺序号等。其格式为见图1-1。

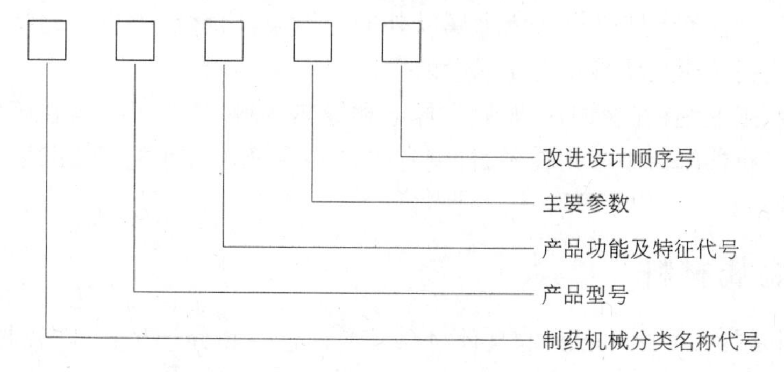

例如

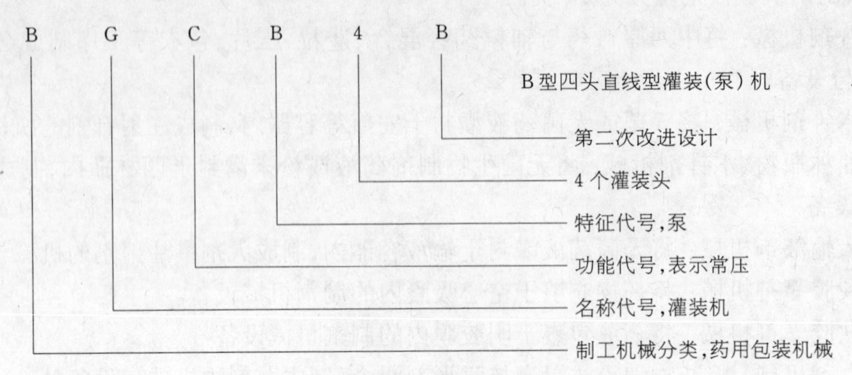

图 1-1 制药机械产品设备型号表示示意图

第二节 制药机械设备材料

制药机械设备材料可分为金属材料和非金属材料两大类,其中金属材料可分为黑色金属和有色金属,非金属材料可分为陶瓷材料、高分子材料和复合材料。

一、 金属材料

金属材料包括金属和金属合金。金属材料又分为黑色金属和有色金属。

1. **黑色金属** 黑色金属包括铸铁、钢、铁合金,其性能优越、价格低廉、应用广泛。

(1) 铸铁:铸铁是含碳量大于 2.11%的铁碳合金,有灰口铸铁、白口铸铁、可锻铸铁、球墨铸铁等,其中灰口铸铁具有良好的铸造性、减摩性、减震性、切削加工性等,在制剂设备中应用最广泛,但其也有机械强度低、塑性和韧性差的缺点,多做机床床身、底座、箱体、箱盖等受压但不易受冲击的部件。

(2) 钢:钢是含碳量小于 2.11%的铁碳合金。按组成可分为碳素钢和合金钢,按用途可分为结构钢、工具钢和特殊钢,按所含有害杂质(硫、磷等)的多少可分为普通钢、优质钢和高级优质钢。这类材料使用非常广泛,根据其强度、塑性、韧性、硬度等性能特点,可分别用于制作铁钉、铁丝、薄板、钢管、容器、紧固件、轴类、弹簧、连杆、齿轮、刃具、模具、量具等。如特殊钢中的不锈钢因其耐腐蚀性而广泛应用于医疗器械和制药装备中,常用的有铬不锈钢和铬镍不锈钢。

2. **有色金属** 有色金属是指黑色金属以外的金属及其合金,为重要的特殊用途材料,其种类繁多,制剂设备中常用铝和铝合金、铜和铜合金。

铝和铝合金、工业纯铜(紫铜)一般只作导电和导热材料;特殊黄铜有较好的强度、耐腐蚀性和可加工性,在机器制造中应用较多;青铜有较好的耐磨减磨性能、耐腐蚀性、塑性,在机器制造中应用也较多。

二、 非金属材料

非金属材料是指金属材料以外的其他材料。通常包括高分子材料、陶瓷材料以及复合材料等。

1. **高分子材料**　高分子材料包括塑料、橡胶、合成纤维等。其中工程塑料运用最广，它包括热塑性塑料和热固性塑料。

(1) 热塑性塑料；热塑性塑料受热软化，能塑造成形，冷后变硬，此过程有可逆性，能反复进行。具有加工成型简便、机械性能较好的优点。氟塑料、聚酰亚胺还有耐腐蚀性、耐热性、耐磨性、绝缘性等特殊性能，是优良的高级工程材料；但聚乙烯、聚丙烯、聚苯乙烯等的耐热性、刚性却较差。

(2) 热固性塑料：热固性塑料包括酚醛塑料、环氧树脂、氨基塑料、聚苯二甲酸二丙烯树脂等。此类塑料在一定条件下加入添加剂能发生化学反应而致固化，此后受热不软化，加溶剂不溶解。其耐热和耐压性好，但机械性能较差。

2. **陶瓷材料**　陶瓷材料包括各种陶器、耐火材料等。

(1) 传统工业陶瓷：传统工业陶瓷主要有绝缘瓷、化工瓷、多孔过滤陶瓷。绝缘瓷一般作绝缘器件，化工瓷作重要器件、耐腐蚀的容器和管道及设备等。

(2) 特种陶瓷：特种陶瓷亦称新型陶瓷，是很好的高温耐火结构材料。一般用作耐火坩埚及高速切削工具等，还可作耐高温涂料、磨料和砂轮。

(3) 金属陶瓷：金属陶瓷是既有金属的高强度和高韧性，又有陶瓷的高硬度、高耐火度、高耐腐蚀性的优良工程材料，用作高速工具、模具、刃具。

3. **复合材料**　复合材料中最常用的是玻璃钢(玻璃纤维增强工程塑料)，它是以玻璃纤维为增强剂，以热塑性或热固性树脂为黏合剂分别制成热塑性玻璃钢和热固性玻璃钢。热塑性玻璃钢的机械性能超过了某些金属，可代替一些有色金属制造轴承(架)、齿轮等精密机件。热固性玻璃钢既有质量轻及高强度、介电性能、耐腐蚀性、成型性好的优点，也有刚度和耐热性较差、易老化和易蠕变的缺点，一般用作形状复杂的机器构件和护罩。

第三节　设备管理与验证

设备分现有设备和新设备。管理与验证内容主要包括新处方、新工艺和新拟的操作规程的适应性，在设计运行参数范围内，能否始终如一地制造出合格产品。另外，事先须进行设备清洗验证。新设备的验证工作包括审查设计、确认安装、运行测试等。

一、设备的设计和选型

设备是药品加工的主体，代表着制药工程的技术水平。设备类型发展很快，型号多，在设计和选型的审查时必须结合已确认的项目范围和工艺流程，借助制造商提供的设备说明书，从实际出发结合 GMP 要求对生产线进行综合评估。

(1) 与生产的产品和工艺流程相适应，全线配套且能满足生产规模的需要。

(2) 设备材质(与药接触的部位)的性质稳定，不与所制药品中的药物发生化学反应，不吸附物料，不释放微粒。消毒、灭菌、不变形、不变质。

(3) 结构简单,易清洗、消毒,便于生产操作和维护保养。

(4) 设备零件、计量仪表的通用性和标准化程度。仪器、仪表、衡器的适用范围和精密度应符合生产和检验要求。

(5) 粉碎、过筛、制粒、压片等工序粉尘量大,设备的设计和选型应注意密封性和除尘能力。

(6) 药品生产过程中用的压缩空气、惰性气体应有除油、除水、过滤等净化处理设施。尾气应有防止空气倒灌装置。

(7) 压力容器、防爆装置等应符合国家有关规定。

(8) 设备制造商的信誉、技术水平、培训能力以及是否符合 GMP 的要求。

药品的剂型不同,加工的设备类型不同。同一品种设计的工艺流程不同,生产用设备也有所不同。制剂辅助设备(如空气净化设备、制水设备),在制药工程中发挥着重要作用。不同设备的设计选型的审查内容是不同的。

二、设备的安装

1. **开箱验收设备** 查看制造商提供的有关技术资料(合格证书、使用说明书),应符合设计要求。

2. **安装确认** 确认安装房间、安装位置和安装人员。

3. **安装设备的通道** 设备如何进入车间就应考虑如何出车间。有时应考虑采用装配式壁板或专门设置可拆卸的轻质门洞,以便不能通过标准门(道)的设备的进出。

4. **安装程序** 按工艺流程顺序排布,以便操作,防止遗漏出差错。或按工程进度安装,从安排在主框架就位之后开始到安排在墙上的最后一道漆完成后结束,或介于两者之间。这完全取决于设备是如何与结构发生关系和如何运进房间而定。

5. **设备就位** 制剂室设备应尽可能采用无基础设备。必须设置设备基础的,可采用移动或表面光洁的水磨石基础块,不影响地面光洁,且易清洁。安装设备的支架、紧固件能起到紧固、稳定、密封作用,且易清洁。其材质与设备应一致。

6. **接通动力系统、辅助系统** 其中物料传送装置安装时应注意:

(1) 百级、万级洁净室使用的传动装置不得穿越较低级别区域;非无菌药品生产使用的传动装置,穿越不同洁净室时,应有防止污染措施。

(2) 传动装置的安装应加避震、消声装置。

7. **其他** 阀门安装要方便操作。监测仪器、仪表安装要方便观察和使用。

三、设备安装确认

安装确认是由设备制造商、安装单位、制药企业中工程、生产、质量方面派人员参加,对安装的设备进行试运行评估,以确保工艺设备、辅助设备在设计运行范围内和承受能力下能正常持续运行。设备安装结束,一般应做以下检查工作。

(1) 审查竣工图纸,能否准确地反映生产线的情况,与设计图纸是否一致。如果有改动,应附有改动的依据和批准改动的文件。

(2) 仔细查看确认设备就位和管线连接情况。

(3) 生产监控和检验用的仪器和仪表的准确性和精确度。

(4) 设备与提供的工程服务系统是否匹配。

(5) 检查并确认设备调试记录和标准操作规程(草案)。

四、设备运行测试

先单机试运行,检查记录影响生产的关键部位的性能参数。再联动试车,将所有的开关都设定好,所有的保护措施都到位,所有的设备空转能按照要求组成一系统投入运行,协调运行。试车期间尽可能地查出问题,并针对存在的问题,提供现场解决方法。将检验的全过程编成文件。参考试车的结果制订维护保养和操作规程。

生产设备的性能测试是根据草拟并经审阅的操作规程对设备或系统进行足够的空载试验和模拟生产负载试验来确保该设备(系统)在设计范围内能准确运行,并达到规定的技术指标和使用要求。测试一般是先空白后药物。如果对测试的设备性能有相当把握,可以直接采用批生产验证。测试过程中除检查单机加工的中间品外,还有必要根据《药典》及有关标准检测最终制剂的质量。与此同时完善操作规程、原始记录和其他与生产有关的文件,以保证被验证过的设备在监控情况下生产的制剂产品具有一致性和重现性。

不同的制剂,不同的工艺路线装配不同的设备。口服固体制剂(片剂、胶囊剂、颗粒剂)主要生产设备有粉碎机、混合机、制粒机、干燥机、压片机、胶囊填充机、包衣机。灭菌制剂(小容量注射剂、输液、粉针剂)主要设备有洗瓶机、洗塞机、配料罐、注射用水系统、灭菌设备、过滤系统、灌封机、压塞机、冻干机。外用制剂(洗剂、软膏剂、栓剂、凝胶剂)生产设备主要包括制备罐、熔化罐、贮罐、灌装机、包装机。公用系统主要有空气净化系统、工艺用水系统、压缩空气系统、真空系统、排水系统等。不同的设备,测试内容不同。举例如下。

1. *自动包衣机*

(1) 测试项目: 包衣锅旋转速度,进/排风量,进/排风温度,风量与温度的关系,锅内外压力差,喷雾均匀度、幅度、雾滴粒径及喷雾计量,进风过滤器的效率,振动和噪声。

(2) 样品检查: 包衣时按设定的时间间隔取样,包薄膜衣前 1 小时每 15 分钟取样 1 次,第二小时每 30 分钟取样 1 次,每次 3～6 个样品,查看外观、重量变化及重量差异,最后还要检测溶出度(崩解时限)。

(3) 综合标准: 制剂成品符合质量标准。设备运行参数: ① 不超出设计上限。噪声小于 85 dB;过滤效率大于 5 μm,滤除率大于 95%;轴承温度小于 70℃。② 在调整范围内可调。风温、风量、压差、喷雾计量、转速不仅可调而且能满足工艺需要,就是设计极限运行也能保证产品质量。

2. *小容量注射剂拉丝灌封机*

(1) 测试项目: 灌装工位: 进料压力、灌装速度、灌装有无溅洒、传动系统平稳度、缺瓶及缺瓶止灌;封口工位: 火焰、安瓿转动、有无焦头和泄漏;灌封过程: 容器损坏率、成品率、生产能力、可见微粒和噪声。

(2) 样品检查: 验证过程中,定期(每隔 15 分钟)取系列样品建立数据库。取样数量及频率依灌封设备的速度而定,通常要求每次从每个灌封头处取 3 个单元以上的样品,完成下述检验。① 测定装量 1～2 ml,每次取不少于 5 支;5～10 ml,每次取不少于 3 支,用于注射器转移至量筒测量。② 检漏,常用真空染色法、高压消毒锅染色法检查 P^*。日本 Densok 公司发明一种安瓿针孔检出机,利用静电容抗,能检出 0.5 μm 大的孔隙。③ 检查微粒,通常是全检,方法包括肉眼检查和自动化检查。

(3) 综合标准：产品，应符合质量标准。设备运行参数，运转平稳，噪声小于 80 dB；进瓿斗落瓿碎瓶率小于 0.1%，缺瓶率小于 0.5%，无瓶止灌率大于 99%（人为缺瓶 200 只）；封口工序安瓿转动每次不小于 4 转；安瓿出口处倾倒率小于 0.1%；封口成品合格率不小于 98%。生产能力不小于设计要求。

3. 软膏自动灌装封口机

(1) 测试项目：装量、灌装速度、杯盘到位率、封尾宽度和密封、批号打印、泄漏和泵体保温、噪声。

(2) 样品检查：设备运行处于稳态情况下，每隔 15 分钟取 5 个样品，持续时间 300 分钟，按《药典》方法检查。

(3) 合格标准：产品最低装量应符合质量标准。封尾宽度一致、平整、无泄漏，打印批号清楚；杯盘轴线与料嘴对位不小于 99%；柱塞泵无泄漏，泵体温度、真空、压力可调；灌装速度，生产能力不小于设计能力的 92%；运行平稳，噪声小于 85 dB。

设备运行试验至少 3 个批次，每批各试验结果均合规定，便确认本设备通过了验证，可报告建议生产使用。

第四节 制药机械发展的趋势

制药机械设备为了适应新的制药工业的发展需要，无论是机械设备的设计理念、功能、造型及控制方法，还是在机械设备的表面处理和制造精度等方面都将以最新制造技术来体现制药设备的高水平及发展趋势。纵观整个制药机械行业，大致有如下发展的趋势。

一、 提高机械设备的生产能力

目前国内的一些制药机械生产厂家，不仅有雄厚的技术基础，而且企业发展快、后劲足，产品的制造水平和技术含量不断提升。随着制药行业的蓬勃发展，为了满足客户的要求和市场的需要，一些制药机械生产厂家在原有设备的基础上纷纷推出生产能力更大的新产品。

1. 玻璃瓶大输液生产线　玻璃瓶大输液生产线的生产能力由过去的 400 瓶/分钟提高到今天的 550 瓶/分钟，该产品的特点是生产能力大、稳定可靠、粗洗精洗完全分开、节约厂房、节约净化和投资成本以及生产使用成本，大大提高市场竞争力。

2. 软袋大输液生产线　现在的软袋大输液生产线产量达 4 500 袋/小时。随着对用药安全的关注和医疗体制改革的推进，软袋输液越来越受到市场的追捧。软袋输液生产线如雨后春笋般涌现出来。该产品的特点是用料省、速度快、对膜的适应性强、稳定性好。并且生产速度快、稳定性好、合格率高、使用成本和膜材适应性等主要指标均达到设计要求。设备在原有基础上缩短一倍的空间，性能稳定，并能在短时间内可更换灌装计量。一次性合格率高。

3. 塑料瓶大输液生产线　塑料瓶大输液生产线产量已达到 12 000 瓶/小时。该联动机组分洗瓶、灌装、热封 3 个工作区。洗瓶分气洗和水洗两种形式。气洗线可自动完成离子风气洗、灌装前充氮、计量灌装、灌装后充氮、理盖、输盖、加热、焊盖封口等工序。气洗联动机组的特点是3个工位集合于一体，结构紧凑，占地面积小；机械手夹持瓶颈定位交接，不擦伤瓶身和瓶底；规格调整方便；独特的气动进瓶装置，解决了与吹瓶机的联动；采用独特的离子气加真空跟踪洗瓶方式，大大降低能耗，保证洗瓶的洁净度；采用气动隔膜阀控制灌装时间，保证计量精度，实现无瓶不灌装；可在线清洗、消毒；独特的热熔焊盖封口技术，使瓶盖与瓶口加热温度可控可调，对位准确，受力均匀，保证封口后的质量；具有缺瓶不送盖，无瓶或无盖不加热等自动控制功能。

4. *水针灌装设备* 新型的水针灌装设备已从过去的6针、8针提升到现在的12针、16针，产量达到30 000支/小时（1～20 ml）。该联动机组的特点是每台可单机使用，也可联动使用，联动生产时可完成喷淋水、超声波清洗、机械手夹瓶、翻转瓶、冲水(瓶内、瓶外)、充气(瓶内、瓶外)、预热、烘干灭菌、冷却、前充气、灌装、后充氮、预热、封口等20多个工序。其改进型既可以用于安瓿瓶针剂，也可以用于抗生素瓶针剂的多功能生产。

5. *全自动胶囊充填设备* 新型的全自动胶囊充填机的产量已达到3 200粒/分钟。该机型结构先进、外观新颖、全封闭结构、易清洗、具有装填药量可调、计量准确、胶囊上机率高、变频调速和操作安全方便等优点。

6. *超高速压片设备* 新型的超高速压片机的生产能力已提升到100万片/小时。新的设计理念实现了产品的标准化、模块化，具有高精度、高速度、高自动化可控程序体现在整体采用严密的封闭和防尘设计、高清晰隔离视窗设计、易拆装的结构便于操作和维护、压片室360°无死角结构，便于观察清洗，采用了高精度的片重采样和监控系统等。

7. *高效包衣设备* 新型的高效包衣机的最大包衣容量达到1 000 kg，该机的新增功能有全自动的控制系统，实现主机和控制柜两屏串联操作、两地任意控制、可异地监视包衣全过程、工艺数据自动记录储存并可打印；全自动清洗系统，实行微机编程的全自动清洗，又配备手用清洗枪，清洗方便彻底；热风柜采用蒸汽和电加热两种方式，方便生产。

这些高产量设备的不断推出，适应了国内外大规模的药品生产需求，解决了药品定单数量大、交货时间短、任务紧迫的矛盾，降低了生产成本，提高了规模化生产能力。

二、 提高设备的自动化程度

制药工业的规模化生产，使得设备的自动化程度大幅提升，从而解放了大量的人力，降低了操作者的劳动强度，同时也大大地提高了生产效率，保证了产品质量。

1. *包装线联动* 过去制药企业外包间多为手工操作，根据需要配个别单机，其自动化程度低，操作人员多，劳动强度大。随着包装联动线自动化程度越来越高，这种状况发生了质的变化，制药企业向现代化企业迈进一大步。诸如适合于固体制剂的全自动盒类包装流水线和适合于液体制剂的全自动瓶类包装流水线都具有生产速度高、包装质量好、性能稳定、运行平稳、操作简便和机电一体化等优点。又如用于固体制剂包装的铝塑包装机、装盒机、热收缩包装机、装箱机；瓶装线(包括理瓶机、数片机、干燥剂塞入机、旋盖机、电磁感应铝箔封口机、贴标机)、装盒机、热收缩包装机、装箱机等设备现已联动成线。另外，分拣机、码垛机、开箱机、封箱机、称重机和输送机等也都可以根据需要连线。

2. *固体散装物料输送自动化* 固体散装物料特别是粉体物料输送自动化的研发成功，使固体散装物料在真空、密闭输送系统中得以安全输送(可用于注射级产品，有效地防止物料污染)，达到效率高、占地少、成本低、污染小、可实现全程监控等。

3. *注射剂联动生产线一体化连接* 注射剂制备从制瓶系统联动注坯机、吹瓶机、全自动焊环机与洗灌封设备成功连线，实现了一体化无间隙生产，缩短了工作转换时间，减少了人力资源消耗，降低了受微粒和纤维等污染的概率，无需额外储坯空间，节约了厂房面积，降低了投资成本，易质量控制，易生产管理。注坯机的塑化和注射同时进行，取坯和冷却同时进行，大大缩短了瓶坯生产周期，瓶坯冷却系统保证瓶坯在短时间内充分冷却。吹瓶机生产全过程从进料、理坯、送坯、加温、传输、拉伸、吹气、冷却、成品输送均由电脑监控，自动化程度高，生产效率高，生产成本低，成品率高。焊环机配备对瓶子质量的初检功能，可将不合格瓶子剔出，实现没有瓶子不上环不焊接；瓶子焊接采用底膜外形定位、吹气定型，定位准确，焊环稳定，且焊头温度可调。这些方面的进步将进一步提高工作效率，节约人力，节约成本，为制药企业创造更大的效益。

三、 新型设备的研发趋势

新型设备的研发是永恒的主题，无论是国内还是国际，只要是有利于制药行业的发展和进步的技术，制药工作者就会第一时间将其研发或引进。例如，2002 年在国际市场出现的卡式瓶，它是与卡式注射笔配套使用的一种新型包装瓶，以使用方便、给药精确、安全可靠等优点受到市场的青睐。由于卡式瓶针剂多应用于基因工程药物、生物酶制剂等技术含量较高的制剂领域，也应用于战场防生化急救、止血止痛、心血管病急救、胰岛素、解毒、解热镇痛、麻醉镇静、抗生素和解酒等方面。卡式瓶的面世正在引发针剂包装、临床用药方式的划时代的变化。由于卡式瓶在应用中具有诸多优越性，以卡式瓶取代安瓿包装将成为一大趋势。目前，卡式瓶的国际市场年需求量约为 10 亿只，而年产量为 7 亿只。一批国内制剂企业纷纷准备装备卡式瓶灌装机。

目前，我国已有制药机械生产企业引进国外先进技术研制成功并已面世卡式瓶灌装生产联动线。该机组由洗瓶机、隧道烘箱和灌装机组成。整条线可单机控制和联锁控制，洗瓶机三水三气确保洗瓶效果，电子阀控制喷硅油量，喷头喷洒均匀，硅化后保障瓶内药液活塞推进顺畅，送药液量均匀，密闭性能好对瓶内液体有保护作用。隧道烘箱确保高温灭菌，伺服电机驱动计量泵确保装量准确，四头小刀轧盖确保瓶口密封效果。该机组填补了国内空白。

综上所述，制药机械厂的终极目标是为用户提供先进可靠的产品，产品应以其卓越的生产性能，高度的稳定性，低廉的运行成本为制药企业创造更大的效益，成为制药企业新的经济增长点。我们从制药机械发展的这些新特点中可以看出，医药行业及药机行业正如朝阳般蓬勃发展，变化日新月异。

第二章 原料药处理设备

导学

本章主要介绍了具有代表性的原辅材料的净选设备、洗药设备、润药设备、切制设备、炒制设备。

通过本章的学习，使学生知晓原料净选设备的种类，熟练掌握操作原理，所举设备的适用对象等；熟悉洗药设备、润药设备、切制设备、炒制设备等原料药处理设备的正确使用、日常维修、定期保养知识。

制药原料药通常分为化学合成原料药和天然药，尤其是天然来源的原料药，诸如植物和动物来源的原料药，都是应该进行处理的。只有经过处理后的天然来源的原料药才能用于制药，才能保证质量。天然来源的原料药品种繁多，来源复杂，具有一药多效等特点，需要根据医疗、调剂、制剂的不同需要，结合药物自身的性质，进行必要的加工处理，方能应用于临床。药物加工是否得当，对保证药效、安全用药有着十分重要的意义。

鉴于药物的质地、性状各不相同，临床用药的目的不同，我们选择的处理方法也不相同。诸如有消除或降低药物的毒性和副作用的方法；有改变药物性能，增强药物疗效的方法；有便于调剂制剂、煎服和贮存的方法；有去除杂质和非药用部分的方法；有矫味、矫臭，引药归经或改变药物作用趋向的方法等。

第一节 原料净选设备

净选是天然来源的原料药物处理的第一道工序，主要是解决原料药物纯净度问题，便于进一步的加工操作。

原料药物中的杂质主要包括有瓦砾、泥块、砂石、铁钉及籽实类药材中的无用空壳和籽粒、秕粒、异物等。根据原料药物与杂质在物理性质方面的悬殊及差异，通常采用筛选、风选、磁选、水洗等方法去除；每味原料药物都有特定的药用部位，入药时需去除非药用部位如牡丹皮、远志去心，山茱萸去核，使君子等果实去果壳，一些昆虫和动物药去除头、尾、足、翅等；还有去除霉变品、虫蛀品等，以达净选药物的目的。

一、筛药机

筛选是根据药物和杂质的体积大小不同，用不同规格的筛或罗，除去药物中的砂石等杂质；或者利用不同孔径的筛分离大小不等的药材和粗细粉末，使其规格趋于一致，以便于进一步的加工处理。如半夏、白附子、延胡索、浙贝母等，经过筛选，既可以除去泥土、砾石，又可以大小分等，便于后续的浸泡和煮制；穿山甲、鸡内金等药物，须按大小区分，分别处理，使其达到均匀一致的目的。

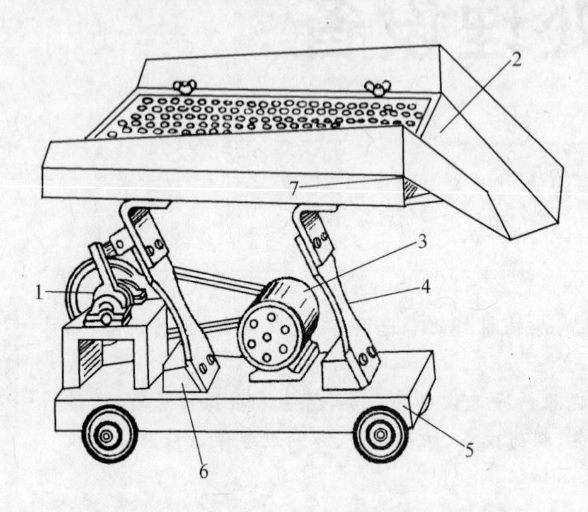

图 2-1 振荡式筛药机

1—偏心轮；2—筛子主体；3—电动机；4—玻璃纤维板弹簧；5—底座；6—实心刨铁；7—倾斜角度

传统的筛选多用竹筛、铁丝筛、铜筛、麻筛、马尾筛、绢筛等工具，手工操作，效率低，劳动强度较大。目前，小量加工时仍有采用，但在批量生产中已经用筛药的机械所替代，称之为筛药机。

如图 2-1 所示，为振荡式筛药机，由筛子、弹性支架、偏心轮和电动机等组成。筛网固定在筛框上，根据药物的大小不同选用不同孔径的筛网，筛框与弹性支架连接。偏心轮通过连杆结构与一弹性支架相连。当电动机带动偏心轮转动时，筛子开始做往复运动。操作时，将待筛选的药材放入振动筛内，启动电机，即可使杂质与药材分离，达到净选的目的。该机具有结构简单，效率高，噪声小的优点；但粉尘散落空气中，对环境会造成一定的影响。

二、风选机

风选是利用药物与杂质的质量、形状等不同，在气流中的悬浮速度不一，借助风力将药物与杂质分开。如车前子、紫苏子、莱菔子等可采用风选除去杂质，有些药物通过风选还可以将果柄、花梗、干瘪之物等非药用部位去除。目前生产中使用的风选机种类较多，结构不一，但工作原理基本相同。

如图 2-2 所示，为两级铅垂式风选机。该机的结构主要由风机和两级分离器所组成，装置在负压下工作，负压气流由风机产生。

操作时，用离心抛掷器把药材从第一分离器的抛射口沿圆周切线方向抛入。在第一级分离器中，药材与从下面出药口进入的气流相遇。控制第一级分离器中的平均气流速度，使大于轻杂质和尘土的悬浮速度，而小于药材的悬浮速度，则药材沉降，从出药口进

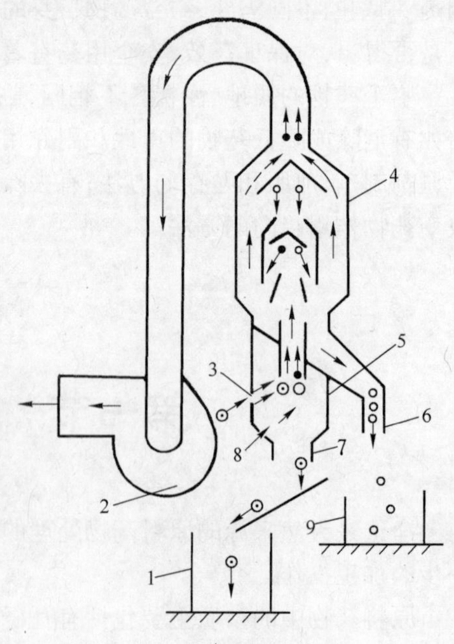

图 2-2 两级铅垂式风选机

1—集药箱；2—风机；3—药材抛入口；4—第二分离器；5—第一分离器；6—排杂口；7—出药口；8—进风口；9—集尘桶

→空气流方向；⊙药材；·灰尘；○杂质

入集药箱中，轻杂质和尘土等则进入第二级分离器。由于风料分离器和上、下挡料器等的阻碍作用，使部分杂质沉降至排杂口；剩余的杂质随气流沿第二分离器的内外筒之间上升，这时，由于圆筒的横截面积增大，气流速度下降；当气流速度大于尘土的悬浮速度，而小于杂质的悬浮速度时，杂质沉降，落入集尘桶内；尘土等粉尘则经风机的吸风管道被抽出。

该风选机具有结构简单，两级分离效率较高，性能稳定可靠等特点。

第二节　洗药设备

药材经净选后，除少数药材可鲜用或趁鲜进行下道工序的操作外，多数干燥的药物，还是需要进行适当清洗或软化处理才能进行下道工序的操作。因此在制药生产中，绝大多数干燥的药物，一般均需要洗涤，以清除附着在药物表面的泥沙或杂质等，同时还可增加药物中的水分，改善药物的机械性能，便于后续的加工处理。如水洗菟丝子、蝉蜕、瓦楞子等；有些药物表面附着有盐分，如海藻、昆布等。酸枣仁等亦可利用果仁和核壳的比重不同，用浸漂法除去核壳。

洗药机是用清水通过翻滚、碰撞、喷射等方法对药材进行清洗的机器，目前洗药机以滚筒式和籽实类药材清洗机为主，其他还有履带式、刮板式等。

一、喷淋式滚筒洗药机

喷淋式滚筒洗药机，如图 2－3 所示，其由带有筛孔的回转滚筒、冲洗管、水泵、电动传送装置等构成。

操作时将药材放入筒内，打开阀门，启动机器。电动机通过传动装置驱动滚筒以一定速度转动；滚筒内的喷淋水管，利用圆筒在回转时与水产生相对运动，对药材进行清洗。药材随滚筒转动而翻动，受到充分的冲洗，使泥沙等杂质与药材分离，随水排出，沉降至水箱底部。药材洗净后，打开滚筒尾部后盖，将清洗干净的药材取出。

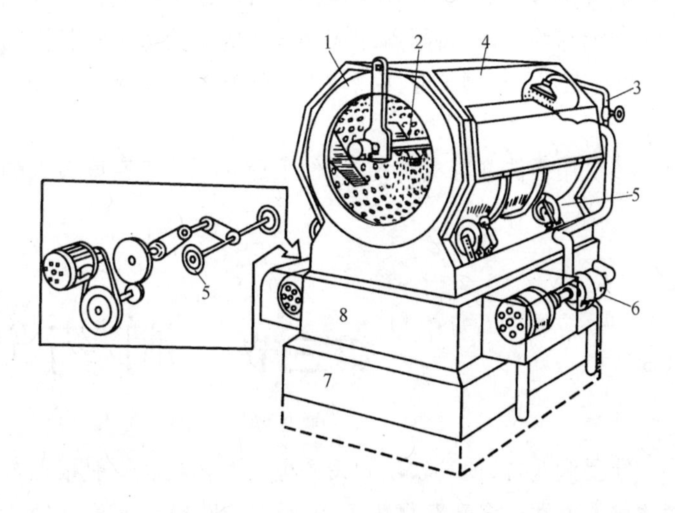

图 2－3　喷淋式滚筒洗药机

1—滚筒；2—冲洗管；3—二次冲洗管；4—防护罩；5—导轮；6—水泵；7—水泥基座；8—水箱

本机结构简单，操作方便，使用较广泛，药材清洗洁净度高。圆筒内有内螺旋导板推进物料，实现连续加料。洗用水经泵循环加压，直接喷淋于药材，适用于直径 5～240 mm 或长度短于300 mm 的大多数药材的洗涤。

二、籽实类洗药机

籽实类洗药机如图 2-4 所示。主要分为两部分,左半部是洗槽部分,清洗药材表面污物和分离药材中所含的杂质均在洗槽内进行,见图 2-5;右半部分用于甩干,分离药材表面的水分。还有进料装置、传动机构及供水系统等。

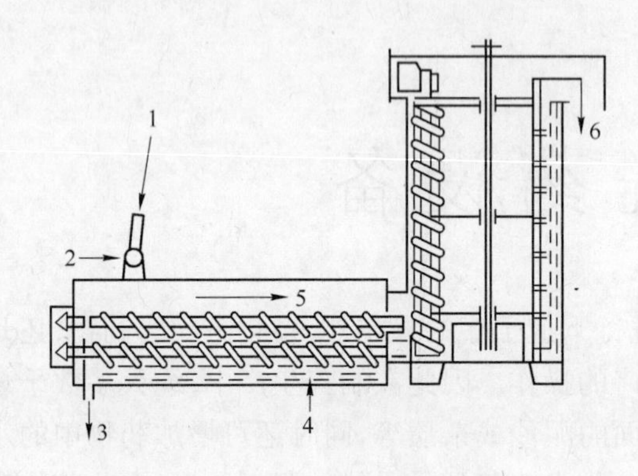

图 2-4 籽实类药材清洗机

1—药材进口;2—喷嘴;3—重杂质出口;4—重杂质;
5—药材运动方向;6—药材出口
→药材流向;----重杂质流向

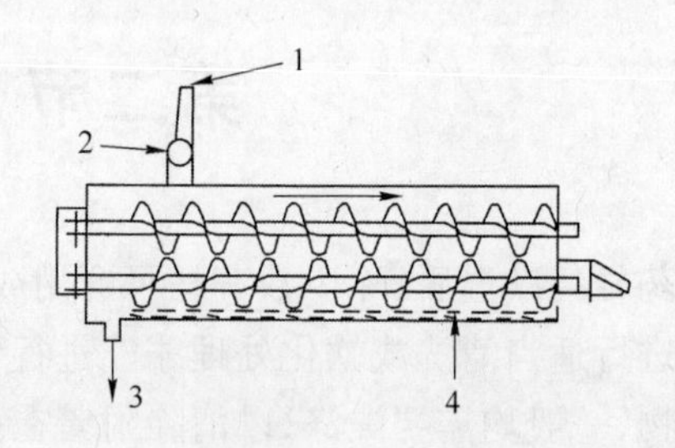

图 2-5 籽实类药材清洗机洗槽部分示意图

1—药材进口;2—喷嘴;
3—重杂质出口;4—重杂质
→药材流向;----重杂质流向

操作时,药材经进料箱落入洗槽内,进料箱沿洗槽左右移动,以便调节药材在洗槽中停留的时间。洗槽中有两根洗药绞龙和两根除杂质绞龙,当药材落到洗槽中时,借助绞龙的传动,搅动水,使药材不易立即下沉而呈悬浮状,并将药材从左到右推送至甩干机的底部。而密度较大的杂质在水中则迅速沉降到杂质绞龙中,沿相反的方向从右至左被冲入杂质箱内,定期取出。

药材由绞龙输送到甩干机底部后,借助于甩板圆筒的转动,其上面的叶片一方面将药材甩到鱼鳞板筛筒上,并将附着在药材表面的水分甩出;同时,由于叶片呈螺旋状排列,药材由底部向上推送至甩干机顶部时,由刮板送至出料口。从鱼鳞筛孔甩出的污水则流回水箱内,由排水孔排出。

该机用于洗涤籽实类药材,便于分离石块等密度较大的杂质。

第三节 润药设备

能浸润药材,使其软化的设备称为润药机。一般根据药材的质地情况,采用冷浸软化或蒸煮软化的方法。多数药材可采用冷浸软化,分为水泡润软化和水湿润软化,后者根据药材吸水性还可分为洗润法、淋润法及浸润法等。蒸煮软化则是用热水焯或经蒸煮处理药材。目前润药的机械常用有真空加温润药机、减压冷浸罐等。

一、 真空加温润药机

真空加温润药机如图 2-6 所示，主要由真空泵、保温真空筒、冷水管及暖气管等部件组成。真空筒一般为 3~4 个，每个可容纳 150~200 kg 药材，筒内可通热蒸汽及水。

操作时，将洗药机洗净后的药材，投入真空筒内，待水沥干，密封上下两端端盖，打开真空泵，使筒内处于真空，4~5 分钟后，开始通入蒸汽，此时筒内真空度逐渐下降，当湿度上升到规定范围，保温 15~20 分钟关闭蒸汽完成润药，可用输送带将药材输送到下一工序，切制。真空润药机与洗药机、切药机配套使用，效率高，完成洗药、蒸润至切片约需 40 分钟。

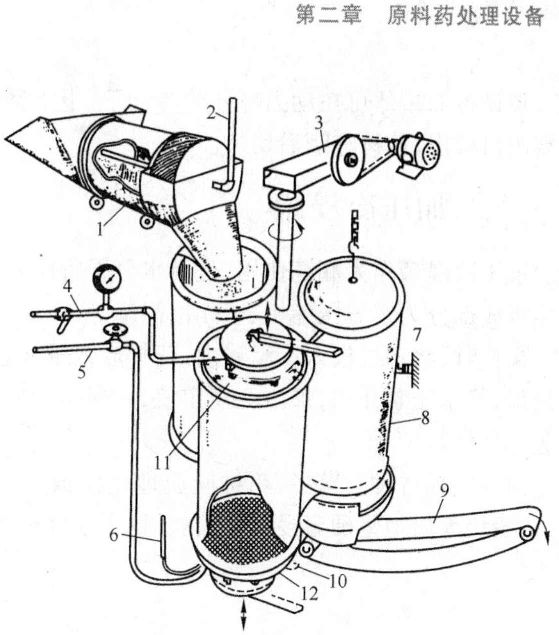

图 2-6　真空加温润药机

1—洗药机；2—加水管；3—减速器；4—通真空泵；5—蒸汽管；6—水银温度计；7—定位钉；8—保温筒；9—输送带；10—放水阀门；11—顶盖；12—底盖

二、 减压冷浸罐

减压冷浸罐如图 2-7 所示，由耐压的罐体、支架、加水管、加压和减压装置及动力部分组成。该罐既可减压浸润，又能常压或加压浸润药材，罐体两端均可装药和出药，药材装入后，罐体可密封。若药材减压浸润，可先抽出罐内空气，随后于罐中注入冷水，再使之恢复常压，此时水分即可进入药材组织起到软化作用。若加压浸润时，药材装罐封严后，先加水后加压，视药材的质地，将罐内的压力保持相应的时间，然后恢复常压，药材即可润透。

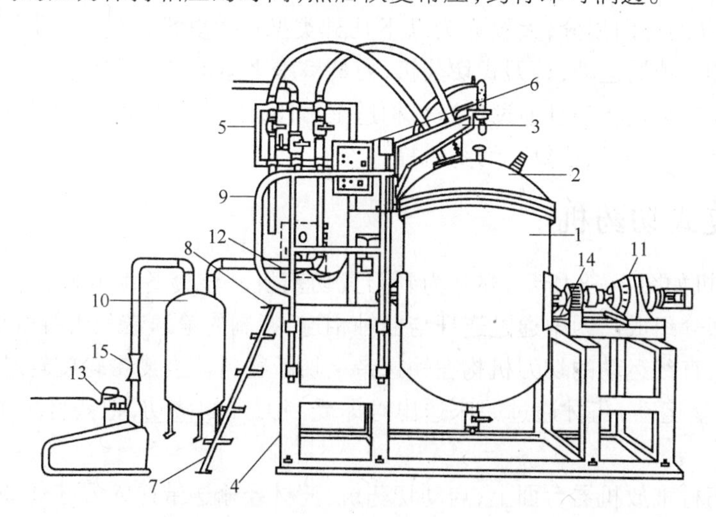

图 2-7　减压冷浸罐

1—罐体；2—罐盖；3—移位架；4—机架；5—管线架；6—开关箱；7—梯子；8—工作台；9—扶手架；10—缓冲罐；11—减速机；12—液压动力机；13—真空泵；14—罐体定位螺栓；15—减震胶管

该设备的罐体可在动力部件的传动下，上下翻动，加快浸润速度，使药材浸润均匀。水由罐端出口放出，药材晾晒后切片。

三、 加压冷浸罐

加压冷浸罐作为润药使用，是将水分强行压入植物药材组织内，达到软化药材的目的。其主要组成部分为空气压缩机、密闭浸渍罐等。

操作时，将药材放入冷浸罐内，药材放入量一般约为罐体的 2/3。注入冷水，浸没药材，严密封口，将水压泵开启，加压至规定值，并保持一定时间，减压后将水放出，取出药材，稍晾，即可进行切片。

由于中药材种类繁多，药材间质地差别很大，加压浸润的时间需要根据具体药材进行调节，一般块大质地坚硬者浸润时间长，块小质地松泡的药材所需时间较短。

第四节 切制设备

在制药生产过程中，为了便于将药材中的有效成分浸出，或进一步加工处理，制成各种剂型等，药材要进行切制处理。切制是将净选后的中药材经软化，加工成一定规格的片、段、块等。切制品一般通称饮片。对根、茎、块、皮等药材进行均匀切制的设备为切药机。

目前，在实际生产的过程中，批量生产多采用机械切制。机械切制能提高生产效率，减轻劳动强度，是切制的发展方向。通常大生产使用的切片机，由于生产厂家、规格型号不同，种类较多。以刀具运动的方向划分，大致分为以下几种类型：往复式切药机，刀具呈上下运动；旋转式切药机，刀具呈圆周运动；镑刀式切药机，刀具呈水平运动等。虽然它们的种类各异，但其工作原理基本相同，都是将药材通过传送机构送至刀口，由刀片切成一定形状和一定规格的饮片，常用的有转盘式切药机、往复式切药机等。

一、 往复式切药机

往复式切药机如图 2-8 所示，亦称为剁刀式切药机。该设备由电机、传动系统、台面、输送带、切药刀等部分组成。刀架通过连杆与曲轴相连，特制的输送带和压料机构按物料设定的距离做步进移动，直线运动的切刀机构在输送带上切断物料。当皮带轮旋转时，曲轴带动连杆和切刀做上下往复运动，药材通过刀床送出时即受到刀片的截切，把药材加工为片、段、丝等形状。

操作时，将药材堆放机器台面上，启动切药机，药材经输送带送入刀床处被压紧、截切。切段长度由传送带的给进速度调节，切片的厚薄由偏心调节部分调节。

往复式切药机结构简单，适应性强，范围广，效率较高。适合截切长条形的根、根茎及全草类等药材，不适于团块、球形等颗粒状药材的切制。

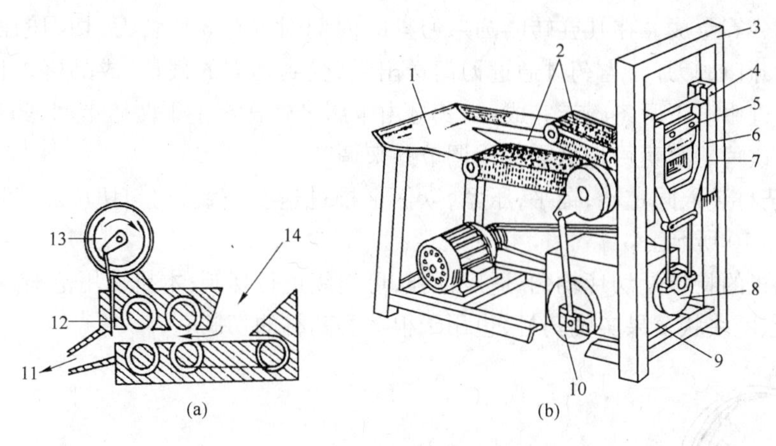

图 2-8 往复式切药机

(a) 原理示意图;(b) 整机图

1—台面;2—输送带;3—机身;4—导轨;5—压片刀;6—刀片;7—出料口;8—偏心轮;9—减速器;10—偏心调片子厚度部分;11—出料口;12—切刀;13—曲轴连杆机构;14—进料口

二、转盘式切药机

转盘式切药机如图 2-9 所示,该机由动力部分、药材的送料推进部分、切药部分和调节片

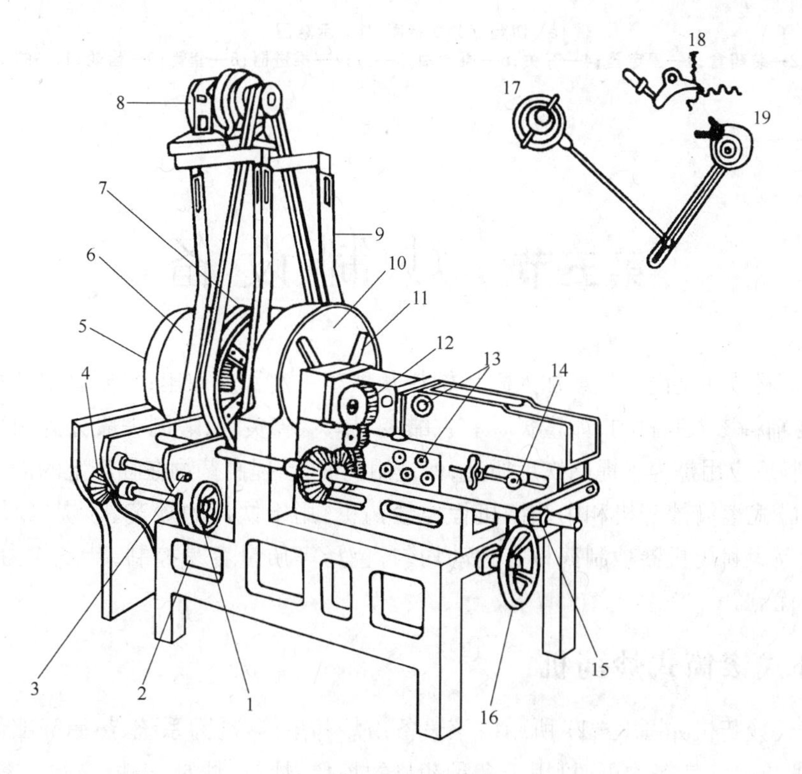

图 2-9 转盘式切药机

1—手板轮;2—出料口;3—撑牙齿轮轴;4—撑牙齿轮;5—安全罩;6—偏心轮(三套);7—皮带轮;8—电动机;9—架子;10—刀床;11—刀;12—输送滚轮齿轮;13—输送滚轮轴;14—输送带松紧调节器;15—套轴;16—机身进退手板轮;17—偏心轮;18—弹簧;19—撑牙

子厚薄的调节部分等组成。在其旋转的圆形刀盘的内侧固定有3片切刀,切刀的前侧有一固定于机架的方形开口的刀门,当药材通过刀门送出时,受到切刀的截切,成品落入护罩由底部出料。药材的给进由上下两条履带完成,当药材由下履带输送至上下两履带间,药材被压紧送入刀门被切制。饮片的厚薄可根据需要用调节器来调节。

操作时,将药材装入固定器,铺平,压紧,以保证推进速度一致,均匀切片。其切制颗粒状药材原理如图2-10所示。

转盘式切药机的特点是切片均匀、适应性强,可连续进行切制;本机使用范围较广,主要适用于切制颗粒状、团块状及果实类药材,也用于根茎类药材的切制。

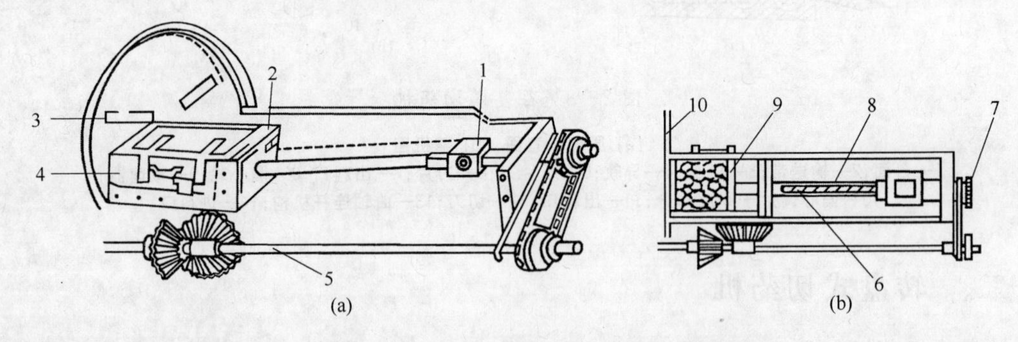

图2-10 转盘式切药机的颗粒状药材切片原理示意图

(a) 切药部分剖析图;(b) 示意图

1—刀;2—装药盒;3—固定器;4—开关;5—原动轴;6—刀;7—推进器;8—套管;9—齿轮;10—螺旋杆

第五节 炒制设备

炒制是将药材放在锅内加热或加入固体辅料共炒至一定程度取出;炙则是将药材与液体辅料共同加热,使辅料渗入药材内,如蜜炙、酒炙、醋炙、盐炙、姜炙等;煅制一般分为明煅法和暗煅法等。中药炮制后应用是为了提高饮片质量,保证用药安全,提高药物在临床上的治疗效果。

炒药机有卧式滚筒炒药机和中药微机程控炒药机,用于饮片的炒黄、炒炭、砂炒、麸炒、盐炒、醋炒、蜜炙等。利用机器炒制药材有翻动均匀,色泽等质量容易控制,节省人力,适合工业化生产使用等优点。

一、卧式滚筒式炒药机

卧式滚筒式炒药机如图2-11所示。该设备由炒药滚筒、动力系统、热源等部件组成。热源用炉火、电炉或天然气等均可,可用于多种药材的炒焦、炒黄、炒炭、土炒、麸炒、蜜炙、砂烫等炒制。

操作时,将药材从上料口投入炒药筒,盖好盖板,加热后,借动力装置使炒药滚筒顺时针旋转。炒毕,启动卸料开关,反向旋转炒药筒,卸出药材。

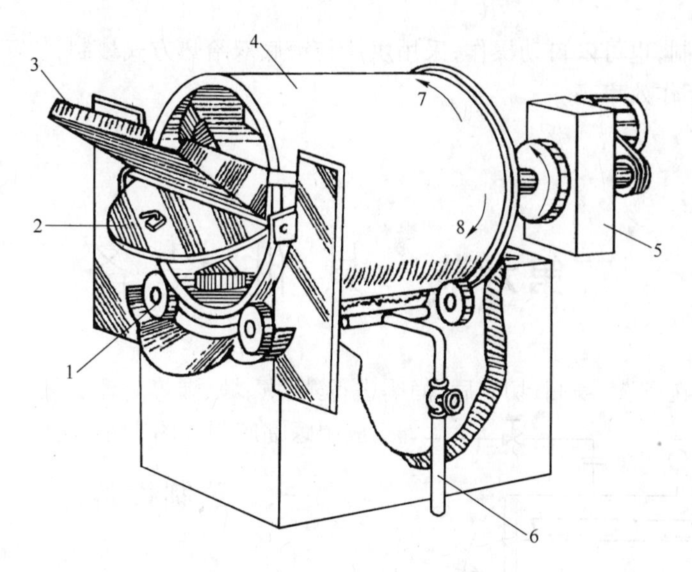

图 2-11　卧式滚筒式炒药机

1—导轮;2—盖板;3—上料口;4—炒药筒;5—减速器;
6—煤气管道;7—出料旋转方向;8—炒药旋转方向

滚筒式炒药机由于炒药滚筒匀速转动,药物受热均匀,饮片色泽一致。该设备结构简单,操作方便,劳动强度小。炒药温度可据药材及炒制方法的不同调节,应用范围较广。

二、 中药微机程控炒药机

中药微机程控炒药机见图 2-12 所示,是近年来采用微机程控方式研制出的新式炒药机,

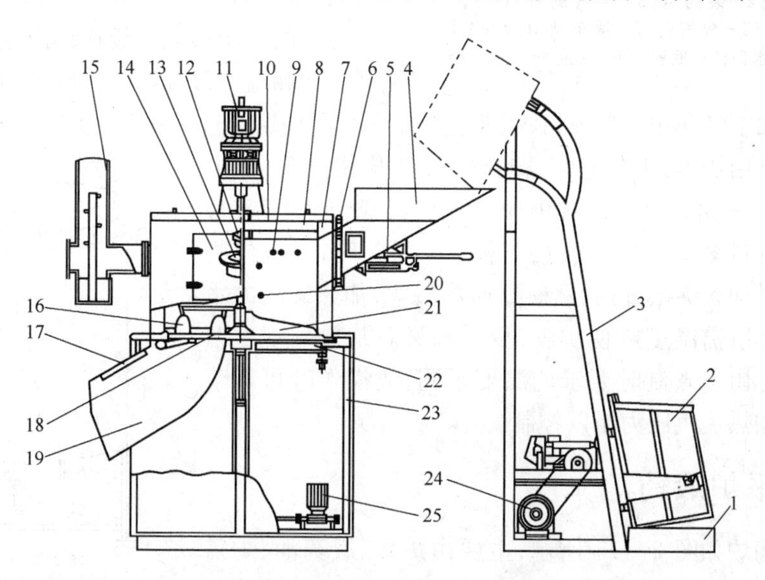

图 2-12　中药微机程控炒药机

1—电子秤;2—料斗;3—料斗提升架;4—进料槽;5—进料推动杆;6—进料门;7—炒药锅;8—烘烤加热器;9—液体辅料喷嘴;10—炒药机顶盖;11—搅拌电机;12—观察灯;13—取样口;14—锅体前门;15—排烟装置;16—犁式搅拌叶片;17—出药喷水管;18—出药门;19—出药滑道;20—测温电偶;21—桨式搅拌叶片;22—锅底加热器;23—锅体机架;24—料斗提升电机;25—液体辅料供给装置

该机既能手工炒制，也可以自动操作，采用烘烤与锅底双给热方式炒制，使药材上下均匀受热，缩短炒制时间，工作效率高。

第六节 其他设备

大多数药材在净选、浸润、切制后，尚需进行蒸、煮、煅、煨等处理步骤。这是为了更好的适应中医临床用药的实际需要。

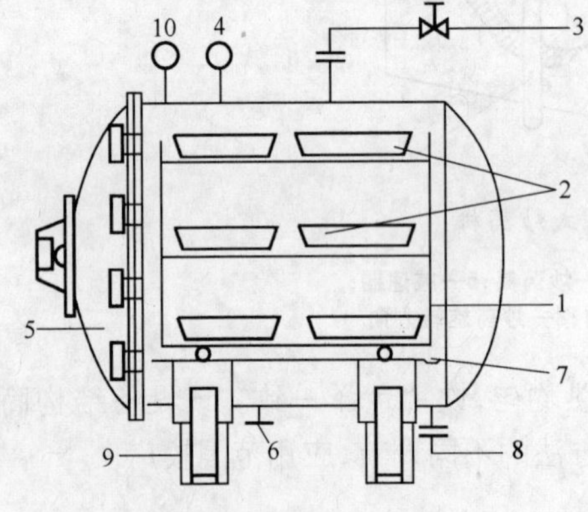

图 2-13 蒸罐内部结构示意图

1—上药滑车；2—装药盘；3—蒸汽进口；4—气压表；5—密闭盖；6—放气阀；7—滑车轨道；8—排污排水口；9—底座；10—温度表

一、蒸制设备

目前工业生产中使用的蒸制设备一般由不同规格的蒸罐、上药滑车、药盘、蒸汽管、压力表、温度表、放气阀等部件组成。图 2-13 所示为蒸罐内部结构示意图。蒸罐安装在底座上，罐上装有可启闭的门。操作时，将净制后的药材或用辅料浸润的药材装入药盘里，将药盘分层放在可滑动的药车上，再把药车推到蒸罐内密封后加热。

二、煮制设备

传统的煮制操作一般在锅内进行。由于锅煮药材火力和温度很难控制，且加工容量不足，因此仅限于少量加工时使用。目前，在工业生产中多采用夹层罐进行煮制。

夹层罐是由内胆与外壳构成的罐体，以及蒸汽阀、压力表、温度表、安全阀、减压阀、排液阀等部件组成，见图 2-14 所示。罐体材料多选不锈钢或搪瓷材料。操作时，一般先将水或液体辅料加入夹层罐内，然后开通蒸汽阀，加热罐内的水或液体辅料至所需温度或使沸腾，投入药材后加热到规定温度。不同药材由于煮制时要求的温度不同，故操作时可调节进气阀门及加热蒸汽压力予以控制。

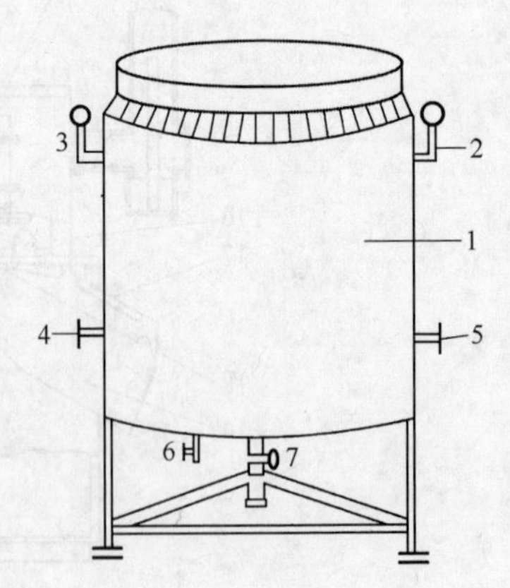

图 2-14 夹层罐示意图

1—罐体；2—气压表；3—温度表；4—进气阀；5—放气阀；6—安全阀；7—排液管

三、平炉煅药炉

平炉煅药炉如图 2-15 所示，主要由炉体、煅药池、炉盖及鼓风机等部分组成。平炉煅药炉主要为煅明矾及硼砂而制，用于去除药物中的结晶水。操作时，先将药材砸成小块倒入煅药池中，均匀铺平，装量一般占药池容量约 2/3，然后点燃火，使药池内的药物均匀受热。

以平炉煅药炉代替传统的铁锅煅制，提高了煅制药材的质量，加热的温度可人工控制，若需保温可在煅药池加盖炉盖，或开启鼓风机加大火力提高温度。但使用范围有局限性。

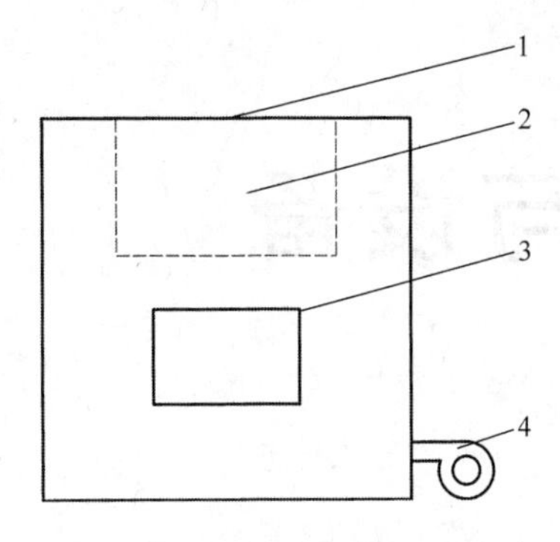

图 2－15　平炉煅药炉示意图

1—炉体；2—鼓风机；3—煅药池观察窗；4—炉盖手柄

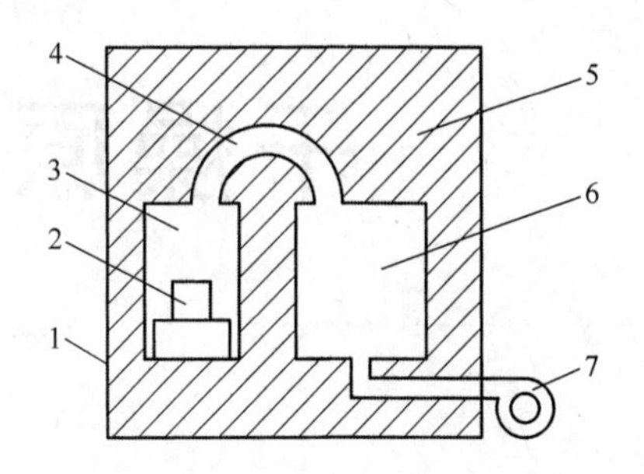

图 2－16　高温反射炉示意图

1—炉体；2—鼓风机；3—煅药室；4—火焰反射管；5—除尘引风罩；6—观察窗；7—炉盖手柄

四、 高温反射炉

高温反射炉如图 2－16 所示。主要由炉体、火焰反射管、煅药室、鼓风机及除尘引风装置等部分组成。

该设备由耐火材料砌成并密封，以防热量散失。为了获取足够的热量，保证药材煅后色泽均匀一致。燃料一般使用优质无烟煤。操作时，先点燃炉火，加足煤，待烟冒尽后将炉体封严。然后开启鼓风机，强制炉内的火焰通过火焰反射管，喷射到煅药室内装放的药材上煅烧。为了保证煅制温度，防止火焰外喷，在煅药室设有炉盖板。当药材煅至需要程度时，即可铲出。煅制时为防灰尘飞扬，在煅药室的上方还装有除尘引风装置。

高温反射炉煅制药材效率较高，适用范围较广，可人为控制煅药温度，最高可达 1 000℃以上。适用于非含水矿物药、贝壳、化石类药锻制，对含结晶水的矿物药及易燃烧灰化的药材不宜用。

第三章 干燥原理与设备

导学

本章以干燥的概念为切入点，从干燥过程的物质交换开始，逐次地展开介绍典型、常用的设备，诸如厢式干燥器、带式干燥器、气流干燥器、流化床干燥、喷雾干燥器、转筒干燥器、微波干燥器、红外线干燥器、冷冻干燥等。

通过本章的学习，要求能够熟练掌握物料干燥过程的特性曲线及其影响因素等干燥原理，同时学会干燥器的选择原则；熟悉干燥过程的物质交换原理及影响因素；熟悉各类干燥设备的使用方法及注意事项。

干燥泛指从湿物料中除去湿分的各种操作。就制药工业而言，无论是原料药生产的精干包环节，还是制剂生产的固体造粒，其物料中都含有一定量的湿分，需要依据加工、储存和运输等工艺要求除去其中部分湿分以达到工艺规定的湿分含量。工程上将除去物料中湿分超过工艺规定部分的操作称为去湿。

加热去湿法是通过加热使湿物料中的湿分汽化逸出，以获得规定湿分含量的固体物料。这种方法处理量大，去湿程度高，普遍为生产所采用，但能量消耗大。制药工业中，将加热去湿法称为供热干燥，简称为干燥。

由于干燥是利用热能去湿的操作，有湿分的相变化，能量消耗多，因此制药生产中湿物料一般都先用沉降、压滤或离心分离等机械方法除去其中的部分湿分，然后再用干燥法去除剩余的湿分而制成合格的产品。

第一节 干燥过程的物质交换

干燥过程既包含了传热过程又含有传质过程。比如，在对流干燥过程中，干燥介质(如热空气)将热传递到湿物料表面，湿物料表面上的湿分即行汽化，并通过表面处的气膜向气流主体扩散；与此同时，由于物料表面上湿分汽化的结果，使物料内部和表面之间产生湿分差，因此物料内部的湿分以气态或液态的形式向表面扩散，进而在表面汽化、扩散。达到干燥的目的。

要使干燥过程能够进行，必须使物料表面的水汽(或其他蒸气)的分压大于干燥介质中水汽

(或其他蒸气)的分压：两者的压差愈大，干燥进行得愈快，所以干燥介质应及时地将汽化的水汽带走，以便保持一定的汽化水分推动力。若压差为零，则无水汽传递，干燥操作也就停止了。

一、 物料中水分的性质

固体物料的干燥过程不仅涉及气、固两相间的传热和传质，而且还涉及物料中的湿分以气态或液态的形式自物料内部向表面的传递问题。湿分在物料内部的传递主要和湿分与物料的结合方式，即物料的结构有关，即使在同一种物料中，有时所含水分的性质也不尽相同。因此，用干燥方法从物料中除去水分的难易程度因物料结构不同即物料中湿分的性质不同而不同。

(一) 结合水分和非结合水分

根据物料与水分结合力的不同，可将物料中所含水分分为结合水分与非结合水分。

1. **结合水分**　这种水分是借化学力或物理化学力与固体相结合的。由于这类水分结合力强，其蒸气压低于同温度下纯水的饱和蒸气压，从而使干燥过程的传质推动力较小，除去这种水分较难。它包括：物料中的结晶水、吸附结合水分、毛细管结构中的水分等。

(1) 物料中的结晶水：这部分水与物料分子间有准确的数量关系，靠化学力相结合。属于用干燥方法不可以去除。

(2) 吸附结合水分：这部分水分与物料分子间无严格的数量关系，靠范德华力相结合。一般的干燥方法只能去除部分吸附结合水分。

(3) 毛细管结构中的水分：当物料为多孔性或纤维状结构，或为粉状颗粒等结构时，其间的水分受毛细管力的作用。用干燥和机械方法可以除去一部分这类水分。

(4) 以溶液形式存在于物料中的水分：固体物料为可溶物时，水分可以溶液形式存在。干燥方法可以除去大部分这种水分。

2. **非结合水分**　非结合水分通常包括物料表面的水分，颗粒堆积层中较大空隙中的水分等，这些水分与物料是机械结合。物料中非结合水分与物料的结合力弱，其蒸气压与同温度下纯水的饱和蒸气压相同，因此非结合水分的汽化与纯水的汽化相同，在干燥过程中较易除去。

物料中结合水和非结合水的划分可参见图 3-1。物料含水量在相对湿度接近 100%时，结合水分与非结合水分的测定比较困难。根据它们的特点，可将平衡曲线外推至相对湿度为 100%处，间接得出物料中结合水的含量 x'，如图 3-1 虚线部分所示。物料的总含水量 x 为结合水分与非结合水分之和。

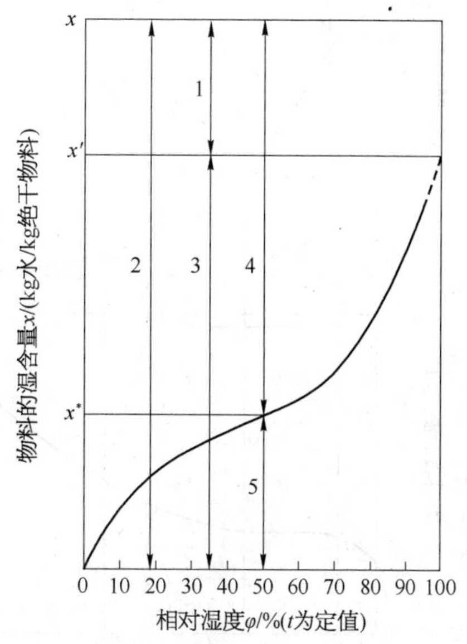

图 3-1　固体物料中水分性质示意图

1—非结合水；2—总水分；3—结合水；4—自由水；5—平衡水分

(二) 自由水分与平衡水分

根据物料在一定干燥操作条件下，物料中所含水分能否被除去来划分，可将物料中的水分分为自由水分和平衡水分。

1. **自由水分**　在干燥操作条件下，物料中能够被去除的水分称为自由水分。由图 3-1 可知，自由水分包括了物料中的全部非结合水分和部分结合水分。

2. 平衡水分　当某物料与一定温度和相对湿度的不饱和湿空气接触时，由于湿物料表面水的蒸气压大于空气中水蒸气分压，湿物料的水分向空气中汽化，直到物料表面水的蒸气压与空气中水蒸气分压相等为止。此时，物料中的水分与空气处于动平衡状态，即物料中的水分不再因与空气接触时间的延长而增减，此时物料中所含的水分称为该空气状态下物料的平衡水分。

这里所讨论的平衡水分是指在干燥操作条件下的平衡水分，即在实际干燥操作过程中，干燥后物料的最终含水量一般都会高于或趋近平衡水分值，即平衡水分是干燥操作条件下物料中剩余的最小极限水分量。图 3-1 表明，平衡水分属于物料中的结合水分。

自由水分和平衡水分的划分与物料的性质有很大的关系，也与空气的状态密切相关。同一干燥条件下，不同物料的平衡曲线不同；同一种物料，空气温度 t 和湿度 H 不同时，自由水分值和平衡水分值亦不相同，它们都可以用实验的方法测得。物料的总含水量 x 也为自由水分与平衡水分之和。

研究一定条件下药物的平衡含水量，对药物的干燥工艺参数选择、贮藏和保质都具有指导性意义。

综上所述，结合水分与非结合水分、自由水分与平衡水分是对物料含水量的两种不同的划分方法。结合水分与非结合水分只与物料特性有关而与空气状态无关；自由水分与平衡水分不仅与物料特性有关，而且还与干燥介质的状况有关。图 3-1 表示的是在等温下，固体物料中这些水分之间的关系。

二、 干燥特性曲线

干燥过程的核算内容除了确定干燥的操作条件外，还需要确定干燥器的尺寸、干燥时间等，因此，必须知道干燥过程的干燥速率。干燥机制和干燥过程比较复杂，通常干燥速率是从实验测得的干燥曲线中求得。根据物料在生产中的干燥条件，干燥可分为恒定条件的干燥与非恒定条件的干燥。所谓恒定条件的干燥是指在干燥过程中，各干燥条件的工艺参数(不包括物料)不随时间变化而变化。为了简化影响因素，干燥实验往往是选在恒定条件下进行的。

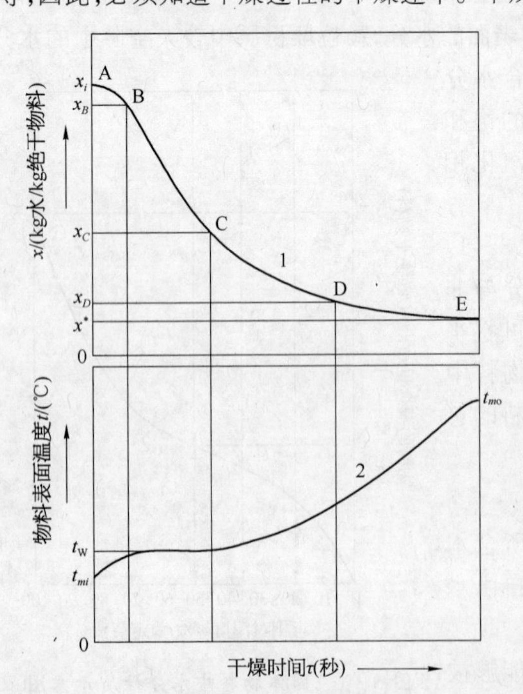

图 3-2　恒定干燥条件下的干燥曲线示意图

1—x-τ 曲线；2—t-τ 曲线

1. 干燥曲线　运用实验的方法，在恒定的干燥条件下，测出物料的含水量 x 或水分蒸发量 q_{mw}、物料的表面温度 t 随干燥时间 τ 的变化数据。测定时，干燥介质(热空气)的温度、湿度、流速及物料的接触方式在整个干燥过程中均保持恒定不变。随着干燥时间的延续，水分不断被汽化，湿物料质量逐渐减少，直至物料质量不再变化，物料中所含水分基本为平衡水分。整理不同时间测取的数据即可绘制成图 3-2 所示的曲线，称为干燥曲线。

2. 干燥速率曲线　在单位时间内、单位干燥面积上汽化的水分质量称为干燥速率，用 U

表示，即

$$U = \frac{dW}{Ad\tau} \tag{3-1}$$

式中：U—干燥速率，单位 kg 水/(m^2 · 秒)；

W—物料实验操作中汽化的水分，单位 kg；

A—干燥面积(即物料与空气的接触面积)，单位 m^2；

τ—干燥时间，单位秒。

由于 $dW = -m_d dx$　　故：

$$U = \frac{dW}{Ad\tau} = \frac{-m_d dx}{Ad\tau} \tag{3-2}$$

式中：m_d—干燥操作中湿物料中绝干物料的质量，单位 kg。

上式中的负号表示 x 随干燥时间的增加而减小，$dx/d\tau$ 即为图 3-2 中干燥曲线上任意一点的斜率。因此由图 3-2 中的干燥曲线及其各点的斜率和式 3-2 可得到干燥速率 U 随物料含水量 x 变化的干燥速率曲线，如图 3-3 所示。

干燥速率曲线的形式因物料种类不同而异，图 3-3 为一典型曲线。

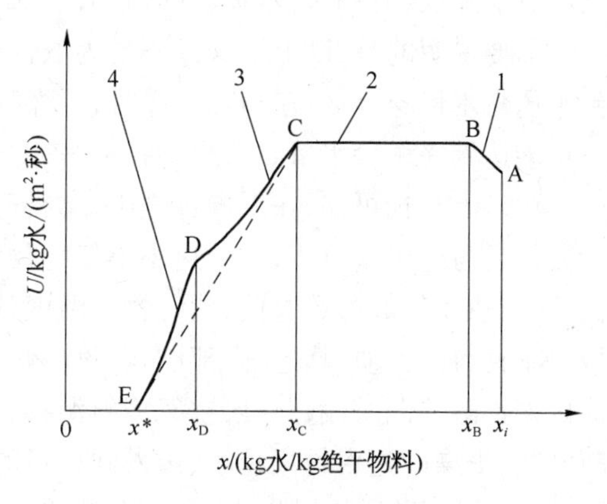

图 3-3　恒定干燥条件下的干燥速率曲线

1—预热阶段；2—恒速干燥阶段；
3—第一降速阶段；4—第二降速阶段

三、　干燥过程及影响因素

图 3-2 和图 3-3 表明，湿物料在干燥过程中，可分为几个不同的干燥阶段：预热阶段、恒速阶段和降速阶段。各阶段物料的含水量随时间变化的趋势明显不同，因此，每个阶段也表现出各自的特点。

1. **物料预热阶段**　图 3-3 中 A 点表示物料进入干燥器时含水量 x_i、温度 t_{mi}。在恒定的干燥条件下，热空气温度为 t_g，湿度为 H_i，物料被加热，水分开始汽化，气固两相间进行热量、质量传递，到达 B 点前，物料表面温度随时间增加而升高，干燥速率也随时间而增加。AB 段称为干燥预热阶段。

2. **恒速干燥阶段**　到达 B 点时，物料含水量降至 x_B，此时物料表面充满非结合水分，此时物料表面蒸气压等于同温度下纯水的蒸气压，空气传给物料的热量，全部用于汽化这些水分，物料表面温度始终保持空气的湿球温度 t_w(不计湿物料受辐射传热的影响)，传热速率保持不变，直至曲线上的 C 点。一般来说，到达 C 点前，汽化的水分为非结合水分。BC(包括 C 点)段称为恒速干燥阶段。

在恒速干燥阶段中，汽化的水分应为非结合水分，因此干燥速率的大小主要取决于空气的性质即取决于物料表面水分的汽化速率，所以恒速干燥阶段又称为表面汽化控制阶段。

3. **降速干燥阶段**　干燥操作中，当干燥速率开始减小时，干燥速率曲线上出现一转折点，即图 3-3 曲线上的 C 点，该点称之为临界点，该点对应的湿物料的含水量降到 x_C，称为临界含水量。随后物料表面出现局部结合水分被去除，物料内部的水分不能及时扩散传递到表面的情况，致使物料表面不能继续维持全部湿润。干燥过程进行到 C 点后，水分汽化量减少，干燥速率逐渐减小，物料表面温度稍有上升，到达 D 点时，全部物料表面都不含非结合水。CD 段称为第一降速干燥阶段。

过了 D 点后，物料表面温度开始升高，物料中结合水分及剩余非结合水分的汽化则由表面开始向内部移动，空气传递的热量必须达到物料内部才能使物料内部的水分汽化，干燥过程的传热、传质途径增加，阻力加大，水分由内部向表面传递的速率越来越小，干燥速率进一步下降，到达 E 点时速率降为零，物料的含水量降至该空气状态下的平衡含水量 x^*，再继续干燥已不可能降低物料的含水量。DE 段称为第二降速阶段。

需要说明的是，以上干燥过程是为取得干燥数据而制定的，干燥时间可以延续至物料干燥到平衡含水量 x^*。但在实际干燥时，干燥时间不可能如上述那样长，因此，物料的含水量 x 也不可能达到平衡含水量 x^*，只能接近平衡含水量，因此，最终物料的干燥速率也不等于零。

由以上讨论可知，在干燥过程中，物料一般都要经历预热阶段、恒速干燥阶段和降速干燥阶段。在恒速干燥阶段，干燥速率不仅与物料的性质、状态、内部结构、物料厚度等物料因素有关，还与热空气的参数有关，此时物料温度低，干燥速率最大；在降速干燥阶段，干燥速率主要取决于物料的性质、状态、内部结构、物料厚度等，而与热空气的参数关系不大，干燥过程又称为内部扩散控制阶段，此时，空气传给湿物料的热量大于汽化所需的热量，故物料表面温度不断升高，干燥的速率越来越小，蒸发同样量的水分所需的时间加长。

干燥过程阶段的划分是由物料的临界含水量 x_C 确定的，x_C 是一项影响物料干燥速率和干燥时间的重要特性参数。x_C 值越大，则干燥进入降速阶段越早，蒸发同样的水分量时间越长。临界含水量 x_C 值的大小，因物料性质、厚度和干燥速率的不同而异。在一定干燥速率下，物料愈厚，x_C 愈高。根据固体内水分扩散的理论推导表明，扩散速率与物料厚度的平方成反比。因此，减薄物料厚度可有效地提高干燥速率。了解影响 x_C 值的因素，有助于选择强化干燥的措施、开发新型的高效干燥设备、提高干燥速率。物料临界含水量值通常由实验测定或查阅有关手册来获取。

第二节 干燥器的选择

生产中的干燥方法多种多样，相应的干燥设备也是种类繁多。制药生产中的干燥与其他行业的干燥相比，尽管干燥机制基本相同，但由于其行业的特殊性，有其自身的特殊要求和限制。因此，实际生产中如何根据物料的特性和工艺要求正确的选择干燥设备就显得尤为重要。

一、 干燥分类

日常生活中的物资成千上万，需要干燥的物质种类繁多，所以生产中的干燥方法亦是多种多样，从不同角度考虑也有不同的分类方法。

按操作压力的不同，干燥可分为常压干燥和减压（真空）干燥。常压干燥适合对干燥没有特殊要求的物料干燥；减压（真空）干燥适合于特殊物料的干燥，如热敏性、易氧化和易燃易爆物料的干燥。

按操作方式可分为连续式干燥和间歇式干燥。连续式的特点是生产能力大，干燥质量均匀，热效率高，劳动条件好；间歇式的特点是品种适应性广，设备投资少，操作控制方便，但干燥时间长，生产能力小，劳动强度大。

按供给热能的方式，干燥可分为对流干燥、传导干燥、辐射干燥和介电干燥，以及由几种方式结合的组合干燥。干燥设备通常就是根据这种分类方法进行设计制造的。

1. **对流干燥** 利用加热后的干燥介质，常用的是热空气，将热量带入干燥器内并传给物料，使物料中的湿分汽化，形成的湿气同时被空气带走。这种干燥是利用对流传热的方式向湿物料供热，又以对流方式带走湿分，空气既是载热体，也是载湿体。此类干燥目前应用最为广泛，其优点是干燥温度易于控制，物料不易过热变质，处理量大；缺点是热能利用程度低。典型的如气流干燥、流化干燥、喷雾干燥等都属于这类干燥方法。

2. **传导干燥** 让湿物料与设备的加热表面相接触，将热能直接传导给湿物料，使物料中湿分汽化，同时用空气将湿气带走。干燥时设备的加热面是载热体，空气是载湿体。传导干燥的优点是热能利用程度高，湿分蒸发量大，干燥速度快；缺点是当温度较高时易使物料过热而变质。典型干燥设备有转鼓干燥，真空干燥、冷冻干燥等。

3. **辐射干燥** 利用远红外线辐射作为热源，向湿物料辐射供热，湿分汽化走湿气。这种方式是用电磁辐射波作热源，空气作载湿体，其优点是安全、卫生、效率高；缺点是耗电量较大，设备投入高。这类干燥设备有红外线辐射干燥。

4. **介电干燥** 在微波或高频电磁场的作用下，湿物料中的极性分子(如水分子)及离子产生偶极子转动和离子传导等为主的能量转换效应，辐射能转化为热能，湿分汽化，同时用空气带走汽化的湿分，最终达到干燥的目的。其加热方式不是由外而内，而是内外同时加热，在一定深度层与表面之间，物料内部温度高于表面温度，从而使温度梯度和湿分扩散方向一致，可以加快湿分的汽化，缩短干燥时间。这类干燥设备有微波干燥。

5. **组合干燥** 有些物料的特性较为复杂，用单一的干燥方法往往达不到工艺要求。若将两种或两种以上的干燥方法适当的串联组合，则有可能满足生产的要求，这就是组合干燥。如喷雾和流化床组合干燥、喷雾和辐射组合干燥等。

二、 干燥器的分类

将上述这些干燥方式应用在实际生产中，结合被干燥物料的特点，机械制造厂家就研发了许多不同种类适合于干燥各种物料的干燥设备。以下分别按不同的类别加以叙述。

1. **按操作压力** 可分为常压干燥和减压(真空)干燥。减压(真空)干燥可降低湿分汽化温度、提高干燥速度尤其适用于热敏性、易氧化或终态含水量极低物料的干燥。

2. **按操作方式** 可分为连续操作和间歇操作。前者适用于大规模生产，后者适合小批量、多品种的间歇生产，是药品干燥过程经常采用的形式。

3. **按被干燥物料的形态** 可分为块状、带状、粒状、溶液或浆状物料干燥器等。

4. **按传热方式** 分为传导干燥、对流干燥、辐射干燥和介电加热干燥以及由上述 2 种或 3 种方式组成的联合干燥器。

(1) 热传导干燥器：热量经加热壁以热传导方式传给湿物料，使其中的湿分汽化，再将产生的蒸气排除。热效率(70%～80%)较高是该法主要优点，但物料容易在加热壁面因过热而焦化、变质。

(2) 对流干燥器：利用载热体以对流传热的方式将热量传递给湿物料，使其中的湿分汽化并扩散至载热体中而被带走。在对流干燥过程中，干燥介质既是载热体，又是载湿体。此法的优点是容易调控干燥介质的温度、防止物料过热。但因为有大量的热会随干燥废气排向室而导致热效率较低(30%～50%)。

(3) 辐射干燥器：利用辐射装置发射电磁波，湿物料因吸收电磁波而升温发热，致使其中的湿分汽化并加以排除。干燥过程中，由于电磁波将能量直接传递给湿物料，所以传热效率较高。辐射干燥具有干燥速度快、使用灵活等特点，但在干燥过程中，物料摊铺不宜过厚。

以上 3 种方法的共同点在于：传热与传质的方向相反。干燥中，热量均由湿物料表面向内部传递，而湿分均由湿物料内部向表面传递。由于物料的表面温度较高，此处的湿分也将首先汽化，并在物料表面形成蒸气层，增大了传热和传质的阻力，所以干燥时间较长。

(4) 介电干燥器：介电干燥又称为高频干燥，是将被干燥物料置于高频电场内，在高频电场的交变作用下，物料内部的极性分子的运动振幅将增大，其振动能量使物料发热，从而使湿分汽化而达到干燥的目的。一般情况下，物料内部的含湿量比表面的高，而水的介电常数比固体的介电常数大，因此，物料内部的吸热量较多，从而使物料内部的温度高于其表面温度。此时，传热与传质的方向一致，因此，干燥速度较快。

通常将电场频率低于 300MHz 的介电加热称为高频加热，在 300MHz 至 300GHz 的介电加热称为超高频加热，又称为微波加热。由于设备投资大，能耗高，故大规模工业化生产应用较少。目前，介电加热常用于科研和日常生活中，如家用微波炉等。

三、 干燥器的选择原则

干燥器的选择受多种因素影响和制约，正确的步骤必须从被干燥物料的性质和产量，生产工艺要求和特点，设备的结构、型号及规格，环境保护等方面综合考虑，进行优化选择。根据物料中水分的结合性质，选择干燥方式；依据生产工艺要求，在实验基础上进行热量衡算，为选择预热器和干燥器的型号、规格及确定空气消耗量、干燥热效率等提供依据；计算得出物料在干燥器内的停留时间，确定干燥器的工艺尺寸。

(一) 干燥器的基本要求和选用原则

(1) 保证产品质量要求，如湿含量、粒度分布、外表形状及光泽等。

(2) 干燥速率大，以缩短干燥时间，减小设备体积，提高设备的生产能力。

(3) 干燥器热效率高，干燥是能量消耗较大的单元操作之一，在干燥操作中能的利用率是技术经济的一个重要指标。

(4) 干燥系统的流体阻力要小，以降低流体输送机械的能耗。

(5) 环境污染小，劳动条件好。

(6) 操作简便、安全、可靠，对于易燃、易爆、有毒物料，要采取特殊的技术措施。

(二) 干燥器选择的影响因素

1. **选择干燥器前的试验**　选择干燥器前首先要了解被干燥物料的性质特点，因此必须采用与工业设备相似的试验设备来做试验，以提供物料干燥特性的关键数据，并探测物料的干燥机制，为选择干燥器提供理论依据。通过经验和有针对性的试验，应了解以下内容：工艺流程参数；原料是否经预脱水及将物料供给干燥器的方法；原料的化学性质；干产品的规格和性质等。

2. *物料形态* 根据被干燥物料的物理形态，可以将物料分为液态料、滤饼料、固态可流动料和原药材等。表 3-1 列出了物料形态和部分常用干燥器的对应选择关系，可供参考。

表 3-1 物料的选择与干燥器的适配关系

干燥器	物料形态									
	固态可流动料		液态料			滤饼料				原药材
	溶液	浆料	膏状物	离心滤饼	过滤滤饼	粉料	颗粒	结晶	扁料	
厢式干燥器	×	×	×	√	√	√	√	√	√	√
带式干燥器	×	×	×	×	×	×	√	√	√	√
隧道干燥器	×	×	×	×	×	×	√	√	√	√
流化床干燥器	×	×	×	√	√	×	√	√	√	×
喷雾干燥器	√	√	√	×	×	×	×	×	×	×
闪蒸干燥器	×	×	×	√	√	√	√	×	×	×
转鼓干燥器	√	√	√	×	×	×	×	×	×	×
真空干燥器	×	×	×	√	√	×	√	×	√	√
冷冻干燥器	×	×	×	√	√	×	×	×	√	√

注：√表示物料形态与干燥器适配；×表示物料形态与干燥器不适配。

3. *物料处理方法* 在制定药品生产工艺时，被干燥物料的处理方法对干燥器的选择是一个关键的因素。有些物料需要经过预处理或预成形，才能使其适合于在某种干燥器中干燥。

如使用喷雾干燥就必须要将物料预先液态化，使用流化床干燥则最好将物料进行制粒处理；液态或膏状物料不必处理即可使用转鼓干燥器进行干燥，对温度敏感的生物制品则应设法使其处在活性状态时进行冷冻干燥。

4. *温度与时间* 药物的有效成分大多数是有机物以及有生物活性的物质，它们的一个显著特点就是对温度比较敏感。高温会使有效成分发生分解、降活乃至完全失活；但低温又不利于干燥。所以，药品生产中的干燥温度和时间与干燥设备的选用关系密切。一般来说，对温度敏感的物料可以采用快速干燥、真空或真空冷冻干燥、低温慢速干燥、化学吸附干燥等。表 3-2 列出了一些干燥器中物料的停留时间。

表 3-2 干燥器中物料的停留时间

干燥器	干燥器内的典型停留时间				
	1～6 秒	0～10 秒	10～30 秒	1～10 分钟	10～60 分钟
厢式干燥器	—	—	—	√	√
带式干燥器	—	—	—	√	√
隧道干燥器	—	—	—	—	—
流化床干燥器	—	—	√	√	—
喷雾干燥器	√	√	—	—	—
闪蒸干燥器	√	√	—	—	—
转鼓干燥器	—	√	√	—	—
真空干燥器	—	—	—	—	√
冷冻干燥器	—	—	—	—	√

注：√表示物料在该干燥器内的典型停留时间。

5. *生产方式* 若干燥前后的工艺均为连续操作，或虽不连续，但处理量大时，则应选择连续式的干燥器;对数量少、品种多、连续加卸料有困难的物料干燥,则应选用间歇式干燥器。

6. 干燥量　干燥量包括干燥物料总量和湿分蒸发量,它们都是重要的生产指标,主要用于确定干燥设备的规格,而非干燥器的型号。但若多种类型的干燥器都能适用时,则可根据干燥器的生产能力来选择相应的干燥器。

干燥设备的最终确定通常是对设备价格、操作费用、产品质量、安全、环保、节能和便于控制、安装、维修等因素综合考虑后,提出一个合理化的方案,选择最佳的干燥器。

第三节　干燥设备

在制药工业中,由于被干燥物料的形状、性质的不同,生产规模和产品要求各异,所以实际生产中采用的干燥方法和干燥器的型式也各不相同。干燥器的种类较多,本节重点介绍制药生产中常用的几种干燥设备。

一、厢式干燥器

厢式干燥器是一种间歇、对流式干燥器,一般小型的称为烘箱,大型的称为烘房。根据物料的性质、形状和操作方式,厢式干燥器又分为如下几种型式:

(一) 水平气流厢式干燥器

图 3-4 为制药生产中常用的水平气流厢式干燥器。它主要由许多长方形的浅盘、箱壳、通风系统(包括风机、分风板和风管)等组成。干燥的热源多为蒸汽加热管道,干燥介质为自然空气及部分循环热风,小车上的烘盘装载被干燥物料,料层厚度一般为 10～100 mm。新鲜空气由风机吸入,经加热器预热后沿挡板均匀地进入各层挡板之间,在物料上方掠过而起干燥作用;部分废气经排出管排出,余下的循环使用,以提高热利用率。废气循环量可以用吸入口及排出口的挡板进行调节。空气的速度由物料的粒度而定,应使物料不被带走为宜。这种干燥器结构简单,热效率低,干燥时间长。

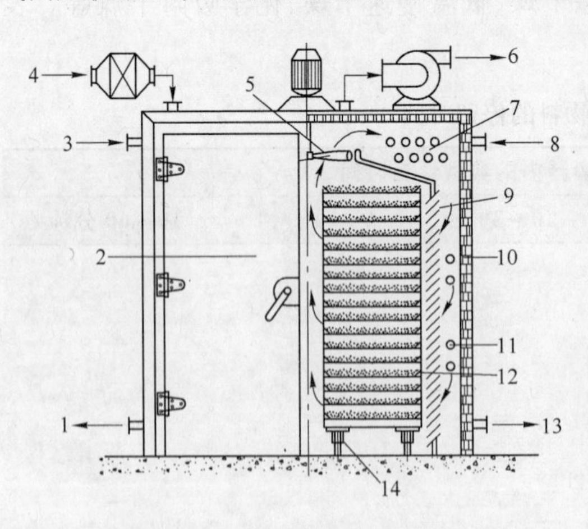

图 3-4　水平气流厢式干燥器

1,13—冷凝水出口;2—干燥器门;3,8—加热蒸汽进口;4—空气;5—循环风扇;6—尾气;7—上部加热管;9—气流导向板;10—隔热器壁;11—下部加热管;12—干燥物料;14—载料小车

(二) 穿流气流厢式干燥器

对于颗粒状物料的干燥,可将物料放在多孔的浅盘(网)上,铺成一薄层,气流垂直地通过物料层,以提高干燥速率。这种结构称为穿流厢式干燥器,如图 3-5 所示。从图中可看出两层物料之间有倾斜的挡板,从一层物料中吹出的湿空气被挡住而不致再吹入另一层。这种干燥对粉状物料适当造粒后也可应用。气流穿过网盘的流速一般为 0.3～1.2 m/秒。实验表明,穿流气流干燥速度比水平气流干燥速度快

2～4 倍。

厢式干燥器主要缺点是物料不能很好地分散，产品质量不稳定，热效率和生产效率低，干燥时间长，不能连续操作，劳动强度大，物料在装卸、翻动时易扬尘，环境污染严重。

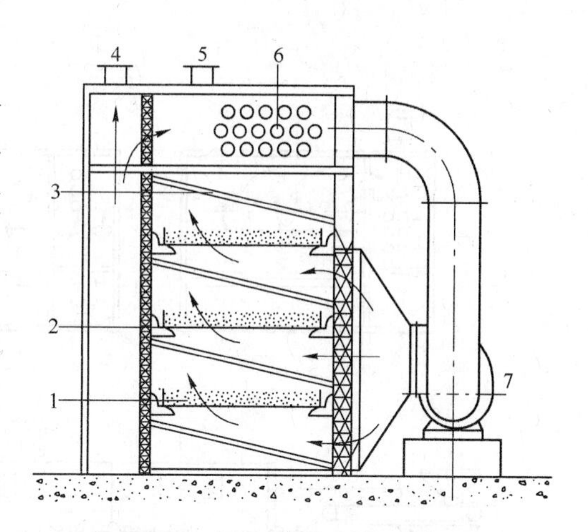

图 3-5　穿流气流厢式干燥器

1—干燥物料；2—网状料盘；3—气流挡板；4—尾气排放口；5—空气进口；6—加热器；7—风机

(三) 真空厢式干燥器

若所干燥的物料热敏性强、易氧化及易燃烧，或排出的尾气需要回收以防污染环境，则在生产中往往使用真空厢式干燥器(图 3-6)。其干燥室为钢制外壳，内部安装有多层空心隔板 1，分别与进气多支管 7 和冷凝液多支管 3 相接。干燥时用真空泵抽走由物料中汽化的水汽或其他蒸气，从而维持干燥器中的真空度，使物料在一定的真空度下达到干燥。真空厢式干燥器的热源为低压蒸汽或热水，热效率高，被干燥药物不受污染；设备结构和生产操作都较为复杂，相应的费用也较高。

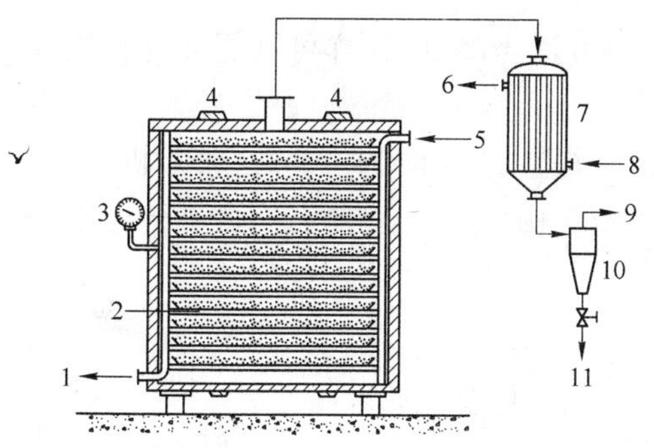

图 3-6　真空厢式干燥器

1,11—冷凝水出口；2—真空隔板；3—真空表；4—加强筋；5—加热蒸汽进口；6,8—冷却剂进出口；7—冷凝器；9—抽真空；10—气水分离器

二、　带式干燥器

带式干燥器，在制药生产中是一类最常用的连续式干燥设备，简称带干机。其基本工作原理是将湿物料置于连续传动的运送带上，用红外线、热空气、微波辐射对运动的物料加热，使物料温度升高，其中的水分汽化而被干燥。根据带干机的结构，可分为单级带式干燥机、多级带式干燥机、多层带式干燥机等。制药行业中主要使用的是单级带式干燥机和多层带式干燥机。

(一) 单级带式干燥器

图 3-7 是典型的单级带式干燥器示意图。一定粒度的湿物料从进料端由加料装置被连续均匀地分布到传送带上，传送带具有用不锈钢丝网或穿孔不锈钢薄板制成网目结构，以一定速度传动；空气经过滤、加热后，垂直穿过物料和传送带，完成传热传质过程，物料被干燥后传送至卸料端，循环运行的传送带将干燥料自动卸下。整个干燥过程是连续的。

由于干燥有不同阶段，干燥室往往被分隔成几个区间，这样每个区间可以独立控制温度、风速、风向等运行参数。例如，在进料口湿含量较高区间，可选用温度、气流速度都较高的操作参数；中段可适当降低温度、气流速度；末端气流不加热，用于冷却物料。这样不但能使干燥有效均衡地进行，而且还能节约能源，降低设备运行费用。

(二) 多层带式干燥器

多层带式干燥器的传送带层数通常为 3～5 层，多的可达 15 层，上下相邻两层的传送方向相反。传送带的运行速度由物料性质、空气参数和生产要求决定，上下层可以速度相同，也可

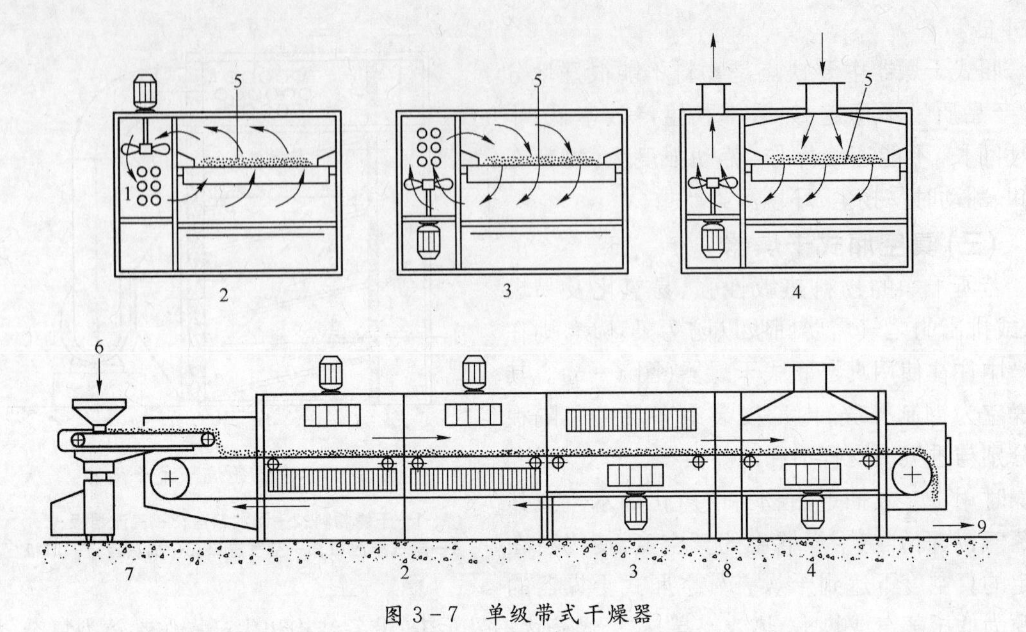

图 3-7 单级带式干燥器

1—加热器;2—上吹;3—下吹;4—冷却;5—传送网带;6—加料端;7—摆动加料装置;8—隔离段;9—卸料端

以不相同,许多情况是最后一层或几层的传送带运行速度适当降低,这样可以调节物料层厚度,达到更合理地利用热能。

多层带式干燥器工作时,热空气仍以穿流流动进入干燥室。简单结构的多层带式机,只有单一流的热空气由下而上依次通过各层,物料自上而下依次由各层传送带传送,并在传送中被热空气干燥,见图 3-8。

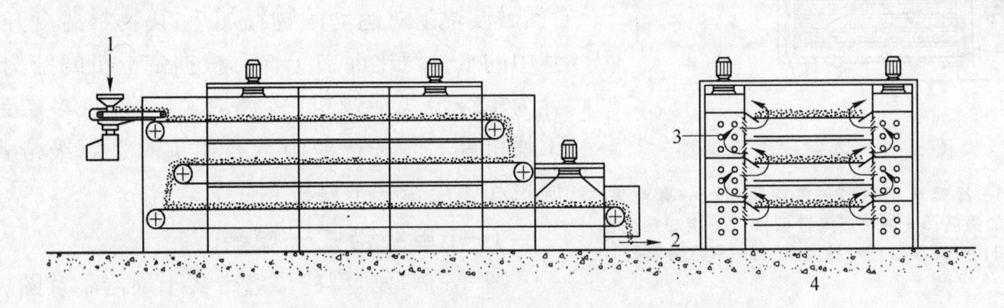

图 3-8 多层带式干燥器结构图及断面图

1—加料端;2—卸料端;3—加热器;4—断面图

多层带式干燥器的优点是物料与传送带一起传动,同一带上物料的相对位置固定,都具有相同的干燥时间;物料在传送带上转动时,可以使物料翻动,而受振动或冲击不大,物料形状基本不受影响,却能更新物料与热空气的接触表面,保证物料干燥质量的均衡,因此特别适合于具有一定粒度的成品药物干燥;设备结构可根据干燥过程的特点分段进行设计,既能优化操作环境,又能使干燥过程更加合理;可以使用多种能源进行加热干燥,如红外线辐射和微波辐射、电加热器、燃气等,进一步改装甚至可以进行焙烤加工。带干机的缺点是被干燥物料状态的选择性范围较窄,只适合干燥具有一定粒度,没有黏性的固态物料,且生产效率和热效率较低,占地面积较大,噪声也较大。

三、气流干燥器

气流干燥是将湿态时为泥状、粉粒状或块状的物料,在热气流中分散成粉粒状,一边随热气流输送,一边进行干燥。对于能在气体中自由流动的颗粒物料,均可采用气流干燥方法除去其中单位水分。可见,气流干燥是一种热空气与湿物料直接接触进行干燥的方法。

(一) 气流干燥装置及其流程

一级直管式气流干燥器是气流干燥器最常用的一种,基本流程如图 3-9 所示。湿物料通过螺旋加料器 5 进入干燥器,经加热器 3 加热的热空气,与湿物料在干燥管 4 内相接触,热空气将热能传递给湿物料表面,直至湿物料内部。与此同时,湿物料中的水分从湿物料内部以液态或气态扩散到湿物料表面,并扩散到热空气中,达到干燥目的。干燥后的物料经旋风除尘器 6 和袋式除尘器 9 回收。

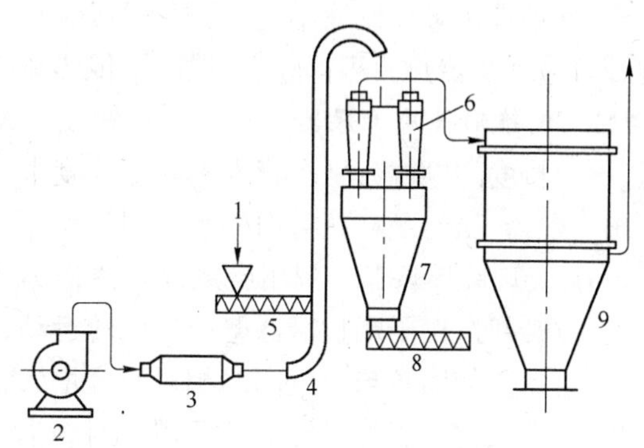

图 3-9　一级直管式气流干燥器

1—湿料;2—风机;3—加热器;4—干燥管;5—螺旋加料器;6—旋风除尘器;7—储料斗;8—螺旋出料器;9—袋式除尘器

(二) 气流干燥器的特点

气流干燥器适用于干燥非结合水分及结团不严重又不怕磨损的颗粒状物料,尤其适宜于干燥热敏性物料或临界含水量低的细粒或粉末物料。

1. **干燥效率高、生产能力强**　首先,气流干燥器中气体的流速较高,通常为 20～40 m/秒,被干燥的物料颗粒被高速气流吹起并悬浮其中,因此气固间的传热系数和传热面积都很大。其次,由于气流干燥器中的物料被气流吹散,同时在干燥过程中被高速气流进一步粉碎,颗粒的直径较小,物料的临界含水量可以降得很低,从而缩短了干燥时间。对大多数物料而言,在气流干燥器中的停留时间只需 0.5～2 秒,最长不超过 5 秒。所以可采用较高的气体温度,以提高气固间的传热温度差。由此可见,气流干燥器的传热速率很高、干燥速率很快,所以干燥器的体积也可小些。

2. **热损失小,热效率高**　由于气流干燥器的散热面积较小,热损失低,一般热效率较高,干燥非结合水分时,热效率可达 60%左右。

3. **结构简单,造价低**　活动部件少,易于建造和维修,操作稳定,便于控制。

气流干燥器有许多优点,但也存在着一些缺点:由于气速高以及物料在输送过程中与壁面的碰撞及物料之间的相互摩擦,整个干燥系统的流体阻力很大,因此动力消耗大。干燥器的主体较高,在 10 m 以上。此外,对粉尘回收装置的要求也较高,且不宜于干燥有毒的物质。尽管如此,还是目前制药工业中应用最广泛的一种干燥设备。

(三) 气流干燥器的改进

鉴于气流干燥器的干燥管较高,给安装和维修带来的不便,人们已研究出针对其改进的许多方法。

1. **多级气流干燥器**　用多段短的干燥管串联起来替代原来较高的气流干燥管,物料从第一级出口经分离后,再投入第二级、第三级……最后从最末一级出来。干燥管改为多级后,在增加了加速段的数目的同时,又降低了干燥管的总高度。但该法需增加气体输送及分离设备。

目前多用2～3级气流干燥设备。

2. 脉冲式气流干燥器　是采用直径交替缩小和扩大的脉冲管代替直干燥管。物料首先进入管径小的干燥管中,气流速度较高,且颗粒产生加速运动,当加速运动结束时,干燥器的管直径突然扩大,由于惯性作用,该段内颗粒速度大于气流速度;当颗粒在运动过程中逐渐减速后,干燥管直径又突然缩小,便又被气流加速。如此交替地进行上述过程,从而气体与颗粒间的相对速度及传热面积都较大,提高了传热和传质速率。

3. 倒锥形气流干燥器　将干燥管做成上大下小的倒锥形,使气流速度由下而上地逐渐降低,不同粒度的颗粒分别在管内不同的高度中悬浮,互相撞击直至干燥程度达到要求时被气流带出干燥器,虽然颗粒在管内停留时间较长,但可降低干燥管的高度。

4. 旋风式干燥器　利用旋风分离器作为干燥器。气流夹带着物料以切线方向进入旋风气流干燥器时,由于颗粒沿器壁产生旋转运动,而使颗粒处于悬浮和旋转运动的状态。由于离心加速作用,使颗粒与空气间的相对速度增大,同时在旋转运动中颗粒易被粉碎,增大了干燥面积,从而强化了干燥过程。该适用于耐磨损的热敏性散粒状物料,不适用于含水量高、黏性大、熔点低、易爆炸及易产生静电效应的物料,目前旋风式干燥器常采用的直径为300～500 mm,最大的为900 mm,有时也采用二级串联或与直管气流干燥器串联操作。

四、流化床干燥器

流化床干燥又称沸腾床干燥,是流化态技术在干燥过程中的应用。其基本工作原理是利用加热的空气向上流动,穿过干燥室底部的分布床板,床板上面加有湿物料;当气流速度被控制在某一区间值时,床板上的湿物料颗粒就会被吹起,但又不会被吹走,处于似沸腾的悬浮状态,即流化状态,称之为流化床。气流速度区间的下限值称为临界流化速度,上限值称为带出速度。处于流化状态时,颗粒在热气流中上下翻动互相混合、碰撞,与热气流进行传热和传质,达到干燥的目的。

各种流化干燥器的基本结构都由原料输入系统、热空气供给系统、干燥室及空气分布板、气-固分离系统、产品回收系统和控制系统等几部分组成。

流化床干燥器的优点有:① 由于物料和干燥介质接触面积大,同时物料在床层中不断地进行激烈搅动,表面更新机会多,所以传热传质效果好,体积传热系数很大,通常可达2.3～7.0 $kW/(m^3 \cdot K)$。设备生产能力高,可以实现小设备大生产的要求。② 流化床内纵向返混激烈,流化床层温度分布均匀,对含表面水分的物料,可以使用比较高的热风温度。③ 流化干燥器内物料干燥速度大,物料在设备中停留时间短,适用于某些热敏性物料的干燥。④ 在同一个设备中,可以进行连续操作,也可以进行间歇操作。⑤ 物料在干燥器内的停留时间,可以按需要进行调整。对产品含水量要求有变化或物料含水量有波动的情况更适用。⑥ 设备简单,投资费用较低,操作和维修方便。

流化床干燥器的缺点有:① 对被干燥的物料颗粒度有一定的限制,一般要求不小于30 μm,不大于6 mm。② 当物料的湿含量高而且黏度大时,一般不适用。③ 对易粘壁和结块的物料,容易发生设备的结壁和堵床现象。④ 流化干燥器的物料纵向返混剧烈,对单级连续式流化床干燥器,物料在设备中停留时间不均匀,有可能未经干燥的物料随着产品一起排出。

制药行业使用的流化床干燥装置。从其类型来看,主要分为:单层流化床干燥器、多层流化床干燥器、卧式多室流化床干燥器、塞流式流化床干燥器、振动流化床干燥器、机械搅拌流化床干燥器等。

(一) 单层圆筒流化床干燥器

该干燥器的基本结构如图 3-10 所示。其结构简单，干燥器工作时，空气经空气过滤器 2 过滤，由鼓风机 3 送入加热器 4 加热至所需温度，经气体分布板 9 喷入流化干燥室 8，将由螺旋加料器 7 抛在气体分布板上的物料吹起，形成流化工作状态。物料悬浮在流化干燥室经过一定时间的停留而被干燥，大部分干燥后的物料从干燥室旁侧卸料口排出，部分随尾气从干燥室顶部排出，经旋风分离器 10 和袋滤器回收。

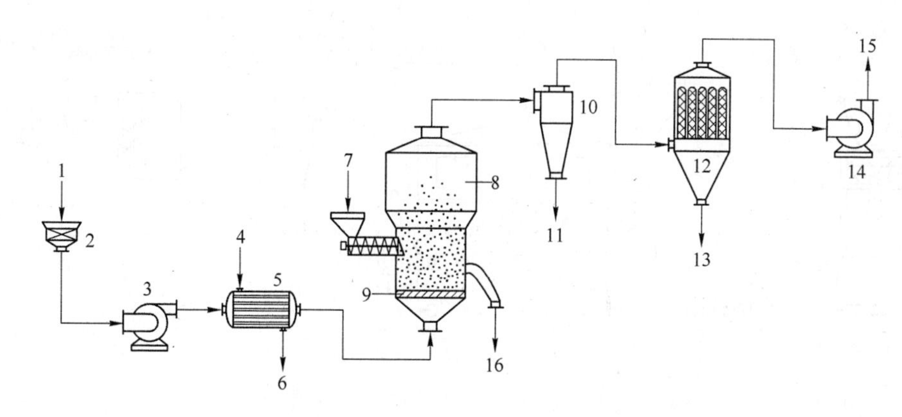

图 3-10 单层流化床干燥器

1—空气；2—空气过滤器；3—鼓风机；4—加热蒸汽；5—加热器；6—冷凝水；7—加料斗；8—流化干燥室；9—气体分布板；10—旋风分离器；11—粗粉回收；12—袋滤器；13—细粉回收；14—抽风机；15—尾气；16—干燥产品

该干燥器操作方便，生产能力大。但由于流化床层内粒子接近于完全混合，物料在流化床停留时间不均匀，所以以干燥后所得产品湿度也不均匀。如果限制未干燥颗粒由出料口带出，则需延长颗粒在床内的平均停留时间，解决办法是提高流化层高度，但是压力损失也随之增大。因此，单层圆筒流化床干燥器适用于处理量大、较易干燥或干燥程度要求不高的粒状物料。

(二) 多层圆筒流化床干燥器

多层流化床可改善单层流化床的操作状况，如图 3-11 所示。湿物料从顶部加入，逐渐向下移动，干燥后由底部排出。热气流由底部送入，向上通过各层，从顶部排出。物料与气体逆向流动，虽然层与层之间的颗粒没有混合，但每一层内的颗粒可以互相混合，所以停留时间分布均匀，可实现物料的均匀干燥。气体与物料的多次逆流接触，提高了废气中水蒸气的饱和度，因此热利用率较高。

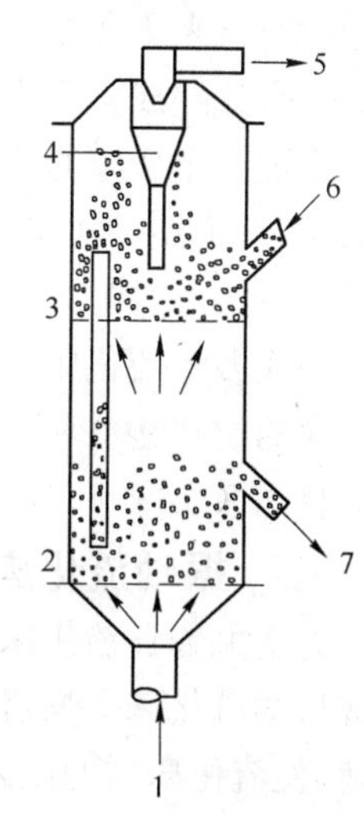

图 3-11 多层流化床干燥器

1—热空气；2—第二层；3—第一层；4—床内分离器；5—气体出口；6—加料口；7—出料口

多层圆筒流化床干燥器适合于对产品含水量及湿度均匀有很高要求的情况。其缺点为：结构复杂，操作不易控制，难以保证各层流化稳定及定量地将物料送入下层。此外，由于床层阻力较大所导致的高能耗也是其缺点。

(三) 卧式多室流化床干燥器

在制药生产中应用较多还有卧式多室流化床干燥器，如图 3-12

所示。工作时,在终端抽风机16作用下,空气被抽进系统,经过滤后,用高效列管式空气加热器5加热,再进入干燥器,经由支管分别送入各相邻的分配小室,各小室可对热空气流量、温度按物料在不同位置的干燥要求通过可调风门19进行适当调节。另外,在负压的作用下,导入一定量的冷空气,过滤后送入最后一室,用于冷却产品,部分冷空气用于其他小室调节温度和湿度。进入各小室的热、冷空气向上穿过气体分布板18,物料从干燥室的入料口进入流化干燥室8,在穿过分布板的热、冷空气吹动下,形成流化床,以沸腾状横向移至干燥室的另一端,完成传热、传质的干燥过程,最后由出料口排出。

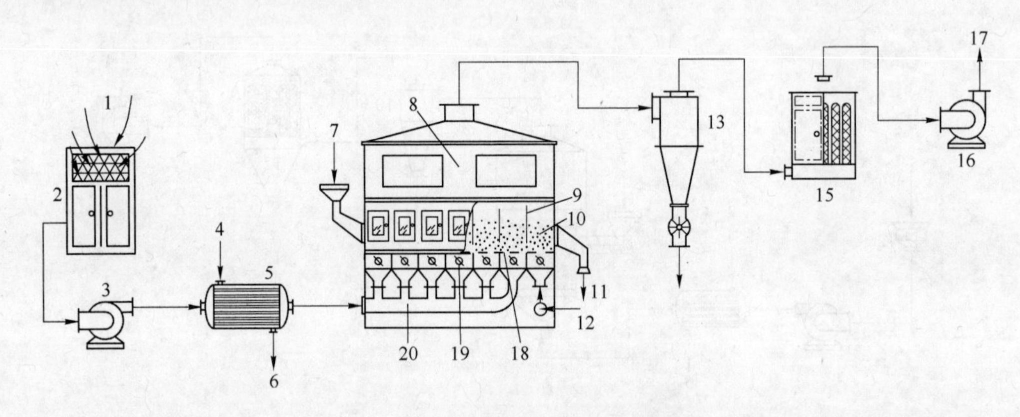

图 3-12 卧式多室流化床干燥器

1—空气;2—空气过滤器;3—鼓风机;4—加热蒸汽;5—空气加热器;6—冷凝水;7—加料器;8—多室流化干燥室;9—空间挡板;10—流化床;11—干燥物料;12—冷空气;13—旋风分离器;14—粗粉回收;15—细粉回收室;16—抽风机;17—尾气;18—气体分布板;19—可调风门;20—热空气分配管

由于干燥的不同阶段对热空气的流量和温度要求不同,为使物料在干燥过程中能合理地利用热空气来干燥物料以及物料颗粒能均匀通过流化床,在干燥室内,通常用垂直室间挡板9将流化床分隔成多个小室(一般4～8室),挡板下端与分布板之间的距离可以调节,使物料能逐室通过。干燥室的上部有扩大段,流化沸腾床若向上延伸到这部分,则截面扩大,空气流速降低,物料不能被吹起,大部分物料得以和空气分离,部分细小物料随分离的空气被抽离干燥室,用旋风分离器13进行回收,极少量的细小粉尘由细粉回收室15回收。

卧式多室流化床干燥器结构简单,操作方便,易于控制,且适应性广。不但可用于各种难以干燥的粒状物料和热敏性物料,也可用于粉状及片状物料的干燥。干燥产品湿度均匀,压力损失也比多层床小。不足的是热效率要比多层床低。

(四) 振动流化床干燥器

为避免普通流化床的沟流、死区和团聚等情况的发生,人们将机械振动施加于流化床上,形成振动流化床干燥器,见图3-13。振动能使物料流化形成振动流化态,可以降低临界流化气速,使流化床层的压降减小。调整振动参数,可以使普通流化床的返混基本消除,形成较理想的定向塞流。振动流化床干燥器的不足是噪声大,设备磨损较大,对湿含量大、团聚性较大的物料干燥不很理想。

(五) 塞流式化床干燥器

图3-14为塞流式流化燥器。这种干燥器从气体分布板1中心进料,在分布板边缘出料,进、出料口之间设有一道螺旋形塞流挡板2。物料从中心进料导管3输入后即被热空气流化,

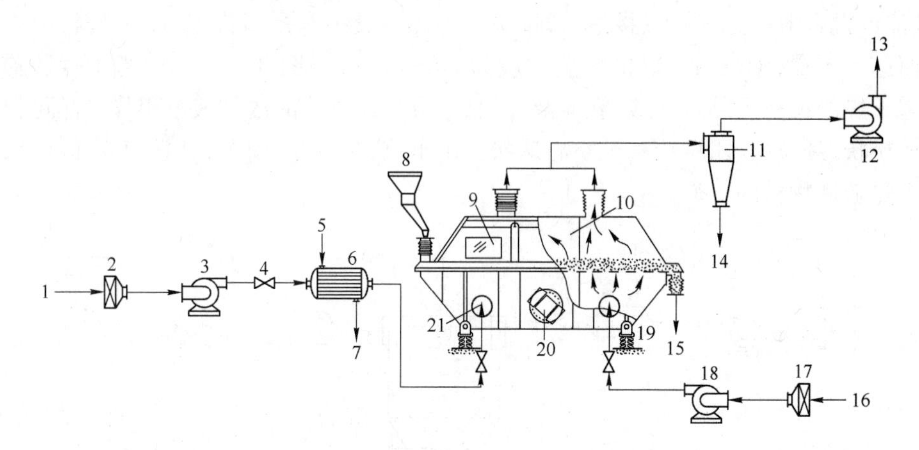

图 3-13　振动流化床干燥器

1,16—空气;2,17—空气过滤器;3,18—送风机;4—阀门;5—加热蒸汽;6—加热器;7—冷凝水;8—加料机;9—观察窗;10—挡板;11—旋风分离器;12—抽风机;13—尾气;14—粉尘回收;15—干燥物料;19—隔振簧;20—震动电机;21—空气进口

并被强制沿着螺旋形塞流挡板通道移动,一直到达边缘的溢流堰出料口卸出。

由于连续的物料流动和窄的通道限制了物料的返混,停留时间得到很好的控制,因此,在多种复杂的操作中能够保持颗粒停留时间基本一致,产品湿含量低,与热空气接近平衡,且无过热现象。

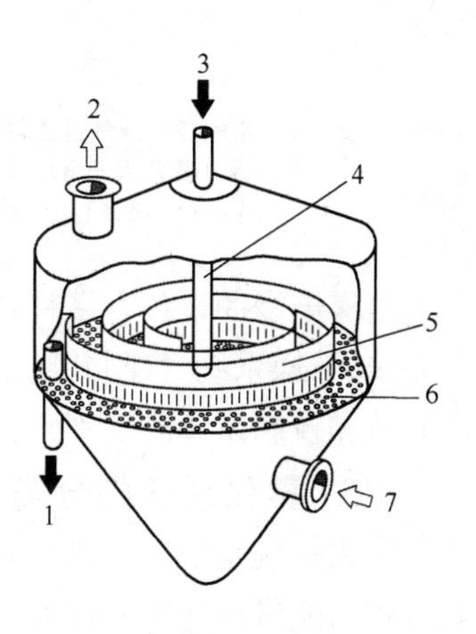

图 3-14　塞流式流化燥器

1—出料口;2—排气口;3—进料口;4—进料导管;5—塞流挡板;6—气体分布板;7—进气口

(六) 闭路循环流化床干燥器

闭路循环流化床干燥装置是采用低含水率(含湿 0.01%)的气体作为干燥介质。通常,湿分为有机溶剂时,一般采用氮气作为干燥介质;湿分为水时,则采用空气。在闭路循环干燥过程中,蒸发出来的湿分被连续冷凝成液体而去除,介质湿分的含量降低。干燥介质经加热后重新循环利用,其相对湿度进一步降低,又拥有较大的载湿能力,为深度干燥创造条件,成品的含水率可达 0.02%～0.1%。

采用氮气作为干燥介质时,产品稳定性好,并消除了爆炸、燃烧等危险。干燥速度快,生产能力较高;不污染污染,生产环境好,劳动强度低等都是其显著优点。

五、 喷雾干燥器

喷雾干燥器是将流化技术应用与液态物料干燥的一种有效的设备,近 30 年来发展迅速,在制药工业中得到了广泛的应用。

(一) 喷雾干燥器的工作原理

喷雾干燥器的基本原理是利用雾化器将液态物料分散成粒径为 10～60 μm 的雾滴,将雾滴抛掷于温度为 120～300℃的热气流中,由于高度分散,这些雾滴具有很大的比表面积和表面自由能,其表面的湿分蒸气压比相同条件下平面液态湿分的蒸气压要大。热气流与物料以逆流、并流或混合流的方式相互接触，通过快速的热量交换和质量交换，使湿物料中的水分迅速汽化而达到干燥，干燥后产品的粒度一般为 30～50 μm。图 3-15 为喷雾干燥装置的示意图。喷雾干燥的物料可以是溶液、乳浊液、混悬液或是黏糊状的浓稠液。干燥产品可根据工艺要求制成粉状、颗粒状、团粒状甚至空心球状。由于喷雾干燥时间短，通常为 5～30 秒，所以特别适用于热敏性物料的干燥。

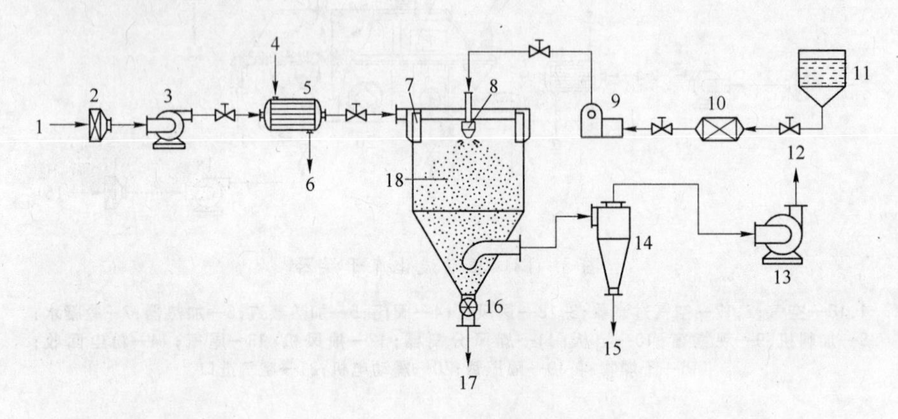

图 3-15 喷雾干燥装置示意图

1—空气；2—空气过滤器；3—送风机；4—加热蒸汽；5—加热器；6—冷凝水；7—热空气分布器；8—压力喷嘴；9—高压液泵；10—无菌过滤器；11—贮液罐；12—尾气；13—抽风机；14—旋风分离器；15—粉尘回收；16—星形卸料器；17—干燥成品；18—喷雾干燥室

喷雾干燥的设备有多种结构和型号，但工艺流程基本相同，主要由空气加热系统、物料雾化系统、干燥系统、气固分离系统和控制系统组成。不同型号的设备，其空气加热系统、气固分离系统和控制系统区别不大，但雾化系统和干燥系统则有多种配置。

(二) 雾化系统的分类

雾化系统是喷雾干燥器的关键部件。雾化系统对生产能力、产品质量、干燥器的尺寸及干燥过程的能量消耗影响很大。按液态物料雾化方式不同，可以将雾化系统分为气流喷雾法、压力喷雾法、离心喷雾法 3 种，如图 3-16。

1. *气流喷雾法* 此法是将压力为 150～700 kPa 的压缩空气或蒸汽以≥300 m/秒的速度从环形喷嘴喷出，利用高速气流产生的负压力，将液体物料从中心喷嘴以膜状吸出，液膜与气体间的速度差产生较大的摩擦力，使得液膜被分散成为雾滴。

气流式喷嘴结构简单，磨损小，对高、低黏度的物料，甚至含少量杂质的物料都可雾化，处理物料量弹性也大，调节气液量之比还可控制雾滴大小，即控制了成品的粒度，但它的动力消耗较大。

2. *压力喷雾法* 这种方法是用高压液泵，以 2～20 MPa 的压力，将液态物料从直径 0.5 mm 嘴加压喷出，其静压能转变为动能，使物料分散成雾滴。

压力式喷嘴结构更简单，制造成本低，操作、检修和更换方便，动力消耗较气流式喷嘴要低得多；但应用这种喷嘴需要配置高压泵，料液黏度不能太大，而且要严格过滤，否则易产生堵塞，喷嘴的磨损也比较大，往往要用耐磨材料制作。

3. *离心喷雾法* 该法是将料液从高速旋转的离心盘中部输入，在离心盘加速作用下，获得较高的离心力而被高速甩出，形成薄膜、细丝或液滴，即刻受周围热气流的摩擦、阻碍与撕裂

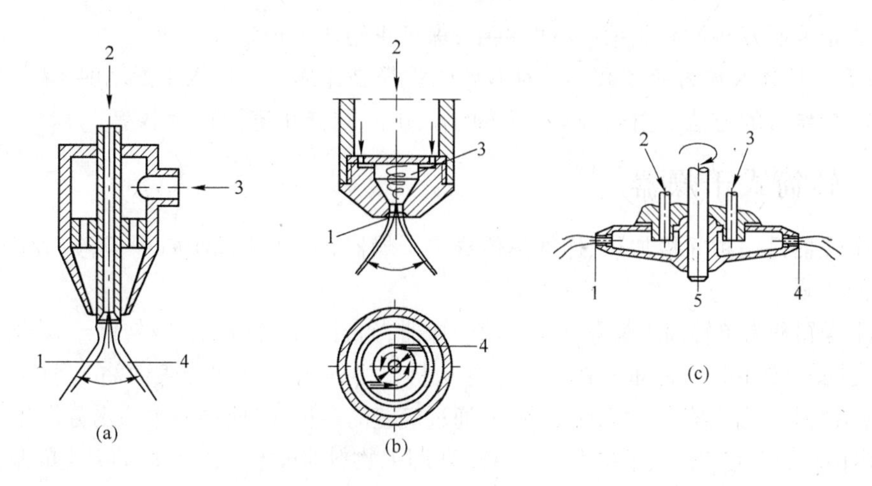

图 3-16　常用雾化系统(喷嘴)

(a) 气流式喷嘴 1—空气心;2—原料液;3—压缩空气;4—喷雾锥
(b) 压力式喷嘴 1—喷嘴口;2—高压原料液;3—旋转室;4—切线入口
(c) 离心式喷嘴 1,4—喷嘴;2,3—原料液;5—旋转轴

等作用而形成雾滴。

离心式喷嘴操作简便,适用范围广,料路不易堵塞,动力消耗小,多用于大型喷雾干燥;但结构较为复杂,制造和安装技术要求高,检修不便,润滑剂会污染物料。喷雾干燥要求达到的雾滴平均直径一般为 10～60 μm,它是喷雾干燥的一个关键参数,对技术经济指标和产品质量均有很大的影响,对热敏性物料的干燥更为重要。在制药生产中,应用较多的是气流喷雾法和压力喷雾法。

(三) 喷雾干燥法的特点

喷雾干燥器的最大特点是能将液态物料直接干燥成固态产品,简化了传统所需的蒸发、结晶、分离、粉碎等一系列单元操作,且干燥的时间很短;物料的温度不超过热空气的湿球温度,不会产生过热现象,物料有效成分损失少,故特别适合于热敏性物料的干燥(逆流式除外);干燥的产品疏松、易溶;操作环境粉尘少,控制方便,生产连续性好,易实现自动化;缺点是单位产品耗能大,热效率和体积传热系数都较低,体积大,结构较为复杂,一次性投资较大等。

(四) 喷雾干燥的粘壁现象

喷雾干燥过程中,容易出现的异常情况就是粘壁现象。当喷嘴喷出的雾滴还未完全干燥且带有黏性时,一旦和干燥塔的塔壁接触,就会黏附在塔壁上,积多结成块,时间长了,料块脱落进入产品,严重影响产品粒度和质量。粘壁严重时,甚至无法正常生产。防止产生粘壁现象的方法主要有以下 3 种:

1. **选用结构合理的喷雾干燥塔**　干燥塔的结构取决于气固流动方式和雾化器的种类。比如,并流气流式喷雾干燥塔往往要设计得较为细长,逆流和混合流干燥塔的特点是制造得比较低矮而粗大。

2. **雾化器的选择、安装、操控**　质量好的雾化器喷出的雾滴锥形分布垂线应该是和喷嘴的轴线完全重合,喷出的雾滴大小和方向才能一致;雾化器安装如果偏离干燥塔中心或发生倾斜,雾滴就会喷射到附近或对面的塔壁上造成粘壁现象;喷嘴工作时振动也会引起粘壁现象,防止的方法是控制好料液和压缩空气的供给,保证供给压力恒定。

3. *改进热风进入塔内的方式* 一种有效的途径是让热空气进入干燥塔时,采用"旋转风"和"顺壁风"相结合的方法,这样在热空气流的作用下,可防止雾滴接触器壁。

六、 转筒式干燥器

转筒干燥器是一种间接加热、连续热传导类干燥器,主要用于溶液、悬浮液、胶体溶液等流动性物料的干燥。

转筒干燥器分为单转筒干燥器和双转筒干燥器,如图 3－17 所示。双转筒干燥器工作时,两转筒进行反向旋转且部分表面浸在料槽中。从料槽中转出来的部分表面沾上了厚度为0.3～5 mm 的薄层料浆。加热蒸气通入转筒内部,通过筒壁的热传导,使物料中的水分汽化,水汽与其夹带的粉尘由转筒上方的排气罩排出。转筒转动 1 周,物料即被干燥,并由转筒壁上的刮刀刮下,经螺旋输送器送出。对易沉淀的料浆也可将原料向两转筒间的缝隙处洒下。这一类型的干燥器是以热传导方式传热的,湿物料中的水分先被加热到沸点,干料则被加热到接近于转筒表面的温度。

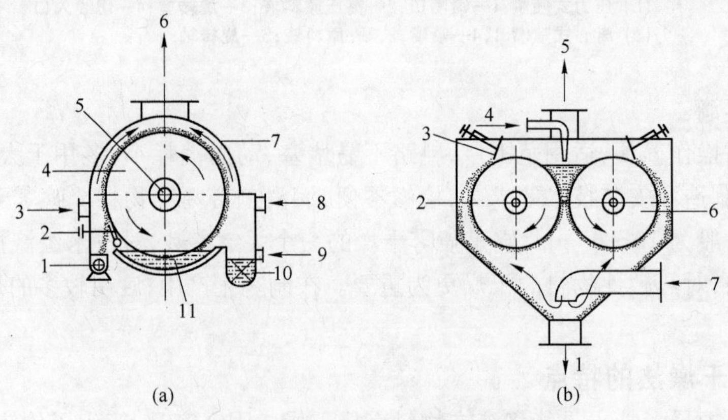

图 3－17 转筒干燥器示意图

(a) 浸液进料单转筒干燥器 1—螺旋输送器;2—刮刀调节柄;3,6,8—空气;4—转筒;5—加热蒸汽导管;7—机壳;9—原料液;10—贮液槽

(b) 中心进料双转筒干燥器 1—干物料;2—空心转轴;3—刮刀;4—原料液;5—尾气;6—转筒;7—空气

滚筒的直径一般为 0.5～1.5 m,长度为 1～3 m,转速为 1～3 r/分钟。处理物料的含水量可为 10%～80%,一般可干燥到 3%～4%,最低为 0.5%左右。由于干燥时可直接利用蒸汽潜热,故热效率较高,可达 70%～90%。单位加热蒸汽耗量为 1.2～1.5 kg 蒸汽/kg 水。总传热系数为 180～240 W/(m^2·K)。

转筒干燥器与喷雾干燥器相比,具有动力消耗低,投资少,维修费用省,干燥温度和时间容易调节等优点,但是在生产能力、劳动强度和条件等方面则不如喷雾干燥器。

七、 红外线干燥器

红外线辐射干燥是利用红外线辐射器产生的电磁波被物料表面吸收后转变为热量,使物料中的湿分受热汽化而干燥的一种方法。

(一) 红外线辐射器的结构

红外线辐射加热器的种类较多,结构上主要由 3 部分组成。

1. *涂层*　涂层为加热器的关键部分，其功能是在一定温度下能发射所需波段、频谱宽度和较大辐射功率的红外辐射线。涂层多用烧结的方式涂布在基体上。

2. *热源*　其功能是向涂层提供足够的能量，以保证辐射涂层正常发射辐射线时具有必需的工作温度。常用的热源有电阻发热体、燃烧气体、蒸汽和烟道气等。

3. *基体*　其作用是安装和固定热源或涂层，多用耐温、绝缘、导热性能良好、具有一定强度的材料制成。

(二) 红外线辐射干燥器

红外线辐射干燥器和对流传热干燥器在结构上有很大的相似之处，前面所介绍的干燥器若加以改造，都可以用于红外线加热干燥，区别就在于热源的不同。常见的有带式红外线干燥器(图 3－18)和振动式远红外干燥器(图 3－19)。

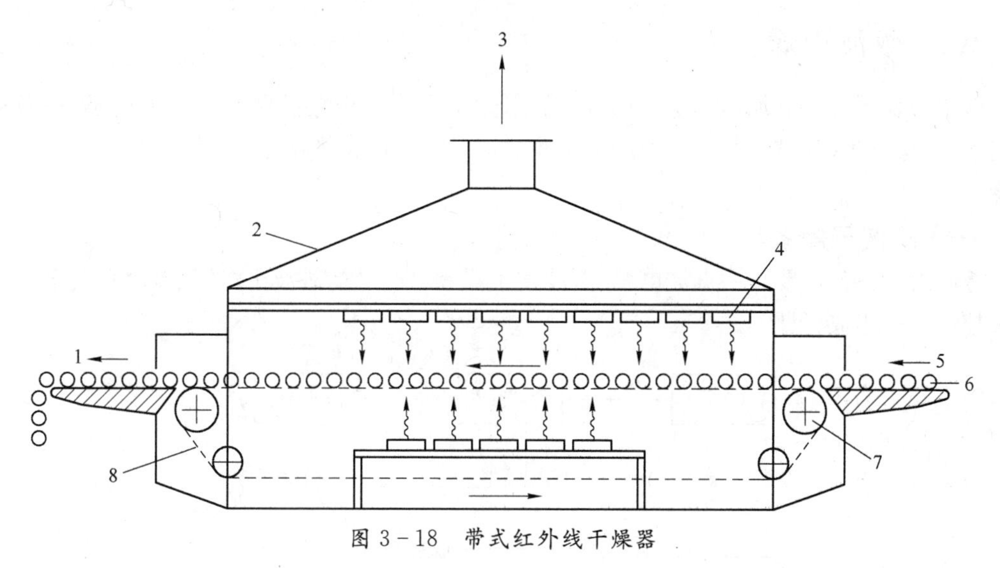

图 3－18　带式红外线干燥器

1—出料端；2—排风罩；3—尾气；4—红外辐射热器；5—进料端；6—物料；7—驱动链轮；8—网状链带

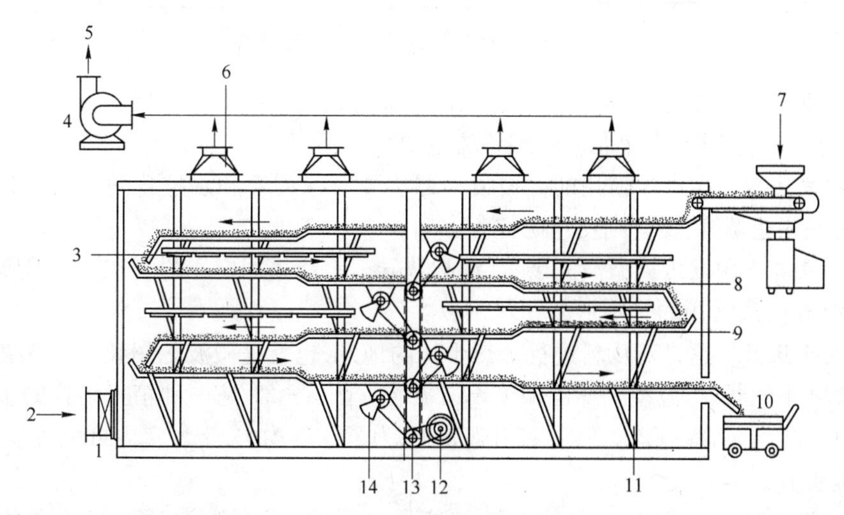

图 3－19　振动式远红外干燥器

1—空气过滤器；2—进气；3—红外辐射加热器；4—抽风机；5—尾气；6—尾气排出口；7—加料器；8—物料层；9—震动料槽；10—卸料；11—弹簧连杆；12—电动机；13—链轮装置；14—振动偏心轮

(三) 红外线干燥的特点

(1) 红外线干燥器结构简单,调控操作灵活,易于自动化,设备投资也较少。

(2) 干燥时间短,速度快,比普通干燥方法要快 2~3 倍。

(3) 干燥过程不需要干燥加热介质,蒸发水分的热能是物料吸收红外线辐射能后直接转变而来,能量利用率高。

(4) 由于物料内外均能吸收红外线辐射,故适合多种形态物料的干燥,且产品质量好。

(5) 红外线辐射加热器多使用电能,电能耗费大。

(6) 由于红外线辐射穿透深度有限,干燥物料的厚度受到限制,只限于薄层物料。

已经证明,若设计完善,红外辐射加热干燥的节能效果和干燥环境要优于对流传热干燥,否则,效果不如对流传热干燥。

八、 微波干燥

微波干燥属于介电加热干燥。物料中的水分子是一种极性很大的小分子物质,在微辐射作用下,极易发生取向转动,分子间产生摩擦。辐射能转化成热能,温度升高水分汽化,物料被干燥。

(一) 微波干燥系统

微波干燥设备主要是由直流电源、微波发生器、波导装置、微波干燥器、传动系安全保护系统及控制系统组成,见图 3-20。

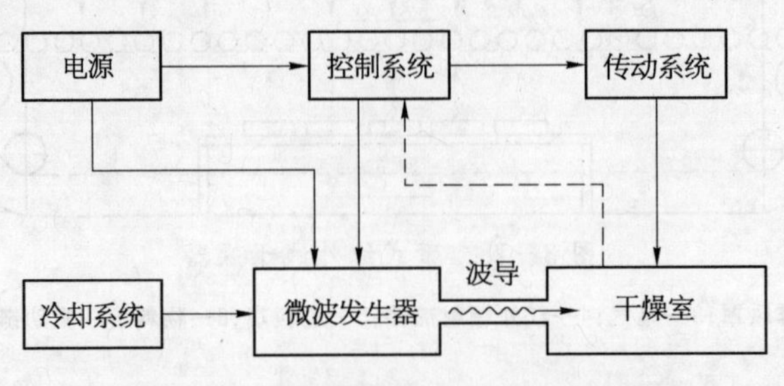

图 3-20 微波干燥系统组成示意图

1. **直流电源** 将普通交流电源经变压、整流成为直流高压电。根据微波发生器的要求不同,对电源的要求也不同,有单相和三相整流电源。

2. **微波发生器** 生产中使用的微波发生器主要有速调管和磁控管两种。高频率及大功率的场合常使用速调管,反之则使用磁控管。

3. **波导装置** 用以传送微波的装置,简称波导。一般采用空心的管状导电金属装置作为传送微波的波导,最常用的是矩形波导。

4. **微波干燥器** 这是对物料进行加热干燥的地方,也就是微波应用装置。现在应用较多的有多模微波干燥器、行波型干燥器和单模谐振腔。图 3-21 是一种箱式结构的多模微波干燥器,其工作原理和结构有点类似于家用微波炉,为了干燥均匀,干燥室内可配置搅拌装置,或料盘转动装置。

5. **微波漏能保护装置** 生命体对微波能量的吸收,根据微波频率和生命体的不同达 20%~100%,对生命体产生生理影响和伤害作用,因此,必须严格控制微波的泄漏,生产中多使用一种金属结构的电抗性微波漏能抑制器。

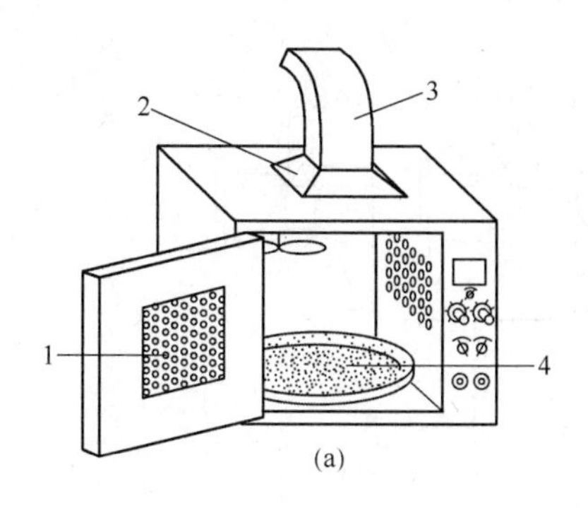

(a)

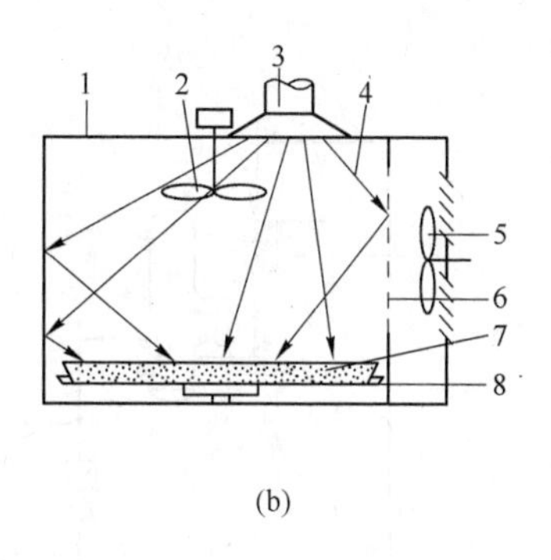

(b)

图 3-21　箱式微波干燥器

(a) 结构示意图 1—带屏蔽网视窗;2—波导入口;3—波导管;4—非金属料盘
(b) 干燥工作原理图 1—金属反射腔体;2—金属模式搅拌器;3—微波输入;
4—辐射微波;5—排湿风扇;6—排湿孔;7—干燥物料;8—非金属旋转盘

(二) 微波干燥器的特点

1. **干燥温度低**　尽管物料中水分多的地方温度高,但再高也只有100℃左右,比其他普通干燥的温度都要低,整个干燥环境的温度也不高,操作过程属于低温干燥。

2. **干燥时间短**　微波干燥比普通干燥加热要快数十倍乃至上百倍,而且非常有针对性(量大的地方升温快、温度高),因此能量的有效利用率高,干燥时间短,生产效率高。

3. **产品质地结构好**　由于是内外同时加热,很少发生结壳现象。适于干燥过程中容易结壳以及内部的水分难以去尽的物料。

4. **具有灭菌功能**　微波能抑制或致死物料中的有害菌体,达到杀菌灭菌的效果。

5. **过程控制简单**　能量的输入可以通过开关电源实现,操作简便,且加热速度和强度可通过功率输入的大小调节实现。

6. **设备体积小**　由于生产效率高,能量利用率高,加热系统体积小,因此整个干燥设备体积小,占地面积少。

7. **安全可靠**　对于易燃易爆及温度控制不好易分解的化厂产品,微波干燥较为安全。

然而,微波干燥的设备投入费用较大,微波发射器容易损坏,技术含量高,使得传热传质控制要求比较苛刻,而且微波对人体具有一定的伤害作用,维护要求也比较高,其应用受到一定的限制。

九、 冷冻干燥器

冷冻干燥是将物料预先冻结至冰点以下,使物料中的水分变成冰,然后在较高的真空度下,将冰直接升华为蒸汽而除去水分的过程,因而又称为升华干燥,简称冻干。冷冻干燥特别适用于热敏性、易氧化的物料,比如生物制剂、抗生素等药物的干燥处理,属于热传导式干燥器。

(一) 冷冻干燥器的组成

冷冻干燥器的设备要求高,干燥装置也比较复杂,通常主要由冷冻干燥箱、真空机组、制冷系统、加热系统、冷凝系统、控制及其他辅助系统组成,如图 3-22 所示。

1. **冷冻干燥箱**　为密封容器,干燥操作时,内部被抽成真空,此部分是冷冻干燥器的核心部分。箱内配有冷冻降温装置和升华加热搁板，箱壁上有视窗。

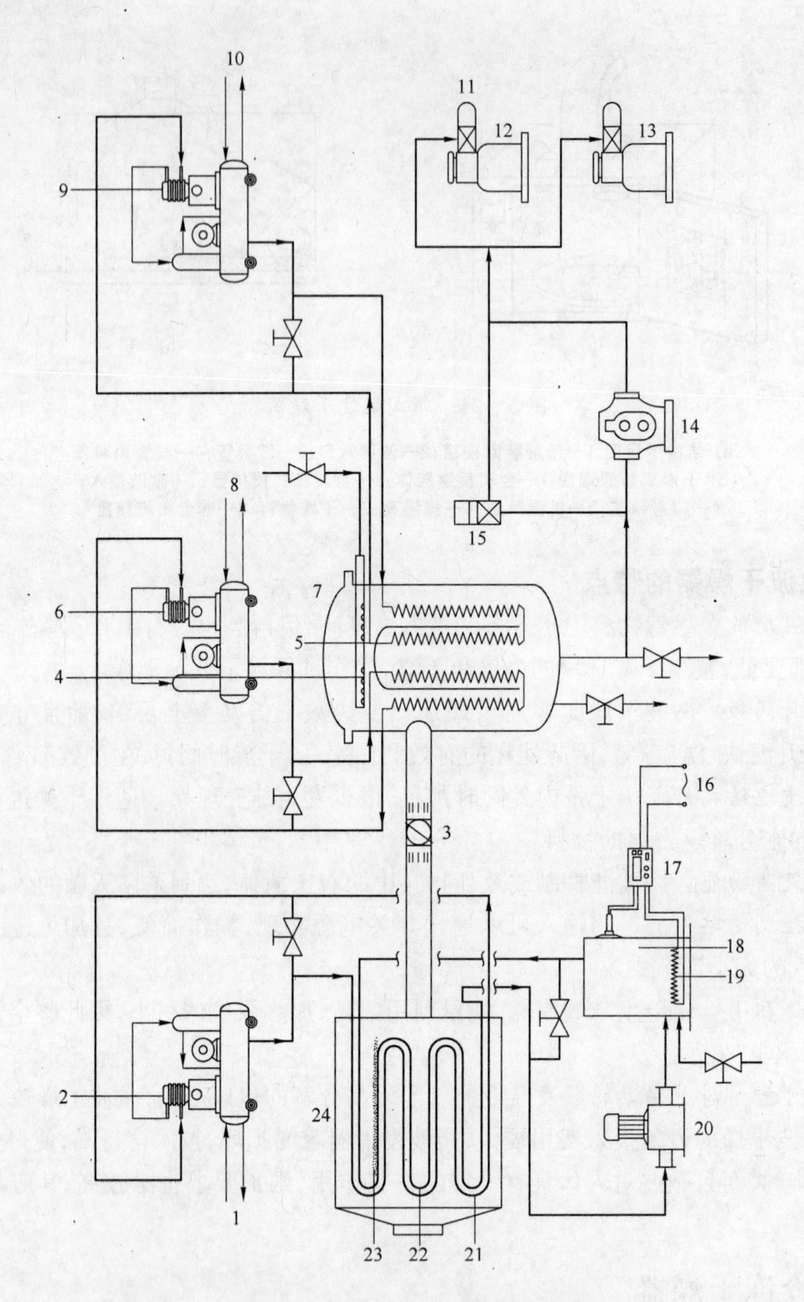

图 3-22 冷冻干燥机组示意图

1,8,10—冷凝水进出管；2,6,9—冷冻机；3—蝶阀；4—化霜喷水管；5—冷凝管；7—水汽凝华器；11—电磁放气截止阀；12,13—旋转真空泵；14—罗茨真空泵；15—电磁阀；16—加热电源；17—加热温度控制仪；18—油箱；19—加热器；20—循环油泵；21—冷冻管；22—油加温管；23—搁板；24—冻干箱

2. **真空系统** 常用的抽真空设备分两组：前级泵和主泵。真空条件下冰升华后的水蒸气体积比常压下大得多，要维持一定的真空度，对真空泵系统的要求较高。一般采取的方法有两种：一种是在干燥箱和真空泵之间加设冷凝器，使抽出的水分冷凝，以降低气体量；第二种

是使用两级真空泵抽真空，前级泵先将大量气体抽走，达到预抽真空度的要求后，再使用主泵。

3. 制冷系统　用于干燥箱和水汽凝华器的制冷。根据制冷的循环方式，制冷分为单级压缩制冷、双级压缩制冷和复叠式制冷。单级压缩制冷只使用一台压缩机，设备结构简单，但动力消耗大，制冷效果不佳。另外两种使用两台压缩机。双级压缩制冷采用低、高压两种压缩机。复叠式制冷则相当于高温和低温两组单级压缩制冷通过蒸发冷凝器互联而成。

4. 加热系统　其供热方式可分为热传导和热辐射。传导供热又分为直热式和间热式。直热式以电加热直接给搁板供热为主；间热式用载热流体为搁板供热。热辐射主要采用红外线加热。冷冻干燥器一般按冻干面积可分为大型、中型和小型 3 种。制药生产中使用的大型冻干机搁板面积一般在 6 m^2 以上；中型冻干机搁板面积介于 1～5 m^2；小型或实验用冻干机搁板面积一般在 1 m^2 以下。

(二) 冷冻干燥的特点

1. 冷冻干燥器具的优点

(1) 由于药物处于低温、真空环境中干燥，既能避免药品中有效成分的热分解和热变性失活，又能大大降低有效成分的氧化变质，药品的有效成分损失少，生物活性受影响小。

(2) 由于冷冻干燥是将水分以冰的状态直接升华成水蒸气而干燥，故物料的物理结构以及组分的分子分布变化小。

(3) 由于冷冻干燥后的物料是被出去水分的原组织不变的多孔性干燥产品，添加水分后，可在短时间内恢复干燥前的状态。

(4) 真空条件使得产品含水量能达到很低的值，加上真空包装，产品保存时间长。

2. 冷冻干燥器的缺点

(1) 由于对设备的要求较高，设备投资和操作的费用较大，动力消耗大。

(2) 由于低温时冰的升华速度较慢，装卸物料复杂，导致干燥时间比较长，生产能力低。因此，这种方法的应用受到一定的限制。

鉴于以上特点，冷冻干燥特别适用于热敏性、易氧化及具有生物活性类制品的干燥。

第四章

粉碎原理与设备

导学

本章主要介绍了粉碎过程中的能耗假说，粉碎流程，尤其着重描述了开路粉碎与循环粉碎的不同之处，粉碎的作用力(如剪切、挤压、撞击、劈裂、研磨等)，同时介绍了常规粉碎机械的型号、特性、粉碎级别等方面的内容；对超微粉碎技术从粉碎原理、应用于中药材加工的目的、粉碎的方法及涉及的设备也做了详尽的描述；最后给出了粉碎机械的选择原则、使用与养护的注意事项。

通过该章内容的学习，可以较完整地掌握粉碎单元操作的内容，为今后就业打下良好的理论基础。

在制剂生产中常需将固体原药材或原药材提取物做适度粉碎，以便后期生产。粉碎是药材前处理的重要操作单元，粉碎质量的好坏直接影响产品的质量和性能，粉碎设备的选择是粉碎质量的重要保证。

粉碎过程中，粉碎设备对大块固体药物作用以不同的作用力(如剪切、挤压、撞击、劈裂、研磨等)，使药物在一种或几种力的联合作用下，克服物质分子间的内聚力，碎裂成一定粒度的小颗粒或细粉。药物粉碎的难易，主要取决药物的结构和性质，如硬度、脆性、弹性、水分、重聚性等。中药是以天然动、植物及矿物质为主体，其情况较为复杂，不同的中药有不同的组织结构和形状，它们所含的成分不同，比重不同，生产加工工艺对粉碎度的要求也不同。根据药物的性质、生产要求及粉碎设备的性能，可选用不同的粉碎方法，如干法或湿法粉碎、单独或混合粉碎、低温粉碎、超微粉碎等。

超微粉碎是利用机械或流体动力把原药材加工成微米甚至纳米级的微粉。药物微粉化后，可增加有效成分的溶出，利于吸收，提高生物利用度；可整体保留生物活性成分，增强药效；可减少服用量，节约资源等。目前，药物超微粉碎已广泛应用于制药生产。

粉碎设备的种类很多，不同的粉碎设备粉碎出的产品粒度不同，适用范围也不同。在生产过程中，按被粉碎物料的特性和生产所需的粉碎度要求，选择适宜的粉碎设备。同时，注重粉碎设备日常的使用保养，都是保证粉碎质量、以便后期生产的重要条件。

第一节　粉碎能耗学说

粉碎是用机械方法借助外力将大块固体物料制成适宜程度的碎块或细粉的操作过程，也可是借助其他方法将固体物料碎成粉末的操作。

粉碎的目的有：① 降低固体药物的粒径，增大药物的表面积，有利于药物的溶解与吸收，提高药物的生物利用度；② 便于药材中有效成分的浸出或溶出；③ 便于各种药物制剂的制备，如散剂、颗粒剂、丸剂、片剂等剂型均需将原料事先进行粉碎；④ 便于调剂和服用，以适应各种给药途径；⑤ 对多种药材便于干燥和贮存等。

一、粉碎机制

物体的形成依赖于分子之间的吸引力，即内聚力，其内聚力的不同显示出不同的硬度和性能。固体药物的粉碎就是借助外加机械力，部分地破坏物质分子之间的内聚力，使药物粒径减小，表面积增大。固体药物被粉碎的过程实际就是一个机械能转变成表面能的过程，这种能量转变的程度，直接影响粉碎的效率。

为使机械能有效地用于粉碎，将已达到要求细度的粉末随时分离移去，使粗粒有充分机会接受机械能，这种粉碎法称为自由粉碎。反之，若细粉始终保留，则会在粗粒间起缓冲作用，消耗大量机械能，影响粉碎效率，并产生大量不需要的过细粉末，称缓冲粉碎。所以在粉碎过程中必须及时将细粉分离出来，才能使粉碎能顺利进行。

药物粉碎的难易与药物本身的结构和性质有关，固体分子因排列结构不同，可分为晶体和非晶体。晶体药物具有一定的晶格，如生石膏具脆性，粉碎时沿晶体结合面碎裂，较易粉碎；非极性晶体如樟脑、冰片脆性差，粉碎时易变形，可加入少量挥发性液体，降低分子间内聚力，使晶体易从裂隙处分开。分子排列不规则的非晶体药物，如树脂、树胶等具有弹性，粉碎时一部分机械能被用于引起弹性变形，最后变成热能，因而降低了粉碎效率，可对其采用低温粉碎。植物药材由多种组织和成分所组成，性质较复杂：薄壁组织的药材，如花、叶易于粉碎；木质及角质结构的药材则不易粉碎；含黏性或油性药材都需适当处理（脱脂或混合粉碎）才能粉碎。

对于不溶于水的药物如珍珠在水中利用粉粒的重量不同，细粒悬浮而粗粒下沉分离，可得极细粉。

药物粉碎后，表面积增大，引起表面能增加，故不稳定，粉末有重新结聚的倾向，可采用部分药料混合粉碎，或湿法粉碎，以阻止粉粒结聚。

二、粉碎流程

在生产过程中，根据粉碎的一般原则，考虑物料的性质，选用不同的粉碎方法；根据生产情形的不同，结合物料的性质，考虑粉碎的作用力，选择不同的粉碎流程。

（一）粉碎的作用力

粉碎时，粉碎机对物料作用以不同的机械力包括截切、挤压、研磨、撞击和劈裂等。粗碎以撞击和挤压力为主，细碎以截切和研磨力为主，一般情况下，实际应用的粉碎机械是几种作用力综合作用的效果。

(二) 粉碎原则

粉碎原则：首先粉碎后应保持药物的组成和药理作用不变；根据应用的目的和药物剂型控制适当的粉碎程度；粉碎过程应注意及时过筛，以免部分药物过度粉碎，并可提高工效；药材必须全部粉碎应用，较难粉碎部分（叶脉、纤维等）不应随意丢掉，以免成分的含量相对减少或增高；粉碎毒性或刺激性的药物，应严格注意防护和安全技术。

(三) 粉碎方法

制剂生产中根据药料的性质、产品粒度的要求不同以及粉碎机械的性能，粉碎采用以下几种不同的方法。

1. *单独粉碎*　单独粉碎系指将一味药料单独进行粉碎处理。该方法既可按欲粉碎药料的性质选择合适的粉碎机械，也可避免粉碎时不同药料，损耗不同导致含量不准确的现象发生。在生产中需单独粉碎的有：氧化性药物与还原性药物，混合可引起爆炸，粉碎时必须单独粉碎；贵重、毒性、刺激性药物，为了减少损耗和便于劳动保护亦应单独粉碎；含有树胶树脂药物，如乳香、没药，应单独低温粉碎等。

2. *混合粉碎*　混合粉碎系指将数种药料掺合同时进行粉碎的方法。两种或两种以上性质及硬度相似的药物相互掺合一起粉碎，既可降低黏性药物、热塑性药物或油性药物单独粉碎的难度，又可使混合和粉碎操作同时进行，提高生产效率。在混合粉碎中遇有特殊药物时，需进行特殊处理：① 有低共熔成分时混合粉碎可能产生潮湿或液化现象，此时需根据制剂要求，或单独粉碎，或混合粉碎。② 串料：处方中含糖类等黏性药物，如熟地、桂圆肉、麦冬等，吸湿性强，可先将处方中其他药物粉碎成粗粉，将其陆续掺入黏性药物，串压干燥，再行粉碎一次。③ 串油：处方中含脂肪油较多的药物，如核桃仁、黑芝麻、不易粉碎和过筛，须先捣成稠糊状或不捣，再与已粉碎的其他药物细粉掺研粉碎，这样因药粉及时将油吸收，不互相吸附和附筛孔。④ 蒸罐：处方中含新鲜动物药，如鹿肉，及一些需蒸制的植物药，如地黄、何首乌等，须加黄酒及其他药汁，隔水或夹层蒸汽加热蒸煮，目的是使药料变熟，便于粉碎，蒸煮后药料再与处方中其他药物掺合干燥，进行粉碎。

3. *干法粉碎*　干法粉碎指将药物经适当干燥，使药物中的水分降低到一定程度（一般使含水量降至5%以下）再进行粉碎的方法。干法粉碎时可根据药料的性质，如脆性、硬度等的不同，分别采用单独粉碎或混合粉碎及特殊处理后粉碎。在一般的制剂生产中，大多数药料采用干法粉碎。

4. *湿法粉碎*　湿法粉碎指在粉碎过程中药料中加入适量水或其他液体的粉碎方法，又称为加液研磨法。如樟脑、薄荷脑等常加入少量液体（如乙醇、水）研磨；朱砂、珍珠、炉甘石等采用传统的水飞法：在水中研磨，当有部分细粉研成时，使其混悬并倾泻出来，余下的药物再加水反复研磨、倾泻，直至全部研匀，再将湿粉干燥。此法可减少粉尘飞扬，同时液体也可防止粒子的凝聚提高粉碎的效果。通常选用的液体以药物遇湿不膨胀，两者不起变化，不妨碍药效为原则。湿法粉碎适宜有刺激性或毒性药料以及产品细度要求较高的药物粉碎。目前，生产中多用电动研钵或球磨机进行湿法粉碎。

5. *开路粉碎*　开路粉碎是药料只通过粉碎设备一次即得到粉碎产品的粉碎，见图4－1(a)。此法适用于粗碎或为进一步细碎作预粉碎。

6. *循环粉碎*　循环粉碎是粉碎机和筛分设备联合使用，粉碎产品经筛分设备将达到要求的细颗粒和尚未达到粉碎粒径的粗颗粒分离，使粗颗粒再返回粉碎设备中继续粉碎，直至达到要求为止，又称闭路粉碎，见图 4－1(b)。循环粉碎可以达到产品所要求的粒度，适用于细碎或粒度要求较高的粉碎。

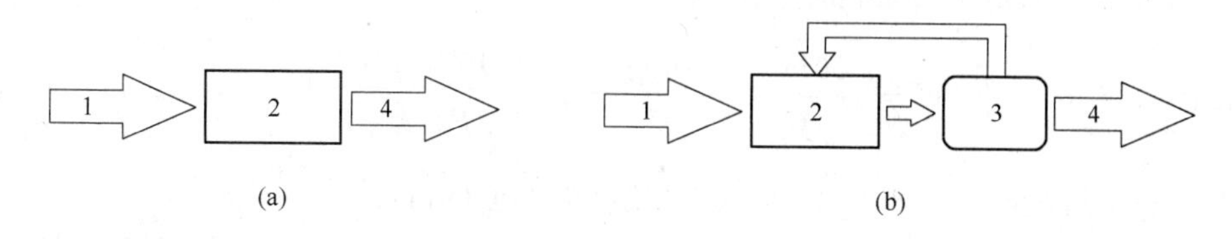

图 4－1　开路粉碎与循环粉碎

(a) 开路粉碎示意图；(b) 循环粉碎示意图
1—物料；2—粉碎机；3—筛分；4—产品

7. *低温粉碎*　低温粉碎是利用低温时物料脆性增加，韧性和延伸性降低易于粉碎的特性进行粉碎的方法。低温粉碎常用的方法有：① 物料先行冷却或在低气温条件下，迅速通过粉碎机粉碎；② 粉碎机壳通入低温冷却水，在循环冷却下进行粉碎；③ 物料与干冰或液化氮气混合后进行粉碎；④ 组合应用上述冷却法进行粉碎。

低温粉碎的特点是：适用于常温下粉碎困难的物料，即软化点、熔点低的及热可塑性物料，如树脂、树胶等；富含糖分黏性的药物；为获得更细的粉末；能保留挥发性成分。

三、 粉碎过程中的能耗假说

粉碎过程中所消耗的能量很大，但因粉碎时发热、噪声、机械振动等所消耗的能量并非粉碎所需的有效能量，故其能量利用率很低。在生产中需要知道粉碎操作所需的最低能耗，而准确计算最低能耗是非常困难的。关于粉碎能耗，迄今已提出了多种理论和假说，下面介绍的 3 个能量学说一直被认为是研究粉碎能量定律的理论基础。

1. Rittinger“*表面积假说*”(1867 *年，雷廷格尔定律*)　认为：“碎磨过程中所消耗的有用功与物料新产生的表面积有关，与粉碎后平均粒径的倒数和粉碎前平均粒径的倒数差成正比。”

2. Kick“*体积假说*”(1885 *年，基克定律*)　认为：“外力作用于物体时，物体首先发生弹性变形，当外力超过该物体的强度极限时该物体就发生破裂，故破碎物料所需的功与它的体积大小有关。粉碎的能量与粒子体积的减小成对数比例，即能量与粉碎前、后平均粒径之比的对数成正比。”

3. Bond“*裂纹假说*”(1952 *年，邦德定律*)　认为：“物料在破碎时外力首先使其在局部发生变形，一旦局部变形超过临界点时则产生裂口，裂口的形成释放了物料内的变形能，使裂纹扩展为新的表面。输入的能量一部分转化为新生表面积的表面能，与表面积成正比；另一部分变形能因分子摩擦转化为热能而耗散，与体积成正比。两者综合起来，将物料粉碎所需要的有效能量设定为与体积和表面积的几何平均值成正比。”

以上 3 个假设可统一地用如下数学模型来表述，式中 E 为粉碎所需功耗，X 为粒径，n 为指数：

$$dE/dx \propto X^{-n} \tag{4-1}$$

当 $n=2$ 时,其积分式 $\Delta E \propto (x_2^{-1}-x_1^{-1})$ 为 Rittinger 的表面积假说模型;

当 $n=1.5$ 时,其积分式 $\Delta E \propto (x_2^{-0.5}-x_1^{-0.5})$ 为 Bond 的裂纹假说模型;

当 $n=1$ 时,其积分式 $\Delta E \propto (\ln x_1-\ln x_2)$ 为 Kick 的体积假说模型。

在实践中,粉碎能耗模型最具实际应用价值和理论意义的是 Bond 的裂缝学说。将上述功耗模型经定积分后可得 Bond 的实用式:

$$W=\frac{10w_i}{\sqrt{P}}-\frac{10w_i}{\sqrt{F}}=w_i\left(\frac{10}{\sqrt{P}}-\frac{10}{\sqrt{F}}\right) \tag{4-2}$$

式中: F、P—给料及产品中 80%通过的方形筛孔的宽度(μm);

W—将一短吨(907.185 kg)给料粒度为 F 的物料粉碎到产品粒度为 P 时所消耗的功;

w_i—功指数,即将“理论上无限大的粒度”粉碎到 80%通过 0.01 mm 筛孔宽(或 65%通过 0.075 mm 筛孔宽)时所需的功。

Bond 公式可运用于以下几个方面: ① 在测出功指数 W_i 的情况下可以计算各种粒度范围内的粉碎功耗;② 测出被粉碎物料的功指数 W_i,可以计算设计条件下的需要功率,根据需用功率的容量,选择粉碎机械;③ 可以比较不同粉碎设备的工作效率,如两台磨机消耗的功率相同,但产品粒度不同,分别算出两台磨机的操作功指数,就可确定哪台效率高。

四、影响粉碎因素

粉碎时,除不同的粉碎设备、物料的性质(如硬度、脆性、水分等)影响粉碎的效果外,粉碎的方法、粉碎时间的长短、药料进料粒度及速度也是影响粉碎效果的重要因素。

1. *粉碎的方法*　生产中不同的粉碎方法所获得产品的粒度不同,研究表明,在相同条件下,采用湿法粉碎获得的产品较干法粉碎的产品粒度更细。若最终产品以湿态使用,则可采用湿法粉碎;若最终产品以干态使用,则采用湿法粉碎需干燥处理,干燥过程中细粉易再次聚结,导致产品粒度增加。

2. *粉碎时间*　一般来说,粉碎时间越长,产品越细。但粉碎一定时间后,产品细度改变甚小,因此对于一定的产品及条件,粉碎时间适宜。

3. *药料的性质、进料粒度及进料速度*　药料的性质及进料粒度、速度对粉碎效果有明显影响。脆性、较韧性药料易被粉碎。进料粒度太大,不易粉碎,导致生产能力下降;粒度太小,粉碎比减少,生产效率降低。进料速度过快,粉碎室内颗粒间的碰撞机会增多,使粉碎机械力作用减弱,药料在粉碎室内的滞留时间缩短,导致产品粒径增大。

第二节　常规粉碎机械

粉碎机械的种类很多,不同的粉碎机械作用方式不同,粉碎出的产品粒度不同,适用范围也不同。在生产过程中,为达到良好的粉碎效果,应按被粉碎物料的特性和生产所需的粉碎度要求,选择适宜的粉碎机械。表 4-1 列出了制药工业常用的粉碎机及其性能。

表 4-1　常用粉碎机械的一般性能

粉碎机	作用方式	产品粒度(μm)	适用范围
截切式粉碎机	剪切	180～850	纤维状植物药材
万能磨粉机	撞击和研磨	75～850	几乎所有药物
球磨机	研磨	75～425	脆性和中等硬度药物
流能磨	剪切、撞击和摩擦	1～30	低熔点或对热敏感药物
胶体磨	剪切、撞击和摩擦	≤5	可湿法粉碎药物

一、球磨机

球磨机(ball mill)如图 4-2 所示，系在不锈钢或陶瓷制成的圆形罐体内装有一定数量的钢球或瓷球构成。当罐体转动时，研磨体(钢球或瓷球)之间及研磨体与罐体之间产生相互摩擦作用，球体随罐壁上升一定高度后呈抛物线下落产生撞击作用，药料受球体的研磨和撞击作用而被粉碎。球磨机要有适宜的转速，才能获得良好的粉碎效果。图 4-3 中(a)、(b)、(c)分别表示球磨机内球的运动情况。当罐体转速过慢时，见图 4-3(c)，圆球随罐体上升到一定高度后往下滑落，其主要为研磨作用，效果较差。当罐体转速过快时，见图 4-3(b)，圆球与物料依靠离心力作用随罐体旋转，失去物料和圆球的相对运动。当罐体转速适宜时，见图 4-3(a)，除一小部分圆球下落外，大部分圆球随罐体上升至一定高度后，在重力和惯性的作用下呈抛物线抛落，此时粉碎主要靠撞击和研磨共同作用，粉碎效果最佳。

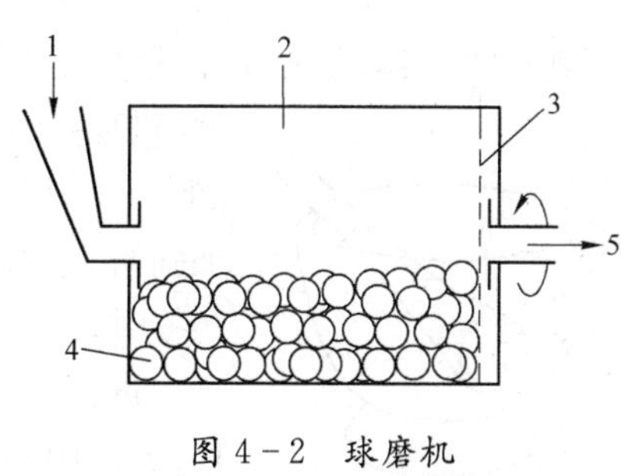

图 4-2　球磨机

1—进料；2—转筒；3—筛板；4—圆球；5—出料口

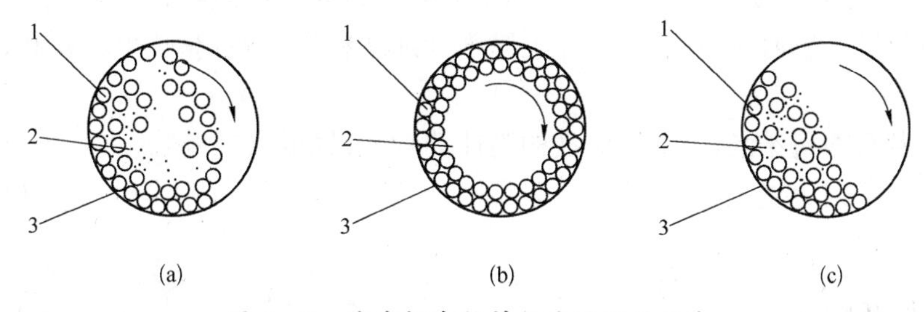

图 4-3　球磨机中物料与球的运动状态

1—球；2—物料；3—罐体

球体开始随罐体做整周旋转时的转速称为球磨机的临界转速，它与罐体直径的关系为

$$n_{临} = \frac{42.3}{\sqrt{D}}(r/分钟) \tag{4-3}$$

式中：$n_{临}$—罐体临界转速，单位 r/分钟；

D—罐体最大内径，单位 m。

临界转速时，圆球已失去研磨作用，故实际生产中，球磨机的转速一般取临界转速的 75%～88%。

球磨机粉碎效果的主要影响因素有：

(1) 圆筒的转速：适宜的转速为临界转速的 0.5～0.8 倍，此时粉碎主要靠撞击和研磨共同作用,粉碎效果最佳。

(2) 圆球的大小与密度: 圆球的直径越小、密度越大粉碎的粒径越小。生产中,应根据药料的粉碎要求选择适宜圆球的大小和密度。一般来说,圆球的直径不应小于 65 mm,应大于被粉碎药料直径的 4～9 倍。

(3) 圆球和药料的总装量: 一般情况下,罐体内圆球的体积占罐体总体积的 30%～35%,被粉碎的药料装量不超过罐体总容积的 50%。

球磨机适于结晶性药物、易熔化树脂、树胶类药物及非组织的脆性药物的粉碎。此外,球磨机可密闭操作,对具有较大吸湿性的浸膏可防止吸潮,对刺激性的药物可防止粉尘飞扬,对挥发性及细粉药料也适用。如药料易与铁起反应可用瓷制球磨机进行粉碎。球磨机广泛应用于干法粉碎、湿法粉碎及无菌粉碎,必要时可充入惰性气体防止氧化。

二、 乳钵

乳钵即研钵,如图 4-4 所示,是常用的研碎少量药料的容器,配有钵杵,常用的有瓷制、玻璃、玛瑙、氧化铝、铁的制品。用于研磨固体物质或进行粉末状固体的混合,其规格用口径的大小表示。瓷制乳钵内壁有一定的粗糙面,以加强研磨的效能,但易残留药物而不易清洗。粉碎或混合毒性、贵重药物时,宜采用玻璃制乳钵。

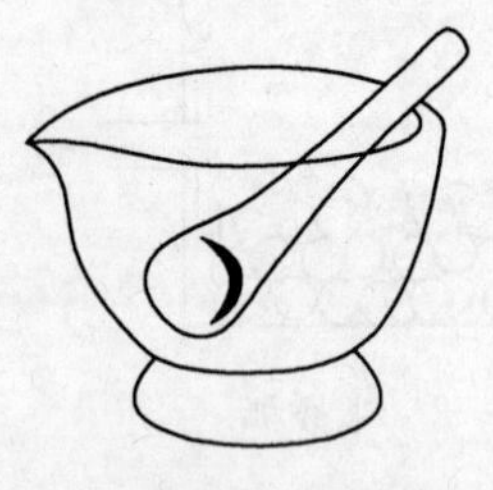

图 4-4 乳钵

进行研磨操作时,乳钵应放在不易滑动的物体上,研杵应保持垂直,乳钵中盛放药物的量不得超过其容积的三分之一,研磨时研杵以乳钵中心为起点,按螺旋方式逐渐向外围旋转扩至四壁,然后再逐渐返回中心,如此反复提高研磨效率。大块的固体药物只能压碎,不能用研杵捣碎,否则会损坏研钵、研杵或将固体溅出。易爆药物只能轻轻压碎,不能研磨。研磨对皮肤有腐蚀性的药物时,应在乳钵上盖上厚纸片或塑料片,然后在其中央开孔,插入研杵后再行研磨。

乳钵适于粉碎少量结晶性、非纤维性的脆性药物、毒性或贵重药物,也是水飞法的常用工具。现代大生产中对大量药物进行粉碎,采用电动乳钵,其原理和乳钵相同,粉碎效率和产品产量均有大幅提高。

三、 铁研船

铁研船是一种以研磨为主同时有切割作用的粉碎机械。该机械如图 4-5 所示,由船形槽和有中心轴的圆形辗轮组成。常用的有手工操作的铁研船和电动轮辗机两种,适于粉碎质地松脆、不吸湿且不与铁发生反应的药物。粉碎时,先将药物粉碎成适当小片或薄片,然后再置于铁研船中,推动辗轮粉碎药物。

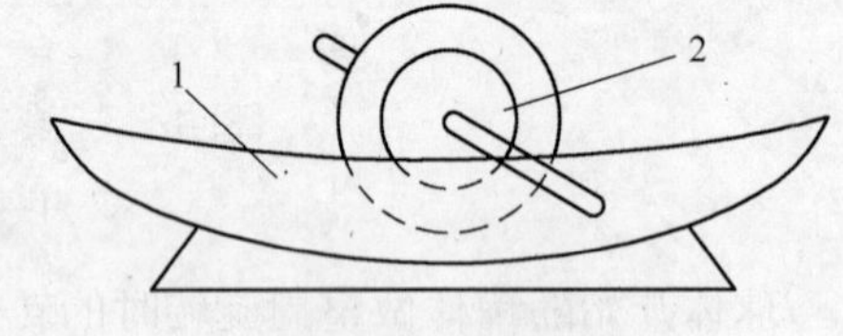

图 4-5 铁研船

1—船形槽;2—圆形辗轮

四、 冲钵

冲钵是最简单的以撞击作用为主的粉碎工具,常用的小型冲钵为金属制成,为带盖的铜冲钵,如图 4-6 所示,用作捣碎少量药物。大型的冲钵为石料制成,为机动冲钵,如图 4-7 所示，供捣碎大量药物之用，在适当高度位置装一凸轮接触板，用不停转动的板凸轮拨动，利用杵落下的冲击力进行捣碎。冲钵是间歇性的粉碎工具，冲钵撞击频率低不易生热，故适宜粉碎含挥发油或芳香性药物。

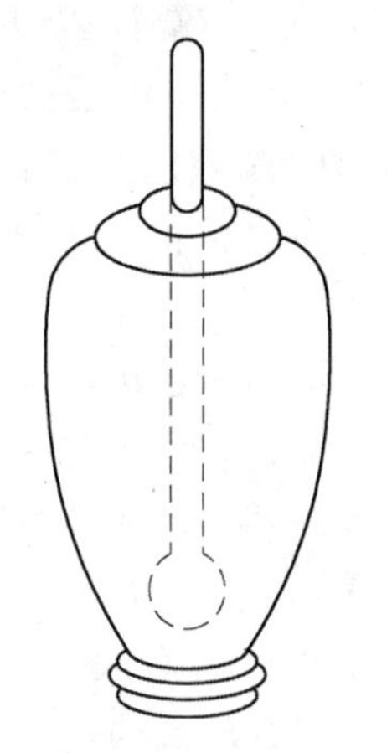

图 4-6　带盖的铜冲钵示意图

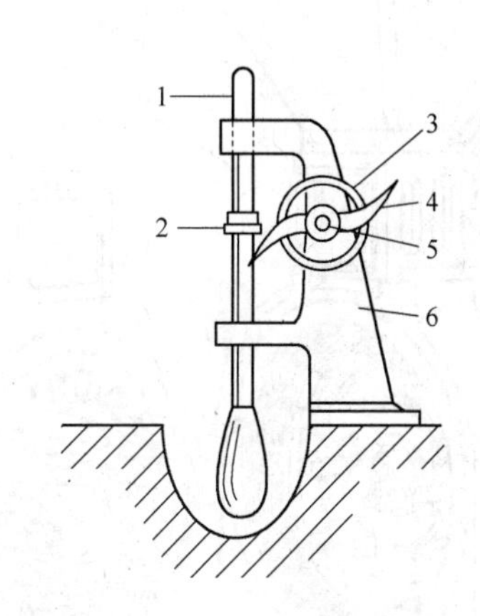

图 4-7　机动冲钵示意图

1—杵棒；2—凸轮接触板；3—转动轮；
4—板凸轮；5—轴承；6—底座

五、 锤击式粉碎机

锤击式粉碎机如图 4-8 所示，是一种中碎和细碎设备。它由钢制壳体 7、钢锤 2、内齿形衬板 3、筛板 4 黏附于粉碎室内等组成，利用高速旋转的钢锤借撞击及锤击作用而粉碎的一种粉碎机。

物料从顶部或中央的加料口 6 加入，经螺旋加料器 5 进入粉碎室，粉碎室上部装有内齿形衬板，下部装有筛板，圆盘 1 高速旋转，带动其上活动的钢锤对物料进行强烈撞击，物料由于离心力作用被锤击碎，或与沿圆筒形外壳装置的内齿形衬板撞击而破碎，粉碎到一定程度的颗粒由粉碎室底部安装的筛网中漏出，粉末的细度可通过更换不同孔径的筛板加以调节。

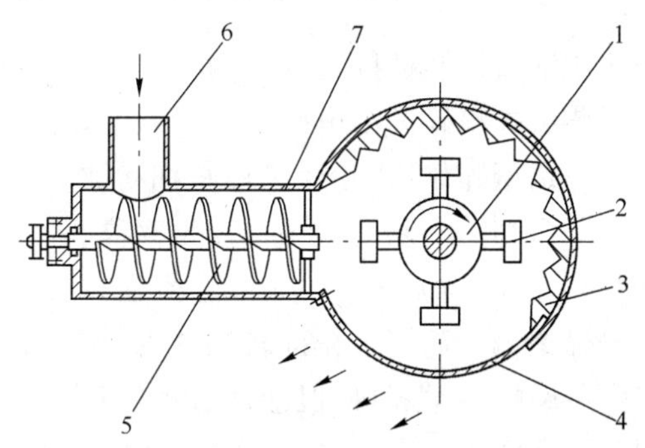

图 4-8　锤击式粉碎机

1—圆盘；2—钢锤；3—内齿形衬板；4—筛板；
5—螺旋加料器；6—加料口；7—壳体

锤击式粉碎机的优点是粉碎能耗小，粉碎度较大，设备结构紧凑，操作比较简单、安全，生产能力较大。其缺点是锤头磨损较快，筛板易于堵塞，过度粉碎的粉尘较多。此种粉碎机适于干燥、性脆易碎药料的粉碎或作粗粉碎。因黏性药物易堵塞筛板、黏附于粉碎室内，此种粉碎机不适于黏性药料的粉碎。

六、 万能磨粉机

万能磨粉机粉碎作用是由撞击伴以撕裂、研磨等作用而构成，如图 4-9 所示，主要由两个带钢齿圆盘 4、8，环形筛板 6 组成。两个钢齿盘分别为定子 4 和转子 8，相互交错，高速旋转

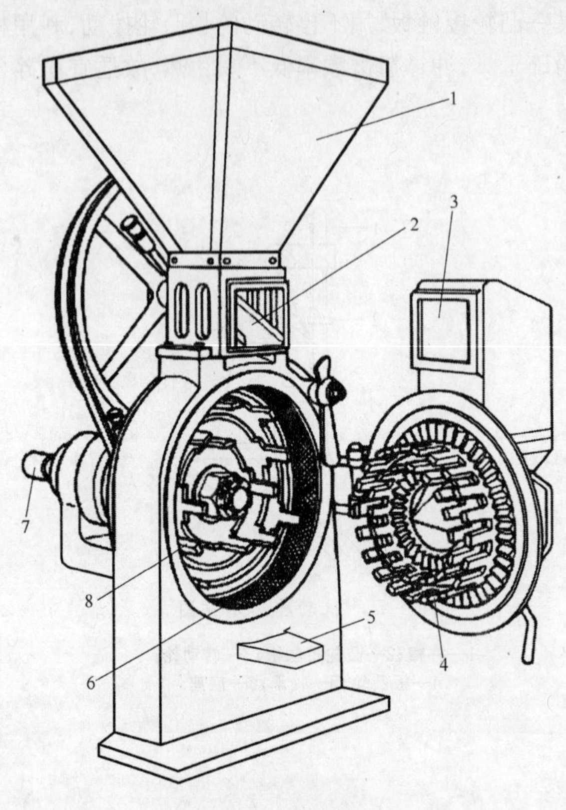

图 4-9 万能磨粉机

1—加料斗；2—抖动装置；3—加料口；4，8—带钢齿圆盘；5—出粉口；6—筛板；7—水平轴

时，药料在钢齿间被粉碎。应用时，先打开机器空转，待高速转动稳定后，再加入药料，以免阻塞于钢齿间而增加电动机起动时的负荷。依靠齿盘（转子）与齿圈（室盖）之间的高速相对运动产生离心力，经撞击、剪切、摩擦以及物料之间的冲击等联合作用将物料粉碎，借转子产生的气流过筛分出。

万能磨粉机适用范围广泛，宜用于粉碎干燥的非组织性药物，中草药的根、茎、皮及干浸膏等，不宜用于腐蚀性药、剧毒药及贵重药。由于在粉碎过程中发热，故也不宜于粉碎含有大量挥发性成分和软化点低且黏性较高的药物。

七、柴田式粉碎机

柴田式粉碎机，如图 4-10 所示，机器主轴上装有打板、挡板、风叶三部分，由电动机带动旋转。打板和嵌在外壳上的边牙板、弯牙板构成粉碎室，通过其间的快速相对运动，形成对被粉碎物的多次打击和互相撞击，达到粉碎目的。全机主要由优质钢与铸铁材料制造。

柴田式粉碎机作用特点：主要由甩盘打板进行粉碎，挡板可调节以控制粉碎粒度和速度，也有一定粉碎作用，并经风扇将细粉吹出。应用特点：粉碎能力大，效率高，细粉率高，粉碎后不需过筛，可得通过七号筛细粉。适用于粉碎较黏软、纤维多及坚硬的各类药料，但油性过多的药料仍不适应。

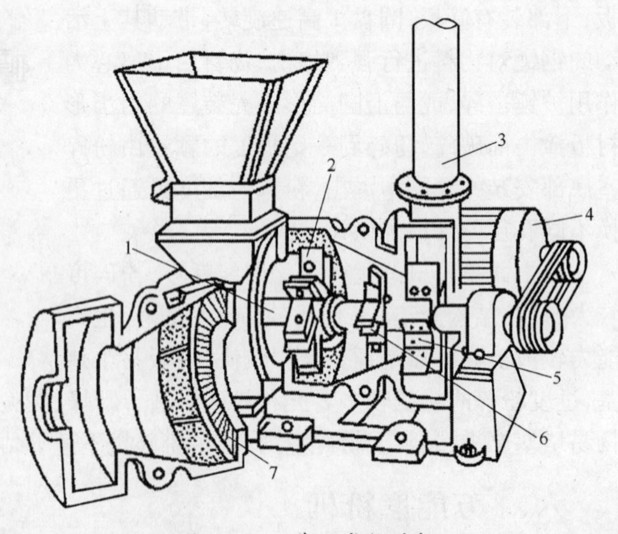

图 4-10 柴田式粉碎机

1—动力轴；2—打板；3—出粉风管；4—电动机；5—风机；6—挡板；7—机壳内壁钢齿

八、流能磨

流能磨即流体能量磨，系利用高速弹性流体（空气、蒸汽或惰性气体）使药物的颗粒之间以及颗粒与器壁之间碰撞产生强烈的粉碎作用，又称为气流粉碎机。

流能磨形式较多，其中较为典型的为圆盘形流能磨和靶式流能磨两种。

图 4-11 所示为一种圆盘形流能磨结构示意简图,在其空气室 5 内装有数个喷嘴 6,高压空气由喷嘴以超音速度喷入粉碎室 7,物料由加料口经空气引导射进入粉碎室,被由喷嘴喷出的高速气流所吸引并被加速到 50～300 m/秒,由于颗粒间的碰撞及受到高速气流的剪切作用而粉碎。被粉碎粒子到达靠近内管的分级涡 8 处,较粗粒子再次被气流吸引继续被粉碎,空气夹带细粉通过分级涡由内管出料。

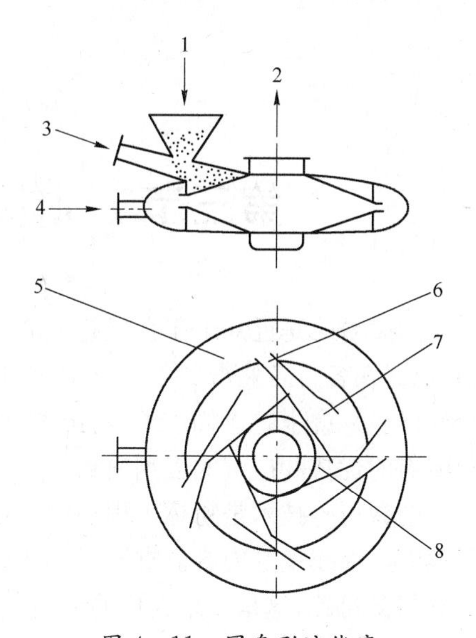

图 4-11 圆盘形流能磨

1—加料室;2—出料口;3,4—空气进口;5—空气室;6—喷嘴;7—粉碎室;8—分级涡

在流能磨粉碎过程中,由于气流在粉碎中膨胀时的冷却效应,故被粉碎物料的温度不升高,因此适用于抗生素、酶、低熔点或其他对热敏感的药物的粉碎,对于易氧化的药物,采用惰性气体进行粉碎,能避免其降价失效。粉碎的同时进行分级,可得到 5 μm 以下均匀的微粉。同时,经无菌处理后,还可适用于无菌细碎的要求。其缺点是功率消耗较大,噪声大。

九、 胶体磨

胶体磨又称分散磨,主要由上、下研磨器构成,配以能精密控制粉碎面间距装置的一种特种磨。物料在胶体磨中受研磨与撞击作用而粉碎,能将药物粉碎至小于 1 μm 直径的细粒。在药剂生产上常用该型胶体磨制备混悬液、乳浊液等。

胶体磨的基本作用力是剪切、研磨及高速搅拌的合力,磨碎依靠磨盘齿形斜面的相对运动而成,其中一个高速旋转,另一个静止使物料通过齿斜面之间的物料受到极大的剪切力和摩擦力,同时又在高频震动和高速旋涡等复杂力的作用下使物料的研磨、乳化、粉碎、均质,混合,从而得到精细超微的粒子。

胶体磨主要是由磨头部件、底座传动部分和专用电机 3 部分构成。其中机器核心部分的动磨盘与静磨盘、机械密封件组合部位系是该机最关键的部分。图 4-12 为立式胶体磨结构示意图。

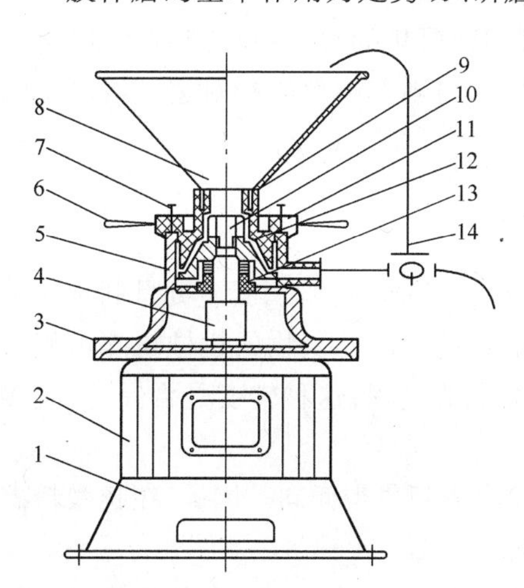

图 4-12 立式胶体磨结构

1—底座;2—电动机;3—壳体;4—主轴;5—机械密封组件;6—手柄;7—定位螺丝;8—加料斗;9—进料通道;10—旋叶刀;11—调节盘;12—静磨盘;13—动磨盘;14—循环管

十、 羚羊角粉碎机

羚羊角粉碎机是以锉削作用为主的粉碎机械,该机械由升降丝杆、皮带轮及齿轮锉组成。药料自加料筒装入固定,然后将齿轮锉安上,关好机盖,开动电机,转向皮带轮及皮带轮转动使丝杆下降,借丝杆的逐渐下推使被粉碎的药物与齿轮锉转动时,药物逐渐被锉削而粉碎,落入药粉接收器中。

第三节 超微粉碎技术与设备

超微粉碎是近几十年发展起来的一项高新技术,能把原材料加工成微米甚至纳米级的微粉,已经在各行各业得到了广泛的应用。鉴于粉碎是中药生产及应用中的基本加工技术,超微粉碎已愈来愈引起人们的关注,虽然该项技术起步较晚,开发研制的品种相对较少,但已显露出特有的优势和广阔的应用前景。

超微粉碎技术是粉体工程中的一项重要内容,包括对粉体原料的超微粉碎,高精度的分级和表面活性改变等内容。据原料和成品颗粒的大小或粒度,粉碎可分为粗粉碎,细粉碎,微粉碎和超微粉碎,这是一个大概的分类。值得注意的是,各国各行业由于超微粉体的用途,制备方法和技术水平的差别,对超微粉体的粒度有不同的划分。中药微粉目前比较公认的粒径范围是 0.1～75 μm,粒度分布中心 D_{50}(中心粒径)在 10～15 μm,将粒径范围 0.1～10 μm 的微粉称为超微粉。

超微粉碎通过对物料的冲击、碰撞、剪切、研磨、分散等手段而实现。传统粉碎中的挤压粉碎方法不能用于超微粉碎,否则会产生造粒效果。选择粉碎方法时,须视粉碎物料的性质和所要求的粉碎比而定,尤其是被粉碎物料的物理和化学性能具有很大的决定作用,而其中物料的硬度和破裂性更居首要地位,对于坚硬和脆性的物料,冲击很有效;而对中药材用研磨和剪切方法则较好。实际上,任何一种粉碎机器都不是单纯的某一种粉碎机制,一般都是由两种或两种以上粉碎机制联合起来进行粉碎,如气流粉碎机是以物料的相互冲击和碰撞进行粉碎;高速冲击式粉碎机是冲击和剪切起粉碎作用;振动磨、搅拌磨和球磨机的粉碎机理则主要是研磨、冲击和剪切;而胶体磨的工作过程主要通过高速旋转的磨体与固定磨体的相对运动所产生的强烈剪切、摩擦、冲击等等。

一、 超微粉碎原理

超微粉碎原理与普通粉碎原理相同,只是粉碎的粒径(细度)要求更高,其主要是利用外加机械力,部分地破坏物质分子间的内聚力达到超微粉碎的目的。固体药物的机械粉碎过程就是用机械方法来增加药物的表面积,使机械能转变成表面能的过程,这种转变是否完全,直接影响超微粉碎的效率。

物料经超微粉碎,表面积增加,引起表面能增加,微粉有重新集聚倾向。因此,在超微粉碎过程中,应采取措施,阻止其聚集,以使超微粉碎顺利进行。

二、 超微粉碎应用于中药材加工的目的

采用现代粉体技术,将中药材、中药提取物、有效部位、有效成分制成微粉称为超微粉碎。超微粉碎的目的是利用微粉的一些有益特征,如药物微粉化后,增加有效成分的溶出、利于吸收、提高生物利用度;同时,可整体保留生物活性成分,增强药效;减少服用量,节约资源;避免污染、提高卫生学质量等。

(一) 增加溶出、利于吸收、提高生物利用度

药物溶出速度与其粒径大小有关，相同重量的药物粉末，其比表面积随粉末粒子直径的减小而增加，即药物颗粒的比表面积与颗粒直径成反比。药物粒径越小，则在体液中的比表面积越大，接触越充分，药物的溶出速度增加，吸收加快。药物粉末的比表面积、溶解速度会直接影响药物的疗效，药物微粉化，会使药物的疗效存在差异。

超微粉碎得到的微粉可增加某些难溶性药物的溶出速度和吸收，从而达到提高生物利用度的目的。目前，溶出速率和生物利用度的关系的系统研究表明：以临界粒径作为难溶性药物的质量控制标准，粒径大于临界粒径的药物就会显著影响其血药浓度。药材经细胞级粉碎后，表面积大大增加，有效成分溶出加快，同时能很好地与胃肠黏膜接触，更易吸收，从而大大提高药物的生物利用度。

(二) 可整体保留生物活性成分，增强药效

传统的中医药理论是古代医药家长期医疗实践的结晶，是我国传统医药学的特色，与成分单一、疗效确定的化学药相比，中药成分复杂。很多中药的有效成分及作用机理还在不断地研究被发现中，有效成分种类日益增多，几乎不能轻易说哪种成分是无效的。因此，中药以药粉入药有其独特的应用价值，采用超微粉化技术处理药材或饮片，既可整体保留中药材的生物活性成分，加工成超微粉，又可增强药效，更能体现中药特色。超微粉碎速度快，所耗时间相对较短，甚至可以在低温下进行超微粉碎，避免有效成分的破坏，从而提高药效。

(三) 减少服用量，节约资源

药物超微粉碎后，表面积成倍增加，表面结构和晶体结构也均发生明显变化，使超微粉末活性提高，吸附性能、表面黏附力等发生显著变化。运用微粉进一步制成的各种剂型，由于微粉生物利用度有了极大提高，使得药物在使用少于原处方剂量的情况下，即可获得相同疗效，因此可减少服用量。

采用一般的机械粉碎，有些中药材难于粉碎成细粉，如纤维性强的甘草、黄芪等，粉碎会得到大量的纤维“头子”，采用超微粉碎可大大提高药材利用率，节约中药资源；花粉、灵芝孢子体难于破壁，采用超微粉碎，得粒径 5～10 μm 以下超细粉，一般药材细胞破壁率大于 95%，孢子类破壁迎刃而解；有些中药材采用超微粉碎技术可提高中药有效成分的提取率。总体上，超微粉碎可充分利用资源，有利于提高中药材利用率，节约中药资源，保护贵重药材，实现可持续发展的目标。

(四) 避免污染、提高卫生学质量

中药材的超微粉碎一般是在封闭及净化条件下完成的，因此既不会对环境造成污染，又可以避免药材被外界污染。部分中药超微粉碎结果表明，在超微粉碎的同时可以进行杀虫、灭菌，从而提高中药微粉的卫生学质量。

三、 超微粉碎方法与要求

超微粉碎主要是利用机械或流体动力的方法克服物料内部的内聚力，将一定粒径的物料粉碎至微米或纳米级的粉碎操作。常用的超微粉碎的方法有以下几种：

(一) 机械粉碎法

通过超细粉碎机使物料粉碎，适用于各种脆性、韧性物料，产品粒径在 1～500 μm 范围内。超细粉碎机分为介质磨与冲击磨两大类。介质磨包括搅拌磨、振动磨、行星磨等，主要是

基于介质研磨作用使物料粉碎;冲击磨包括胶体磨与高速机械冲击式磨,主要是基于定子与转子之间的冲击作用使物料得到粉碎。

(二) 气流粉碎法

通过气流粉碎机使物料粉碎,适用于脆性物料,一般入料粒径要求在 3 mm 以下,成品的粒径可达 1～10 μm。气流粉碎机一般是粉碎机与分级机的组合体,是以压缩空气或过热蒸汽通过喷嘴产生的超音速高湍流气流作为颗粒的载体,颗粒与颗粒之间或颗粒与固定板之间发生冲击性挤压、摩擦和剪切等作用,从而达到粉碎的目的。与普通机械冲击式粉碎机相比,气流粉碎机可将产品粉碎得很细,粒度分布范围更窄,即粒度更均匀;又因为气体在喷嘴处膨胀可降温,粉碎过程没有伴生热量,所以粉碎温度上升幅度很小,这一特性有利于低熔点和热敏性物料的超微粉碎。

(三) 低温超微粉碎法

低温超微粉碎法是采用深度冷冻技术利用物料在不同温度下具有不同性质的特征,将物料冷冻至脆化点或玻璃态温度之下使其成为脆性状态,然后再利用机械粉碎或气流粉碎法使其超微粉化。

低温超微粉碎法的特点是利用低温时物料脆性增加,可粉碎在常温下难以粉碎的物料如纤维类物料、热敏性以及受热易变质的物料如蛋白质、血液制品及酶等;对易燃、易爆的物料进行粉碎时可提高其安全性;对含挥发性成分的药材,可避免有效成分的损失;低温环境下细菌繁殖受到抑制,可避免药品的污染;同时低温粉碎有利于改善物料的流动性。

四、 超微粉碎设备

超微粉碎主要分为两大类:干法超微粉碎、湿法超微粉碎。干法超微粉碎的设备主要有机械冲击式粉碎机、球磨机、振动磨以及气流磨等;湿法超微粉碎的设备主要有搅拌磨、胶体磨、均质机等。

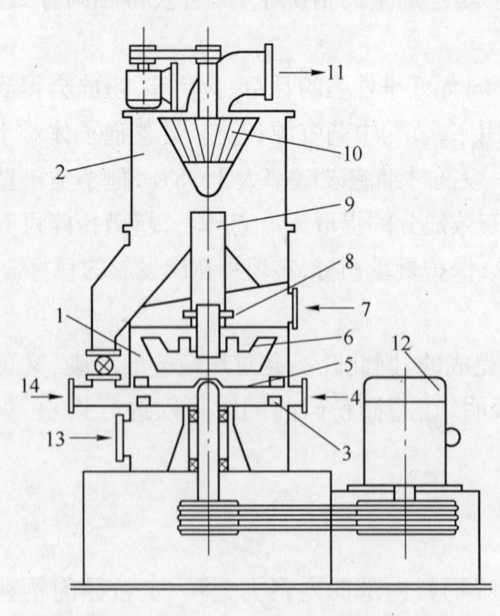

图 4-13 冲击式粉碎机结构示意图

1—粉碎部分;2—分级部分;3—锤头;4—进料口;5—转子;6—导锥筒;7—二次风入口;8—升降管;9—输料管;10—涡轮转子;11—出料口;12—粉碎电机;13—一次风入口;14—回料风入口

(一) 机械冲击式粉碎机

机械冲击式粉碎效率高、粉碎比大、结构简单、运转稳定、动力消耗低,适合于中、硬度物料的粉碎。这种粉碎机利用围绕水平轴或垂直轴高速旋转的转子对物料进行强烈冲击、碰撞和剪切,不仅具有冲击和摩擦两种粉碎作用,而且还具有气流粉碎作用。国内的高速冲击粉碎机如图 4-13 所示,用于超细粉碎取得了理想效果:入料粒度 3～5 mm,产品粒度 10～40 μm。冲击式粉碎机进行超微粉碎时,由于粉碎机高速运转,内部构件可能产生磨损,此外随着时间的加长,机械产生大量的热量,对热敏性物质进行粉碎时要注意采取适宜的措施。

(二) 气流粉碎机

气流粉碎机又称为气流磨、流能磨,是以压

缩空气或过热蒸汽通过喷嘴产生的超音速高湍流气流作为颗粒的载体，利用高速弹性气流喷出时形成的强烈多相紊流场，使其中的固体颗粒在相互的自撞中或与冲击板、器壁撞击中发生冲击性挤压，摩擦和剪切等作用，从而达到粉碎的目的。粉碎由压缩空气完成，整个机器无活动部件，粉碎效率高，与普通机械冲击式超微粉碎机相比，气流粉碎机可将产品粉碎得很细，粒径可以达到在 5 μm 以下，并具有粒度分布窄、颗粒表面光滑、形状规整、纯度高、活性大、分散性好等特点；又因为压缩空气在喷嘴处膨胀可使温度降低，粉碎过程没有伴生热量，所以粉碎温升较低，这一特性有利于低熔点和热敏性物料的超微粉碎。

气流粉碎机的类型有多种，扁平式气流磨(即圆盘形流能磨)、循环管式气流磨、对喷式气流磨、流化床对射磨等，在中药超微粉碎中较重要的是扁平式(圆盘形)与流化床式。扁平式(圆盘形)是经典的类型，操作简单，易于清洗，适用于药物的粉碎；流化床式是较先进的类型，将传统气流粉碎机的线、面粉碎变为空间立体冲击粉碎，避免了粉碎室内壁受高速料流的冲击而产生磨蚀作用，适用于高硬物料和防污染物料的超细粉碎。

1. *扁平式气流磨*　扁平式气流磨的结构如图 4－14 所示，高压气体经入口 5 进入高压气体分配室 1 中。高压气体分配室 1 与粉碎分级室 2 之间，由若干个气流喷嘴 3 相连通，气体在自身高压作用下，强行通过喷嘴时，产生高达每秒几百米甚至上千米的气流速度。这种通过喷嘴产生的高速强劲气流称为喷气流。待粉碎物料经过文丘里喷射式加料器 4，进入粉碎分级室 2 的粉碎区时，在高速喷气流作用下发生粉碎。由于喷嘴与粉碎分级室 2 的相应半径成一锐角 α，所以气流夹带着被粉碎的颗粒作回转运动，把粉碎合格的颗粒推到粉碎分级室中心处，进入成品收集器 7，较粗的颗粒由于离心力强于流动曳力，将继续停留在粉碎区。收集器实际上是一个旋风分离器，与普通旋风分离器不同的是夹带颗粒的气流是由其上口进入。物料颗粒沿着成品收集器 7 的内壁，螺旋形地下降到成品料斗中，而废气流，夹带着 5%～15%的细颗粒，经排出管 6 排出，作进一步捕集回收。

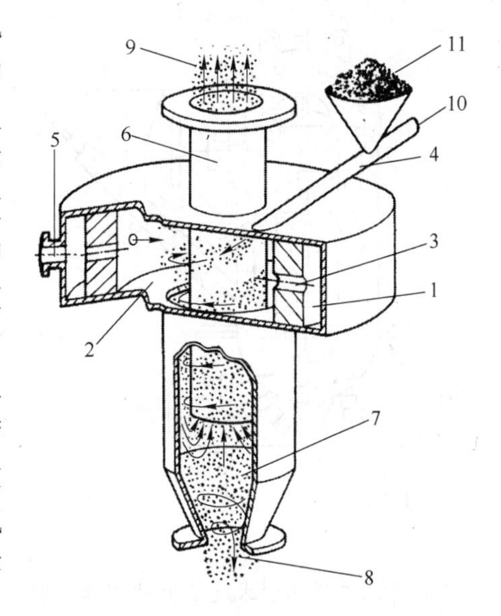

图 4－14　*扁平式气流磨工作原理示意图*

1—高压气体分配室；2—粉碎分级室；3—气流喷嘴；4—喷射式加料器；5—高压气体入口；6—废气流排出管；7—成品收集器；8—粗粒；9—细粒；10—压缩空气；11—物料

研究结果表明，80%以上的颗粒是依靠颗粒之间的相互冲击碰撞而粉碎，只有不到 20%的颗粒是与粉碎室内壁形成冲击和摩擦而粉碎的。气流粉碎的喷气流不但是粉碎的动力，也是实现分级的动力。高速旋转的主气流，形成强大的离心力场，能将已粉碎的物料颗粒，按其粒度大小进行分级，不仅保证产品具有狭窄的粒度分布，而且效率很高。

扁平式气流磨(圆盘形流能磨)工作系统，图 4－15 所示扁平式气流磨工作系统，除主机外，还有加料斗、螺旋推进机、旋风捕集器和袋式捕集器。当采用压缩空气作动力时，进入气流磨的压缩空气，需要经过净化、冷却、干燥处理，以保证粉碎产品的纯净。图 4－15 所示为扁平式气流磨工艺流程。

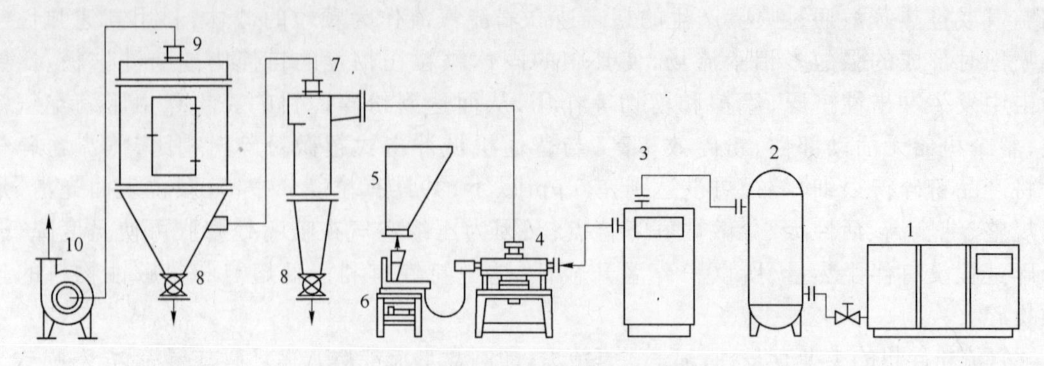

图 4-15 扁平式气流磨工艺流程示意图

1—空压机；2—贮气罐；3—空气冷冻干燥机；4—气流磨；5—料仓；6—电磁振动加料器；7—旋风捕集器；8—星形回转阀；9—布袋捕集器；10—引风机

2. *循环管式气流磨* 循环管式气流磨又称为跑道式气流粉碎机，由进料管、加料喷射器、混合室、文丘里管、粉碎喷嘴、粉碎腔、一次及二次分级腔、上升管、回料通道及出料口组成。其结构如图 4-16 所示。循环管式气流磨的粉碎在“O”形管路内进行。压缩空气通过加料喷射器产生的射流，使物料由进料口被吸入混合室，并经文丘里管射入“O”形环道下端的粉碎腔。在粉碎腔的外围有一系列喷嘴，喷嘴射流的流速很高，但各层断面射流的流速不等，物料随各层射流运动，物料之间的流速也不等，从而产生互相碰撞和研磨作用进行粉碎。射流可粗略分为外、中、内 3 层。外层射流的路程最长，在该处物料产生碰撞和研磨的作用最强。喷嘴射入的射流，也首先作用于外层物料，使其粉碎，粉碎的微粉随气流经上升管导入一次分级腔。粗粒有较大离心力，经回料通道（下降管）返回粉碎腔进一步粉碎，细粒随气流进入二次分级腔，质量很小的微粉从分级旋流中分出，由中心出口进入捕集系统收集。

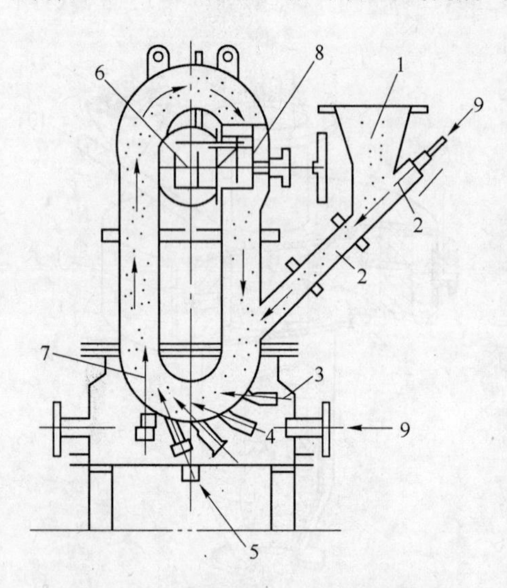

图 4-16 循环管式气流磨结构示意图

1—给料斗；2—加料喷射器；3—文丘里喷嘴；4—粉碎喷嘴；5—排气孔；6—导向阀；7—粉碎腔；8—分级区域；9—压缩空气

循环管式气流磨的特点：① 产品较细，通过两次分级，粒度分布范围较窄；② 采用防磨内衬，提高气流磨的使用寿命，适用于较硬物料的粉碎；③ 在同一气耗条件下，处理能力较扁平式气流磨（圆盘形流能磨）大；④ 压缩空气绝热膨胀，产生降温效应，使粉碎在低温下进行，因此尤其适用于低熔点、热敏性物料的粉碎；⑤ 粉碎流程在密闭的管路中进行，无粉尘飞扬；⑥ 能实现连续生产和自动化操作，在粉碎过程中还可起到混合和分散的效果。改变粉碎工艺条件和局部结构，能实现粉碎和干燥、粉碎和包覆、活化等组合过程。

3. *对喷式气流磨* 对喷式气流磨，工作原理如图 4-17 所示。两束或三束载粒气流（或蒸汽流）在粉碎室中心附近正面相撞，碰撞角为 180°或 120°，颗粒在相互激烈的冲击碰撞中实现自磨而粉碎，随后在气流带动下向上运动，并进入上部的旋流分级区中。细粒物料通过分级器中心排出，进入与之相连的旋风分离器中进行收集；粗粒物料仍受较强离心力制约，沿分级器边缘向下运动，并进入垂直管路，与喷入的气流汇合，再次在粉碎室中心与给料射流相冲击碰撞，从而再次粉碎。如此反复，直至达到产品粒度要求为止。对喷式气流磨结构示意图4－18所示。

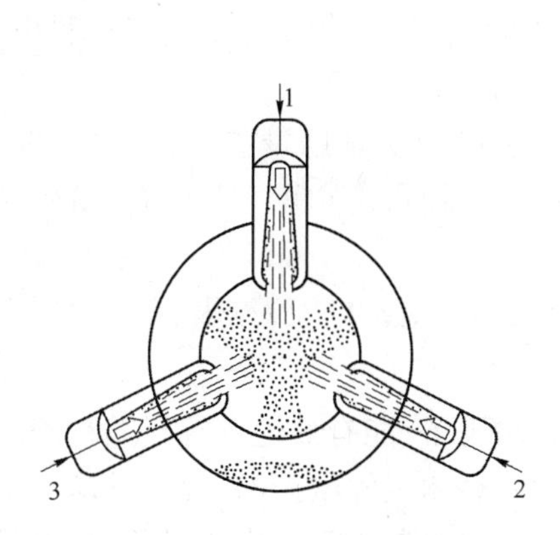

图4－17　对喷式气流磨工作原理图

1,2,3—气料进入口

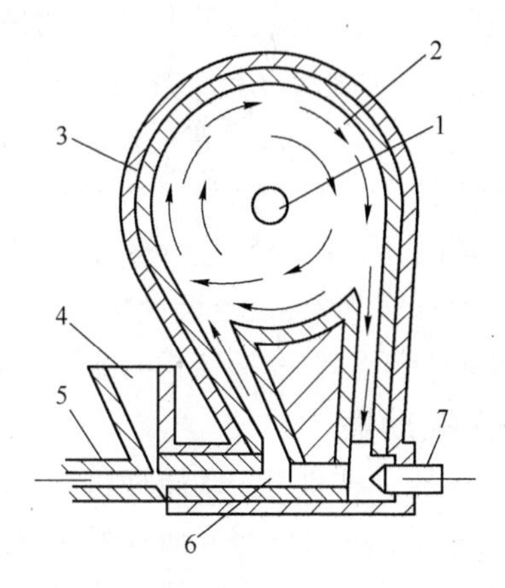

图4－18　对喷式气流磨结构示意图

1—产品出口；2—分级室；3—衬里；4—料斗；5—加料喷嘴；6—粉碎室；7—粉碎喷嘴

4. 流化床对射磨　流化床对射磨是利用多束超声速喷射气流在粉碎室下部形成向心逆喷射流场，在压差作用下使粉碎腔底部的物料呈现流化状态，被加速的物料在多喷嘴的交汇点处汇合，产生剧烈的冲击碰撞、研磨而达到粉碎的效果。其结构如图4－19所示。料仓内的物料经由螺旋加料器进入粉碎腔，由喷嘴进入的多束气流使粉碎腔中的物料成流化状态，形成三股高速的两相流体，并在粉碎腔中心点附近交汇，产生激烈的冲击碰撞、摩擦研磨而粉碎，然后在对接中心上方形成一种喷射状的向上运动的多相流体柱，把粉碎后的小颗粒送入位于上部的分级转子中，细粒从出口进入旋风分离器和过滤器收集；粗粒在重力作用下又返回粉碎腔中，再次进行粉碎。

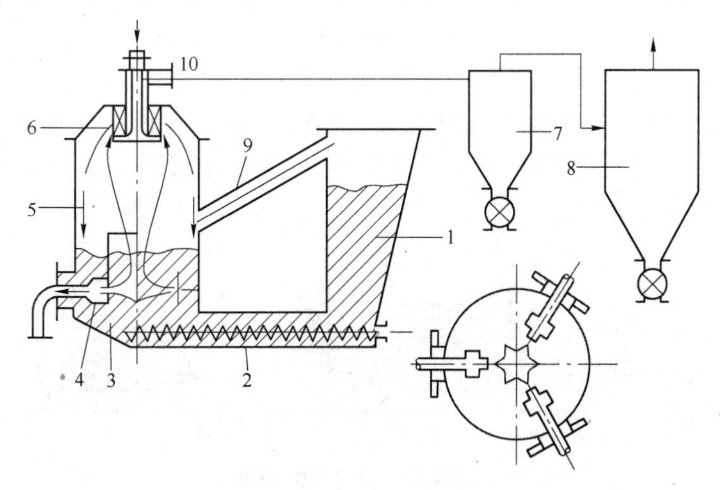

图4－19　流化床对射磨结构示意图

1—料仓；2—螺旋加料器；3—物料床；4—喷嘴；5—粉碎腔；6—分级转子；7—旋风分离器；8—布袋收集器；9—压力平衡管；10—细粉

与机械式粉碎相比，气流粉碎有如下优点：① 粉碎强度大、产品粒度微细、可达数微米甚至亚微米，颗粒规整、表面光滑；② 颗粒在高速旋转中分级，产品粒度分布窄，单一颗粒成分多；③ 产品纯度高，由于粉碎室内无转动部件，靠物料间的相互撞击而粉碎，室壁采用硬度极高的耐磨性衬里，使得物料对室壁磨损极微，可进一步防止产品污染；设备结构简单，易于清理，还可进行无菌作业；④ 可以粉碎质地坚硬的物料；⑤ 适用于粉碎热敏性及易燃易爆物料；⑥ 可以在机内实现粉碎与干燥、粉碎与混合、粉碎与化学反应等联合作业；⑦ 能量利用率高，气流磨可达 2%～10%，而普通球磨机仅为 0.6%。

尽管气流粉碎有上述许多优点，但也存在着一些缺点：① 辅助设备多，一次性投资大；② 影响运行的因素多，不易调整，操作不稳定；③ 粉碎成本较高；④ 噪声较大；⑤ 粉碎系统堵塞时会发生倒料现象，喷出大量粉尘，恶化操作环境。

这些缺点正随着设备结构的改进，装置的大型化、自动化，逐步得到克服。

(三) 振动磨

振动磨是一种利用振动原理将固体物料进行粉碎的设备，能有效地进行超微粉碎。振动磨的主要组成部分有研磨介质、槽形或圆筒形筒体、装在磨体上的激振器(偏心重体)、支撑弹簧和驱动电机等。驱动电机通过挠性联轴器带动激振器中的偏心重块旋转，从而产生周期性的激振力，使筒体在支撑弹簧上产生高频振动，机体获得近似于圆的椭圆形运动轨迹。随着筒体的振动，筒体内的研磨介质可进行 3 种运动：① 强烈地抛射运动，可将大块物料迅速破碎；② 高速同向自转运动，对物料起研磨作用；③ 慢速的公转运动，起均匀物料作用。筒体振动时，进入筒体的物料在研磨介质的冲击和研磨作用下被粉碎，并随着物料面的平衡逐渐向出料口运动，最后排出筒体成为微粉产品。

振动磨是用弹簧支撑磨机体，由带有偏心块的主轴使其振动，运转时通过介质和物料一起振动，研磨介质为钢球、钢棒、钢段、氧化铝球、瓷球或其他材料的球体，研磨介质的直径一般为 10～50 mm。其特点是介质填充率高，磨机体装有占容积 65%上的研磨介质，最高可达 85%；单位时间内的作用次数高(冲击次数为球磨机的 4～5 倍)，振动磨的振动频率在 1 000～1 500 次/分钟，其振幅为 3～20 mm；因而其效率比普通球磨机高 10～20 倍，而能耗则比普通球磨机低数倍。

振动磨按其振动特点分为惯性式振动磨和偏旋式振动磨两种。惯性式振动磨，如图4 - 20 所示，是在主轴上装有不平衡物，当轴旋转时，由于不平衡所产生的惯性离心力使筒体发生振动；偏旋式振动磨，如图 4 - 21 所示，是将筒体安装在偏心轴上，因偏心轴旋转而产生振动。按振动磨的筒体数目，可分为单筒式振动磨、多筒式振动磨；若按操作方式，振动磨又可分为间歇式振动磨和连续式振动磨。

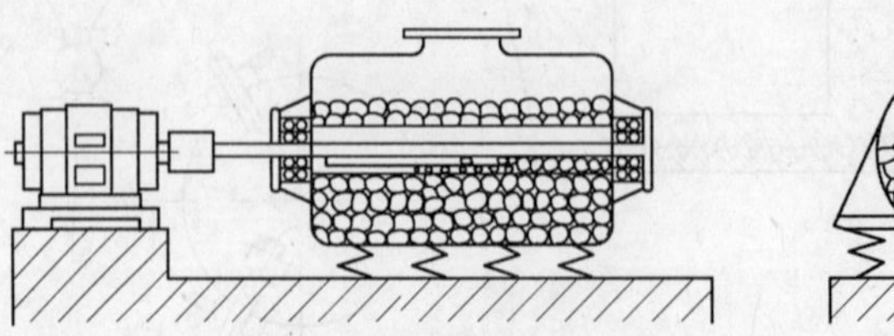
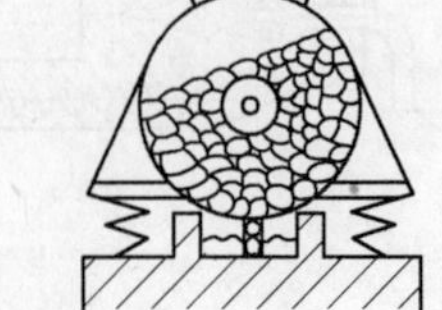

图 4 - 20 惯性式振动磨

振动磨的特点：① 振动磨振动频率高，采用直径小的研磨介质，具有较高的研磨介质装填系数，粉碎效率高；② 粉碎产品粒径细，平均粒径可达 2～3 μm 以下，粒径均匀，可以得到较窄的粒度分布；③ 可以粉碎工序连续化，并且可以采用完全封闭式操作，改善操作环境，或充以惰性气体用于易燃、易爆、易于氧化的固体物料的粉碎；④ 粉碎温度易调节，磨筒外壁的夹套可通入冷却水，通过调节冷却水的温度和流量控制粉碎温度，如需低温粉碎可通入特殊冷却液；⑤ 外形尺寸比球磨机小，占地面积小，操作方便，维修管理容易。但振动磨运转时产生噪声大，需要采取隔音和消音等措施保护生产环境。

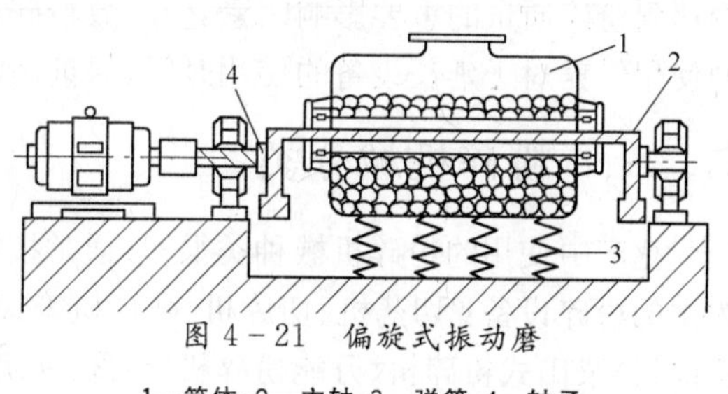

图 4-21　偏旋式振动磨

1—筒体；2—主轴；3—弹簧；4—轴承

振动磨的应用范围是相当广泛的，除可用于脆性物料的粉碎外，对于一些纤维状、高韧性、高硬度或有一定含水率的物料均可粉碎；对花粉及其他孢子植物等要求细胞破壁，其破壁率高于 95%；适于粒径为 5 μm 的粉碎要求。使用特殊工艺时，粒径可达 0.3 μm。同时适于干法和湿法粉碎。通过调节振动的振幅、振动频率及介质类型，振动磨产品的平均粒径可达 2～3 μm 以下，对于脆性较大的药物还可达到亚微米级。近年来随着研究的深入，振动磨对某些物料产品粒度可达到亚微米级，同时有较强的机械化学效应，结构简单，能耗较低，粉碎效率高，易于工业大规模的生产，使振动磨日益受到重视。

（四）搅拌磨

搅拌磨，如图 4-22 所示，其主要构件是一个静置的内填小直径研磨介质的研磨筒和一个旋转搅拌器。搅拌磨不仅有研磨粉碎作用，还有搅拌和分散的作用，是一种具有多元性功能的超微粉碎机械。搅拌磨是在球磨机的基础上发展起来的，同普通球磨机相比，搅拌磨具有高转速、高介质充填率和小介质尺寸，可获得较高功率密度的特点，使物料粉碎的时间大大缩短，是超微粉碎机中能量利用率最高、很有发展前途的一种设备。搅拌磨在加工小于 20 μm 的物料时效率会大大提高，成品的平均粒度最小可达到数微米。高转速（高功率密度）搅拌磨可用于最大粒度小于微米以下产品，在多领域中获得成功。目前高转速搅拌磨在工业上的大规模应用有处理量小和磨损成本高两大难题。随着高性能耐磨材料的出现，相信这些问题都能得到解决。

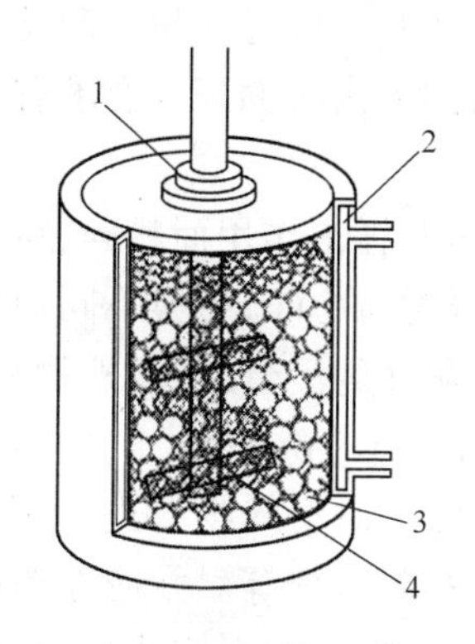

图 4-22　搅拌球磨机

1—气体密封；2—夹层；3—介质磨球；4—搅拌杆

超微粉碎技术总发展趋势：发展和研制生产效率高，成本低，产物粒度、比表面积、晶体形状、表面形态等可控性好，分散性好，产品质量稳定超微粉碎生产工艺及设备。

第四节　粉碎机械的选择、使用与养护

中药粉碎质量的好坏，除与药物自身的性质、粉碎方法等有关外，粉碎设备的选型也是能

否达到粉碎质量的重要影响因素之一,故粉碎机械的选择是非常重要的。同时粉碎设备日常的使用保养对于延长设备的使用时间、保证产品质量也是息息相关的。

一、粉碎机械分类

生产中使用的粉碎机械种类很多,通常按粉碎作用力的不同进行分类:① 以截切作用力为主的粉碎设备:切药机、切片机、截切机等;② 以撞击作用力为主的粉碎设备:冲钵、锤击式粉碎机、柴田式粉碎机、万能粉碎机等;③ 以研磨作用为主的粉碎设备:研钵、铁研船、球磨机等;④ 以锉削作用为主的粉碎设备:羚羊角粉碎机,主要用于羚羊角等角质类药物的粉碎。

也可按粉碎机械作用件的运动方式分为旋转、振动、搅拌、滚动式等。按操作方式不同分为干法粉碎、湿法粉碎、间歇粉碎和连续粉碎。实际应用时,也常按破碎机、磨碎机和超细粉碎机三大类来分类。破碎机包括粗碎、中碎和细碎,粉碎后的粒径达数厘米至数毫米以下;磨碎机包括粗磨和细磨,粉碎后的粒径到数百微米至数十微米以下;超细粉碎机能将 1 mm 以下的颗粒粉碎至数微米以下。

二、粉碎机械的选择

在生产过程中,我们应根据被粉碎物料的性质,明确粉碎度的要求,了解粉碎设备的原理,合理的设计粉碎流程和选择适宜的粉碎设备,才能保证粉碎产品的质量,供后期生产使用。

(一) 掌握药料性质和对粉碎的要求

应明确粉碎目的,了解粉碎机原理,根据被粉碎物料的特性选择好粉碎机。粉碎物料的特性包括物料的原始形状、大小、硬度、韧脆性、可磨性和磨蚀性等相关数据。同时对粉碎产品的粒度大小及分布,对粉碎机的生产速率、预期产量、能量消耗、磨损程度及占地面积等要求有全面的了解。

1. *粉碎机的选择、使用* 如锤击式粉碎机,其原理是物料借撞击及锤击作用而粉碎,粉碎后的粉末较细;另一种是万能粉碎机,其原理是物料以撞击伴撕裂研磨而粉碎,更换不同规格的筛板网,能得到粗细不同的粉末,且相对均匀,但不适用于粉碎强黏性的浸膏、结晶性物料,如蜂蜡、阿胶、冰片等。然后根据应用目的和欲制备的药物剂型控制适当的粉碎度。

为了提高粉碎效率,保护粉碎机械,降低能耗,在粉碎操作前应注意对粉碎物料进行预处理:如按有关规定,进行净选加工;药材必须先经干燥至一定程度,控制水分等。并应在粉碎机的进料口设置磁石,吸附加入药料中的铁屑和铁丝,严防金属物混入机内,以免发生事故;粉碎机启动必须无负荷,待机器全面启动,并正常运行后,再进物料。停机时,应待机内物料全部出来后,继续运行 2～3 分钟,再切断电源。

粉碎前和粉碎过程中,物料应及时过筛,以免部分药物过度粉碎,并可提高工效;在粉碎过程中应注意减少细粉飞扬,并防止异物掺入;在粉碎毒药或刺激性强的药物时,尤其应注意防护,做到操作安全;植物性药材必须全部粉碎应用,较难粉碎部分(叶脉、纤维等)不应随意丢掉,以免损失药物的有效成分,使药物的含量相对减少或增高。

2. *根据药材性质选择粉碎方法* 各类中药材因其本身的结构和性质不同,粉碎的难易程度也不同。因此,粉碎时应采用不同的方法。

(1) 黏性强的中药材:如含糖类和黏液质多的药材天冬、麦冬、地黄、熟地黄、牛膝、玄参、龙眼肉、肉苁蓉、黄精、玉竹、白及、党参等,粉碎时易黏结在机器上;处方中有大量含黏液质、糖分或胶类、树脂等成分的“黏性”药料，如与方中其他药料一齐粉碎，亦常发生黏机和过筛难的现象，故应采用“串料”的方法。另外，也可先将黏性大的药材冷却或烘干后，立即用粉碎机不加筛片打成粗粉，将此粗粉与粉碎好的其他药材的粗粉混合均匀，上适宜的筛片再粉碎一遍，其效果有可能比“串料”更好。上述各种方法可在粉碎操作中，根据具体的处方组成、药料特性选用。

(2) 纤维性强的中药材：含纤维较多的药材，如黄柏、甘草、葛根、檀香等，如果直接用细筛网粉碎，药材中的纤维部分往往难于顺利通过筛片，保留在粉碎系统中，在粉碎过程中起缓冲作用，而且浪费大量的机械能，即所谓的“缓冲粉碎”。况且，这些纤维与高速旋转的粉碎机圆盘上的钢齿不断撞击而发热，时间长了容易着火。对这类药材可先用 10 目筛片粉碎一遍，分拣出粗粉中的纤维后，再用 40 目筛片粉碎，这样就避免了纤维阻滞于机器内造成的发热现象。这里要注意的是：不能因纤维部分较难粉碎而随意丢掉，应将分拣出的“纤维头子”用于煎煮，以避免药物的有效成分损失或使药粉的相对含量增高。

含纤维较多的叶、花类药材，如菊花、金银花、红花、艾叶、大青叶、薄荷、荆芥等质地较轻，粉碎成粗粉容易，一般加 5～10 目筛片，有时不加筛片也可以，但粉碎成细粉相对较难，如果直接用细筛网粉碎，药材中的纤维部分往往难于顺利通过筛片。若要粉碎成细粉，可先粉碎过筛，得部分细粉，余下“纤维头子”可加热再适当干燥，降低水分，使其质地变脆，就易进一步粉碎成细粉。

对于纤维性强的药材，可先采用一般机械粉碎、过筛，得所需药粉后，余下的纤维“头子”，若用振动磨超细粉碎，实验操作简捷，节省药材资源。其依据是利用磨机(磨筒)的高频振动对物料作冲击、摩擦、剪切等作用而粉碎，提高了粉碎效率。

(3) 质地坚硬的中药材：对于质地坚硬的矿物类、贝壳化石类药材，如磁石、赭石、龙骨、牡蛎、珍珠母、龟甲等，因药材硬度大，粉碎时破坏分子间的内聚力所需外力也大，所以药材被粉碎时对筛片的打击也大，易使筛片变形或被击穿。对这类药材可不加筛片或加 5 目筛即是。

(二) 合理设计和选择粉碎流程和粉碎机械

粉碎流程和粉碎机械的选择及设计是完成粉碎操作的重要环节。如采用粉碎级数、开式或闭式、干法或湿法等，需根据粉碎要求对其做出正确选择。例如处理磨蚀性很大的物料不宜采用高速冲击的粉碎机，以免采用昂贵的耐磨材料；而对于处理非磨蚀性物料、粉碎粒径要求又不是特别细(大于 100 μm)时，就不必采用能耗较高的气流磨，而选用能耗较低的机械磨，若能配置高效分级器，则不仅可避免过粉碎，而且可提高产量。

(三) 周密的系统设计

一个完善的粉碎工序设计必须对整套工程进行系统考虑。除了粉碎机主体结构外，其他配套设施如加料装置及计量、分级装置、粉尘及产品收集、计量包装、消声措施等都必须充分注意。特别指出，粉碎操作常常是厂区产生粉尘的污染源，整个过程需做除尘处理，有条件的话，最好在微负压下操作。

三、 粉碎机械的使用与养护

各种粉碎机械的性能不同，结合被粉碎药料的性质和粉碎度的要求，选用不同的粉碎机械进行粉碎，在粉碎的过程中粉碎机械的使用与保养需注意以下几点：

(1) 一般高速运转的粉碎机先开机空转，使机械转速稳定后再逐渐加入被粉碎物料。否则会使电动机负荷增加，易于发热，甚至烧毁。加料应均匀，当粉碎机过载或转速降低时，必须停止加料，待运转正常后再继续加料。

(2) 药物中不应夹杂硬物，特别是铁钉、铁块，以免卡塞，引起电动机发热或被烧毁。药物粉碎前，需进行净化加工处理，先剔除或在加料斗内壁上装置电磁铁进行吸除处理。

(3) 运转时禁止进行任何调整、清理或检查等工作；运转时严禁打开活动门，以免发生危险和损坏机件。

(4) 粉碎机停机前，首先要停止加料，待粉碎腔内物料完全粉碎，并被排出机外，方可切断电源停机。

(5) 各种传动机构如轴承、伞形齿轮等，必须保持良好润滑性，以保证机件的完好与正常运动。

(6) 电动机及传动机构等应用防护罩，以保证安全，同时注意除尘，清洁等。电动机不得超负荷运行，否则容易造成启动困难、停机或烧毁等事故。

(7) 各种粉碎机每次使用后，都应检查机件是否完整，各紧固螺栓是否松动，轴承温度是否正常，注油器是否有润滑油。同时清洁内外部件，添加润滑油后罩好。若发现故障，应及时检修后再行使用。

(8) 粉碎机必须按要求进行验证。

(9) 粉碎刺激性和毒性药物时，必须按照GMP的要求，特别注意劳动保护，严格按照安全操作规范进行操作。

第五章
筛分与混合设备

导学

本章从筛分与混合的基本概念、原理入手，主要介绍筛分与混合这两个单元操作。物料经过粉碎或者制粒以后，因各种药物制剂或者是加工过程中对颗粒度的要求不同，需要对粉末均匀度进行控制，则要用到筛分设备，以获得满足不同物料混合所需要的均匀程度和各种药物制剂制备对颗粒度的要求等。混合通常是采用一些机械方法使两种或两种以上的物料相互分散而达到均匀状态的单元操作。

通过本章学习，应掌握筛分与混合的基本概念，掌握我国常用药筛的型号，熟悉常用筛分机械与混合机械的结构与工作原理，了解筛分与混合操作的影响因素等。

筛分是在药品生产过程中，利用筛网工具按所要求的颗粒粒径的大小将物料分成各种粒度级别的单元操作；混合则是采用一些机械方法使两种或两种以上的物料相互分散而达到均匀状态的单元操作，这两个单元操作对于药品的生产过程以及保证药品的质量均十分重要。

第一节　筛　　分

筛分是将颗粒大小不同的混合物料，通过单层或多层筛网工具按照一定的粒度大小分成若干个不同粒度级别的过程，使获得颗粒大小均匀、便于进行下一步操作的颗粒。

松散物料的筛分过程，可以看作两个阶段，第一是易于穿过筛孔的颗粒通过不能穿过筛孔的颗粒所组成的物料层到达筛面。第二是易于穿过筛孔的颗粒透过筛孔。要使这两个阶段能够实现，物料在筛面上应具有适当的运动，一方面使筛面上的物料层处于松散状态，物料层将会产生析离（按粒度分层），大颗粒位于上层，小颗粒位于下层，容易到达筛面，并透过筛孔。另一方面，物料和筛子的运动都促使堵在筛孔上的颗粒脱离筛面，有利于颗粒透过筛孔。

一、筛分机制

根据筛分目的不同，筛分作业可以分为独立筛分、辅助筛分、准备筛分、选择筛分四类。独立筛分其目的是直接获得粒度上合乎要求的最终产品。辅助筛分主要用在粉碎作业中,对粉碎作业起辅助作用,一般又有预先筛分和检查筛分之别。预先筛分是指物料进入粉碎机前进行的筛分,用筛子从物料中分出对于该粉碎机而言已经是合格的部分,如粗碎机前安装的格条筛,筛分其筛下产品,这样就可以减少进入粉碎机的物料量,可提高粉碎机的产量。检查筛分是指物料经过粉碎之后进行的筛分,其目的是保证最终的粉碎产品符合下一步作业的粒度要求,使不合格的粉碎产品返回粉碎作业;如中、细碎粉碎机前的筛分,既起到预先筛分,又起到检查筛分的作用。所以检查筛分可以改善粉碎设备的利用情况,相似于筛分机和粉碎机构成闭路循环工作,以提高粉碎效率。准备筛分其目的是为下一作业做准备。选择筛分是指如果物料中有用成分在各个粒级的分布差别很大,则可以经筛分分级得到质量不同的粒级,有时又把这种筛分叫筛选。

粉粒物料通过筛孔的可能性称为筛分概率,一般来说,物料通过筛孔的概率受到下列因素影响:① 筛孔大小;② 物料与筛孔的相对大小;③ 筛子的有效面积;④ 物料运动方向与筛面所成的角度。

由于筛分过程是许多复杂现象和因素的综合,使筛分过程不易用数学形式来全面地描述,一般而言,松散物料中粒度比筛孔尺寸小得多的颗粒,在筛分开始后,很快就落到筛下产物中,粒度与筛孔尺寸愈接近的颗粒,透过筛孔所需的时间愈长。所以,物料在筛分过程中通过筛孔的速度取决于颗粒直径与筛孔尺寸的比值。

二、 筛分效率

在使用筛子时,既要求它的处理能力大,又要求尽可能多地将小于筛孔的细粒物料过筛到筛下去。因此,筛子有两个重要的工艺指标:一个是它的处理能力,即筛孔大小,一定的筛子每平方米筛面面积每小时所处理的物料数,它是表明筛分工作的数量指标。另一个是筛分效率,它是表明筛分工作的质量指标。

在筛分过程中,按理说比筛孔尺寸小的细级别应该全部透过筛孔,但实际上并不是如此,它要根据筛分机械的性能和操作情况以及物料含水量、含泥量等而定。因此,总有一部分细级别不能透过筛孔成为筛下产物,而是随筛上产品一起排出。筛上产品中,未透过筛孔的细级别数量愈多,说明筛分的效果愈差,为了从数量上评定筛分的完全程度,要用筛分效率这个指标。

所谓筛分效率是指实际得到的筛下产物重量与入筛物料中所含粒度小于筛孔尺寸的物料的重量之比,它表示筛分作业进行的程度和筛分产品的质量。筛分效率用百分数或小数表示。

即:

$$E=\frac{Q_1}{Q_0}\times 100\% \tag{5-1}$$

式中:E—筛分效率,%;

Q_0—筛分作业初始物料中小于筛孔尺寸的细粒重量;

Q_1—筛下产物中小于筛孔尺寸的细粒重量。

由于在实际生产中很难把筛分作业的产品的重量称出来。但可以对筛分作业的各产品进行筛析,从而测得筛分作业初始物料、筛下产物和筛上产物所通过筛孔尺寸的细粒重量的百分数。因此,筛分效率可用下式计算:

$$E=\frac{\beta(\alpha-\theta)}{\alpha(\beta-\theta)}\times 100\% \tag{5-2}$$

式中：α—初始物料中小于筛孔尺寸粒级的含量，%；

β—筛下产品中小于筛孔尺寸粒级的含量，%；

θ—筛上产品中小于筛孔尺寸粒级的含量，%。

在式(5-2)中，如果认为筛下产品中小于筛孔尺寸粒级$\beta = 100\%$，则式5-2可简化为：

$$E = \frac{100(\alpha - \theta)}{\alpha(100 - \theta)} \times 100\% \tag{5-3}$$

所以，按式5-3测定筛分效率时，只需要第一步取待筛分物料平均试样，进行筛析，得到数据α；第二步取筛上产品的平均试样，得到数据θ，然后将数据代入式5-3中，则可得到相应粒级的筛分效率。

【例题】 筛孔为15 mm的振动筛，经取样筛析，已知进入筛分的物料中15～0 mm粒级占36%，筛上产物中含有该粒级为9%，求筛分效率是多少？

已知：$\alpha = 36\%$，$\theta = 9\%$

所以：

$$\begin{aligned} E &= \frac{100(\alpha - \theta)}{\alpha(100 - \theta)} \times 100\% \\ &= \frac{100(36 - 9)}{36(100 - 9)} \times 100\% \\ &= 82.41\% \end{aligned}$$

应当注意的是，如果筛网磨损，或筛面质量不高时，则会出现大于筛孔尺寸的颗粒进入筛下产品，考虑到这一情况，筛分效率应以式5-2进行计算。这样可以了解到筛子的工作质量状态：如果E反常地急剧增长，有可能筛网磨损严重，或是筛面质量不高，筛孔尺寸不符合质量要求。

(一) 影响筛分效果的因素

筛分效果是我们操作的目的，前已述及，筛分过程的技术经济指标是筛分效率和处理能力。前者为质量指标，后者为数量指标。它们之间有一定的关系，同时还与其他许多因素有关，这些因素决定筛分的结果。影响筛分过程的因素大体可以分三类：

1. *筛面性质及其结构参数*　振动筛是使粒子和筛面作垂直运动，所以筛分效率高，生产能力大。而粒子与筛面相对运动主要是平行运动的棒条筛、平面振动筛、筒筛等，其筛分效率和生产能力都低。

对于一定的物料而言，筛子的生产率和筛分效率取决筛孔尺寸。生产率取决于筛面宽度，筛面宽生产率高。筛分效率取决于筛面长度，筛面长筛分效率高。一般长宽比为2。

有效的筛子面积(即筛孔面积与整个筛面面积之比)愈大，则筛面的单位面积生产率和筛分效率愈高。筛孔尺寸愈大，则单位筛面的生产率越大，筛分效率越高。

2. *被筛分物料的物理性质*　物料本身的粒度组成、湿度、含泥量和粒子的形状等即为物料的物理性质。当物料细粒含量较大时，筛子的生产率也大。当物料的湿度较大时，一般来说筛分效率都会降低。但筛孔尺寸愈大，水分影响愈小，所以对于含水分较大的湿物料，为了改善筛分过程，一般可以采用加大筛孔的办法进行筛分，当物料含泥量大(当含泥量大于8%时)应当采用预先清洗的方法。

3. 生产条件 当筛子的负荷较大时,筛分效率低。在很大程度上筛子的生产取决于筛孔大小和总筛分效率;筛孔愈大,要求筛分效率愈低时,则生产率愈高。另外,筛子的倾角要适宜,一般通过试验来确定。还有再就是筛子的振动幅度与频率,这与筛子的结构物性有关,在一定的范围内,增加振动可以提高筛分指标。

(二) 药筛类型

药筛作为药物筛分过程中最为重要的部件,其类型直接影响着筛分操作的最终结果。根据药筛的制作方法,可以将药筛分为编织筛和冲制筛两类。

1. 编织筛 编织筛是采用金属丝,或具有一定强度的非金属丝编织而成的,也有采用马鬃或竹丝编织的。编织筛网的生产又可分为平纹编织、斜纹编织、平纹荷兰编织、斜纹荷兰编织、反向荷兰编织等多种工艺。但编织筛的筛线容易移位而造成筛孔的变形,从而进一步导致比筛孔尺寸大的物料颗粒通过筛网到达筛下产品中,造成筛分效率降低,因此常将金属筛线交叉处压扁固定。编织筛常用于粗、细粉的筛分过程。

2. 冲制筛 冲制筛是在金属板子上面冲出一系列的形状固定的筛孔而制成,与编织筛相比较,其筛孔坚固,孔径不易变化,一定程度上保证筛分的效率,但这类筛子的孔径不能太细,一般常用于高速旋转的粉碎机的筛板作为辅助筛分或是用于对药丸的分档筛选。

(三) 药筛的标准

药筛筛孔大小是影响到筛分过程的关键因素,我国制药工业用筛的标准有泰勒标准和《中华人民共和国药典》标准两种。泰勒标准筛是指每英寸(25.4 mm)的长度上含一个孔径和一个线径之和的个数(近似数)加上单位目作为筛的名称,共有32个等级。这是比较常用的一种药筛标准,例如每英寸长度上共有100个单个孔径和单个线径的筛称为100目筛。《中华人民共和国药典》中共规定有九种筛号,其中一号筛孔径最大,九号筛孔径最小,其筛孔大小及与泰勒标准单位换算见表5-1,另外还有日本JIS标准筛、德国标准筛孔等其他筛孔标准。具体孔径及标准换算可查阅相关手册。

表5-1 《中华人民共和国药典》九种筛号筛孔大小及与泰勒标准换算表

筛号	筛孔内径(平均值)μm	目数
一号筛	2 000±70	10
二号筛	850±29	24
三号筛	355±13	50
四号筛	250±9.9	65
五号筛	180±7.6	80
六号筛	150±6.6	100
七号筛	125±5.1	120
八号筛	90±4.6	150
九号筛	75±4.1	200

(四) 粉末等级

根据各种药物制剂对药粉颗粒度的不同要求,需要对药粉进行分级,同时需要控制粉末的均匀度。《中华人民共和国药典》规定了6种粉末等级及其分等标准,见表5-2。粉末的等级是用两种不同规格的筛网经过两次筛选确定的。

表 5-2　粉末的等级及分等标准

等　级	分　等　标　准
最粗粉	能全部通过一号筛，但混有能通过三号筛不超过 20%的粉末
粗粉	能全部通过二号筛，但混有能通过四号筛不超过 40%的粉末
中粉	能全部通过四号筛，但混有能通过五号筛不超过 60%的粉末
细粉	能全部通过五号筛，并含能通过六号筛不少于 95%的粉末
最细粉	能全部通过六号筛，并含能通过七号筛不少于 95%的粉末
极细粉	能全部通过八号筛，并含能通过九号筛不少于 95%的粉末

三、筛分机械

筛分机械的种类很多，一般按照其结构、工作原理和用途进行分类，在工业生产中，常将筛分机械分为固定筛、回转筛、摇动筛、振动筛等种类。药筛系指按照国家药典规定，全国统一的用于药物制剂生产的筛，也称为标准药筛，但在实际生产中，也可以使用工业用筛，但这类筛的选用，应与药筛标准相近，且不应影响药剂质量。在药用筛分机械中常用的有手动筛(诸如，手摇筛)；机械筛(诸如，圆形振动筛粉机、电磁簸动筛粉机和电磁振动筛粉机等)，下面对其结构及工作原理进行简单介绍。

1. **手摇筛**　手摇筛的筛网多用不锈钢丝、铜丝、尼龙丝等编织而成，将筛网固定在长方形或圆形的金属边框上。通常在使用的过程中，按筛号大小依次套叠在一起，所以也称为套筛。最粗筛在顶上，在它的上面加上盖子；最细筛在最底下，将其套在接收器上。在使用过程中，取所需号数的药筛，套在接收器上，盖好上盖，用手摇动药筛使物料过筛，此种手摇筛主要适用于毒性、刺激性或者是质地较轻的药粉，可以避免粉尘飞扬，但其处理量很小，只能用于少量粉末的筛分过程。

2. **振动筛粉机**　振动筛粉机又称为筛箱或者叫旋动筛，系利用偏心轮对连杆作用所产生的往复振动而实现对粉末进行筛选的装置。系将一长方形筛子安装于振动筛粉机的木箱中。需要过筛的物料由加料斗加入，落入到筛子上。筛子是斜置于木箱中可以移动，而木框是固定在轴上的，借助电动机带动皮带轮，使偏心轮产生往复运动，从而使木箱中的筛子产生往复振动，对药粉产生过筛的作用。而木框撞击两端，振动力又增强了过筛的作用。细粉通过筛网落入到接收器中，粗粉由粗粉分离处落入粗粉接收器中，进行继续粉碎后再次过筛。如图 5-1 所示。

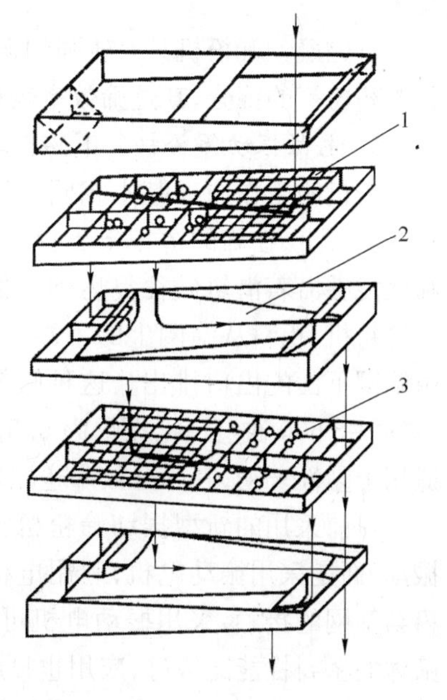

图 5-1　旋动筛

1—筛内格栅；2—筛内圆形轨迹旋面；3—筛网内小球

这种振动筛适用于无黏性的植物性药物、化学药物、毒性药物、刺激性药物以及易风化或者是易潮解的药物粉末的过筛。过筛完毕后需要静置一段时间，等待细粉下沉后再开启，避免粉尘的飞扬。

3. **圆形振动筛粉机**　圆形振动筛粉机的结构与工作原理较为简单，系在电动机上装载有两个不平衡的重锤，上部的重锤使筛网发生水平圆周运动，下部的重锤使筛网发生垂直方向上的运动，两者所造成的筛网运动叠加在一起就合成了筛网的三维运动。物料从振动筛粉机的顶部中心部位加入，经过筛分后，筛网上部未通过的粗物料从上部出口排出，筛分出来的细料则从下部出口排出。其筛网直径根据生产能力不同加以选择，一般为 0.4～1.5 m，每台机器可以由 1～3 层筛网组成（图 5-2）。

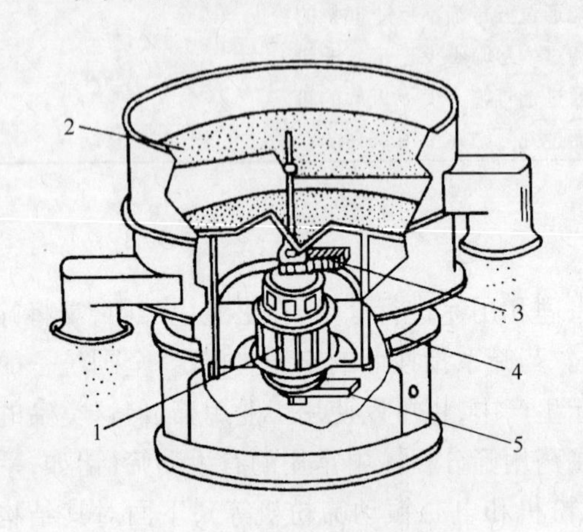

图 5-2 圆形振动筛粉机

1—电机；2—筛网；3—上部重锤；4—弹簧；5—下部重锤

圆形振动筛粉机又被称为旋转式振动筛粉机，其可以连续的进行筛分操作，并具有分离效率较高、维修费用较低、占地面积较小以及重量比较轻等一系列优点。因此，这种筛分机械在药物制剂生产过程中常常用来对药物粉粒进行分级。

4. **电磁簸动筛粉机** 电磁簸动筛粉机由电磁铁、筛网架、弹簧接触器等组成的，系利用高达每秒 200 次以上的较高频率和在 3 mm 以内的较小振动幅度造成簸动。由于筛粉机振动振幅小、频率高，因此造成药粉在筛网上跳动，故能使粉粒散离，易于通过筛网，增加了其筛分的效率。此种筛分机械是按照电磁原理设计的，在筛网的一边装有磁铁，而另一边则装有弹簧，当弹簧把筛拉紧时，接触器相互接触使来自电源的电流得以通过电路，使磁铁发生磁性而吸引衔铁，使筛子向磁铁方向移动；此时接触器就会被拉脱而阻断电流，电磁铁失去磁性，筛子重新被弹簧拉回。接触器重新接触而引起第二次电磁吸引，如此连续不停地发生簸动作用，完成筛分操作。

电磁簸动筛粉机具有较强的振荡性能，因此能够适应黏性较强的药粉如含油或者是含树脂的药粉等的筛分，其过筛效率较振动筛要高。

5. **电磁振动筛粉机** 电磁振动筛分机与电磁簸动筛粉机的工作原理基本相同。筛内的滑轨倾斜安装在支架上，在筛的边框上支撑有电磁振动装置，使筛网能够沿着滑轨做往复运动。物料从筛的高端加入筛粉机，粗料从筛网上的下端口直接排出，细料则由筛网下面的出口排出。这种筛粉机的振动频率为 3 000～3 600 次/分钟，振幅为 0.5～1 mm，同样可以适用于黏性药粉，其筛分效率也比较高（图 5-3）。

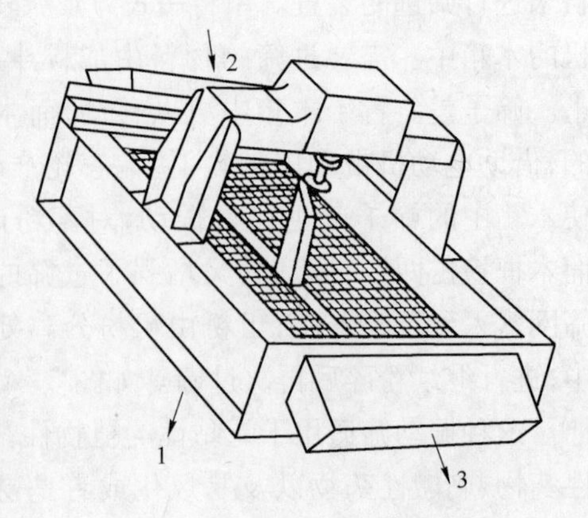

图 5-3 电磁振动筛粉机

1—细料出口；2—加料口；3—粗料出口

目前采用的新型振动筛粉机已经不再采用电磁振动，而是采用振动电机，利用电机的振动来促进药粉与筛网的接触，采用振动电机可以使其噪声降低，筛体的密封性能比较好，应用也日趋普及。

四、 筛分设备的选择

筛分设备的种类很多，通常是根据粉末的性质、数量以及药物制剂对粉末粒度的要求来选择筛分设备的,一般遵循下列原则:① 筛分设备所用的筛网规格应按物料粒径进行选择;② 筛面要耐磨损、抗腐蚀、可靠性要好,要使筛分机能够长时间安全可靠运行,筛面的耐磨损性是保证设备可靠运行的重要基础;③ 设备单位处理能力要高,维修时间短,噪声低。这样即可以减小筛子的规格尺寸和占地面积,又可以节约能源。

第二节　混合过程

所谓混合就是指把两种或两种以上固体组分的物料相互掺和而达到均匀分布状态的操作。广义上的混合系指把两种或两种以上组分的物质均匀分散的操作,包括固-固、固-液以及液-液等组分的混合。狭义上的混合是指两种或两种以上的固体粒子的均匀分散的过程。此处我们主要讨论固体粒子之间的混合也就是狭义上的混合。

一、 混合机制

混合是为了使处方中多组分物质含量均匀一致,以保证用药剂量准确、安全有效,保证制剂产品中各成分的均匀分布。混合操作在药物制剂生产中的应用极为广泛,是制备丸剂、片剂、胶囊剂、散剂等多种固体剂型生产中非常重要的单元操作,其意义重大,混合结果的好坏直接关系到最终制剂的外观及内在质量。如果在制剂生产过程中混合效果不好容易出现色斑、崩解时限不合格等不良现象,而且会影响药效。特别是对于一些含量非常低的毒性药物、长期连续服用的药物、有效血药浓度和中毒浓度接近的药物等情况,如果混合不好,主药含量不均匀将对生物利用度及治疗效果带来极大的影响,甚至还会带来危险。因此混合操作进行的好坏直接关系到制剂产品质量的保证。

药物固体颗粒在混合器内进行混合时,粒子的运动非常复杂,1954 年,Lacey 提出了混合器中固体粒子具有对流混合、剪切混合和扩散混合 3 种运动方式,逐渐形成了目前普遍认可的混合机制。

1. **对流混合**　固体粒子在混合设备内翻转或者依靠在混合器内设置的搅拌器的作用进行着粒子群的较大位置的移动,使粒子从一处转移到另一处,经过多次转移之后物料在对流作用下达到混合的目的,也就是固体粒子在机械转动的作用下,产生较大的位移时进行的总体混合。

2. **剪切混合**　固体粒子在运动的过程中产生了一些滑动平面,在需要混合的不同成分粒子界面间发生剪切的作用,剪切力作用于粒子的交界面上,具有粒子的混合作用,同时还伴随有粉碎作用,其效率主要取决于混合器械的类型和混合的操作方法,例如研磨混合过程。其实质上也就是由于粒子群内部力的作用结果,产生滑动面,破坏粒子群的凝聚状态而进行的局部混合。

3. **扩散混合**　一般是由于固体粒子的紊乱运动而导致的相邻的粒子之间相互交换位置所产生的一种局部混合作用,当颗粒在倾斜的滑动面上滚下来时发生。当粒子的形状、充填的状态或者流动的速度不同时,即可产生扩散混合。另外搅拌也可以使粉末间产生运动,从而达到扩散混合，例如搅拌型混合机。

需要注意的是，一般情况下，在混合操作的过程中，上述的 3 种混合方式在实际的操作过程中并不是独立进行，而是相互联系的。上述三种混合机制多不以单一方式进行，而是以几种混合作用结合在一起进行，由于混合器械、粉体性质和混合方法的不同，多以其中某种方式为主。例如圆筒形的混合机械多以对流混合为主，搅拌类型的混合机械多以强制对流混合以及剪切混合为主。一般来说，在混合开始阶段以对流与剪切为主导作用，随后扩散的作用增加。

必须注意，不同粒径的自由流动粉体以剪切和扩散机制混合时常伴随分离，而影响混合程度。达到一定混合程度后，混合与分离过程就呈动态平衡状态，如果物料的物性差异较大时，混合时间的延长反而能增加颗粒的分离过程，因此要避免混合时间过长。

二、 混合程度

混合程度是混合过程中物料混合均匀程度的指标。固体间的混合不能达到完全的均匀排列，只能达到宏观的均匀性，因此，常用统计分析的方法表示混合的均匀程度。以统计的混合限度作为完全混合状态，并以此为基准表示实际的混合程度。

混合度能有效地反映混合物的均匀程度，常以统计学方法考虑的完全混合状态为基准求得。混合度 M 常用 Lacey 式表示。

$$M = \frac{\sigma_0^2 - \sigma_t^2}{\sigma_0^2 - \sigma_\infty^2} \tag{5-4}$$

式中：σ_0^2 —两组分完全分离状态下的方差；

σ_∞^2 —两组分完全均匀混合状态下的方差；

σ_t^2 —混合时间为 t 时的方差。

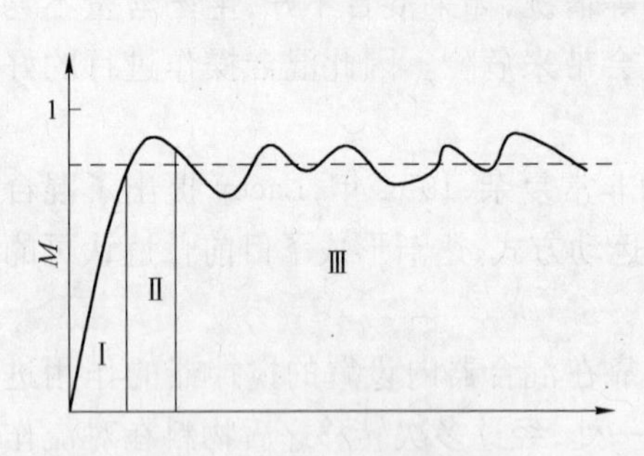

图 5-4 物料的混合曲线

Ⅰ—对流混合区；Ⅱ—对流与剪切混合区；Ⅲ—扩散混合区

完全分离时：$M_0 = 0$；完全混合时：$M_\infty = 1$，因此，一般混合状态下，混合度 M 介于 0～1 之间。在混合过程中，可以随时测定混合度，找出混合度随时间的变化关系，从而把握和研究各种混合操作的控制机制及混合速度等。

图 5-4 是混合程度(M)对混合时间(t)所作的混合状态曲线，表现了混合度随时间的变化。混合初期(Ⅰ区)以对流混合为主，中期(Ⅱ区)以对流与剪切混合为主，最后(Ⅲ区)以扩散混合为主，曲线高低不平表现出混合与离析同时进行的动态平衡状态。

三、 混合方法

常用的混合方法有搅拌混合、研磨混合、过筛混合等。在大批量生产中的混合过程多采用搅拌或容器旋转使物料产生整体和局部的移动而达到混合目的。

1. **搅拌混合**　在少量药物配制时，可以反复搅拌使之混合均匀。而药物量大时用这种方法则不易混匀，在生产过程中，生产中经常采用搅拌混合机，经过一定时间的混合操作，即可达到使物料混匀的效果。

2. **研磨混合**　是指将待混合药物的药物粉末在容器中进行研磨，在研磨的过程中达到物料混合均匀的目的，该法适用于一些结晶体药物，但不适宜于具有吸湿性或者是含有爆炸性成分的物料混合过程。

3. **过筛混合**　是指几种组分的药物混合，可以通过过筛的方法进行混合操作。但这种方法对于密度相差比较大的组分来说，过筛以后还必须加以搅拌才能达到混合均匀的目的。

四、 混合操作要点

剧毒药品、贵重药品的混合，应采用等量递加法（习称配研法）混合。所谓等量递加即为将量大的药物研细，以饱和乳钵的内壁，倒出，加入量小的药物研细后，加入等量其他细粉混匀，如此倍量递增混合至全部混匀，再过筛混合即成。也适用于各组分混合比例相差悬殊的情况。

对于固体物料来讲，如果物料密度差较大时，应先装密度小的物料，再装密度大的物料。如果药物色泽相差较大时，先加色深的再加色浅的药物，习称“套色法”。

对混合时出现的低共熔、吸湿或失水而导致的液化或润湿的现象。则应尽量避免，或采取以下办法克服：① 避免形成低共熔的混合比；② 混合物料中含有少量的液体成分时，用固体组分或吸收剂吸收该液体至不显润湿为止；③ 对于含结晶水的药物可采用等摩尔无水物代替；④ 对于吸湿性强的药物应在低于其临界相对湿度以下的环境中配制；⑤ 若混合后吸湿增强，可分别包装。

第三节　混合机械

混合机械的种类较多，按照混合过程中混合容器运动方式的不同，可将之大体上分为固定型混合机和回转型混合机两大类；也可以按混合操作形式的不同，将之分为间歇操作式和连续操作式两类。

一、 容器旋转型混合机

容器旋转型混合机又称为旋转筒式混合机或转鼓式混合机，是依靠容器本身的旋转作用来带动物料上下运动而促使物料混合的设备。其工作过程为通过混合容器的旋转形成垂直方向的运动，使被混合物料在容器壁或者是容器内部安装的固定抄板上引起折流，造成上下翻滚及侧向运动，不断进行扩散，从而达到混合的目的。常见的容器旋转型混合机有水平型圆筒混合机、双锥型混合机、V型混合机、倾斜型圆筒混合机、三维运动混合机等几种，下面分别予以介绍。

1. **水平圆筒型混合机**　该类混合机筒体在轴向旋转时带动物料向上运动，并在重力作用下往下滑落的反复运动中进行混合。其工作原理简图见图5-5。总体混合主要以对流、剪切混合

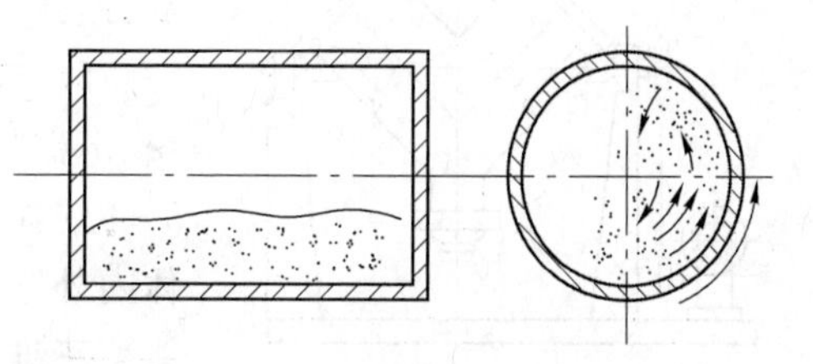

图5-5　水平圆筒型混合机改斜体

为主，而轴向混合以扩散混合为主。

这一类混合机械具有以下特点：① 其圆筒轴线与回转轴线重合；② 操作时，粉料的流型简单；③ 粉粒沿水平轴线的运动困难；④ 容器内两端位置有混合死角；⑤ 卸料不方便。

该水平圆筒型混合机的混合度较低，其混合效果不够理想，且所需混合时间较长。但其具有结构简单、成本低的优势，因此还在应用。操作中这种类型的设备最适宜转速为临界转速的70%～90%；最适宜充填量或容积比(物料容积/混合机全容积)约为30%。

2. 倾斜圆筒型混合机 倾斜圆筒型混合机是在水平圆筒型混合机的基础上发展起来的，将盛料圆筒的回转轴线与其轴线错开，形成一定角度，以达到较好的混合效果。其结构见图5-6。

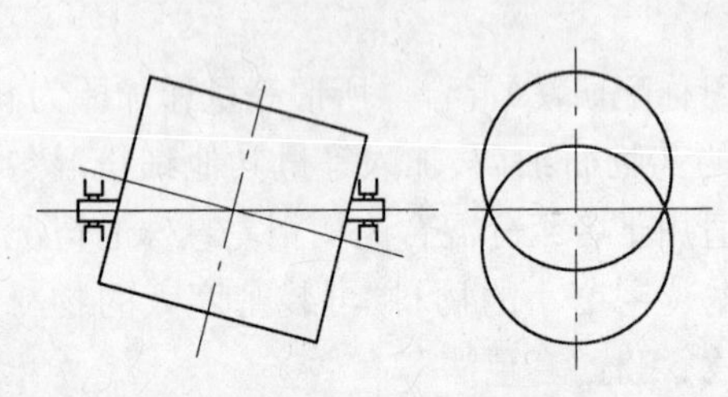

图5-6 倾斜圆筒型混合机

其特点为，其容器轴线与回转轴线之间有一定的角度，因此粉料运动时有3个方向的速度；流型复杂，加强了混合能力；其工作转速在40～100 r/分钟之内。

3. 双锥型混合机 双锥型混合机的容器是由两个锥筒和一段短柱筒焊接而成，其锥角有90°和60°两种结构，旋转轴与容器中心线垂直。混合机内的物料的运动状态与混合效果类似于V型混合机。

本机将粉末或粒状物料通过真空输送或人工加料到双锥容器中，随着容器的不断旋转，物料在容器中进行复杂的撞击运动，达到均匀的混合。其结构见图5-7。

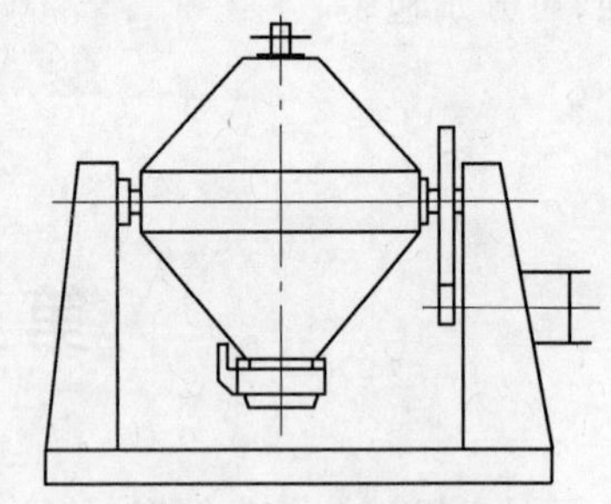

图5-7 双锥型混合机

双锥形混合机具有以下特点：克服了水平圆筒式混合机中物料翻滚不良的缺点，工作效率较高，节约能源、操作方便、劳动强度低；双锥型混合机操作时，粉料在容器内翻滚强烈，由于流动断面的不断变化，能够产生良好的横流效应；对于易流动药物，混合较快。

4. V型混合机 V型混合机又称为双联混合机，旋转容器是由两段圆筒以互成一定角度的"V"形连接，两筒轴线夹角在60°～90°，两筒连接处切面与回转轴垂直，容器与回转轴非对称布置。混合时物料在圆筒内旋转时，被分成两部分，再使这两部分物料重新汇合在一起，这样反复循环，在较短时间内即能混合均匀，在这种混合机械中以对流混合为主。其结构见图5-8。

V型混合机具有以下特点：转速6～25 r/分钟，混合时间4分钟/次；容器非对称性，操作时，物料时聚时散，效果比双锥型更好；适用于干粉类药物的混合。

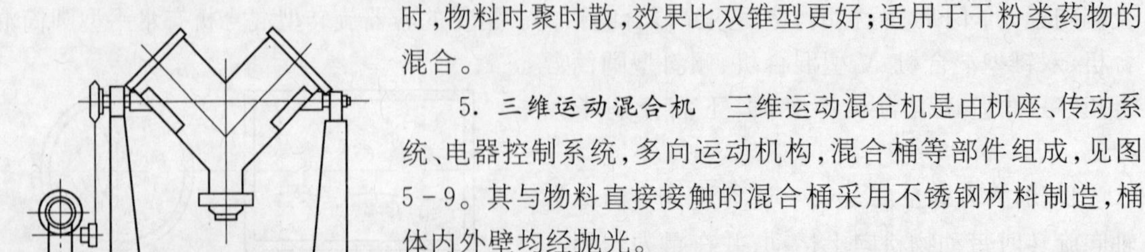

图5-8 V型混合机

5. 三维运动混合机 三维运动混合机是由机座、传动系统、电器控制系统，多向运动机构，混合桶等部件组成，见图5-9。其与物料直接接触的混合桶采用不锈钢材料制造，桶体内外壁均经抛光。

三维运动混合机在运行过程中，混合圆筒被两个带有万向节的轴连接，其中一个作为主动轴，另一个作为从动轴，主动轴转动时带动混合容器动作。由于混合桶体具有多方向运转动作，利用三维摆动、平移转动和摇滚原理，产生强大的交替脉动，并且混合时产生的涡流具有变化的能量梯度，使各种物料在混合过程中，加速了流动和扩散作用，同时避免了一般混合机因离心力作用所产生的物料比重偏析和积累现象，混合无死角，能有效确保混合物料的最佳品质。

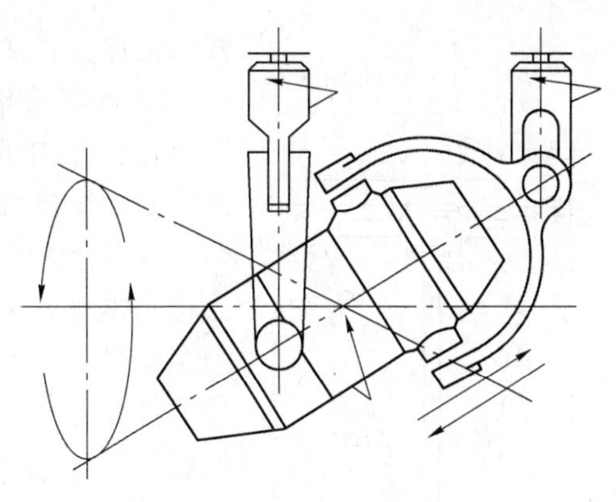

图 5－9 三维运动混合机

三维运动混合机混合的均匀程度可以达到99.9％以上，最佳填充率在80％左右，最大填充率可达90％，远远超过了一般的回转型混合机，其混合时间短，混合时无升温现象。但是该机只能间歇式操作每批的最大装载能力不够高。

二、 容器固定型混合机

固定容器式混合机的特点是容器固定，靠旋转搅拌器带动物料上下及左右翻滚，以对流混合为主，主要适用于混合物理性质差别及配比差别较大的散体物料。固定容器式混合机的结构形式比较典型的是槽型混合机、双螺旋锥形混合机和圆盘形混合机几种。

1. **搅拌槽型混合机** 槽型混合机主要用来混合粉状或糊状的物料，使不同质物料混合均匀。是卧式槽形单桨混合，搅拌桨多为通轴式，便于清洗。与物体接触处全采用不锈钢制成，有良好的耐腐蚀性，混合槽可自动翻转倒料。其结构见图5－10。

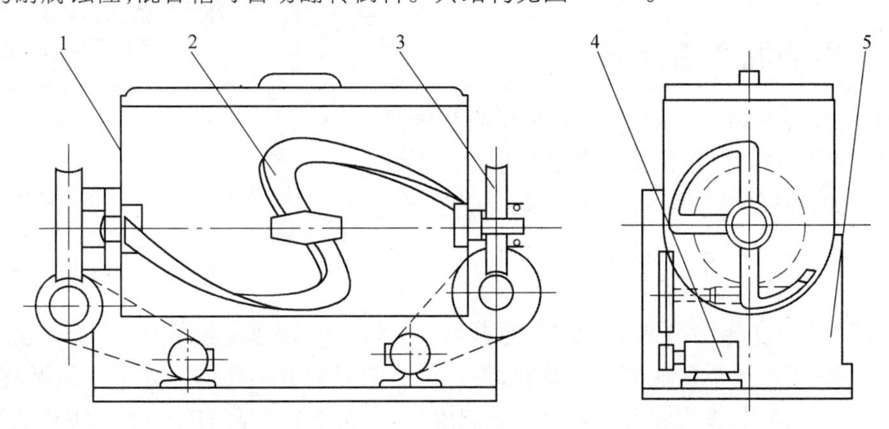

图 5－10 槽型混合机

1—混合槽；2—搅拌桨；3—涡轮减速器；4—电机；5—机座

槽型混合机一般用在称量后，制粒前的混合，与摇摆式颗粒机配套使用，目的是使物料达到均匀的相互分布，以保证药物剂量准确，在干粉混合过程中一般要加黏合剂或润湿剂；该机器具有主电机和副电机两台电机，工作过程中主电机带动搅拌桨旋转。由于桨叶具有一定的曲线形状，在转动时对物料产生各方向的推力，使物料翻动，达到均匀混合的目的。副电机可使混合槽倾斜105°，使物料倾出；其一般装料约占混合槽容积的80％。

槽型混合机使用过程中具有搅拌效率低、混合时间长、搅拌轴两端的密封件容易漏粉以及搅拌时粉尘外溢、污染环境、对人体健康不利的缺陷。但其价格低、寿命长、操作简便、易于维

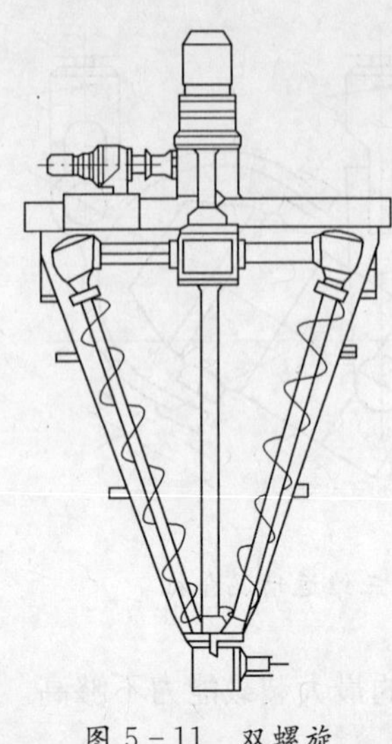

图 5-11 双螺旋锥形混合机

修的优点也非常明显。

2. 双螺旋锥形混合机 双螺旋锥形混合机结构如图 5-11 所示,主要由锥形筒体、螺旋杆、转臂和传动部件组成。其螺旋推进器的轴线与容器锥体的素线平行,其在容器内既有自转又有公转。被混合的粒子在螺旋推进器的自转作用下,自底部上升,还在公转的作用下,在整个容器内产生循环运动,短时间内即可达到最大混合程度。

这种混合机械具有动力消耗小、混合相差效率高、容积比高等优点,对于密度相差较为悬殊、混配比较大的物料的混合尤为适合。另外该设备还具有无粉尘、易清理的优点。

3. 圆盘形混合机 圆盘形混合机的混合容器是固定不动的,依靠内部平盘的高速旋转实现混合的目的。其结构如图 5-12 所示,待混合的物料从加料口 1 和 2 分别加入,到高速旋转的环形平盘和下部圆盘上,由于惯性离心力作用,粒子被甩开,在散开的过程中粒子之间相互混合后从出料口排出。

回转圆盘形混合机回转圆盘的转速为 1 500～5 400 r/分钟;混合机处理量较大,可连续操作,混合时间短,但处理量随圆盘的大小而定;其混合程度与加料是否均匀有关;物料的混合比可通过加料器进行调节。

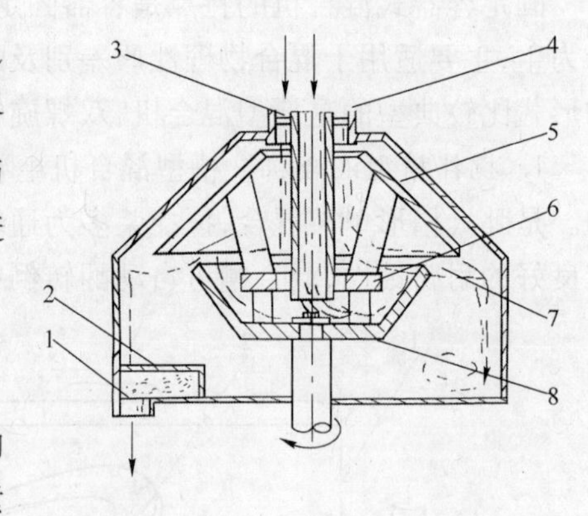

图 5-12 圆盘形混合机

1—出料口;2—出料挡板;3、4—加料口;5—上锥形板;6—环形圆盘;7—混合区;8—下部圆盘

三、 影响混合的因素

影响混合的因素很多,除了前文提到的药物的密度和组分药物的混合比例量以外,还有设备因素的影响。诸如设备转速的影响、药物充填量的影响、药物装料方式的影响等。

1. 设备转速的影响 尤其是对于回转型混合机的回转速度对药物的混合效果有着显著的影响。但机器回转速度较低时,粒子在粒子层的表面向下滑动,由于粒子滑动速度存在差异,将会造成明显的分离现象。如果转速过高,则药物粒子受离心力的作用,将会随着回转容器一起旋转,则起不到混合的作用,例如 V 型混合机的转速过高或者过低都达不到应有的混合效果。而只有在具备了适宜程度的容器回转速度的情况下,粒子受到一定大小离心力的作用,随着转筒上升到一定的高度,然后脱离按照抛物线的轨迹下落,粒子之间相互碰撞、粉碎、混合,才会达到较好的混合效果。

2. 药物充填量的影响 一般情况下,容器旋转型混合机的充填量要小于容器固定型混合机的充填量,因为容器固定性混合机中物料之间的相互移动是依靠搅拌或其他装置的运动实现的,故可以达到较高的药物充填量,而容器旋转型的混合机械则必须留有一定的空间提供给药物粒子以相对运动。实际的情况表明: V 型混合机的充填量在 30%左右的体积分数时,其混合效果最为理想。而槽型混合机其装料量则可达到 80%的体积分数。

3. 药物装料方式的影响 通常混合机的装料方式有 3 种。① 分层加料: 两种待混合的物料呈上下对流的纵向混合方式；② 左右加料：两种待混合的药物粒子呈横向扩散的混合方式；③ 左右都是分层加料：此时两种待混合的粒子开始是以对流混合为主，然后转变为以扩散混合为主。已经实验证明分层加料方式的混合效果是优于另外的加料方式的。

4. **药物粒径的影响**　在混合操作过程中，各组分粒子的粒径大小越接近，物料就越容易被混合均匀。反之，如果粒径不同甚至是相差比较大时，由于粒径不同所造成的粒子之间的分离作用，将会使混合程度降低。因此如果是待混合的物料粒径相差比较大的时候，应该在混合之前进行预粉碎的处理，使得各组分的粒子直径基本一致，然后再去进行混合的操作，则可以达到更好的混合效果。

5. **粒子形态的影响**　待混合的粒子形状不同，如果其粒径大小相近，所能达到的最终混合程度也大致相同，最终可以达到同一混合状态；而如果粒子形状不同，粒径大小又相差比较大的时候，所能达到的最终混合状态也就不同。例如，在待混合的物料粒径大小相差比较大时，圆柱形粒子所能达到的混合程度最高，而球形粒子所能达到的混合程度则最低。其原因在于球形粒子粒径差距较大时，小球粒子容易在大球粒子的间隙当中流动，从而造成小球粒子与大球粒子分离，则混合程度降低。而其余形状的粒子在粒径大小不同的时候所能达到的最终混合程度介于圆柱形和球形粒子之间。

四、混合机型式的选择

混合机械的种类很多，在使用的时候应根据混合的需要进行选择，在混合机选型时主要应考虑以下几个方面：

1. **工艺过程的要求及操作目的**　它包括待混合物料的性质、混合产品所要求达到的混合度、生产能力、操作方式(间歇式还是连续式)。

2. **根据待混合物料的物性对混合操作的影响**　物料物性主要包括有粉粒大小、形状、分布、密度、流动性、粉体附着性、凝聚性、润湿程度等，同时也要考虑各组分物性的差异程度。

3. **混合机的操作条件**　通常包括混合机的转速、装填率、原料组分比、各组分物料的加料方法、加入顺序、加入速率和混合时间等。根据物料的物性及混合机型式来确定操作条件与混合速度(或混合度)的关系以及混合规模。

4. **设备的能力**　设备的功率，操作的可靠性，包括装料、混合、卸料、清洗等操作工序。

5. **经济性**　主要指设备购置费用、操作费用和维修费用的大小等。

第六章 固-液分离原理与设备

本章重点讲述了过滤分离的基本理论,基本方程;重力沉降分离原理;离心分离原理;离心分离因数;同时介绍了过滤介质、助滤剂及常用种类等内容。

通过本章的学习,要求能够熟练掌握本章所叙述的基本概念,基本理论;熟悉常用的过滤设备,常用离心分离设备等的类型、使用方法及注意事项等。

分离操作是制药工业中重要的操作单元之一,是指对混合物中不同成分进行分离的操作流程。制药生产中常遇到如含固体颗粒的混悬液、互不相溶的液体组成的乳浊液等混合物。当固体颗粒不溶于液体介质时,所组成的悬浮液的性质与固液两者的性质相关,同时还会产生新的变化和特性,如悬浮液的密度、黏度、固体含量、电动现象及 Zeta 电位等,这些因素将会决定分离过程中颗粒沉降或过滤速度的快慢、分离效果的好坏。而我们往往就是利用混合物之间物理性质(如密度、颗粒形状、颗粒尺寸等)的差异来对其进行分离,来达到① 获得固体物质,如在药品生产中的结晶除液过程;② 获得澄清溶液,如制备注射剂时除去液体中的异物;药液的除菌;制剂中采用助滤剂的药液与助滤剂的分离;中药生产中以动植物为药源经过萃取后,将萃取液与药源固体的分离等目的。

第一节 过滤分离

过滤是一种分离悬浮于液体或气体中固体微粒的单元操作。通常所说的过滤多指将悬浮于液体中的固体微粒进行分离的操作,即悬浮液的过滤。过滤操作是分离悬浮液的最普遍和有效的单元操作过程之一。它是利用流态混合物系中各物质粒径的不同,以某种多孔物质为筛分介质,在外力作用下,使悬浮液中的液体通过介质孔道流出,而固体颗粒被介质截留,从而实现固液分离的操作。

一、 过滤原理

过滤操作中采用的多孔物质称为过滤介质,通过介质得到的悬浮液称为滤液,被截留的固体物质称为滤饼或滤渣。过滤过程一般分为4个阶段：① 过滤，刚开始过滤操作时，由于过滤介质的孔径大于料液中部分较细颗粒的粒径，往往不能阻止微粒通过，滤液可能是不符合要求的浑浊液。随着过滤的进行，细小颗粒在孔道上出现"架桥"现象，固体颗粒多被截留而形成滤饼，在滤饼中的孔道要比介质孔道细，能阻止微粒的通过而得到澄清的滤液。有效的过滤操作往往是在滤饼层形成后开始的。② 洗涤，滤饼随过滤的进行越积越厚，滤液通过阻力增大，过滤速度降低。如果所需的是滤液，则残留在滤饼中的滤液应回收；如果所需的是滤饼，则应避免滤液影响其纯度。因此，需要用清水在推动力作用下，冲去残存在滤饼孔道中的滤液，此时的排出液称为洗液。③ 去湿，洗涤完毕后，需将滤饼孔道中残存的洗液除掉，以利于滤饼后续工序的进行。常用的办法是用空气在压力作用下，通过滤饼以排出残留洗液。④ 卸料，将滤饼从滤布上卸下来的操作称为卸料。卸料力求彻底干净，若滤饼不是所需产品，可用清水清洗一下，在滤布使用一段时间后，应彻底进行清洗，以减小过滤阻力，此操作过程称为滤布的再生。过滤操作分为表面过滤和深层过滤。

1. *表面过滤*　又称为饼层过滤。过滤时，悬浮液置于过滤介质的一侧，固体颗粒沉积于介质表面而形成滤饼层。过滤介质中微细孔道的直径不一定小于被截留的颗粒直径，过滤开始时会有部分颗粒在孔眼处发生架桥现象，也会有一些细小颗粒穿过介质而使滤液浑浊，需要在滤饼层形成后将初滤液重新过滤。滤饼形成后，产生的阻力远远大于过滤介质本身的阻力，成为真正发挥截留颗粒作用的过滤介质。

表面过滤适用于处理固体含量较高(固相体积分率约在1%以上)的悬浮液，不适宜过滤颗粒很小且含量也很少(固相体积分率小于1%)的悬浮液。如中药生产中大多是药液的澄清过滤，所处理的悬浮液固相浓度往往较高，主要采取表面过滤。

表面过滤时，过滤介质和滤饼对滤液的流动具有阻力，要克服这种阻力，就需要一定的外加推动力，即在滤饼和过滤介质两侧需保持一定的压强差。实现过滤操作的外力可以是重力、压力差或惯性离心力。根据推动力不同，过滤可以分为常压过滤、真空过滤、加压过滤和离心过滤。常压过滤依靠悬浮液自身的液位差进行过滤；真空过滤依靠在过滤介质一侧抽真空的方法来增加推动力；加压过滤利用压缩空气、离心泵、往复泵等输送悬浮液形成的压力作为推动力；离心过滤则将高速旋转产生的离心力作为过滤过程中的推动力。常压过滤的生产能力很低，制药生产中很少采用，应用最多的是以压力差为推动力的过滤。

2. *深层过滤*　在深层过滤中，固体颗粒在介质表面上不形成滤饼，而是沉积在较厚的颗粒过滤介质床层内部。悬浮液中的颗粒尺寸小于床层孔道尺寸，当颗粒随液体在床层内的曲折孔道中流过时，被截留在过滤介质内。

深层过滤适用于悬浮液中颗粒小、滤浆浓度极稀(一般固相体积分率低于0.1%)的场合，如饮用水的净化。其缺点是吸附能力强，滤过过程中药物成分损失较大。

二、过滤基本理论

过滤是在多孔的过滤介质上加入悬浮液，借助重力及压强差的作用，使滤液从滤布及滤饼的孔隙间流过的过程。由于滤饼是由大量细小的固体颗粒组成，颗粒之间存在空隙，这些空隙互相连通，形成不规则的网状结构。由于颗粒很小，其形成的孔道直径也很小，流体在其中的阻力很大，流速很低，因此流体通过孔隙的流动可以认为是滞流运动，假设过滤过程中所形成的滤饼是均匀的，把流体流过的孔隙看成是许多垂直的通道，其当量直径为 d_e，其孔隙率始终不变。则有：

$$d_e = \frac{4 \times 流通截面积}{流体浸润周边} \tag{6-1}$$

过滤速度通常是将单位过滤时间通过单位过滤面积的滤液体积称为过滤速度，单位为$m^3/(m^2 \cdot 秒)$即m/秒。假设过滤设备的过滤面积为A，在过滤时间dt内所得的滤液量为dV，则过滤速度为dV/Adt，单位过滤速率为dV/dt。

多孔床层指由多孔介质所截留的颗粒组成的具有许多小的孔道的床层，颗粒床层的厚度越厚，过滤阻力越大。因此过滤阻力与床层厚度及床层孔隙率有关。

床层孔隙率 $$\varepsilon = \frac{床层体积 - 颗粒体积}{床层体积}$$

床层孔隙率无因次，与粒度分布、颗粒形状及颗粒表面粗糙度等有关。

由经验及推导得：

$$d_e \propto \frac{孔隙率}{形成滤饼的颗粒的全部表面积} \tag{6-2}$$

$$d_e \propto \frac{\varepsilon}{(1-\varepsilon)a_s} \tag{6-3}$$

式中：a_s—颗粒的比表面积m^2/m^3；或为单位体积颗粒的表面积，m^2/m^3。

对于球形颗粒：

$$a_s = \frac{\pi d^2}{\frac{1}{6}\pi d^3} = 6/d \tag{6-4}$$

滞流时：

$$\Delta p^* = \Delta p_c^* + \Delta p_m^* = \frac{32\mu\delta u_{m1}}{d_e^2} \tag{6-5}$$

式中：Δp^*—过滤压力差(阻力损失)；

Δp_c^*—滤饼两侧的压力差；

Δp_m^*—过滤介质两侧的压力差；

μ—液体的黏度，Pa·秒；

δ—床层厚度，m；

u_{m1}—滤液在床层垂直孔道中的平均流速，m/秒。

将比例常数用k'代替，则有：

$$u_{m1} = \frac{\Delta p^* \cdot d_e^2}{k'\mu\delta} \tag{6-6}$$

设按滤饼层横截面积计算的滤液的平均流速为u_m，即单位时间单位过滤面积上的滤液体积量m/秒。则有：

$$\frac{u_m}{u_{m1}} = \varepsilon \tag{6-7}$$

$$u_m = \frac{dV}{Adt} = \varepsilon u_{m1} = \frac{\Delta p^*}{k'\mu\delta} \cdot \frac{\varepsilon^3}{(1-\varepsilon)^2 a_s^2} \tag{6-8}$$

比例常数 k' 与滤饼的空隙率、颗粒的形状、排列及粒度范围有关，对于颗粒床层内的滞留流动可取 5。因此式(6-8)可写为：

$$u_m = \frac{dV}{Adt} = \frac{\varepsilon^3}{5a_s^2(1-\varepsilon)^2} \cdot \frac{\Delta p^*}{\mu\delta} \tag{6-9}$$

式中：u_m—过滤速度，为单位时间单位过滤面积的滤液体积量，m/秒；

V—滤液体积，m^3；

A—过滤面积，m^2；

t—过滤时间，秒。

根据式(6-7)和(6-9)可知：

$$\frac{dV}{dt} = \frac{\varepsilon^3}{5a_s^2(1-\varepsilon)^2} \cdot \frac{A\Delta p^*}{\mu\delta} \tag{6-10}$$

式中：dV/dt—过滤速率，即单位时间所获滤液量，m^3/秒。

对于球形颗粒：同式(6-4)。

三、过滤的基本方程式

过滤过程中形成的滤饼分为可压缩滤饼和不可压缩滤饼，过滤时滤液流过的孔道随滤饼两侧压力差的变化而变化的滤饼称为可压缩滤饼，过滤时颗粒的排列方式及孔道大小不随滤饼两侧压力差的变化而变化的滤饼称为不可压缩滤饼。

1. 不可压缩滤饼过滤的基本方程

若令

$$r = \frac{5a_s^2(1-\varepsilon)^2}{\varepsilon^3} \tag{6-11}$$

那么，式(6-9)可写成：

$$u_m = \frac{dV}{Adt} = \frac{\varepsilon^3}{5a_s^2(1-\varepsilon)^2} \cdot \frac{\Delta p^*}{\mu\delta} = \frac{\Delta p^*}{r\mu\delta} \tag{6-12}$$

式中：r—滤饼的比阻，单位 L/m^2。

比阻反映了颗粒形状、尺寸及床层孔隙率对滤液流动的影响，一般 $\varepsilon\downarrow$ 和 $a_s\uparrow$，$r\uparrow$，$u_m\downarrow$，对流体流动的阻滞力越大。

由于过滤时压力降包括滤饼的压力降及过滤介质的压力降，过滤介质的压力降可近似等于相对应的滤饼的压力降，其所对应的各参数也可近似作为与其相应滤饼所对应的参数。

若生成厚度为 δ 的滤饼所需时间为 t，产生滤液体积 V，产生单位面积的滤液体积 q($q=V/A$)，生成当量滤饼厚度 δ_e 所获得当量滤液体积 V_e，则过滤介质阻力相对应的虚拟过滤时间为 t_e，与过滤介质相当的当量滤饼厚度为 δ_e，过滤介质相对应的当量单位面积的滤液量 q_e。t_e、q_e、V_e、δ_e 均为过滤介质所具有的常数，反映过滤介质阻力的大小。

经推导得到不可压缩滤饼过滤基本方程为：

$$\delta=\frac{滤饼体积}{过滤面积}=\frac{\nu(V+V_e)}{A} \tag{6-13}$$

代入过滤速度公式整理得：

$$u_m=\frac{dV}{Adt}=\frac{\Delta p^*}{r\mu\delta}=\frac{\Delta p^*}{r\mu\frac{v(V+V_e)}{A}} \tag{6-14}$$

$$u_{m1}=\frac{dV}{dt}=\frac{A^2\Delta p^*}{rv\mu(V+V_e)} \tag{6-15}$$

式中：v—滤饼体积与滤液体积之比。

式(6-15)为不可压缩滤饼过滤基本方程。

2. **可压缩滤饼的过滤基本方程**

对于可压缩滤饼：

$$r=r'(\Delta p^*)^S \tag{6-16}$$

式中：S—压缩指数；

r—滤饼的比阻；

r'—为单位压力差下滤饼的比阻。

则可压缩滤饼过滤基本方程为：

$$u_{m1}=\frac{dV}{dt}=\frac{A^2(\Delta p^*)^{1-S}}{r'v\mu(V+V_e)} \tag{6-17}$$

式中：S—多由实验测得，$S=0\sim1$，不可压缩滤饼 $S=0$。

式(6-17)称为过滤的基本方程式，它表示过滤进程中任一瞬间的过滤速率与物系性质、压力差、过滤面积、累计滤液量、过滤介质的当量滤液量等各因素之间的关系，是过滤计算及强化过滤操作的基本依据。该式适用于可压缩滤饼及不可压缩滤饼。

应用过滤基本方程式时，需针对操作的具体方式而积分。过滤操作的特点是随着过滤操作的进行，滤饼层厚度逐渐增大，过滤阻力也相应增大。若在恒定压力差下操作，过滤速率必将逐渐减小；若要保持恒定的过滤速率，则需要逐渐增大压力差。有时，为避免过滤初期因压力差过高而引起滤液浑浊或滤布堵塞，可在过滤开始时以较低的恒定速率操作，当表压升至给定数值后，再转入恒压操作。因此，过滤操作常有恒压过滤、恒速过滤以及先恒速后恒压过滤3种。

(1) 恒压过滤：恒压过滤是最常见的过滤方式，连续过滤机内进行的过滤都是恒压过滤，间歇过滤机内进行的过滤也多为恒压过滤。恒压过滤时，由于滤饼不断变厚，过滤阻力逐渐增加，但过滤推动力 Δp^* 保持恒定，即为一常数，因而过滤速率逐渐变小。

对于一定的悬浮液，μ、r'、s 及 v 为常数，若令

$$\kappa=\frac{1}{r'\mu v} \tag{6-18}$$

则有：

$$\frac{dV}{dt}=\frac{A^2(\Delta p^*)^{1-S}}{r'v\mu(V+V_e)}=\frac{\kappa A^2(\Delta p^*)^{1-S}}{(V+V_e)} \tag{6-19}$$

式中：κ—悬浮液物性的常数，单位 $m^4/N \cdot S$。

若令 $K = 2\kappa(\Delta P^*)^{(1-S)}$，对滤饼和过滤介质基本方程分别积分再相加得：

$$\frac{dV}{dt} = \frac{KA^2}{2(V+V_e)} \tag{6-20}$$

将式(6-20)积分得：

$$\int_0^{V+V_e} 2(V+V_e)dV = \int_0^{t+t_e} KA^2 dt \tag{6-21}$$

得：
$$(V+V_e)^2 = KA^2(t+t_e) \tag{6-22}$$

令 $q = \frac{V}{A}$ 代入，则
$$(q+q_e)^2 = K(t+t_e) \tag{6-23}$$

式中：q—单位过滤面积的累计滤液量，m^3/m^2；

q_e—过滤介质的当量单位面积所得累计滤液量，m^3/m^2。

当忽略 q_e，t_e时，则有方程：

$$q^2 = Kt \tag{6-24}$$

$$V^2 = KA^2 t \tag{6-25}$$

当 $q=0$，$t=0$ 时，即刚开始过滤时，则有：

$$q_e^2 = Kt_e \tag{6-26}$$

$$V_e^2 = KA^2 t_e \tag{6-27}$$

将以上二式与恒压过滤方程相减整理得：

$$q^2 + 2qq_e = Kt \tag{6-28}$$

$$V^2 + 2VV_e = KA^2 t \tag{6-29}$$

式 (6-28)与(6-29)均为恒压过滤方程式，表示恒压操作时，滤液体积(或单位面积滤液量)与过滤时间的关系，是恒压过滤计算的重要方程式。t_e与q_e是表示过滤介质阻力大小的常数，其单位分别为秒，m^3/m^2，均称为介质常数。K、t_e与q_e三者总称为过滤常数。对于一定的滤浆与过滤设备，K、t_e与q_e均为定值。

(2) 恒速过滤：恒速过滤时过滤速率 dV/dt 为一常数。在恒速过滤操作中，滤饼阻力不断提高，要保持过滤速率恒定则必须不断提高过滤的压力差。

由于过滤速率为常数，故式(6-17)可写成：

$$\frac{dV}{dt} = \frac{V}{t} = \frac{KA^2}{2(V+V_e)} \tag{6-30}$$

$$V^2 + VV_e = \frac{K}{2}A^2 t \tag{6-31}$$

令 $q = \frac{V}{A}$，$q_e = \frac{V_e}{A}$，代入式(6-31)可得：

$$q^2 + qq_e = \frac{K}{2}t \tag{6-32}$$

式(6-31)与(6-32)均为恒速过滤方程式，表示恒速操作时，滤液体积(或单位面积滤液量)与过滤时间的关系，在恒速过滤方程中，K 虽称为滤饼常数，但实际上它是随压力差而变化的。

(3) 先恒速后恒压过滤：先恒速后恒压过程综合了恒压过滤和恒速过滤两种方法的优点。假设经过时间 t_1 后，达到要求的压力差 Δp^*，在此时间段内，滤液体积为 V_1。然后过滤在此恒压下进行。恒压阶段的过滤可在 t_1 至 t 的区间内对式(6-21)进行积分。

$$\int_{V_1}^{V}(V+V_e)dV = KA^2\int_{t_1}^{t}dt \tag{6-33}$$

$$(V+V_e)^2-(V_1+V_e)^2 = KA^2(t-t_1) \tag{6-34}$$

$$(V^2-V_1^2)-2V_e(V-V_1) = KA^2(t-t_1) \tag{6-35}$$

将 $q=\dfrac{V}{A}$，$q_e=\dfrac{V_e}{A}$ 代入式(6-35)可得：

$$(q^2-q_1^2)-2q_e(q-q_1) = K(t-t_1) \tag{6-36}$$

式(6-35)和(6-36)即为先恒速后恒压过程的过滤方程。

3. **过滤常数的测定** 上述方程式进行过滤计算时都涉及过滤常数 K 和 q_e。过滤阻力与滤饼厚度及滤饼内部结构有关，当悬浮液、过滤压力差或过滤介质不同时，K 会有很大差别，理论上无法准确计算，多通过实验或实际经验得到。对于恒压过滤，由式(6-28)可微分变化为：

$$(2q+2q_e)dq = Kdt \tag{6-37}$$

$$\frac{dt}{dq} = \frac{2}{K}q+\frac{2}{K}q_e \tag{6-38}$$

由式(6-38)可以看出，恒压过滤时，$\dfrac{dt}{dq}$ 与 q 之间呈线性关系，直线的斜率为 $2/K$、截距为 $2q_e/K$。实验时，用已知过滤面积设备进行过滤，测定不同过滤时间所获得的滤液量，求得 q 及 $\dfrac{dt}{dq}$ 的数据，以 $\dfrac{dt}{dq}$ 为纵坐标，以 $\bar{q}$（用前后两点的算数平均值）为横坐标标绘可得一条直线，由此直线的斜率和截距可求出 K 与 q_e 值，进而求出 t_e 值。

四、过滤介质

过滤介质是过滤设备的关键部分，是滤饼的支撑物，不论是滤饼过滤、过滤介质过滤，还是深层过滤，过滤机械都要由过滤介质来截留固体，因此选择合适的过滤介质是过滤操作中的一个重要问题。工业上使用的过滤介质种类很多，选择时应该根据悬浮液的性质、固形物含量及粒径大小、操作参数以及介质本身的性能和价格等综合考虑。

1. **过滤介质的选用及要求** 过滤介质使用时主要应考虑的因素有：① 过滤性能，比如阻力大小，截留精度高低；② 物理、机械特性，比如强度、耐磨性；③ 化学稳定性，如耐温、耐腐蚀、耐微生物侵害等；④ 介质的再生性能及价格等。

对于表面过滤使用的介质，技术特性还应该满足以下要求：① 当过滤开始后，微粒能快速在介质上“架桥”，不发生“穿滤”（即细微粒子随滤液穿过介质）现象；② 微粒留在介质孔道内的比例要低;③ 过滤后滤饼的卸除要比较完全;④ 介质的结构要便于过滤后进行清洗。

2. *常用的过滤介质* 制药工业生产中可供选择的过滤介质非常多,若以介质本身结构区分,过滤介质主要有以下3种:① 颗粒状松散型介质,如细沙、硅藻土、膨胀珍珠岩粉、纤维素粉、白土等,此种介质颗粒坚硬,不变性。当它们堆积时,颗粒间有很多微细孔道,足以允许液体通过介质层时把其中的固形物截留下来。② 柔性过滤介质,主要以编织状介质为主,包括由棉、毛、丝、麻等天然纤维及各种合成纤维如涤纶、锦纶、丙纶、维纶等制成的织物,以及由玻璃丝、金属丝等织成的网。这类介质能截留颗粒的最小直径为5~65 μm。织物介质在工业上应用最为广泛。③ 刚性烧结介质,这类介质是有很多微细孔道的固体材料,如多孔陶瓷板、多孔烧结金属及高分子微孔烧结板等。

五、 助滤剂

在过滤过程中,滤饼可分为几种情况:一类是不因操作压力的增加而变形,称为不可压缩滤饼;另一类是在压力作用下发生变形,称为可压缩滤饼。此外,在过滤非常细小而黏性的颗粒时,所形成的滤饼非常致密。在后两种情况下,过滤过程中阻力逐渐变大,甚至堵塞介质中的微孔。此时为了减小过滤过程中的流体阻力,需要将某种质地坚硬、能形成疏松饼层的另一种固体颗粒混入悬浮液或预涂于过滤介质上,以形成疏松滤饼层,减少过滤时的阻力。这种预混或预涂的颗粒状物质称为助滤剂。

1. *助滤剂的基本要求* 助滤剂的基本作用在于防止胶状颗粒对滤孔的堵塞,它们本身颗粒细小坚硬,不会在通常压力下改变形状,通常应该具备以下特点:① 能形成多孔滤饼层的刚性颗粒,使滤饼具有良好渗透性及较低的流体阻力。② 具备化学稳定性,不与悬浮液发生化学反应,不含有可溶性的盐类和色素,不会溶于液相中,粒径大小有适当分布。③ 在过滤操作的压力差范围具备不可压缩性,以保持滤饼有较高的孔隙率。

2. *常用的助滤剂* 助滤剂是一种细小、坚硬、一般不可压缩的微小粒状物质,常用的有硅藻土、膨胀珍珠岩粉、炭粉、纤维素末、石棉粉与硅藻土混合物等。使用最广泛的是硅藻土,它可使滤饼孔隙率高达85%。

3. *助滤剂的使用方法* 助滤剂的使用方法通常有以下3种:① 预涂法,助滤剂单独配成悬浮液先行过滤,在过滤介质表面形成助滤剂预涂层,过滤过程中,这个预涂层和原来的滤布一起构成过滤介质。如果所有的固体颗粒都能被助滤剂截留,则这一层已成为实际意义的过滤介质,过滤结束后,助滤剂可与滤饼一起被除去。② 混合法,过滤时直接把助滤剂按一定比例分散在待过滤的悬浮液中,然后通入过滤机进行过滤,过滤时助滤剂在滤饼中形成支撑骨架,从而大大减少滤饼的压缩程度,也减少可压缩滤饼的过滤阻力。③ 生成法,在反应过程中,产生大量的无机盐沉淀物,使滤饼变得疏松,从而起到助滤的作用,如新生霉素发酵液中加入$CaCl_2$和Na_2HPO_4生成$CaHPO_4$沉淀,起到助滤的作用。

实际生产中,助滤剂的添加量应该根据实验来确定。由于过滤结束后,助滤剂混在滤饼中不易分离,所以当滤饼是产品时一般不使用助滤剂,只有当过滤的目的是得到滤液时,才可考虑加入助滤剂的方式。

六、 过滤设备

工业上使用的过滤设备称为过滤机。为适应不同的生产工艺要求,过滤机有多种类型。

按照操作方式不同可分为间歇过滤机和连续过滤机，若过滤的几个阶段(如进料、过滤、洗涤、卸饼等)能在同一设备上连续进行，则为连续式，否则称为间歇式。按照过滤推动力的来源可分为压滤机、真空过滤机和离心过滤机。

1. 过滤机的选择原则　过滤机应该能够满足生产对分离质量和产量的要求，对物料适应面广，操作简便，设备投资、操作和维护的综合费用较低。根据物料特性选择过滤机时，应考虑的因素有：① 悬浮液的性质，主要考虑黏度、密度、温度及腐蚀性等，是选择过滤机和过滤介质的基本依据。② 悬浮液中固体颗粒的性质，主要是粒度、硬度、可压缩性、固体颗粒在料液中所占体积比。③ 产品的类型及价格，所需产品是滤饼还是滤液，或者两者均需要，滤饼是否需要洗涤以及产品价格等。④ 其他，如料液所需采用的预处理方式，设备构件对与其接触的悬浮液的轻微玷污是否会对产品产生不利的影响等。

2. 常用的过滤机　目前大多数采用间歇式过滤机，因为它具有结构简单、价格低廉、可适用于具有腐蚀性的介质的操作、生产强度高等优点，同时由于制药生产大多是间歇性的，故间歇式过滤机能满足大部分生产的一般要求。但是，随着制药工业向综合化、联合化的方向发展，原料、中间体、副产品的利用集于一体，生产规模越来越大，故连续过滤设备也被广泛采用。下面介绍制药生产上常用的一些过滤机。

(1) 板框压滤机：板框压滤机是间歇操作过滤机中使用最广泛的一种，如图 6-1 所示，它是由若干块滤板和滤框间隔排列组装在支架上，并通过压紧装置压紧，压紧方式有手动、电动螺旋压紧或液压压紧两种。

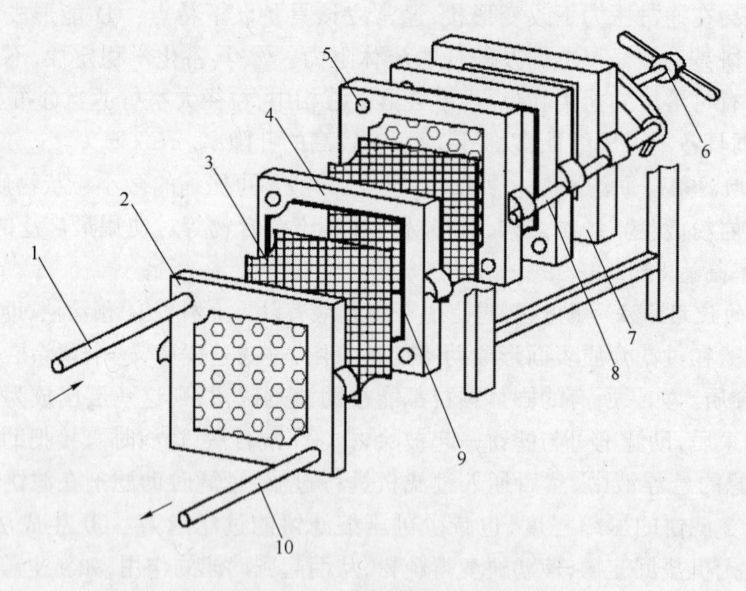

图 6-1　板框压滤机装置图

1—滤浆进口；2—滤板；3—滤布；4—滤框；5—通道孔；6—螺旋杆；
7—终板；8—支架；9—密封圈；10—滤液出口

滤板和滤框是板框压滤机的主要工作部件，滤板具有棱状表面，凸部用来支撑滤布，凹槽是滤液的流道。滤板和滤框的一个对角分别开有小孔，其中滤框上角的孔有小通道与滤框中心相通，而滤板下角的孔有小通道与滤板中心相通，板与框组合后分别构成供滤液或滤浆流通的管路。滤板与滤框之间夹有滤布，围成容纳滤浆及滤饼的空间；滤板中心呈纵横贯通的空心网状,起到支撑滤布和提供滤液流出通路的作用。滤板与滤框数目由过滤的生产任务及悬浮液的性质而定。

滤板有两种,一种是左上角的洗液通道与其两侧表面的凹槽相通,使洗液进入凹槽,称作洗涤板;另一种洗液通道与其两侧凹槽不相通,称作非洗涤板。为避免这两种板与框的组装次序出错,铸造时,通常在非洗涤板外侧铸 1 个钮,在滤框外侧铸 2 个钮,在洗涤板外侧铸 3 个钮。

过滤时,每个操作周期由装合、过滤、洗涤、卸渣、整理 5 个阶段组成。悬浮液在一定压力下经进料管由滤框上角的通孔并行压入各个滤框,滤液穿过滤框两侧的滤布进入滤板,沿滤板中心的网状滤液通道经由滤板下角的通孔汇入滤液管,然后排出过滤机,不能透过滤布的固体颗粒被滤布截留在滤框内,待滤饼充满滤框后,停止过滤。

板框压滤机的洗涤水路径与滤液经由路径相同,对滤饼洗涤时,由进料管压入洗涤水,洗涤完毕后,旋开压紧装置,拉开滤板、滤框,卸出滤渣,更换滤布,重新装合,进行下一次过滤。

板框压滤机的滤板与滤框可采用铸铁、碳钢、不锈钢、铝、铜等金属制造,也可用塑料、木材等制造。操作压力一般为 300～800 kPa。滤板与滤框多为正方形,边长为 320～1 000 mm,滤框厚度为 25～75 mm。如中药生产使用的板框压滤机为不锈钢材料制造。板框的个数由几个到 60 个,可随生产量需要灵活组装。

板框压滤机的优点是:构造简单、结构紧凑,所需辅助设备少、单位体积设备具有的过滤面积较大、推动力大、对物料适应性强。缺点是因为密封周边长,操作压力不能太高,以免引起漏液;操作方式为间歇操作,生产效率低,劳动强度大,滤渣洗涤慢且不均匀,滤布磨损严重;滤框容积有限,不适合过滤固相体积比较大的悬浮液。

板框压滤机适用于含细小颗粒、黏度较大的悬浮液、腐蚀性物料及可压缩物料。目前正朝着操作自动化的方向发展。

(2) 加压叶滤机:加压叶滤机由一些矩形或圆形的滤叶所组成。滤叶由金属丝网组成的框架及其表面覆盖的滤布所构成,多块平行排列的滤叶装在一起并装入密闭的容器内,滤叶可垂直放置或水平放置。如图 6 - 2 所示。

过滤时,滤液穿透滤布至出口管排出,滤渣则被截留于滤布上。当过滤速度减至一定值时停止过滤,将滤叶自筒内拖出,除去滤饼并以清水洗净,然后将滤叶推入筒内进行下一次循环。如果滤饼需要洗涤,则可在过滤结束以后、滤叶拉出之前泵入洗涤液,洗涤液所经路径与过滤时相同。

加压叶滤机主要适用于悬浮液中固体含量较少(≤1%),以及仅需要滤液而舍弃滤饼的场合,如用于制药的分离过程。加压叶滤机的优点有:与板框式压滤机相比,具有过滤推动力大、过滤面积较大的特点;装卸简单、密闭性较好,操作比较安全,适合易挥发液体的过滤;槽体容易实现保温或加热,可用于较高温度下的过滤操作;在滤饼需要洗涤时,洗涤液与滤液通过的途径相同,洗涤比较充分且均匀。其缺点:虽然每次操作时滤布不用装卸,但破损后更换较困难;结构较板框压滤机复杂,造价较高。

(3) 全自动板式加压过滤机:全自动板式加压过滤机是由若干块耐压的中空矩形滤板平行排列在耐压机壳内组装而成,属于间歇式加压过滤机。滤板是过滤部件,由金属多孔板或其他多孔固体材料制成中空矩形板式支承体,每块滤板下端有滤液管使滤板中心与滤液总管相连通,滤板外可覆以滤布。如图 6 - 3 所示。

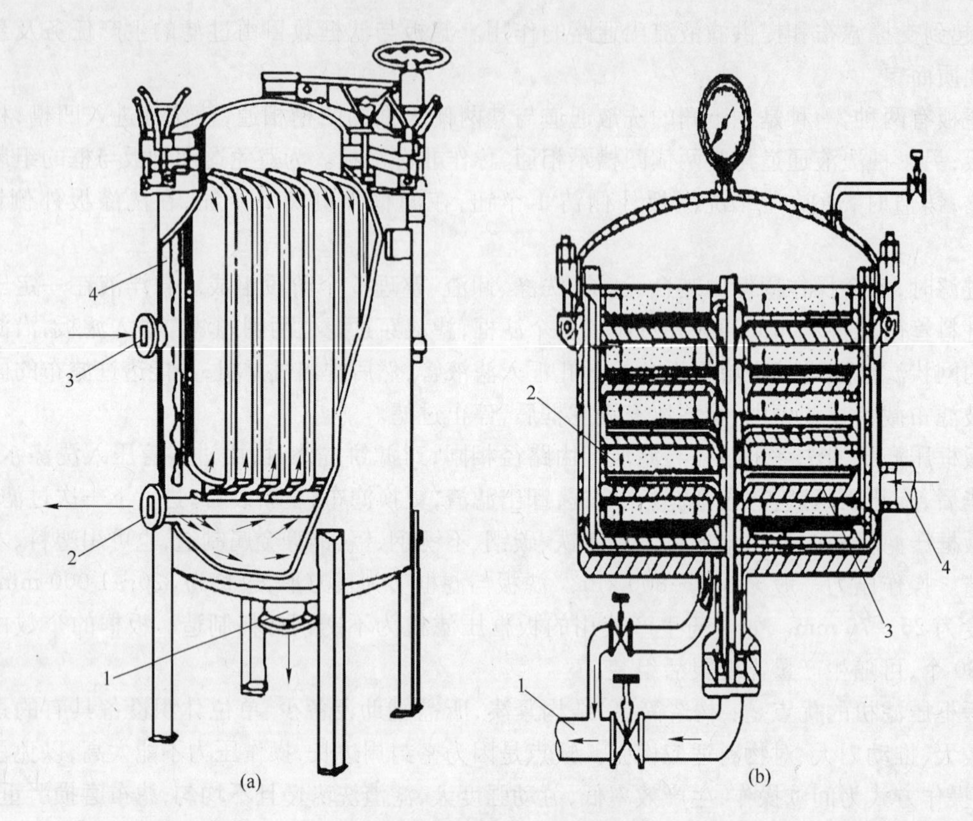

图 6-2 加压叶滤机示意图

(a) 立式垂直滤叶加压叶滤机 1—滤渣出口;2—滤液出口;3—滤浆入口;4—滤液
(b) 立式水平滤叶压滤机 1—滤液出口;2—滤饼;3—滤叶;4—滤浆入口

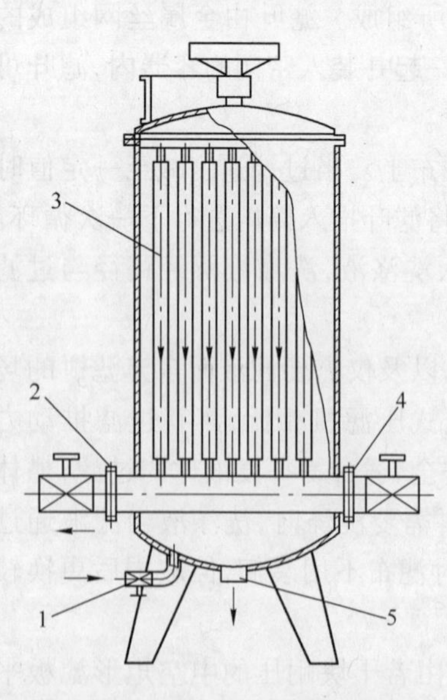

图 6-3 全自动板式加压过滤机

1—进料管;2—滤液总管;3—滤板;
4—连接压缩空气管;5—排渣口

过滤时,滤浆用泵压入过滤机内,全部滤板浸在滤浆中加压过滤,滤液穿透滤布和滤板进入滤板中心,并汇集于滤液总管排出,滤渣被滤布截留,经过一段时间的过滤,当滤渣在滤布外部沉积较厚时,停止进料,洗涤并滤干滤饼(洗涤水经由路径与滤液相同),压缩空气反吹使滤饼从滤板上分离,并从机壳下部的排渣口自动排出。

全自动板式加压过滤机的优点是过滤面积大,结构紧凑,占地面积较小,密闭操作,可避免药液污染,过滤温度不受限制,加压过滤,过滤效率高,可自动排除滤渣,整个过程可实现自动化控制。

(4) 高分子精密微孔过滤机:高分子精密微孔过滤机由顶盖、筒体、锥形底部和配有快开底盖的卸料口组成,筒体内垂直排列安装的若干根耐压的中空高分子精密微孔滤管,滤管的根数根据要求的过滤面积决定。微孔滤管一端封闭,开口端与滤液汇总管相连接,再与滤液出口管连接。过滤机下端有卸固体滤渣出口。如图 6-4 所示。

过滤时，滤浆由进料管用泵压入过滤机内，加压过滤，滤液透过微孔滤管流入微孔管内部，然后汇集于过滤器上部的滤液室，由滤液出口排出，滤渣被截留在各根高分子微孔滤管外，经过一段时间过滤，滤渣在滤管外沉积较厚时，应该停止过滤。该机过滤面积大，滤液在介质中呈三维流向，因而过滤阻力升高缓慢，对含胶质及黏软悬浮颗粒的中药浸提液的过滤尤其具有优势，进料、出料、排渣、清理、冲洗全部自动化，利用压缩气体反吹法，可将滤渣卸除，通过滤渣出口落到过滤机外面，再用压缩气体-水反吹法可以对微孔滤管进行再生，以进行下一轮的过滤操作。

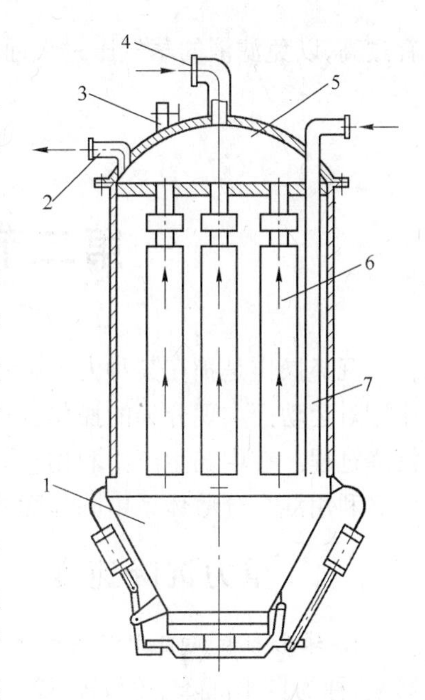

图 6－4　高分子精密微孔过滤机

1—滤渣出口；2—滤液出口；3—减压开关；4—压缩空气进口；5—滤液室；6—微孔滤管；7—进料管

高分子精密微孔过滤机的过滤介质是利用各种高分子聚合物通过烧结工艺而制成的刚性微孔过滤介质，不同于发泡法、纤维黏结法或混合溶剂挥发法等工艺制备的柔性过滤介质，它具备刚性微孔过滤介质与高分子聚合物两者的优点。微孔滤管主要有聚乙烯烧结成的微孔 PE 管及其改性的微孔 PA 管，具有以下优点：过滤效率高，可滤除大于 0.5 μm 的微粒液体；化学稳定性好，耐强酸、强碱、盐及 60℃以下大部分有机溶剂；可采用气-液混合流体反吹再生或化学再生，机械强度高，使用寿命长；耐热性较好，PE 管使用温度≤80℃，PA 管使用温度≤110℃，孔径有多种规格；滤渣易卸除，特别适宜于黏度较大的滤渣等。

(5) 转筒真空过滤机：转筒真空过滤机是一种连续生产和机械化程度较高的过滤设备，如图所示，主机由滤浆槽、篮式转鼓、分配头、刮刀等部件构成。篮式转鼓是一个转轴呈水平放置的回转圆筒，简称转筒，转筒一周为金属网，网上覆以滤布，即形成了过滤机的过滤面积。转筒表面大致可分为过滤区、洗涤和吸干区、卸渣区、滤布再生区。本机转鼓内部被分隔成 18 个独立的扇形滤液室，每室分别通过分配头与固定盘上的某个工作区接通，使每个扇形室在转鼓转动过程中依次与压缩空气管或真空管相通，因而在转鼓旋转一周的过程中，每个扇形室的过滤面均可顺序经历过滤、洗涤、吸干、吹松、卸渣和清洗滤布等操作。

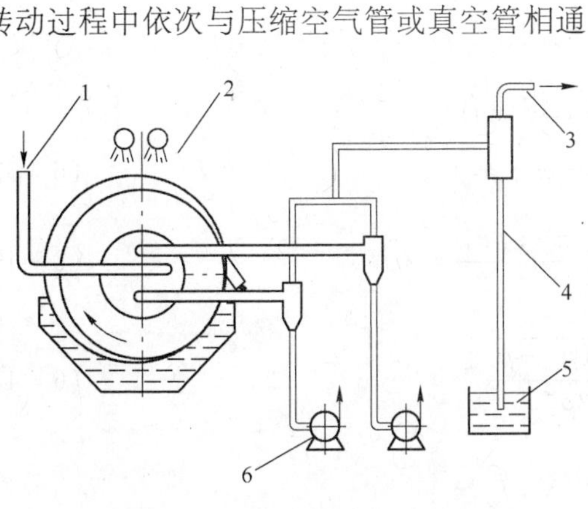

图 6－5　转筒真空过滤机示意图

1—压缩空气入口；2—洗水；3—去真空；4—气压腿；5—溢流液；6—滤液泵

转筒真空过滤机的优点是连续自动操作，单位过滤面积的生产能力大，改变过滤机的转速便可调节滤饼的厚度；缺点是过滤面积小且结构复杂、投资高，滤饼含湿量较高，一般为 10%～30%，洗涤不够彻底等。因此，转筒真空过滤机特别适用于处理量较大而固相体积浓度较高的滤浆过滤；用于含黏软性可压缩滤饼的滤浆过滤时，需采用预涂助滤剂的方法，并调整刮刀切削深度，使助滤剂层能在较长操作时间内发挥作用；但由于是真空过滤，悬浮液温度不宜过高,以免滤液的蒸气压过大而使真空失效。

第二节 重力沉降分离

沉降操作是指在某种力场中利用分散相和连续相之间的密度差异,使之在力的作用下发生相对运动而实现分离的操作过程。其中重力沉降是指由于地球的引力作用而使颗粒发生的沉降过程。在中药生产中利用重力沉降实现分离的典型操作是中药提取液的静置澄清工艺,它是利用混合分散体系中固体颗粒的密度大于提取液的密度而使颗粒分离的方法。

一、 重力沉降速度

1. 球形颗粒的自由沉降速度　颗粒在静止流体中沉降时,不受其他颗粒的干扰及器壁的影响,称为自由沉降。例如较稀的混悬液或者含尘气体固体颗粒的沉降可视为自由沉降。

单个球形颗粒在重力沉降过程中受 3 个力作用:重力、浮力和阻力,受力情况如图 6-6 所示。表面光滑的刚性球形颗粒置于静止的流体介质中,当颗粒密度大于流体密度时,颗粒将下沉。颗粒开始沉降的瞬间,速度为零,加速度为其最大值。颗粒开始沉降后,随着速度的增加,阻力也随之增大,直到速度增大到一定值后,重力、浮力、阻力三者达到平衡,加速度 a 等于零,颗粒作匀速沉降运动,此时颗粒(分散相)相对于连续相的运动速度叫沉降速度或终端速度(u_t),单位 m/秒。

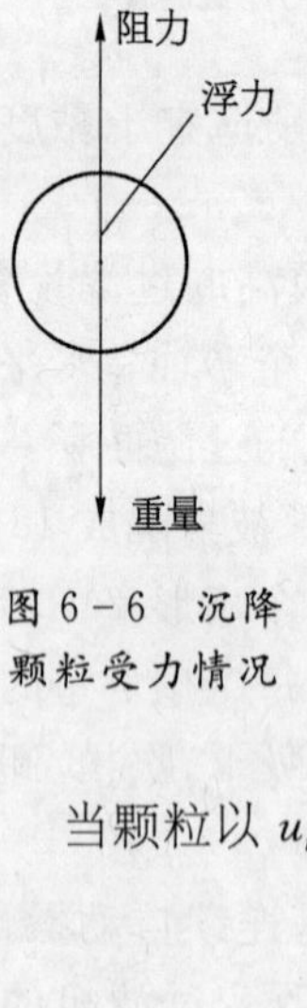

阻力

浮力

重量

图 6-6　沉降颗粒受力情况

由于重力-浮力=阻力,其中:

重力:$F_g = \frac{\pi}{6}d^3\rho_s g$,方向垂直向下;

浮力:$F_b = \frac{\pi}{6}d^3\rho g$,由连续相引起,方向向上;

阻力:$F_d = \zeta\frac{\pi}{4}d^2\frac{\rho u_t^2}{2}$,方向向上。

当颗粒以 u_t 作匀速沉降运动时,根据牛顿第二定律有:

$$F_g - F_b - F_d = ma = 0 \qquad (6-39)$$

即

$$\frac{\pi}{6}d^3(\rho_s - \rho)g - \zeta\frac{\pi}{4}d^2\frac{\rho u_t^2}{2} = 0 \qquad (6-40)$$

$$u_t = \sqrt{\frac{4gd(\rho_s - \rho)}{3\rho\zeta}} \qquad (6-41)$$

式中:m—颗粒的质量,单位kg;

a—加速度,单位 m/秒^2;

u_t—颗粒的自由沉降速度,单位 m/秒;

d—颗粒直径,单位 m;

ρ_s,ρ—分别为颗粒和流体的密度,单位kg/m^3;

g—重力加速度,单位 m/秒^2;

ζ—阻力系数。

用式(6-41)计算沉降速度时,需确定阻力系数值。由因次分析可知,ζ是颗粒与流体相对运动时雷诺准数Re_t的函数。

$$Re_t = \frac{du_t\rho}{\mu} \tag{6-42}$$

在滞流区或斯托克斯(Stokes)定律区($10^{-4}<Re_t<1$)

$\zeta=24/Re_t$,代入公式,得:

$$u_t = \frac{d^2(\rho_s-\rho)g}{18\mu} \tag{6-43}$$

过渡区或艾仑(Allen)定律区($1<Re_t<10^3$)

$\zeta=18.5/Re_t^{0.6}$,代入公式得:

$$u_t = 0.27\sqrt{\frac{d(\rho_s-\rho)g}{\rho}Re_t^{0.6}} \tag{6-44}$$

湍流区或牛顿(Nuwton)定律区($10^3<Re_t<2\times10^5$),

光滑的球形颗粒=0.44,代入公式得:

$$u_t = 1.74\sqrt{\frac{d(\rho_s-\rho)g}{\rho}} \tag{6-45}$$

式(6-43)、(6-44)、(6-45)分别称为斯托克斯公式,艾伦公式及牛顿公式。滞流沉降区内由流体黏性引起的表面摩擦力占主要地位。因此层流区的沉降速度与流体黏度成反比。

2. **非球形颗粒的自由沉降速度**　颗粒的几何形状及投影面积对沉降速度都具有一定影响。颗粒向沉降方向的投影面积愈大,沉降速度愈慢。通常,相同密度的颗粒,球形或近似球形颗粒的沉降速度要大于同体积非球形颗粒的沉降速度。

颗粒几何形状与球形的差异程度,用球形度表示,即

$$\phi_s = \frac{S}{S_p} \tag{6-46}$$

式中:ϕ_s—颗粒的球形度或称球形系数,无因次;

S_p—颗粒的表面积,m^2;

S—与该颗粒体积相等的一个圆球的表面积,m^2。

对于球形颗粒 $\phi_s=1$。颗粒形状与球形的差异愈大,球形度 ϕ_s值愈低。

对于非球形颗粒的自由沉降速度,可以采用球形颗粒公式计算,其中 d 用当量直径 d_e 代替,ζ 用不同球形度下 ϕ 代替。

$$u_t = \sqrt{\frac{4d_e(\rho_s-\rho)g}{3\xi\rho}} \tag{6-47}$$

二、 常用重力沉降设备

沉降槽是利用重力沉降使悬浮液中的固相与液相分离，同时得到澄清液体与稠厚沉渣的设备，分为间歇沉降槽和连续沉降槽。

间歇沉降槽通常为底部稍呈锥形并带有出渣口的大直径贮液罐。需要处理的悬浮料液在罐内静置足够时间以后，用泵或虹吸管将上清液抽出，而增浓的沉渣由罐底排出。中药前处理工艺中的水提醇沉工艺或醇提水沉工艺常常是采用间歇沉降槽完成。连续沉降槽较少使用。

第三节 离心分离

离心分离是利用惯性离心力分离液态非均相物系中两种比重不同物质的操作。利用离心力，分离液体与固体颗粒或液体与液体的混合物中各组分的机械，称为离心分离机，简称离心机。离心机的主要构件是一个装在垂直或水平的转轴上作高速旋转的转鼓，转鼓的侧壁上无孔或者有孔。滤浆进入高速旋转的转鼓，其中的物料会产生很大的离心力，使过滤或沉降的速度加快。由于离心机可产生强大的离心力，故可用于分离一般方法难于分离的悬浮液或乳浊液，如除去结晶和沉淀上的母液、处理血浆、分离抗生素和溶媒等。

一、 离心分离原理

在一个旋转的筒形容器中，由一种或多种颗粒悬浮在连续相组成的系统中，所有的颗粒都受到离心力的作用。离心力即物体旋转时，与向心力大小相等而方向相反的力，即物体运动方向改变时的惯性力。离心分离设备是利用分离筒的高速旋转，使物料中具有不同比重的分散介质、分散相或其他杂质在离心力场中获得不同的离心力从而沉降速度不同，达到分离的目的。如密度大于液体的固体颗粒沿半径向旋转的器壁迁移(称为沉降)；密度小于液体的颗粒则沿半径向旋转的轴迁移直至达到气液界面(称为浮选)；如果器壁是开孔的或者可渗透的，则液体穿过沉积的固体颗粒的器壁。

二、 离心分离因数

同一颗粒在相同介质中的离心沉降速度与重力沉降速度的比值就是粒子所在位置的惯性离心力场强度与重力场强度之比，称为离心分离因数(K_C)。

$$K_C = \frac{u_r}{u_t} = \frac{u_T^2}{gR} \tag{6-48}$$

离心分离因数是离心分离设备的重要指标。设备的离心分离因数越大，分离性能越好。从式(6-48)可以看出，同一颗粒在同种介质中离心速度要比重力速度大 u_T^2/R 倍，而重力加速度 g 是一定的，而离心力随切向速度发生改变，增加 u_T 可改变该比值，从而使沉降速度增加。因此影响离心的主要因素是离心力的大小，离心力越大，分离效果越好，在机械驱动的离心机中 K_C

值可达数千以上，对某些高速离心机，分离因数 K_C 值可高达十万，可见离心分离设备较重力沉降设备的分离效果要高得多。

三、 离心机分类

1. **按分离方式分类**　离心机可分为过滤式、分离式、沉降式三种基本类型。

(1) 过滤式离心机：转鼓壁上有小孔，并衬以金属网或滤布，悬浮液在转鼓带动下高速旋转，液体受离心力作用被甩出而颗粒被截留在鼓内。如三足式离心机、活塞推料离心机。

(2) 分离式离心机：此类离心机转鼓壁上无孔，有分离型和澄清型两种类型，分别适用于乳浊液和悬浮液的分离。乳浊液和悬浮液被转鼓带动高速旋转时，密度较大的物相沉积于转鼓内壁而密度较小的物相趋向旋转中心而使两相分离。如管式离心机、碟式离心机。

(3) 沉降式离心机：此类离心机转鼓壁上无孔，利用重力作用和离心力的作用对固液混合物进行分离。适用于不易过滤的悬浮液以及固、液、液组成的 3 项混合液的分离。如三足式沉降离心机、螺旋卸料沉降离心机。

不同类型离心机具有不同的特点和适用范围，选择离心机要从分离物料的性质、分离工艺的要求以及经济效益等方面综合考虑。比如，当处理的对象是固相浓度较高、固体颗粒直径较大(≥0.1 mm)的悬浊液时，或者固相密度等于或低于液相密度时，应先考虑过滤式离心机。若悬浮液中液相黏度较大、固相浓度较低、固体颗粒直径较小(＜0.1 mm)，固体具有可压缩性时，或者工艺上要求获得澄清的液相，滤网容易被固相物料堵塞无法再生时，则首先应考虑沉降式离心机。

2. **按分离因数 K_C 大小分类**　根据 K_C 大小可将离心机分为以下三类：

(1) 常速离心机：$K_C<3\,000$(一般为 600～1 200)，主要适合含较大或中等颗粒及纤维状的悬浮液的分离以及物质的脱水。

(2) 高速离心机：$K_C=3\,000\sim50\,000$，主要适合于含细微粒子、黏度大的滤浆以及乳浊液的分离。

(3) 超高速离心机：$K_C>50\,000$，分离因数的极限值取决于转动部件的材料强度及机器结构的稳定性等。主要适合于较难分离的分散度高的乳浊液及胶体溶液的分离，如微生物、抗生素发酵液、动物生化制品等的固液两相分离。超高速离心机中常伴有冷冻装置，可使离心操作在低温下进行，防止高温对有效成分的影响。

3. **按操作方式不同分类**　根据操作方式可以分为间歇式离心机以及连续式离心机两类。

(1) 间歇式离心机：加料、分离、洗涤和卸渣等过程都是间歇操作，并采用人工、重力或机械方法卸渣，如上悬式和三足式离心机。

(2) 连续式离心机：加料、分离、洗涤和卸渣等过程都是间隙自动进行或连续自动进行。

此外根据转鼓轴线在空间的位置不同可以将离心机分为立式离心机与卧式离心机；根据卸料方式不同可以分为活塞推料离心机、人工卸料离心机、重力卸料离心机、螺旋卸料离心机、离心卸料离心机等。

四、 常用离心分离设备

1. **三足式离心机**　三足式离心机是世界上出现最早的离心机，属于间歇式离心机，主要部件为底盘、外壳以及装在底盘上的主轴和转鼓，借三根摆杆悬挂在三根支柱的球面座上，离心机转鼓支承在装有缓冲弹簧的杆上，以减少由于加料或其他原因造成的冲击。三足式离心机有过滤式和沉降式两种类型，两类机型的主要区别是转鼓结构。如图 6－7 所示，其卸料方式有上部卸料与下部卸料之分。

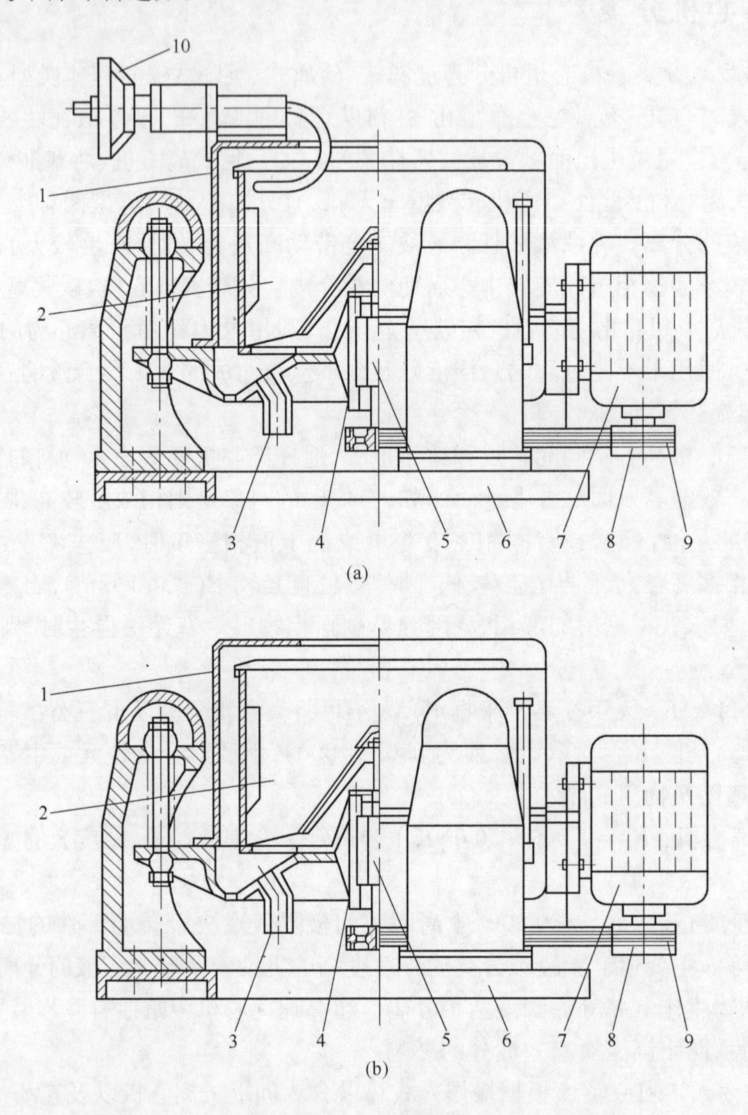

图 6－7　三足式离心机

(a) 人工卸料三足式沉降离心机；(b) 人工卸料三足式过滤离心机
1—机壳；2—转鼓；3—排出口；4—轴承座；5—主轴；6—底盘；
7—电动机；8—皮带轮；9—三角皮带；10—吸液装置

三足式离心机转鼓转速为 300～2 800 r/分钟，K_C 为 300～1 500，适合分离含固体颗粒粒径≥10 μm 的悬浮液。该机结构简单、适应性强、滤渣颗粒不易受损伤、操作方便、机器运转平稳、制造容易等优点；缺点是需间歇或周期循环操作，操作周期较长，生产能较低。适合过滤周期较长、处理量不大、滤渣要求含液量较低的场合。另外该机转鼓内径较大，K_C 较小，对微细混悬颗粒分离不够完全，必要时可配合高离心因数离心机使用。近年来在卸料方式等方面不断改进，出现了自动卸料及连续生产的三足式离心机。

2. *卧式活塞推料离心机*　为连续过滤式离心机，除单级外，还有双级、四级等各种形式。单级活塞推料离心机主要由转鼓、活塞推进器、圆锥形进料斗组成。在全速运转的情况下，加料、分离、洗涤等操作可以同时连续进行，滤渣由一个往复运动的活塞推动器脉动地推送出来。整个操作自动进行。该机主要用于浓度适中并能很快脱水和失去流动性的悬浮液，其优点是生产能力大，颗粒破碎程度小，控制系统简单，功率消耗也较均匀，缺点是对混悬液中固相浓度较为敏感。若料浆太稀则滤饼来不及生成，料液则直接流出转鼓，并可冲走先已经形成的滤饼；若料浆太稠，则流动性差，易使滤渣分布不均匀，引起转鼓的振动。采用多级活塞推料离心机能改善其工作状态、提高转速及分离较难处理的物料。

3. *卧式刮刀卸料离心机*　卧式刮刀卸料离心机是由机座、机壳、篮式转鼓、主轴、进料管、洗水管、卸料机构(包括刮刀、溜槽、液压缸)等组成。特点是转鼓在全速运转的情况下，能够于不同时间阶段自动地依次进行加料、分离、洗涤、甩干、卸料、洗网(筛网再生)等工序的循环操作。各工序的操作时间可按预定要求实现自动控制。

操作时物料经加料管进入转鼓，滤液经筛网和转鼓壁上的小孔甩出转鼓外，截留在筛网上的滤饼在洗涤和甩干后，由刮刀卸下，沿排料槽卸出，在下次加料前需清洗筛网以使其再生。

这种离心机转鼓转速为 450～3 800 r/分钟，Kc 为 250～2 500，操作简便，可自动操作，也可人工操作，生产能力大且分离效果好，适宜于大规模连续生产。此机适于含固体颗粒粒径大于 10 μm、固相质量浓度大于 25%、液相黏度小于 10～2 Pa・秒的悬浮液的分离。

由于刮刀自动卸料，使颗粒破碎严重，对于必须保持颗粒完整的物料不宜选用。

4. *螺旋卸料离心机*　螺旋卸料离心机是一种连续型离心机，其进料、分液、排液、出渣是同时而连续进行的。按转鼓结构和分离机理可分为过滤式和沉降式，按转鼓和转轴位置可分为立式和卧式，具有分离效果好、适用性强、应用范围广、连续操作、结构紧凑且能密闭操作等优点。

卧式螺旋卸料沉降型离心机结构主要由转鼓、螺旋卸料器、布料器、主轴、机壳、机座等部件构成。沉降式的转鼓壁无孔，悬浮液按离心沉降原理进行分离。

5. *管式高速离心机*　管式高速离心机为高转速的沉降式离心机，是一种能生产高强度离心力场的离心机，鼓壁上无孔，K_C 很高(15 000～65 000)，转鼓的转速可达 10 000～50 000 r/分钟，主要结构为细长的管状机壳和转鼓等组成，转鼓的长径比为 6∶8 左右。

管式高速离心机为尽量减小转鼓所受的应力，采用相对较小的鼓径，因而在一定的进料量下，悬浮液沿转鼓轴向运动的速度较大。为此应该适当增加转鼓长度，以保证物料在鼓内有足够的沉降时间，管式高速离心机的生产能力小，效率较低，不宜用来分离固相浓度较高的悬浮液，但能分离普通离心机难以处理的物料，如分离含有稀薄微细颗粒的悬浮液及乳浊液。

乳浊液或悬浮液由底部进料管送入转鼓，鼓内有径向安装的挡板，以带动液体迅速旋转。如处理乳浊液，则液体分轻重两层各由上部不同的出口流出；如处理悬浮液，则可只用一个液体出口，而微粒附着在鼓壁上，经相当时间后停车取出。

6. *室式离心机*　室式离心机是由管式离心机发展而来，其转鼓可看成是由若干个管式离心机的转鼓套叠而成，实际上是在转鼓内装入多个同心圆隔板，把转鼓分割成多个同心小室以增加沉降面积，以延长物料在转鼓内的停留时间。室式离心机的作用原理是：被分离的悬浮液从转鼓中心加入，依次流经各小室，最后液相达到外层小室，沿转鼓内壁向上由转鼓顶部引出。而固相颗粒则依次向各同心小室的内壁沉降，颗粒较大的固相在内层小室即可沉降下来，较难沉降的微小颗粒则到达外层小室进一步沉降，沉渣需停机拆开转鼓取出。

室式离心机的优点是转鼓直径较管式的大，沉降面积较大而沉降距离较小，生产能力高，特别是澄清效果好，主要用于悬浮液的澄清，但转鼓长径较小，转速较低，K_C 相对较小。

7. 碟片式离心机　碟片式离心机由室式离心机进一步发展而来，为沉降式离心机，在转鼓内装有许多互相保持一定距离的锥形碟片，液体在碟片间成薄层流动而进行分离，减少液体扰动和沉降距离，增加沉降面积，从而大大提高生产能力和分离效率，如图 6-8 所示。鼓壁上无孔，借离心力实现沉降分离，适合于一般固体和液体物料的分离。碟片式离心机由转轴、转鼓及几十到一百多个倒锥形碟片、锁环等主要部件构成。碟式离心机的驱动结构使离心机转子高速旋转，是离心机设计中的核心技术之一，应保证离心机可靠地运行，具有较高的分离效率、高质量的分离效果。

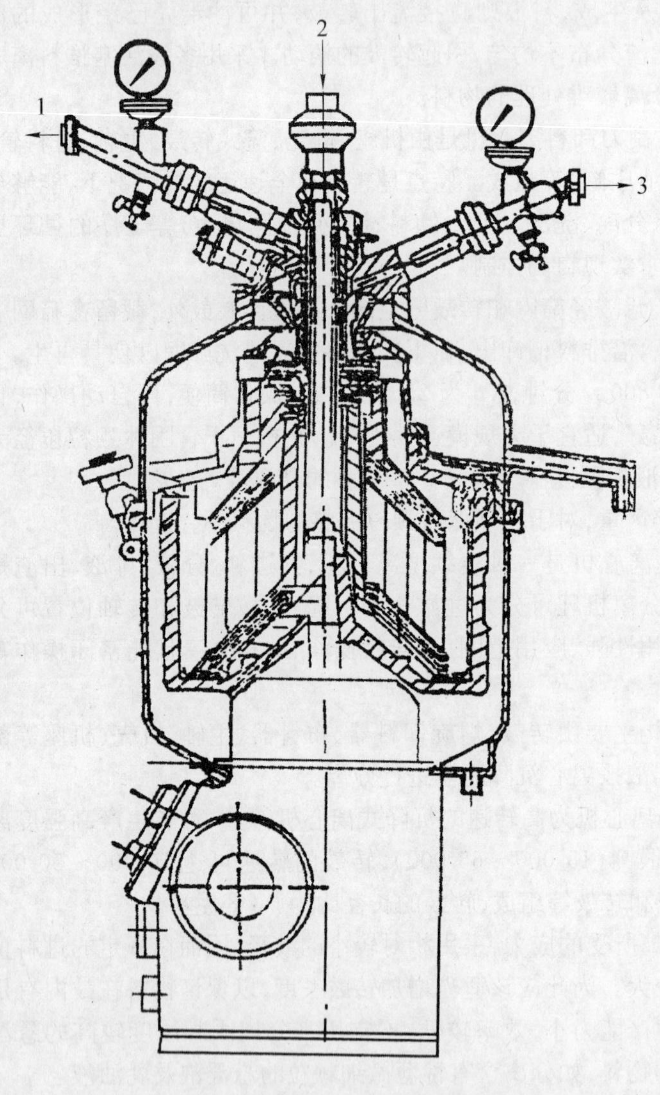

图 6-8　碟片式分离机示意图

1—轻液出口；2—进料口；3—重液出口

本机转速为 4 000 ～ 7 000 r/分钟，K_C 可达 4 000～10 000，适合于分离含微细颗粒且固相浓度较小的悬浮液，特别适合于一般离心机难以处理的两相密度差较小的液-液两相高度分散的乳浊液的分离，分离效率较高，可连续操作。

碟式离心机是高速旋转的分离机，回转离心力极大，要注意操作安全。开机前，分必须按规定对离心机进行细致的清洗和正确的装配，以达到动平衡状态，并且在每次开机前必须认真检查转鼓的转动是否灵活，各机件是否锁紧，刹车是否处于松开状态，注意观察机座的油箱油面是否处于玻璃刻度位上，要防止虚油面的产生。若停机 12 小时以上，开机前应将排油螺栓旋松几圈，排出可能沉降的水分。

第七章
传热原理与设备

导学

本章着重介绍了传热过程中的热交换形式(固体辐射传热、气体辐射传热)和强化传热途径的影响因素;以具体设备为例描述了传热过程中的热交换过程。

通过本章的学习,应熟练掌握制药过程中常用换热设备名称、型号;熟悉具体设备的换热量及使用注意事项;熟悉列管式换热器的选用原则及设计计算步骤等。

物质系统内由于温度不同,使热量由一处转移到另一处的过程叫做传热过程,简称传热。在制药生产中,许多过程都与热量传递有关。例如,药品生产过程中的磺化、硝化、卤化、缩合等许多化学反应,均需要在适宜的温度下,才能按所希望的反应方向进行,并减少或避免不良的反应;在反应器的夹套或蛇管中,通入蒸汽或冷水,进行热量的输入或输出;对原料提纯或反应后产物的分离、精制的各种操作,如蒸发、结晶、干燥、蒸馏、冷冻等,也必须在提供热量或一定温度的条件下,即有足够的热量输入或输出的条件下才能顺利进行。此外,生产中的加热炉、设备和各种管路,常包以绝热层,来防止热量的损失或导入,也都属于热量传递问题。在生产过程中,往往排出废水、废气及废渣,它们一般都含有热量,充分回收利用这些废热,对节约能源、改善生产操作条件具有重要意义,而回收废热也涉及传热过程。由此可见,传热过程在制药生产中占有十分重要的地位。

第一节　传热过程中的热交换

热量从物体的高温部分沿着物体传到低温部分,这就是热传导现象。热传导的机理相当复杂,目前还了解得很不完全。一般而言,传导传热的实质是由于物体较热部分的粒子(分子、原子或自由离子)的热运动,与相邻的粒子碰撞,把它的动能的一部分传给后者,于是较热的粒子便将热能传给较冷的粒子,直至整个物体的温度完全相同,即达到平衡为止。我们把依靠在物体中的微观粒子的热振动而传递热量的过程称为热传导。这种传热的特点是在热传导过程中,物体的微粒只是在平衡位置附近振动而不产生宏观的相对位移。固体或静止流体(或基本上静止的流体)的传热属于这种方式。在流体特别是气体中,除上述原因以外,连续而不规则的分子运动是导致传导传热的重要原因。此外,传导传热也可因物体内部自由电子的转移而发生。

虽然传导传热的微观机理尚未有公认的解释,但这一基本传热方式的宏观规律可用傅立叶(Fourier)定律加以描述,即

$$q=-\lambda\frac{\partial t}{\partial n} \tag{7-1}$$

式中:q—密度,W/m^2;

$\frac{\partial t}{\partial n}$—法向温度梯度,℃/m;

λ—比例系数,称为导热系数,W/(m·℃)。

傅立叶定律指出,热流密度正比于传热面的法向温度梯度,式中负号表示热流方向与温度梯度方向相反,即热量从高温传至低温。式中的比例系数(即导热系数)λ 是表征材料导热性能的一个参数,λ 愈大,导热性能越好。

流体依靠分子互相变动位置,把热量从空间某一处传到另一处的现象称为对流传热。分子的对流运动是由于流体内部各点温度不同而引起密度差异的结果(这种对流称为自然对流),或是由于受外界机械作用所致(这种对流称为强制对流)。但工程上所处理的传热问题不可能仅仅是单纯的热对流,往往还涉及流体与固体之间的传热。我们把工程上经常遇到的流体流过固体壁面时与壁面之间的热量交换,以及流体与流体间的热交换,称为对流给热或对流传热。

对流传热是包含滞流边界层的导热和对流传热的综合过程,所以它除受热传导的规律影响外,往往还受流体流动规律的支配,因而要进行精确计算相当困难。工程上将对流传热的热流密度写成如下的形式:

流体被加热时: $$q=a(t_w-t) \tag{7-2}$$

流体被冷却时: $$q=a(t-t_w) \tag{7-3}$$

式中:α—给热系数,$W/(m^2\cdot℃)$;

T_w—壁温,℃;

T、t—流体的某代表性温度,通常取横截面上的流体平均温度,简称为主体温度。

以上两式称为牛顿冷却定理。其中,在许多情况,热流密度并不与温差成正比,此时,给热系数 α 值不为常数而与 ΔT 有关,往往采用实验测定各种情况下的给热系数,并将其关联成经验表达式以供设计时使用。

热辐射亦是热量传递的方式之一。当物体向外界辐射的能量与其从外界吸收的辐射能不相等时,该物体与外界就产生热量的传递,这种传热方式称为辐射传热。以下将重点讨论辐射传热的基本原理。

一、 辐射传热

从物理学知道,任何物体,只要其绝对温度不为零度,都会不停地以电磁波的形式向外界辐射能量;同时,又不断吸收来自外界其他物体的辐射能。由热辐射的本质可以看到,辐射传热过程的特点是在传热过程中伴随着能量形式的转化。即物体的内能首先转化为电磁波发射

出去，当投射到另一物体表面而被吸收时，电磁波又转化为物体的内能。同时电磁波可以在真空中传播，所以热辐射线可以在真空中传播，无需任何介质，这是辐射传热与传导和对流传热的主要不同之处。

固体和液体的辐射传热与气体的辐射传热不同，前者只发生在物体的表面层，而后者则深入气体的内部。

(一) 固体辐射

从理论上说，固体可同时发射波长从 0～∞的各种电磁波。但是，在工业上所遇见的温度范围内，有实际意义的热辐射波长位于 0.38～1 000 μm，而且大部分能量集中于可见光和红外线短波部分区段，通常把波长在 0.4～40 μm 的电磁波称为热射线，因为它的热效应特别显著。

来自外界的辐射能投射到物体表面，也会发生吸收、反射和穿透现象。固体和液体不允许热辐射透过；气体对热辐射几乎没有反射能力。

理论研究中，将吸收率等于 1 的物体称为黑体。黑体是一种理想化的物体，实际物体只能或多或少接近于黑体，但没有绝对的黑体。黑体的辐射能力，即单位时间黑体表面向外界辐射的全部波长的总能量，服从斯蒂芬-波尔兹曼(Stefan-Boltzmann)定律

$$E_b = \sigma_0 T^4 \tag{7-4}$$

式中：E_b—黑体辐射能力，W/m^2；

σ_0—黑体辐射常数，其值为 5.67×10^{-8} $W/(m^2 \cdot K^4)$；

T—黑体表面的绝对温度，K。

该定律表明黑体的辐射能力与其绝对温度的 4 次方成正比，有时又称为四次方定律，辐射传热对温度异常敏感，低温时热辐射往往可以忽略，而高温时则往往成为主要的传热方式。

(二) 影响辐射传热的主要因素

1. *温度的影响*　辐射热流量并不正比于温差，而是温度 4 次方之差。这样，同样的温差在高温时的热流量将远大于低温时的热流量。例如 $T_1=720$ K，$T_2=700$ K 与 $T_1=120$ K，$T_2=100$ K 两者温差相等，但在其他条件相同情况下，热流量相差 240 多倍。因此，在低温传热时，辐射的影响总是可以忽略的；在高温传热时，热辐射则不容忽略，有时甚至占据主要地位。

2. *几何位置的影响*　角系数代表在某表面辐射的全部能量中，直接投射到黑体的量所占的比例。角系数对两物体间的辐照传热有重要影响，角系数决定于两辐射表面的方位和距离，实际上决定于一个表面对另一个表面的投射角。对同样大小的微元面积，位置距辐射源越远，方位与以辐射源为中心的同心球面偏离越大，则所对应的投射角越小，角系数亦越小。对于两无限平壁或内包物体，距离的变化不会影响投射角，故角系数亦不改变。

3. *表面黑度的影响*　实际物体的物体的吸收率与投入辐射的波长相关，为避免实际物体吸收率难以确定的困难，可以把实际物体当成是对各种波长辐射能均能同样吸收的理想物体。这种理想物体称为灰体。灰体的辐射能力定义为黑度。当物体的相对位置一定，系统黑度只和表面黑度有关。因此，通过改变表面黑度的方法可以强化或减弱辐射传热。例如，为增加电气设备的散热能力，可在表面上镀以黑度很小的银、铝等。

4. *辐射表面之间介质的影响*　实际状态下，某些气体也具有反射和吸收辐射能的能力。

因此,这些气体的存在对物体的辐射传热必有影响。

(三) 气体辐射

气体辐射也是工业上常见的现象。在各种加热炉中,高温气体与管壁或设备壁面之间的传热过程不仅包含对流传热,而且还包含热辐射。高温设备对周围环境的散热,也是如此。严格来说,气体和固体表面之间的一切传热过程都伴随有辐射传热,只是当温度不高时,辐射传热可以忽略而已。

在工业常遇的高温范围,分子结构对称的双原子气体,如 O_2、N_2、H_2 等可视为透明体,即无辐射能力,也无吸收能力。但是,分子结构不对称的双原子气体及多原子气体,如 CO、CO_2、SO_2、CH_4 和水蒸气等一般都具有相当大的辐射和吸收能力。

气体辐射与固体辐射有很大的区别。气体辐射和吸收对波长有强烈的选择性,固体能够辐射和吸收各种波长的辐射能,而气体则不然。气体只能辐射和吸收某些波长范围内的辐射能。例如水蒸气只能辐射和吸收 2.55～2.84 μm、5.6～7.6 μm、12～30 μm 3 个波长范围的辐射能,对其他波长的能量则不辐射也不吸收。

二、 传热强化途径

传热过程的强化,就是力求使换热设备在单位时间内单位传热面积传递的热量尽可能地多,力图用较少的传热面积或较小的设备来完成同样的任务。简言之,即是研究提高传热效果的途径和方法。

1. **增大传热面积** 增大传热面积,是设计换热器时首先要考虑的问题。如采用带有翅片结构的换热器,可增大传热面积。但对已经定型的换热设备,它的传热面积则已是确定了的。增大传热面积就意味着增加金属材料用量及增加投资费用,增大传热面积来提高传热速率并非理想。而从挖掘设备潜力方面看,有效的途径应设法增大平均温度差和传热系数。

2. **增大传热平均温度差** 平均温度差是传热过程的推动力,若其他条件一定,平均温度差越大则传热速率也就越大。生产中可采用下述方法增大平均温度差: ① 两流体采用逆流传热。② 提高热流体或降低冷流体的温度。如增加蒸汽的压强来提高加热蒸汽的温度,或采用深井水代替自来水,以降低冷却水的温度等。③ 对蒸发、蒸馏等传热过程,采用减压操作以降低液体(冷流体)的沸点。

但是,增加传热温度差有时要受到工艺或设备条件的限制。例如,物料的温度由工艺所规定,不能随意变动,而且流体的进、出口温度往往也是不能任意选取,因此对于流体流向已经确定的场合,传热温度差常常无法再改变。所以,通常认为强化传热的最有效途径是提高传热系数。

3. **增大传热系数** 传热系数受许多因素影响。要想提高传热系数,必须从降低对流给热热阻以及导热热阻等方面入手。

(1) 减小导热热阻: 换热器的导热热阻包括金属壁的热阻和污垢的热阻,其中金属壁的热阻一般较小,可以略去不计。但当壁面上沉积了一层污垢后,由于垢层的导热系数很小,即使垢层很薄,热阻也很大。例如,1 mm 厚的水垢,就相当于 40 mm 厚的钢板的热阻。因此,防止结垢或有效地除去垢层(如经常清洗传热面等)是强化传热的途径之一。

(2) 降低给热热阻: 亦即提高给热系数。一般是针对影响给热系数的各因素着手强化,可采取以下措施。

可以增大流体的湍动程度,减小传热边界层厚度,从而提高给热系数,强化传热过程。增强流体湍动程度的方法,一是增大流体的流速,对于列管式换热器通常采用增加程数或在管间设置挡板来提高流速。但流速增大阻力亦增大,动力消耗多,同时还受到输送设备的限制,因此提高流速有一定局限性。是改变流动条件,增强流体的骚动程度。如把传热壁面制成波纹形或螺旋形的表面,使流体在流动过程中不断地改变方向,以促使形成湍流,或在设备中安装搅拌装置,传热强化圈、超声波等造成强烈的骚动,以获得较高的给热系数,亦可达到强化传热的目的。

也可选用导热系数大的流体。一般来说,导热系数大的流体,它的给热系数也较大,发生相变的物质,它的热焓较高,给热系数也较大,因此,采用导热系数大的物质作载热体,可提高传热效率。

还可以增加蒸汽冷凝时的给热系数。用饱和蒸汽作加热剂时,当其与一温度较低的壁面接触,蒸汽就在壁面上冷凝。若壁面能被凝液润湿,则有一薄层凝液覆盖其上,这种冷凝称膜状冷凝。当壁面是倾斜的或垂直放置时,所形成的液膜更为显著。蒸汽冷凝所放出的热,必须通过液膜才能到达壁面。由于蒸汽冷凝时气相内温变是均匀一致的,所以没有热阻,蒸汽放出的冷凝热要靠传导的方式通过液膜,而液体的导热系数不大,所以液膜具有较大的热阻。液膜愈厚,其热阻愈大,冷凝时的对流给热系数就愈小。但若蒸汽冷凝时冷凝液不能全部润湿壁面,则因表面张力的作用将使凝液形成液滴,这种冷凝称为滴状冷凝。随着冷凝过程的进行,液滴逐渐增大,将从倾斜的或垂直的壁面上流下,并在流动时带走其下方的其他液滴,使壁面重新露出,供再次生成新液滴之用。由于滴状冷凝时蒸汽不必通过液膜传热而直接在传热面上冷凝,故其给热系数远比膜状冷凝时大,相差可达几倍甚至几十倍。因此,设法消除膜状冷凝或减薄液膜的厚度,提高蒸汽冷凝时的给热系数,是增强传热效率的途径之一。若于蒸汽(或蒸气)中加入滴状冷凝促进剂(如油酸、鱼腊等),使蒸汽成滴状冷凝,可避免形成液膜;或采用机械的方法,如把管子制成螺纹管,当蒸汽冷凝时,由于表面张力的作用,冷凝液从螺纹的顶部缩向螺纹的凹槽,使螺纹顶部暴露于蒸气中,从而可促进传热过程。总之,影响传热系数的因素很多,但各因素对传热系数值的影响程度却很不相同。因此必须抓住主要矛盾,针对影响传热系数值最大的热阻,如着重提高两流体中给热系数小的一侧的给热系数,减小对流热阻,是提高传热系数、强化传热过程的有效方法。

第二节　常用换热设备

换热设备是进行各种热量交换的设备,通常称作热交换器或简称换热器。由于使用条件的不同,换热设备有多种形式与结构。根据换热目的不同,换热设备可分为加热器、冷却器、冷凝器、蒸发器和再沸器。根据冷、热流体热量交换原理和方式基本上可分为三大类,即混合式换热器(又称直接接触式换热器,冷热流体在器内直接接触传热)、间壁式换热器(冷热流体被换热器器壁隔开传热)和蓄热式换热器(热流体和冷流体交替进入同一换热器进行传热)。

制药工业生产中最常用的换热设备是间壁式换热器。间壁式换热器可分为夹套式换热器、沉浸式蛇管换热器、喷淋式换热器、套管式换热器、管壳式换热器(又称列管式换热器)。在传统的间壁式换热器中,除夹套式外,几乎都是管式换热器(包括蛇管、套管、管壳等)。管式换热器的共同缺点是结构不紧凑,单位换热器容积所提供的传热面积小,金属能耗量大。随着工业的发展,陆续出现了不少高效紧凑的换热器并逐渐趋于完善。这些换热器基本上可分为两类,一类是在管式换热器的基础上加以改进,而另一类则根本上摆脱圆管而采用各种换热表面。出现了各种板式换热器(螺旋板式换热器、板式换热器、板翅式换热器)、强化管式换热器、热管换热器和流化床换热器。以下将重点讨论几种典型间壁式换热设备。

一、 管式换热器

管式换热器又称为列管式换热器,是最典型的间壁式换热器,它在工业上的应用有着悠久的历史。虽然同一些新型的换热器相比,它在传热效率、结构紧凑性及金属材料耗量方面有所不及,但其坚固的结构、耐高温高压性能、成熟的制造工艺、较强的适应性及选材范围广等优点,使其在工程应用中仍占据主导地位。

管壳式换热器主要有壳体、管束、管板和封头等部分组成,壳体多呈圆形,内部装有平行管束,管束两端固定于管板上。在管壳换热器内进行换热的两种流体,一种在管内流动,其行程称为管程;一种在管外流动,其行程称为壳程。管束的壁面即为传热面。为提高管外流体的给热系数,通常在壳体内安装一定数量的横向折流挡板。折流挡板不仅可防止流体短路、增加流体速度,还迫使流体按规定路径多次错流通过管束,使湍动程度大为增加(图 7-1)。常用的挡板有圆缺形和圆盘形两种,前者应用更为广泛。

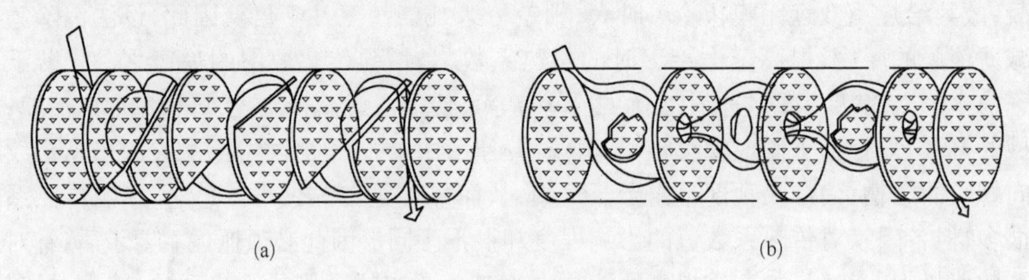

图 7-1 流体在壳内的折流

(a) 圆缺形;(b) 圆盘形

流体在管内每通过管束一次称为一个管程,每通过壳体一次称为一个壳程。为提高管内流体的速度,可在两端封头内设置适当隔板,将全部管子平均分隔成若干组。这样,流体可每次只通过部分管子而往返管束多次,称为多管程。同样,为提高管外流速,可在壳体内安装纵向挡板使流体多次通过壳体空间,称多壳程。

在管壳式换热器内,由于管内外流体温度不同,壳体和管束的温度也不同。如两者温差很大,换热器内部将出现很大的热应力,可能使管子弯曲、断裂或从管板上松脱。因此,当管束和壳体温度差超过 50℃时,应采取适当的温差补偿措施,消除或减小热应力。根据所采取的温差补偿措施,换热器又可以进一步划分为固定管板式、浮头式、填料函式和 U 形管式。

(一) 固定管板式换热器

当冷、热流体温差不大时,可采用固定管板即两端管板与壳体制成一体的结构型式,如图 7-2 所示,固定管板式换热器的封头与壳体用法兰连接,管束两端的管板与壳体是采用焊接形式固定连接在一起。它具有壳体内所排列的管子多、结构简单、造价低等优点,但是壳程不易清洗,故要求走壳程的流体是干净、不易结垢的。

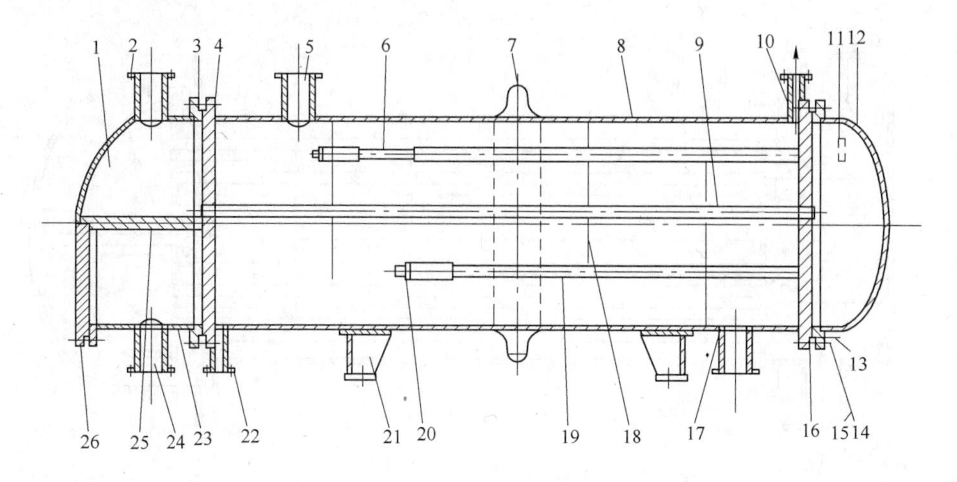

图 7-2　固定管板式换热器

1—管箱；2—接管法兰；3—设备法兰；4—管板；5—壳程接管；6—拉杆；7—膨胀节；8—壳体；9—换热管；10—排气管；11—吊耳；12—封头；13—顶丝；14—双头螺栓；15—螺母；16—垫片；17—防冲板；18—折流板或支撑板；19—定距管；20—拉杆螺母；21—支座；22—排液管；23—管箱壳体；24—管程接管；25—分程隔板；26—管箱盖

这种换热器由于壳程和管程流体温度不同而存在温差应力。温差越大，该应力值就越大，大到一定程度时，温差应力可引起管子的弯曲变形，会造成管子与管板连接部位泄漏，严重时可使管子从管板上拉脱出来。因此，固定管板式换热器常用于管束及壳体的温度差小于 50℃ 的场合。当温差较大，但壳程内流体压力不高时，可在壳体上设置温差补偿装置，例如，安装图 7-2 所示的膨胀节。

有时流体在管内流速过低，则可在封头内设置隔板，把管束分成几组，流体每次只流过部分管子，而在管束中多次往返，称为多管程。若在壳体内安装与管束平行的纵向挡板，使流体在壳程内多次往返，则称为多壳程。图 7-2 中所示即为单壳程、双管程固定管板式换热器。此外，为了提高管外流体与管壁间的传热系数，在壳体内可安装一定数量的与管束垂直的横向挡板，称为折流板，强制流体多次横向流过管束，从而增加湍流流动程度。

(二) 浮头式换热器

浮头式换热器的结构如图 7-3 所示。它一端的管板与壳体固定，另一端管板可在壳体内移动，与壳体不相连的部分称为浮头。

浮头式换热器中两端的管板有一段可以沿轴向自由浮动，管束可以拉出，便于清洗。管束的膨胀不受壳体的约束，因而当两种换热介质温差大时，不会因管束与壳体的热膨胀量不同而产生温差应力，可应用在管壁与壳壁金属温差大于 50℃，或者冷、热流体温度差超过 110℃ 的地方。浮头式换热器可适用于较高的温度、压力范围。浮头式换热器相对于固定管板式换热器，结构复杂，造价高。

我国生产的浮头式换热器有两种型式。管束采用 $\phi19\times2$ 的管子，管中心距为 25 mm；管束采用 $\phi25\times2.5$ 的管子，管中心距为 32 mm。管子可按正三角形或正方形排列。

(三) 填料函式换热器

填料函式换热器的结构特点是浮头与壳体间被填料函密封的同时，允许管束自由伸长，如

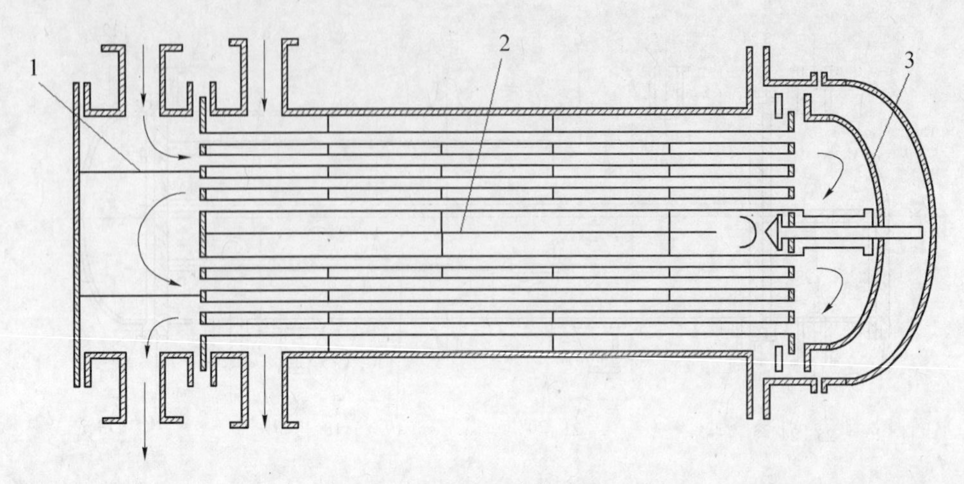

图 7－3 浮头式换热器

1—管程隔板；2—壳程隔板；3—浮头

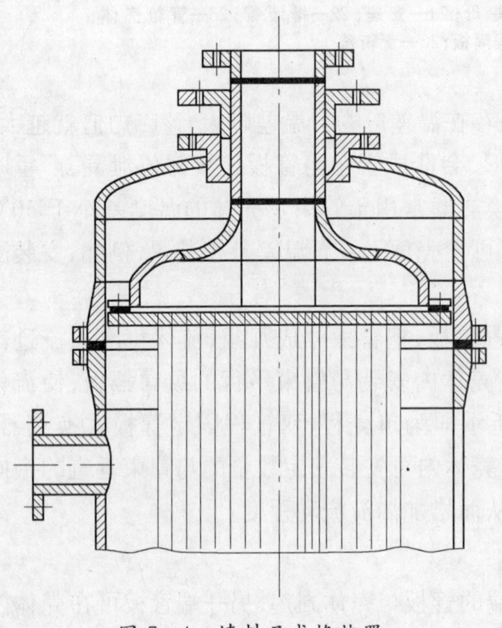

图 7－4 填料函式换热器

图 7－4 所示。该结构特别适用于介质腐蚀性较严重、温差较大且要经常更换管束的冷却器。因为它既有浮头式的优点，又克服了固定管板式的不足，与浮头式换热器相比，结构简单，制作方便，清洗检修容易，泄漏时能及时发现。

但填料函式换热器也有它自身的不足，主要是由于填料函密封性能相对较差，故在操作压力及温度较高的工况及大直径壳体（$DN>700\ \text{mm}$）下很少使用。壳程内介质具有易挥发、易燃、易爆及剧毒性质时也不宜应用。

（四）U 形管式换热器

U 形管式换热器的每根换热管都弯成“U”形，进出口分别安装在同一管板的两侧，封头以隔板分成两室。其结构特点如图 7－5 所示。这样，每根管子皆可自由伸缩，而与外壳无关。由于只有一块管板，管程至少有两程。管束与管程只有一端固定连接，管束可因冷热变化而自由伸缩，并不会造成温差应力。

这种结构的金属消耗量比浮头式换热器可少 12%～20%，它能承受较高的温度和压力，管束可以抽出，管外壁清洗方便。其缺点是在壳程内要装折流板，制造困难；因弯管需要一定弯曲半径，管板上管子排列少，结构不紧凑，管内清洗困难。因此，一般用于通入管程的介质是干净的或不需要机械方法清洗的，如低压或高压气体。

二、 板式换热器

板式换热器是针对管式换热器单位体积的传热面积小、结构不紧凑、传热系数不高的不足之处而开发出来的一类换热器，它使传热操作大为改观。板式换热器表面可以紧密排列，因此

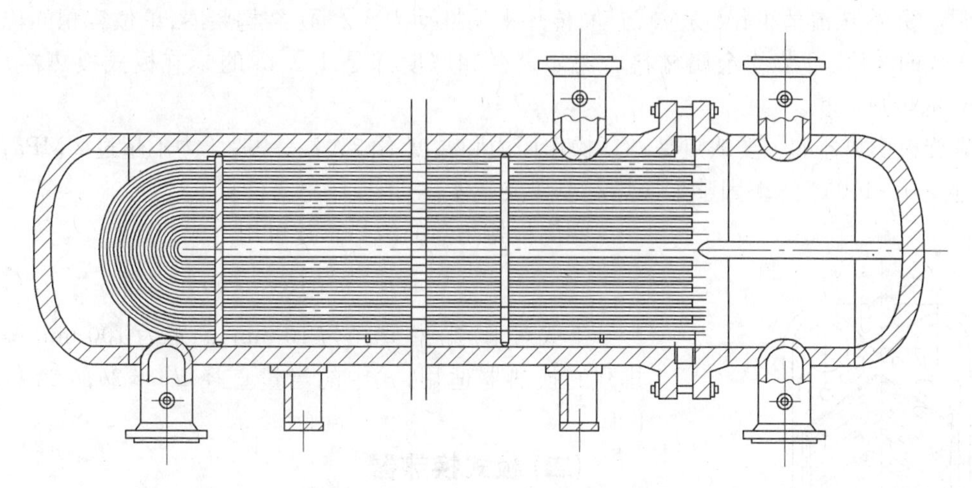

图 7-5 U形管式换热器示意图

各种板式换热器都具有结构紧凑、材料消耗低、传热系数大的特点。这类换热器一般不能承受高压和高温,但对于压强较低、温度不高或腐蚀性强而须用贵重材料的场合,各种板式换热器都显示出更大的优越性。板式换热器主要有螺旋板式换热器、平板式换热器、板翅式换热器和板壳式换热器等几种形式。

(一) 螺旋板式换热器

螺旋板式换热器是由两张平行薄钢板卷制而成,在其内部形成一对同心的螺旋形通道。换热器中央设有隔板,将两螺旋形通道隔开。两板之间焊有定距柱以维持通道间距,在螺旋板两端焊有盖板。其结构如图 7-6 所示。冷热流体分别由两螺旋形通道流过,通过薄板进行传热。

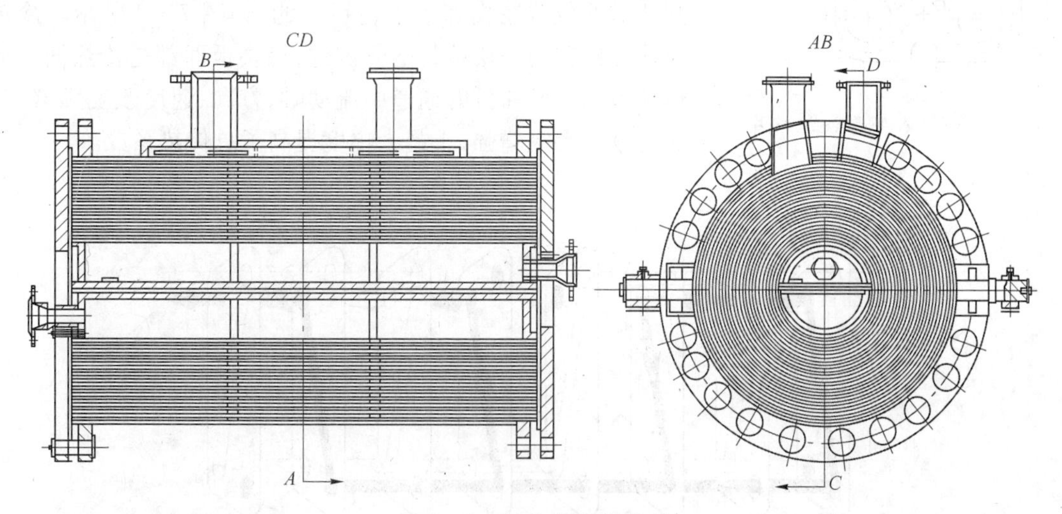

图 7-6 螺旋板式换热器

螺旋板换热器的主要优点如下:① 由于离心力的作用和定距柱的干扰,流体湍动程度高,故给热系数大。例如,水对水的传热系数可达到 2 000～3 000 W/(m^2 · ℃),而管壳式换热器一般为 1 000～2 000 W/(m^2 · ℃)。② 由于离心力的作用,流体中悬浮的固体颗粒被抛向螺旋形通道的外缘而被流体本身冲走,故螺旋板换热器不易堵塞,适于处理悬浮液体及高黏度介质。③ 冷热流体可作纯逆流流动，传热平均推动力大。④ 结构紧凑，单位容积的传热面为管壳式的 3 倍，可节约金属材料。例如直径和宽度都是 1.3 m 的螺旋板式换热器，具有 100 m^2 的传热面积。

螺旋板换热器的主要缺点是：① 操作压力和温度不能太高，一般压力不超过 2 MPa，温度不超过 300～400℃。② 因整个换热器被焊成一体，一旦损坏不易修复。

螺旋板换热器的给热系数可用下式计算：

$$N\mu = 0.04Re^{0.78}Pr^{0.4} \tag{7-5}$$

上式对于定距柱直径为 10 mm、间距为 100 mm 按菱形排列的换热器适用，式中的当量直径 $de = 2b$，b 为螺旋板间距。

(二) 板式换热器

板式换热器是高效紧凑的换热设备，板式换热器是由许多金属薄板平行排列组成，板片厚度为 0.5～3 mm，每块金属板经冲压制成各种形式的凹凸波纹面。人字形波纹板片如图 7-7 所示，此结构既增加刚度，又使流体分布均匀，加强湍动，提高传热系数。

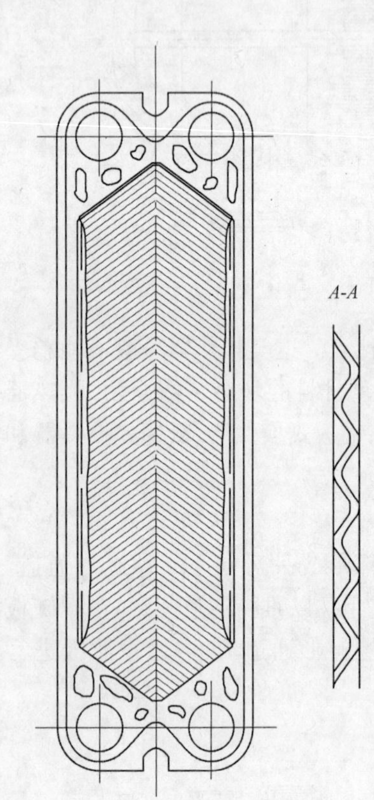

图 7-7 人字形波纹板片

组装时，两板之间的边缘夹装一定厚度的橡皮垫，压紧后可以达到密封的目的，并使两板间形成一定距离的通道。调整垫片的厚薄，就可以调节两板间流体通道的大小。每块板的 4 个角上，各开 1 个孔道，其中有 2 个孔道可以和板面上的流道相通；另外两个孔道则不和板面上的孔道相通。不同孔道的位置在相邻板上是错开的，如图 7-8 所示。冷热流体分别在同一块板的两侧流过，每块板面都是传热面。流体在板间狭窄曲折的通道中流动时，方向、速度改变频繁，其湍动程度大大增强，于是大幅度提高了总传热系数。

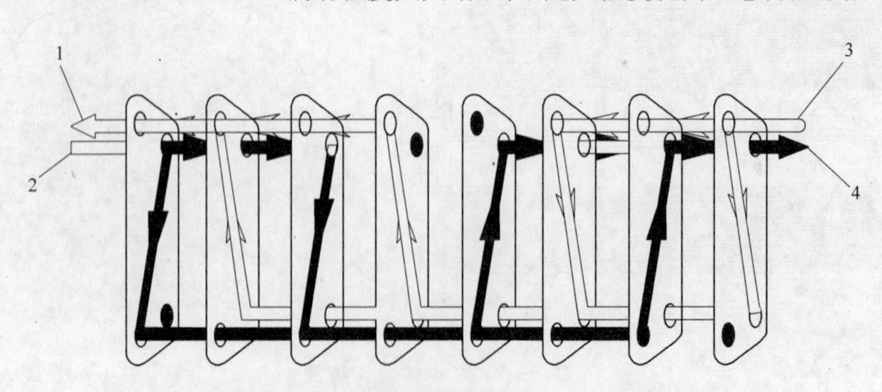

图 7-8 平板式换热器流体流向示意图

1—热流体出口；2—冷流体进口；3—热流体进口；4—冷流体出口

板式换热器的优点主要如下：① 由于流体在板片间流动湍动程度高，而且板片厚度又薄，故传热系数 K 大。例如，在板式换热器内，水对水的传热系数可达 1 500～4 700 W/(m^2 · ℃)。

② 板片间隙小(一般为4～6 mm)、结构紧凑,单位容积所提供的传热面为250～1 000 m^2/m^3;而管壳式换热器只有40～150 m^2/m^3。板式换热器的金属耗量可减少一半以上。③ 具有可拆结构,可根据需要调整板片数目以增减传热面积,故操作灵活性大,检修清洗也方便。

板式换热器的主要缺点是:允许的操作压强和温度比较低。通常操作压力不超过2 MPa,压强过高容易渗漏;操作温度受垫片材料的耐热性限制,一般不超过250℃。

(三) 板翅式换热器

板翅式换热器是一种更为高效紧凑的换热器,过去由于制造成本较高,仅用于宇航、电子、原子能等少数部门。现在已逐渐应用于化工和其他工业,取得良好效果。板翅式换热器的结构形式很多,但其最基本的结构元件是大致相同的。

如图7-9所示,在两块平行金属薄板之间,夹入波纹状或其他形状的翅片,将两侧面封死,即成为一个换热基本元件。将各基本元件适当排列(两元件之间的隔板是公用的),并用钎焊固定,制成逆流式或错流式板束。如图7-9中所示的常用的逆流或错流板翅式换热器的板束。将板束放入适当的集流箱(外壳)就成为板翅式换热器。波纹翅片是最基本的元件,它的作用一方面承担并扩大了传热面积(占总传热面积的67%～68%),另一方面促进了流体流动的湍动程度,对平隔板还起着支撑作用。这样,即使翅片和平隔板材料较薄(常用平隔板厚度为1～2 mm,翅片厚度为0.2～0.4 mm的铝锰合金板),仍具有较高的强度,能耐较高的压力。此外,采用铝合金材料,热导率大,传热壁薄,热阻小,传热系数大。

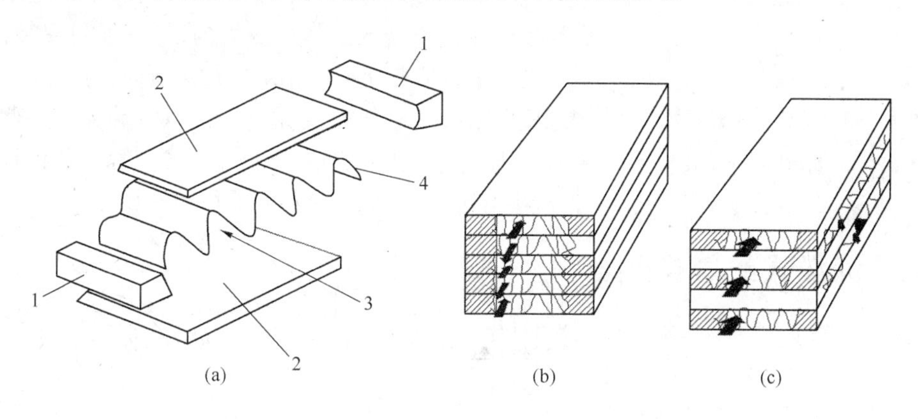

图7-9 板翅式换热器

(a) 单元分解示意图 1—侧条;2—平隔板;3—流体;4—翅片
(b) 逆流板束示意图
(c) 钳流板束示意图

板翅式换热器的结构高度紧凑,单位容积可提供的传热面高达2 500～4 000 m^2/m^3。所用翅片的形状可促进流体的湍动,故其传热系数也很高。因翅片对隔板有支撑作用,板翅式换热器允许操作压强也很高,可达5 MPa。主要缺点是流道小,容易产生堵塞并增大压降;一旦结垢,清洗很困难,因此只能处理清洁的物料;对焊接要求质量高,发生内漏很难修复;造价高昂。

(四) 板壳式换热器

板壳式换热器与管壳式换热器的主要区别是以板束代替管束。板束的基本元件是将条状钢板滚压成一定形状然后焊接而成(图7-10)。板束元件可以紧密排列、结构紧凑,单位容积提供的换热面为管壳式的3.5倍以上。为保证板束充满圆形壳体,板束元件的宽度应该与元

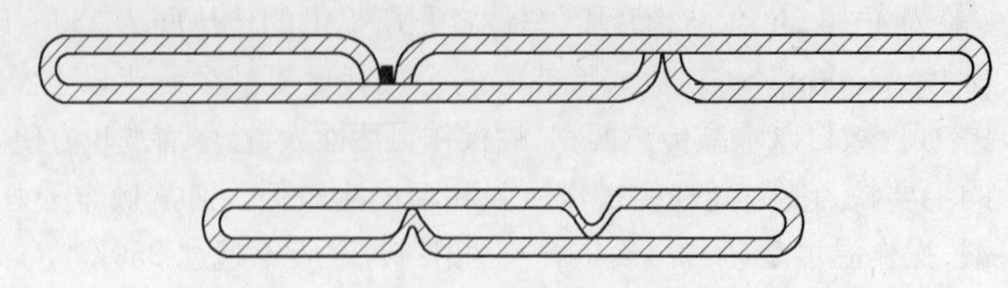

图 7-10　板壳式换热器的结构示意图

件在壳体内所占弦长相当。与圆管相比,板束元件的当量直径较小,给热系数也较大。

板壳式换热器不仅有各种板式换热器结构紧凑、传热系数高的特点,而且结构坚固,能承受很高的压强和温度,较好解决了高效紧凑与耐温抗压的矛盾。目前,板壳式换热器最高操作压强可达 6.4 MPa,最高温度可达 800℃。板壳式换热器的缺点是制造工艺复杂,焊接要求高。

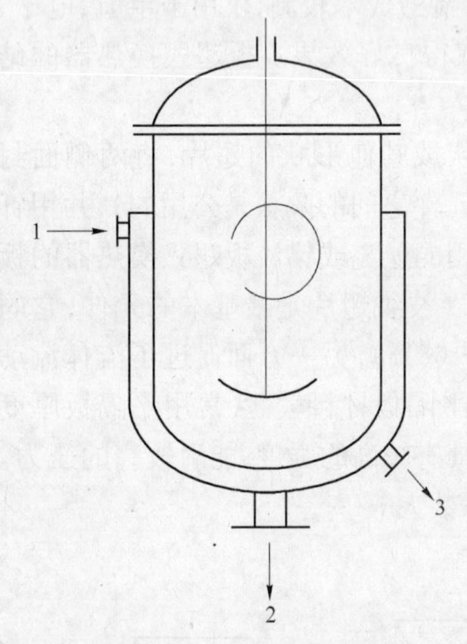

图 7-11　夹套式换热器

1—蒸汽;2—出料口;3—冷凝水

三、 夹套式换热器

这种换热器是在容器外壁安装夹套制成(图 7-11),结构简单;但其加热面受容器壁面限制,传热系数也不高。为提高传热系数使釜内液体受热均匀,可在釜内安装搅拌器。当夹套中通入冷却水或无相变的加热剂时,亦可在夹套中设置螺旋隔板或其他增加湍动的措施,以提高夹套一侧的给热系数。为补充传热面的不足,也可在釜内部安装蛇管。夹套式换热器广泛用于反应过程的加热和冷却。

四、 沉浸式蛇管换热器

沉浸式蛇管换热器是将金属管弯绕成各种与容器相适应的形状(图 7-12),并沉浸在容器内的液体中。蛇管换热器的优点是结构简单,能承受高压,可用耐腐蚀材料制造;其缺点是容器内液体湍动程度低,管外给热系数小。为提高传热系数,容器内可安装搅拌器。

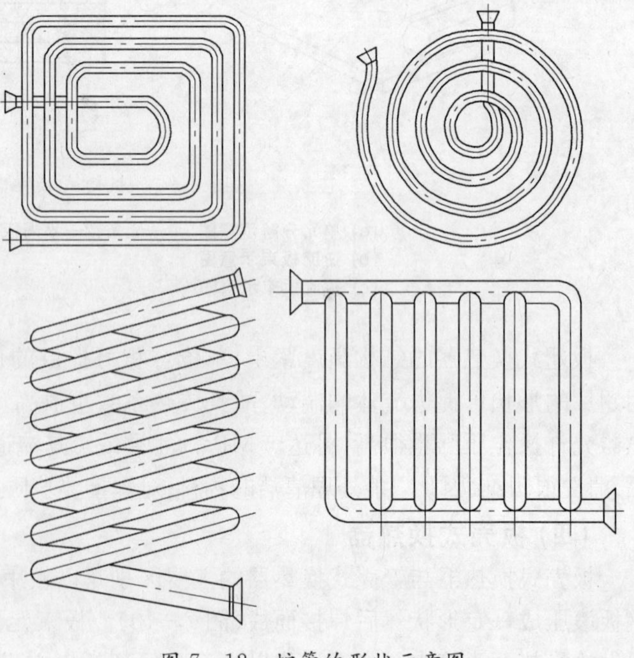

图 7-12　蛇管的形状示意图

五、喷淋式换热器

喷淋式换热器是将换热管成排固定在钢架上(图 7-13),热流体在管内流动,冷却水从上方喷淋装置均匀淋下,故也称喷淋式冷却器。喷淋式换热器的管外是一层湍动程度较高的液膜，管外给热系数较沉浸式增大很多。另外，这种换热器大多放置在空气流通之处，冷却水的蒸发亦带走一部分热量，可起到降低冷却水温度、增大传热动力的作用。因此，和沉浸式相比，喷淋式换热器的传热效果大有改善。

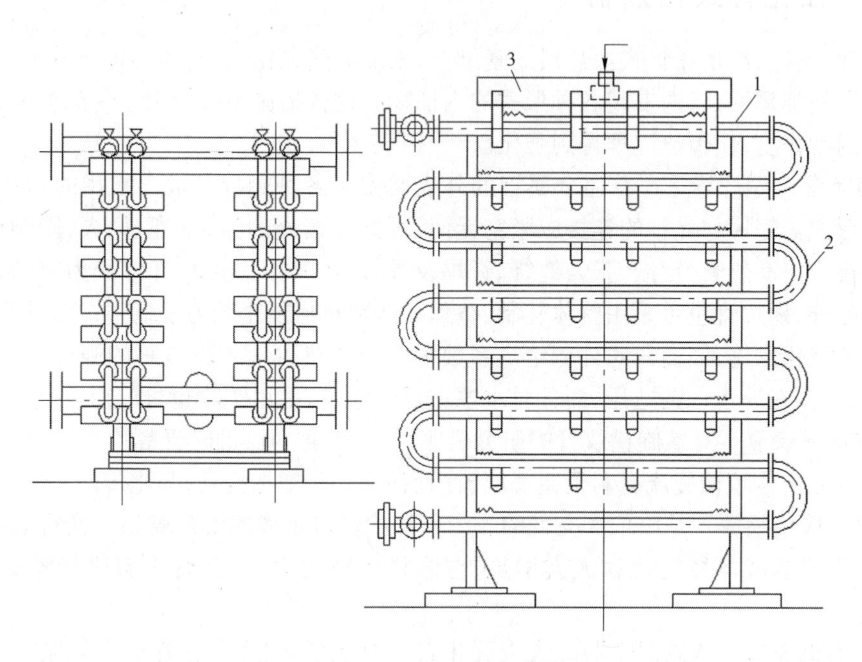

图 7－13　喷淋式换热器

1—直管；2—"U"形管；3—水槽

六、 套管式换热器

套管式换热器是由直径不同的直管制成的同心套管，并由"U"形弯头连接而成(图 7－14)。在这种换热器中，一种流体走管内，另一种流体走环隙，两者皆可以得到较高的流速，故传热系数较大。另外，在套管换热器中，两种流体可为纯逆流，对数平均推动力较大。

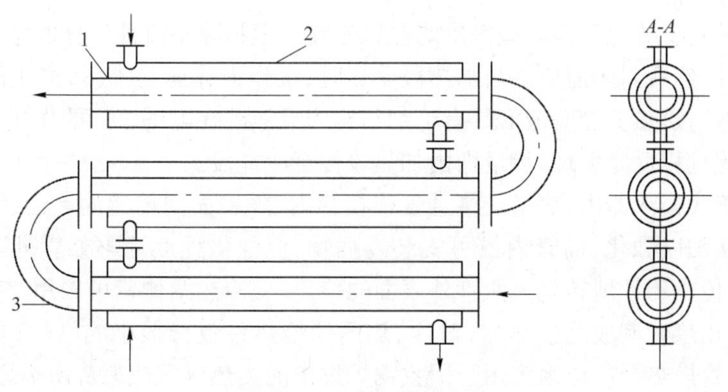

图 7－14　套管式换热器

1—内管；2—外管；3—"U"形肘管

套管换热器结构简单,能承受高压,应用亦方便(可根据需要增减管段数目)。特别是由于套管换热器同时具备传热系数大、传热推动力大及能够承受高压强的优点,在超高压生产过程(例如操作压力为 300 MPa 的高压聚乙烯生产过程)中所用的换热器几乎全部都是套管式。

七、 强化管式换热器

强化管式换热器是在管式换热器的基础上,采取某些强化措施,提高传热效果。强化的措施无非是管外加翅片,管内安装各种形式的内插物。这些措施不仅增大了传热面积,而且增加了流体的湍动程度,使传热过程得到强化。

1. **翅片管** 翅片管是在普通金属管的外表面安装各种翅片制成。常用的翅片有横向与纵向两种形式。翅片与光管的连接应紧密无间,否则连接处的接触热阻很大,影响传热效果。常用的连接方法有热套、镶嵌、张力缠绕、钎焊及焊接等,其中焊接和钎焊最为密切,但加工费用较高。此外,翅片管也可采用整体轧制、整体铸造和机械加工的方法制造。翅片管仅在管的外表采取了强化措施,因而只对外侧给热系数很小的传热过程才起显著的强化效果。用空冷代替水冷,不仅在缺水地区适用,而且对水源充足的地方,采用空冷也可取得较好的经济效果。

2. **螺旋槽纹管** 对螺旋槽纹管的研究表明,流体在管内流动时受螺旋槽纹管的引导使靠近壁面的部分流体顺槽旋流有利于减薄层流内层的厚度,增加扰动,强化传热。

3. **缩放管** 缩放管是由依次交替的收缩段和扩张段组成的波形管道。研究表明,由此形成的流道使流动流体径向扰动大大增加,在同样流动阻力下,此管具有比光管更好的传热性能。

4. **静态混合器** 静态混合器能大大强化管内对流给热,尤其是在管内热阻控制时,强化效果特别好。

5. **折流杆换热器** 折流杆换热器是一种以折流杆代替折流板的管壳式换热器。折流杆尺寸等于管子之间的间隙。杆子之间用圆环相连,4 个圆环组成一组,能牢固地将管子支撑住,有效地防止管束振动。折流杆同时又起到强化传热、防止污垢沉积和减小流动阻力的作用。折流杆换热器在催化焚烧空气预热、催化重整进出料换热、烃类冷凝、胺重沸等方面多有作用。

八、 热管换热器

热管是一种新型传热元件。最简单的热管是在一根抽除不凝性气体的金属管内充以定量的某种工作液体,然后封闭而成。当加热段受热时,工作液体遇热沸腾,产生的蒸气流至冷却段遇冷后凝结放出潜热。冷凝液沿具有毛细结构的吸液芯在毛细管力的作用下回流至加热段再次沸腾。如此过程反复循环,热量则由加热段传至冷却段。

在传统的管式换热器中,热量是穿过管壁在管内、外表面间传递的。已经谈到,管外可采用翅片化的方法加以强化,而管内虽可安装内插物,但强化程度远不如管外。热管把传统的内、外表面间的传热巧妙地转化为两管外表面的传热,使冷热两侧皆可采用加装翅片的方法进行强化。因此,用热管制成的换热器,对冷、热两侧给热系数皆很小的气-气传热过程特别有效。近年来,热管换热器广泛地应用于回收锅炉排出的废热以预热燃烧所需之空气,取得很好的经济效果。

在热管内部,热量的传递是通过沸腾冷凝过程。由于沸腾和冷凝给热系统皆很大,蒸气流动的阻力损失也很小,因此管壁温度相当均匀。由热管的传热量和相应的管壁温差折算而得的表观导热系数,是最优良金属导热体的 $10^2 \sim 10^3$ 倍。因此,热管对于某些等温性要求较高的场合尤为适用。

此外,热管还具有传热能力大,应用范围广,结构简单,工作可靠等一系列其他优点。

九、 流化床换热器

流化床换热器,其外形与常规的立式管壳式换热器相似。管程内的流体由下往上流动,使众多的固体颗粒(切碎的金属丝如同数以百万计的刮片)保持稳定的流化状态,对换热器管壁起到冲刷、洗垢作用。同时,使流体在较低流速下也能保持湍流,大大强化了传热速率。固体颗粒在换热器上部与流体分离,并随着中央管返回至换热器下部的流体入口通道,形成循环。中央管下部设有伞形挡板,以防止颗粒向上运动。流化床换热器已在海水淡化蒸发器、塔器重沸器、润滑油脱蜡换热等场合取得实用成效。

第三节 列管式换热器的设计与选用

列管式换热器的设计和选用,首先涉及设计型计算的命题、计算方法及参数选择。设计型计算的命题方式包括设计任务、设计条件和设计目的。

例如,以某一热流体的冷却为例。设计任务:将一定流量的热流体自给定温度 T_1 冷却至指定温度 T_2。设计条件:可供使用的冷却介质温度,及冷流体的进口温度 t_1。设计目的:确定经济上合理的传热面积及换热器其他有关尺寸。

关于设计型问题的计算方法,其设计计算的大致步骤如下:

(1) 首先由传热任务计算换热器的热流量(通常称为热负荷)。

$$Q = q_{m1} c_{p1} (T_1 - T_2) \tag{7-6}$$

(2) 做出适当的选择并计算平均推动力 Δt_m。

(3) 计算冷、热流体与管壁的对流给热系数及总传热系数 K。

(4) 由传热基本方程 $Q = KA\Delta t_m$ 计算传热面。

一、 设计和选用时应考虑的问题

关于设计型计算中参数的选择,由传热基本方程式可知,为确定所需的传热面积,必须知道平均推动力 Δt_m 和传热系数 K。为计算对数平均温差,设计者首先必须:① 选择流体的流向,即决定采用逆流、并流还是其他复杂流动方式;② 选择冷却介质的出口温度。

为求得传热系数 K,需计算两侧的给热系数 a,故设计者必须决定:① 冷、热流体各走管内还是管外;② 选择适当的污垢热阻。

同时,在设计型计算中,涉及一系列的选择。各种选择决定以后,所需的传热面积及管长等换热器其他尺寸是不难确定的。不同的选择有不同的设计结果，设计者必须做出适当的选择才能得到经济上合理、技术上可行的设计，或者通过多方案计算，从中选出最优方案。近年来，依靠计算机按规定的最优化程序进行自动寻优的方法得到日益广泛的应用。

选择的依据，通常考虑经济、技术两个方面，具体内容如下：

1. *流向的选择* 为更好地说明问题，首先比较纯逆流和并流两种极限情况。当冷、热流体的进出口温度相同时，逆流操作的平均推动力大于并流，因而传递同样的热流量，所需的传热面积较小。此外，对于一定的热流体进口温度 T_1，采用并流时，冷流体的最高极限出口温度为热流体的出口温度 T_2。反之，如采用逆流，冷流体的最高极限出口温度可为热流体的进口温度 T_1。这样，如果换热的目的是单纯冷却，逆流操作时，冷却介质温升可选择得较大因而冷却介质用量可以较小；如果换热的目的是回收热量，逆流操作回收的热量温度(即温度 t_2)可以较高，因而利用价值较大。显然在一般情况下，逆流操作总是优于并流操作，应尽量采用。

但是，对于某些热敏性物料的加热过程，并流操作可避免出口温度过高而影响产品质量。另外，在某些高温换热器中，逆流操作因冷却流体的最高温度 t_2 和 T_1 集中在一端，会使该处的壁温特别高。为降低该处的壁温，可采用并流，以延长换热器的使用寿命。

2. *冷却介质出口温度的选择* 冷却介质出口温度 t_2 越高，其用量可以越少，回收能量的价值也越高，同时，输送流体的动力消耗即操作费用也减少。但是，t_2 越高，传热过程的平均推动力 Δt_m 越小，传递同样的热流量所需得热面积 A 也越大，设备投资费用必须增加。因此，冷却介质的选择是一个经济上的权衡问题。目前，据一般的经验 Δt_m 不宜小于 10℃。如果所处理问题是冷流体加热，可按同样原则加热介质的出口温度 T_2。

此外，如果冷却介质是工业用水，给出温度 t_2 不宜过高。因为工业用水所含的许多盐类(主要是 $CaCO_3$，$MgCO_3$，$CaSO_4$，$MgSO_4$ 等)的溶解度随温度升高而减小，如出口温度过高，盐类析出，形成导热性能很差的垢层，会使传热过程恶化。为阻止垢层的形成，可在冷却用水中添加某些阻垢剂和其他水质稳定剂。即使如此，工业冷却水必须进行适当的预处理，除去水中所含的盐类。

3. *流速的选择* 流速的选择一方面涉及传热系数即所需传热面的大小，另一方面又与流体通过换热面的阻力损失有关。因此，流速选择也是经济上权衡得失的问题。但不管怎样，在可能的条件下，管内、外必须尽量避免层流状态。

此外，列管式换热器的设计除了考虑流体的流向、流速和冷流体出口温度的选择，在选用和设计时还必须考虑以下问题。

4. *冷、热流体流动通道的选择* 在管壳式换热器内，冷、热流体流动通道可根据以下原则进行选择：① 不洁净和易结垢的液体宜在管程，因管内清洗方便；② 腐蚀性流体宜在管程，以免管束和壳体同时受到腐蚀；③ 压强高的流体宜在管内，以免壳体承受压力；④ 饱和蒸汽宜走壳程，因饱和蒸汽比较清净，给热系数与流速无关而且冷凝液容易排出；⑤ 被冷却的流体宜走壳程，便于散热；⑥ 若两流体温差较大，对于刚性结构的换热器，宜将给热系数大的流体通入壳程，以减小热应力；⑦ 流量小而黏度大的流体一般以壳程为宜，因在壳程 $Re>100$ 即可达到湍流。但不是绝对的，如流动阻力损失允许，将这种流体通入管内并采用多管程结构，反而能得到更高的给热系数。

5. *流动方式的选择* 除逆流和并流之外，在管壳式换热器中冷、热流体还可作各种多管程多壳程的复杂流动。当流量一定时，管程或壳程越多，给热系数越大，对传热过程有利。但是，采用多管程或多壳程必导致流体阻力损失即输送流体的动力费用增加。因此，在决定换热器的程数时，需权衡传热和流体输送两方面的得失。

6. 换热管的规格和排列的选择　换热管直径越小，换热器单位容积的传热面积越大。因此，对于洁净的流体管径可取的小些。但对于不洁净或易结垢的流体，管径应取的大些，以免堵塞。考虑到制造和维修的方便，加热管的规格不宜过多。目前我国试行的系列标准规定采用 Φ25 mm×2.5 mm 和 Φ19 mm×2 mm 两种规格，对一般流体是适用的。

管长的选择是以清洗方便和合理适用管材为准。我国生产的钢管长多为 6 m、9 m，故系列标准中管长有 1.5 m、2 m、3 m、4.5 m、6 m 和 9 m 共 6 种，其中以 3 m 和 6 m 更为普遍。

管子的排列方式有等边三角形和正方形两种(图 7-15a，图 7-15b)。与正方形相比，等边三角形排列比较紧凑，管外流体湍流程度高，给热系数大。正方形排列虽比较松散，给热效果也较差，但管外清洗方便，对易结垢流体更为适用。如将正方形排列的管束斜转 45°安装(图 7-15c)，可在一定程度上提高给热系数。

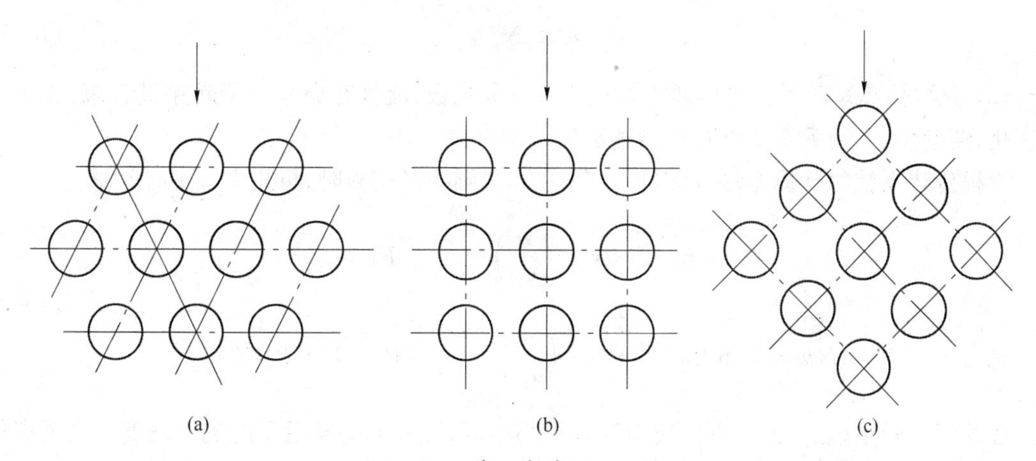

图 7-15　管子在管板上的排列

(a) 正三角形排列；(b) 正方形排列；(c) 正方形错列

7. 折流挡板　安装折流挡板的目的是提高管外给热系数，为取得良好效果，挡板的形状和间距必须适当。对圆缺形挡板而言，弓形缺口的大小对壳程流体的流动情况有重要影响。由图 7-16 可以看出，弓形缺口太大或太小都会产生“死区”，既不利于传热，又往往增加流体阻力。一般来说，弓形缺口的高度可取为壳体内径的 10%～40%，最常见的是 20%和 25%两种。

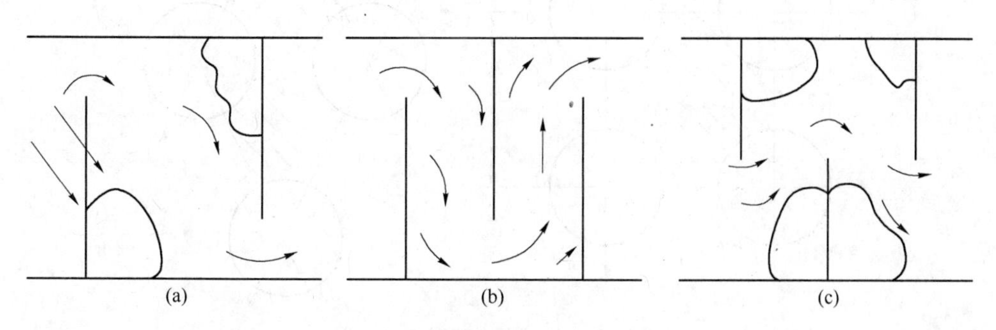

图 7-16　挡板切除对流动的影响

(a) 切除过少；(b) 切除恰当；(c) 切除过多

挡板的间距对壳程的流动亦有重要影响。间距太大，不能保证流体垂直流过管束，使管外给热系数下降；间距太小，不便于制造和检修，阻力损失亦大。一般取挡板间距为壳体内径的0.2～1.0倍。我国系列标准中采用的挡板间距为：固定管板式有100 mm、150 mm、200 mm、250 mm、300 mm、350 mm、450 mm(或480 mm)、600 mm共8种。

二、列管式换热器的传热系数

(1) 管程传热系数 α_i：管内流动的传热系数可按经验式计算：当 $Re>10\,000$ 圆形直管内强制湍流的传热系数的公式计算。

$$\alpha_i = 0.023\frac{\lambda_1}{d_i}Re_i^{0.8}Pr^{0.3\sim0.4} \tag{7-7}$$

由此不难看出管程传热系数 α_i 正比于管程数 N_p 的0.8次方，即

$$\alpha_i \propto N_p^{0.8} \tag{7-8}$$

(2) 壳程传热系数 α_0：壳程通常因设计有折流挡板，流体在壳程中横向穿过管束，流向不断变化，湍动增加，当 $R_e>100$ 时即到达湍流状态。

管程传热系数的计算方法有多种，当使用25%圆缺形挡板时，可用下式进行计算

$$\left.\begin{aligned} Nu &= 0.36\,Re^{0.55}\ Pr^{1/3}\left(\frac{\mu}{\mu_w}\right)^{0.14} \quad & Re>2\,000 \\ Nu &= 0.5\,Re^{0.507}\ Pr^{1/3}\left(\frac{\mu}{\mu_w}\right)^{0.14} \quad & \mathrm{Re}=10\sim2\,000 \end{aligned}\right\} \tag{7-9}$$

在式(7-9)中，定性温度取进出口主体平均温度，仅 μW 为壁温下的流体黏度。当量直径 de 视管子排列情况按下式决定(图7-17)：

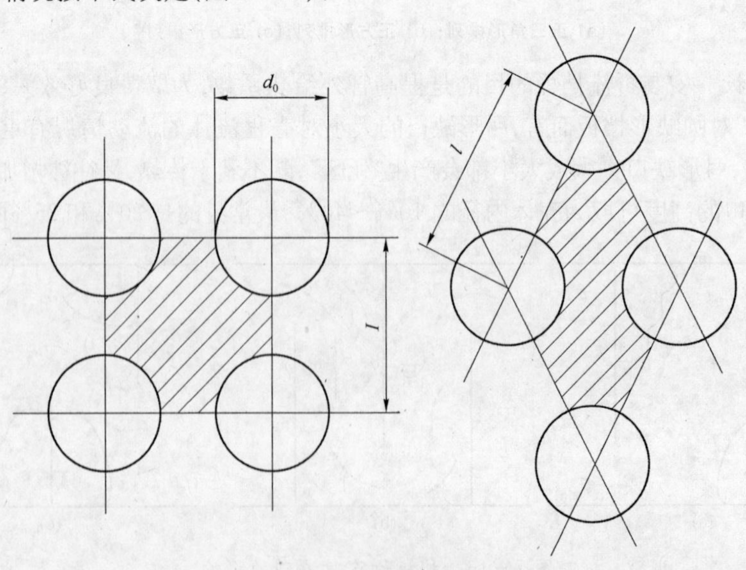

图7-17 管子不同排列时的流通面积

d_0—管径；l—管距

对正方形排

$$de=\frac{4\left(l^2-\frac{\pi}{4}d_0{}^2\right)}{\pi d_0} \tag{7-10}$$

对正三角形排列

$$de=\frac{4\left[\frac{\sqrt{3}}{2}l^2-\frac{\pi}{4}d_0{}^2\right]}{\pi d_0} \tag{7-11}$$

式中：l—相邻两管的中心距；

d_0—管外径。

式(7-9)中的流速 u_0 规定按最大流动截面 A' 计算

$$A'=BD\left(1-\frac{d_0}{l}\right) \tag{7-12}$$

式中：B—两块挡板间的距离；

D—为壳体直径。

由式(7-9)可知，当 $R_e>2\,000$ 时，$\alpha_0\propto\frac{\mu_0^{0.55}}{d_e^{0.45}}$。因此，减少挡板间距，提高流速或缩短中心距，减小当量直径皆可提高壳程传热系数。壳程传热系数与挡板间距 B 的 0.55 次方成反比，即

$$\alpha_0\propto\left(\frac{1}{B}\right)^{0.55} \tag{7-13}$$

三、 列管式换热器的选用和设计计算步骤

设有流量为 q_{m1} 的热流体，需从温度 T_1 冷却至 T_2，可用的冷却介质温度 t_1，出口温度选定为 t_2。由此已知条件可算出换热器的热负荷 Q 和逆流平均推动力 $\Delta t_{m逆}$。根据传热基本方程式

$$Q=KA\Delta t_m=KA\psi\Delta t_{m逆} \tag{7-14}$$

当 Q 和 $\Delta t_{m逆}$ 已知时，要求取传热面积 A 必须知道 K 和 ψ；而 K 和 ψ 则是由传热面积 A 的大小和换热器结构决定的。可见，在冷、热流体的流量及进、出口温度皆已知的条件下，选用或设计换热器必须通过试差计算。此试差计算可按下列步骤进行。

1. 初选换热器的尺寸规格

(1) 初步选定换热器的流动方式，由冷、热流体的进、出口温度计算温差修正系数 ψ。ψ 的数值应大于 0.8，否则应改变流动方式，重新计算。

(2) 根据经验，估计传热系数 $K_{估}$，计算传热面积 $A_{估}$。

(3) 根据 $A_{估}$ 的值，参考系列标准选定换热管直径、长度及排列；如果是选用，可根据 $A_{估}$ 在系列标准中选择适当的换热器型号。

表 7-1 管壳式换热器的 K 值大致范围

热流体	冷流体	传热系数[KW/(m²·℃)]
水	水	850～1 700
轻油	水	340～910
重油	水	60～280
气体	水	17～280
水蒸气冷凝	水	1 420～4 250
水蒸气冷凝	气体	30～300
低沸点烃类蒸气冷凝(常压)	水	455～1 140
低沸点烃类蒸气冷凝(减压)	水	60～170
水蒸气冷凝	水沸腾	2 000～4 250
水蒸气冷凝	轻油沸腾	455～1 020
水蒸气冷凝	重油沸腾	140～425

表 7-2 管壳式换热器内常用的流速范围

流体种类	流速(m/秒)	
	管　程	壳　程
一般流体	0.5～3	0.2～1.5
易结垢液体	>1	>0.5
气体	5～30	3～15

2. 计算管程的压降和给热系数

(1) 参考表 7-1、表 7-2 选定流速，确定管程数目，由壳程阻力损失公式计算管程压降 ΔP_t。若管程允许压降 $\Delta P_{允}$已有规定，可以直接选定管程数目，计算 $\Delta P_{允}$。若 $\Delta P_t > \Delta P_{允}$，必须调整管程数目重新计算。

(2) 计算管内给热系数 α_i，如果 $\alpha_i < K_{估}$，则应改变管程数重新计算。若改变管程数不能同时满足 $\Delta P_t < \Delta P_{允}$、$\alpha_i > K_{估}$ 的要求，则应重新估计 $K_{估}$ 值，另选一换热器型号进行核算。

3. 计算壳程压降和给热系数

(1) 参考表 7-1 的流速范围选定挡板间距，根据壳程阻力损失公式计算壳程压降 ΔP_s，若 $\Delta P_t > \Delta P_{允}$ 可增大挡板间距。

(2) 计算壳程给热系数 α_0，如 α_0 太小可减少挡板间距。

表 7-3 不同黏度液体在管壳式换热器中的流速(在钢管中)

液体黏度(mPa·秒)	最大流速(m/秒)	液体黏度(mPa·秒)	最大流速(m/秒)
>1 500	0.6	100～35	1.5
1 000～500	0.75	35～1	1.8
500～100	1.1	<1	2.4

4. 计算传热系数、校核传热面积　根据流体性质选择恰当的垢层热阻 R，由 R、α_i、α_0 计算传热系数 $K_{计}$，再由传热基本方程(7-7)计算所需传热面 $A_{计}$。当次传热面 $A_{计}$ 小于初选换热器实际所具有的传热面，则原则上以上计算可行。考虑到所用传热计算式的准确程度及其他未可预料的因素，应使选用换热器传热面积留有 15%～25%的裕度，使 $A/A_{计}=1.15～1.25$。否则需要重新估计一个 $K_{估}$，重复以上计算。

【例 7-1】 列管式换热器的计算：某制药厂拟采用管壳式换热器回收甲苯的热量将正庚烷从 $t_1=80℃$ 预热到 130℃。

已知：正庚烷的流量 $q_{m2}=40\ 000$ kg/小时；甲苯的流量 $q_{m2}=39\ 000$ kg/小时；进口温度 $T_1=200℃$；管壳两侧的压降皆不应超过 30 kPa。

正庚烷在进出口平均温度下的有关物性为

$$\rho_2=615\ \text{kg/m}^3,\qquad c_{p2}=2.5\text{kJ/(kg}\cdot℃)$$

$$\lambda_2=0.115\ \text{W/(m}\cdot℃),\qquad \mu_2=0.22\ \text{mPa}\cdot\text{秒}$$

甲苯在进出口平均温度下的有关物性为

$$\rho_1=735\ \text{kg/m}^3,\qquad c_{p1}=2.26\text{kJ/(kg}\cdot℃)$$

$$\lambda_1=0.108\ \text{W/(m}\cdot℃),\qquad \mu_1=0.18\ \text{mPa}\cdot\text{秒}$$

试选用一适当型号的换热器。

解：(1) 初选换热器：

$$Q=q_{m2}c_{p2}(t_2-t_1)=40\ 000\times2.51\times(130-80)=5.02\times106\ \text{kJ/小时}=1.39\times106\ \text{W}$$

甲苯出口温度

$$T_2=T_1-\frac{Q}{q_{m1}c_{p1}}=200-\frac{5.02\times10^6}{3\ 900\times2.26}=143℃$$

逆流平均温差

$$\Delta t_{m逆}=\frac{(T_1-t_2)-(T_2-t_1)}{\ln\dfrac{T_1-t_2}{T_2-t_1}}=\frac{(200-130)-(143-80)}{\ln\dfrac{200-130}{143-80}}=66.5℃$$

$$R=\frac{T_1-T_2}{t_2-t_1}=\frac{200-143}{130-80}=1.14$$

$$P=\frac{t_2-t_1}{T_1-t_2}=\frac{130-80}{200-80}=0.417$$

初定采用单壳程，偶数管程的浮头式换热器。查相关的修正系数图得修正系数 $\psi=0.9$。初步估计传热系数 $K_{估}=450\ \text{W/(m}^2\cdot℃)$，传热面积 $A_{估}$ 为

$$A_{估}=\frac{Q}{K_{估}\psi\Delta t_{m逆}}=\frac{1.39\times10^6}{450\times0.9\times66.5}=51.6\ \text{m}^2$$

由换热器系列标准(参见相关附录)，初选 BES500-1.6-54-6/25-2Ⅰ型换热器，有关参数列于附表。

表 7-4　BES500-1.6-54-6/25-2Ⅰ浮头式列管换热器主要参数(例 7-1 附表)

外壳直径 D/mm	500	管子尺寸/mm	ϕ25×2.5
公称压强 p/MPa	1.6	管长 l/m	6
公称面积/m²	57	管数 N_T	124
管程数 N_P	2	管中心距 t/mm	32
管子排列方式	正方形		

(2) 计算给热系数 α_i：为充分利用甲苯热量，取甲苯走管程，庚烷走壳程。

管程流动面积

$$A_1 = \frac{\pi}{4} d_2 \frac{N_T}{N_P} = 0.785 \times 0.02^2 \times \frac{124}{2} = 0.0195 \text{ m}^2$$

管内甲苯流速

$$u_i = \frac{qm_1}{\rho_1 A_1} = \frac{39\,000}{3\,600 \times 735 \times 0.0195} = 0.77 \text{ m/秒}$$

$$Re_i = \frac{d u_i \rho_i}{\mu_i} = \frac{0.02 \times 0.77 \times 735}{0.18 \times 10^{-3}} = 6.28 \times 10^4$$

管程给热系数 α_i

$$\alpha_i = 0.023 \frac{\lambda_1}{d_i} Re_i^{\,0.8}\ Pr^{0.3}$$

$$= 0.023 \times \frac{0.108}{0.02} \times (6.28 \times 10^4)^{0.8} \times \left(\frac{2\,260 \times 0.18 \times 10^{-3}}{0.108}\right)^{0.3} = 1\,274 \text{ W/(m}^2 \cdot ℃)$$

(3) 计算壳程给热系数 α_0

$$A'_2 = BD\left(1 - \frac{d_0}{t}\right) = 0.2 \times 0.5 \times \left(1 - \frac{0.025}{0.032}\right) = 0.0219 \text{ m}^2$$

$$\mu'_0 = \frac{q_{m2}}{A'_2 \rho_2} = \frac{40\,000}{3\,600 \times 0.0219 \times 615} = 0.826 \text{ m/秒}$$

$$d_e = \frac{4\left(t^2 - \frac{\pi}{4} d_0^2\right)}{\pi d_0} = \frac{4 \times (0.032^2 - 0.785 \times 0.025^2)}{3.14 \times 0.025} = 0.027 \text{ m}$$

$$Re'_0 = \frac{d_e \mu'_0 \rho_2}{\mu_2} = \frac{0.027 \times 0.826 \times 615}{0.22 \times 10^{-3}} = 6.27 \times 10^4$$

$$Pr = \frac{c_p \mu}{\lambda} = \frac{2.51 \times 0.22}{0.115} = 4.8$$

管程中正庚烷被加热，取 $(\mu/\mu_w)^{0.14} = 1.05$，由式(7-9)可得

$$Nu = 0.36\, Re^{0.55}\ Pr^{1/3} \left(\frac{\mu}{\mu_w}\right)^{0.14}$$

$$= 0.36 \times \frac{0.115}{0.027} \times (6.27 \times 10^4)^{0.55} \times 0.481^{1/3} \times 1.05 = 1\,181 \text{ W/(m}^2 \cdot ℃)$$

(4) 计算传热面积

$$K_{计} = \frac{1}{\frac{1}{\alpha_i} + R_i + \frac{\delta}{\lambda} + R_0 + \frac{1}{\alpha_0}}$$

查相关表格，取 $R_i=0.00017\ (m^2\cdot ℃)/W$，$R_0=0.00018\ (m^2\cdot ℃)/W$

$$K_{计}=\frac{1}{\frac{1}{1274}+0.00017+\frac{0.0025}{45}+0.00018+\frac{1}{1181}}=491\ W/(m^2\cdot ℃)$$

$$A_{计}=\frac{Q}{K\psi\Delta t_m}=\frac{1.39\times10^6}{491\times0.9\times66.5}=47.3\ m^2$$

所选换热器的实际传热面积约为

$$A=NT\pi d_0 l=124\times3.14\times0.025\times6=58.4\ m^2$$

$$\frac{A}{A_{计}}=\frac{58.4}{47.3}=1.23$$

所选 BES500－1.6－57－6/25－2 Ⅰ型换热器适合。

四、 夹套式换热器的传热

制药工业上不少传热过程是间歇进行的，此时流体的温度随时间而变，属非定态过程。用饱和蒸汽加热搅拌釜内的液体(图 7－11)，是最简单的非定态传热过程。

对此换热器，夹套内系蒸汽冷凝，因而各处温度相同，釜内液体充分搅拌各处温度均一，故在任何时刻传热面各点的热密度相同。但是，作为传热结果，釜内液体温度随时间不断上升，热流密度随时间不断减小。

对非定态传热问题通常关心的是一段时间内所传递的积累总热量 Q_T。设上述夹套换热器的传热面积为 A，则根据热流密度的定义可写出

$$q=\frac{dQ_T}{A d\tau} \tag{7-15}$$

将此式积分，可求出在任何时刻的积累传热量 τ 为

$$Q_T=A\int_0^{\tau}q d\tau \tag{7-16}$$

显然，为计算积累总热量 Q_T，只知道热流密度 q 的计算是不够的，尚须知道热流密度 q 随时间的变化规律。

解决间歇操作的夹套换热器的基本方程是传热速率方程式与热量衡算方程式。夹套内通入温度 T 为的饱和蒸汽加热，釜内液体因充分混合，温度 t 保持均一。因此，任何时刻的热流密度 q 与加热位置无关，可表示为

$$q=K(T-t) \tag{7-17}$$

式中传热系数 K 可由下式计算，即

$$K=\frac{1}{\frac{1}{\alpha_1}+\frac{\delta}{\lambda}+\frac{1}{\alpha_2}} \tag{7-18}$$

式(7－18)适用于流体与加热壁面的温度随时间的变化率不大的情况。因为各传热环节的热量积累可以忽略，使用时不会产生明显误差。

在 $d\tau$ 时段内热量衡算，并忽略热损失与壁面的温升，可得

$$mc_p dt = K(T-t)Ad\tau \tag{7-19}$$

式中：m—釜内液体的质量，kg；

c_p—釜内液体的比热容，J/(kg·℃)；

A—传热面积，m^2。

将式(7-19)积分，可得加热时间 τ 与相应液体温度 t_2 的关系为

$$\tau = \frac{mc_p}{kA}\ln\frac{T-t_1}{T-t_2} \tag{7-20}$$

式中：t_1—釜内液体的初始温度。

由式(7-20)可以推出在一定加热时间内的累积传热量

$$Q_T = mc_p(t_2-t_1) = KA\Delta t_m \tau \tag{7-21}$$

式中，Δt_m 为加热始、末两时刻的对数平均温差，即

$$\Delta t_m = \frac{(T-t_1)-(T-t_2)}{\ln\dfrac{T-t_1}{T-t_2}} \tag{7-22}$$

【例 7-2】 某夹套换热器具有传热面积 3.2 m^2，夹套内以 100℃饱和蒸汽加热，釜内盛有 800 kg 初温为 15℃的甲苯溶液，因充分搅拌釜内甲苯温度始终均一。加热 5 分钟后，测得甲苯温度为 65℃。试求：

(1) 该换热器的传热系数为多大？

(2) 再继续加热 5 分钟，釜内甲苯温度升至多少度？

解：(1) 由式(7-20)得

$$K = \frac{mc_p}{\tau A}\ln\frac{T-t_1}{T-t_2} = \frac{800\times 1.86\times 10^3}{5\times 60\times 3.2}\ln\frac{100-15}{100-65} = 1\,375.3\ \mathrm{W/(m^2\cdot ℃)}$$

(2) 由式(7-22)得

$$\ln\frac{T-t_1}{T-t_2'} = \frac{KA\tau'}{mc_p} = \frac{1\,375.3\times 3.2\times 10\times 60}{800\times 1.86\times 10^3} = 1.77$$

$$\frac{T-t_1}{T-t_2'} = 14.4$$

$$t_2' = T - \frac{T-t_1}{14.4} = 100 - \frac{100-15}{14.4} = 85.6℃$$

第八章
蒸发原理与设备

导学

本章主要讲述了液体溶液的浓缩过程，描述了该过程的基本理论、具体操作、理论计算、设备选型等项内容。

通过本章的学习，要熟练掌握单效蒸发、多效蒸发原理、流程及操作；熟悉常用的蒸发设备型号、性能、特点、使用注意事项等内容；了解各种型号的蒸馏水器及多效制水设备的性能及使用保养注意事项。

将含有不挥发性溶质的溶液加热至沸腾，使溶液中的部分溶剂汽化为蒸气并被排出，从而使溶液得到浓缩的过程称为蒸发，能够完成蒸发过程的设备称为蒸发设备。蒸发操作在制药过程中应用广泛，其目的主要有：将稀溶液蒸发浓缩到一定浓度直接作为制剂过程的原料或半成品；通过蒸发操作除去溶液中的部分溶剂，使溶液增浓到饱和状态，再经冷却析晶从而获得固体产品；蒸发操作还可以除去杂质，获得纯净的溶剂。

第一节　蒸发过程的基本理论

蒸发过程属于传热过程，常利用饱和水蒸气作为加热介质，通过间壁式换热，将混合溶液加热至沸腾，利用混合溶液中溶剂的易挥发性和溶质的难挥发性，使溶剂汽化变为蒸气并被移出蒸发器，而溶质继续留在混合溶液中的浓缩过程。需要蒸发的混合溶液主要为水溶液；中药制药过程中也经常用乙醇作为溶剂提取中药材中某些有效成分，或用醇沉除去水提取液中的某些杂质，故乙醇溶液的蒸发在制药过程中也普遍存在；此外还有其他一些有机溶液的蒸发。

一、单效蒸发

单效蒸发是指将蒸发中汽化出来的二次蒸气直接冷凝排放不再利用的蒸发操作。主要在小批量、间歇生产的情况下使用。如图 8 - 1 所示为单效真空蒸发流程。原料液被连续加入，蒸发的溶剂气体经除沫装置去雾沫后进入冷凝器由水直接冷凝，由于是减压操作，冷凝器的下部要有 10 m 高(俗称大气腿)的出水管以保证冷凝水的顺利排除，不凝气则通过真空泵系统排除。

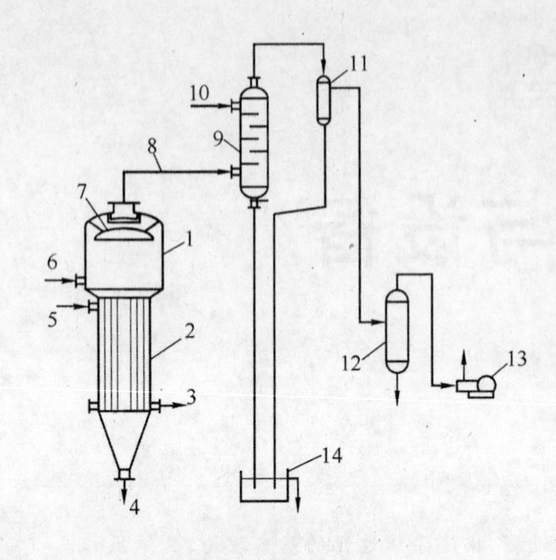

图 8-1 单效减压蒸发的工艺流程图

1—分离室；2—加热室；3—冷凝水出口；4—完成液出口；5—加热蒸汽入口；6—原料液进口；7—除沫器；8—二次蒸气；9—混合冷凝器；10—冷却水进口；11—气液分离器；12—缓冲罐；13—真空泵；14—溢流水箱

(一) 蒸发量计算

单效蒸发过程中，若想核算加热蒸汽的消耗量及加热室的传热面积等热量衡算问题，首先需要计算单位时间内二次蒸气的产生量即单效蒸发量，一般由生产任务给出原料液的进料量、原料液的浓度及完成液的浓度，对溶质进行物料衡算就可以得到单效蒸发量。

由于溶质为不挥发性物质，在蒸发前后其质量不变，对溶质进行物料衡算，以 W 表示单效蒸发量，单位为 kg/小时，即

$$Fx_0 = (F-W)x_1 \tag{8-1}$$

则

$$W = F\left(1-\frac{x_0}{x_1}\right) \tag{8-2}$$

式中：W—单效蒸发量，单位：kg/小时；

F—原料液的质量流量，单位：kg/小时；

x_0—原料液中溶质的质量分率；

x_1—完成液中溶质的质量分率。

(二) 蒸汽消耗量计算

在蒸发过程中，常用饱和水蒸气作为加热热源，因饱和水蒸气的温度与其饱和蒸汽压成正比，且饱和蒸汽冷凝时会放出大量的热量，这些热量主要用于将混合溶液加热至沸腾并保持沸腾状态、蒸发出二次蒸气以及向周围散失的热量等。一般工艺条件中应给出原料液的进料温度、定压比热容、加热蒸汽的温度或压力、蒸发室或冷凝器的操作压力等，由热量衡算计算加热蒸汽消耗量 D。如图 8-2 所示，对整个蒸发器进行热量衡算得

$$Dh_v + Fh_0 = Wh_w + (F-W)h_1 + Dh_l + \phi_L \tag{8-3}$$

$$\phi = D(h_v - h_l) = W(h_w - h_1) + F(h_1 - h_0) + \phi_L \tag{8-4}$$

式中：W—单效蒸发量，kg/小时；

D—加热蒸汽消耗量，kg/小时；

F—原料进料量，kg/小时；

h_v—加热蒸汽的焓，kJ/kg；

h_l—冷凝水的焓，kJ/kg；

h_w—二次蒸气的焓，kJ/kg；

h_0—原料液的焓，kJ/kg；

h_1—完成液的焓，kJ/kg；

ϕ_L—蒸发器的热损失，kJ/小时；

ϕ—蒸发器的热流量，kJ/小时或 kW。

若加热蒸汽的冷凝液在其饱和温度下排出，则 $h_v - h_l = r$；二次蒸气的气相和液相的焓差可用其汽化潜热近似表示，即 $h_w - h_1 = r'$。混合溶液的焓值可以查该溶液的焓浓图，考虑到

混合溶液的浓缩热较少可以忽略，此时溶液焓值的变化也可以用其定压比热容与温度变化之积近似表示，并且计算时用原料液的定压比热容来代替完成液的定压比热容，即 $h_1 - h_0 = C_{p0}(t_1 - t_0)$。则

$$Dr = Wr' + FC_{p0}(t_1 - t_0) + \phi_L \tag{8-5}$$

式中：r—饱和水蒸气的化潜热，单位：kJ/kg；

r'—二次蒸气的汽化潜热，单位：kJ/kg；

C_{p0}—原料液的定压比热容，单位：kJ/(kg℃)；

t_1—完成液的温度，单位：℃；

t_0—原料液的进料温度，单位：℃。

一般完成液排出蒸发室的温度近似等于混合溶液的沸点温度，即 t_1 为溶液的沸点温度。溶液的沸点一般高于相同操作压力下纯溶剂的沸点，其差值称为溶液的沸点升高，溶液的沸点温度可以直接测量，也可由下式计算

$$t_1 = T' + \Delta \tag{8-6}$$

式中：t_1—溶液的沸点，单位：℃；

T'—二次蒸汽的温度，单位：℃；

Δ—溶液的沸点升高，单位：℃。

二次蒸气的温度由蒸发室的操作压力决定，而蒸发室的操作压力近似等于冷凝器的压力，对于水溶液的蒸发过程，二次蒸气的温度可以由蒸发室的操作压力直接查饱和水蒸气表获得。原料液的定压比热容可由下式计算

$$C_{p0} = C_{pw}(1 - x_0) + C_{pB}x_0 \tag{8-7}$$

式中：C_{pw}—纯溶剂的定压比热容，单位：kJ/(kg℃)；

C_{pB}—纯溶质的定压比热容，单位：kJ/(kg℃)。

若原料液经预热器预热到沸点进料，即 $t_0 = t_1$，并且当热损失可以忽略时，式(8-5)改写为

$$Dr = Wr' \tag{8-8}$$

则令

$$e = \frac{D}{W} = \frac{r'}{r} \tag{8-9}$$

式中 e 称为单位蒸汽消耗量，表示加热蒸汽的利用程度，也称蒸汽的经济性。由于饱和蒸汽的汽化潜热数值随压力的变化不大，所以 e 近似等于 1，即单效蒸发时，消耗 1 kg 的加热蒸汽，可以获得约 1 kg 的二次蒸气。在实际蒸发操作过程中，由于原料的预热及热损失等原因，e 应大于 1，也即单效蒸发的能耗很大，经济性较差。

(三) 蒸发室的传热面积计算

蒸发过程也属于传热过程，因此传热过程的热负荷及传热速率方程也适用于蒸发过程，即

$$\phi = Dr = KA\Delta t_m \tag{8-10}$$

则

$$A = \frac{Dr}{K\Delta t_m} \tag{8-11}$$

式中：A—加热室的传热面积，单位：m^2；

K—加热室的总传热系数，单位：W/(m^2·℃)；

Δt_m—平均传热温度差，单位：℃。

蒸发过程属于两侧都有相变化的恒温传热过程，平均传热温度差可用下式计算

$$\Delta t_m = T - t_1 \tag{8-12}$$

式中：T—加热蒸汽的温度，单位：℃。

表 8-1 不同蒸发器的传热系数 K 值的范围

蒸发器的类型		传热系数 K[W/(m^2·℃)]
刮板式 （溶液黏度 mPa·秒）	1～5	5 800～7 000
	100	1 700
	1 000	1 160
	10 000	700
外加热式 （长管型）	自然循环	1 160～5 800
	强制循环	2 300～7 000
	无循环膜式	580～5 800
内部加热式 （标准式）	自然循环	580～3 500
	强制循环	1 160～5 800
升膜式		580～5 800
降膜式		1 200～3 500

【例 8-1】 用单效蒸发器将原料液浓度为 5% 的溶液量需浓缩至 25%，原料进料量为 2 000 kg/小时，进料温度为 20℃，原料液的定压比热容为 3.5 kJ/(kg·℃)。加热用饱和蒸汽的绝压为 200 kPa，蒸发室内的平均操作压力为 40 kPa(绝压)，估计沸点升高 8℃，蒸发器的传热系数为 2 000 W/(m^2·℃)，热损失为 3%。

试求：① 水分蒸发量；② 加热蒸汽消耗量；③ 蒸发器的传热面积和生蒸汽的经济性。

解：(1) 水分蒸发量

$$W = F\left(1-\frac{x_0}{x_1}\right) = 2\,000\times\left(1-\frac{0.05}{0.25}\right) = 1\,600\ \text{kg/小时}$$

(2) 加热蒸汽消耗量：由附录查得加热蒸汽压力 200 kPa(绝压)时，加热蒸汽的温度 $T=120.2$℃，汽化热 $r=2\,204.5$ kJ/kg；蒸发室的操作压力为 40 kPa(绝压)时，加热蒸汽的温度 $T'=75$℃，二次蒸气的汽化热 $r'=2\,312.2$ kJ/kg，则溶液沸点

$$t_1 = T' + \Delta = 75 + 8 = 83℃$$

$$Dr = Wr' + FC_{p0}(t_1 - t_0) + \phi_L$$

$$Dr = Wr' + FC_{p0}(t_1 - t_0) + 3\%Dr$$

$$D = \frac{Wr' + FC_{p0}(t_1 - t_0)}{0.97r}$$

$$= \frac{1\,600\times 2\,312.2 + 2\,000\times 3.5\times(83-20)}{0.97\times 2\,204.5} = 1\,936.3\ \text{kg/小时}$$

(3) 蒸发器的传热面积和生蒸汽的经济性

$$\Delta t_m = T - t_1 = 120.2 - 83 = 37.2℃$$

$$A = \frac{Dr}{K\Delta t_m} = \frac{\frac{1\,936.3}{3\,600} \times 2\,204.5 \times 1\,000}{2\,000 \times 37.2} = 15.94\ \text{m}^2$$

$$e = \frac{D}{W} = \frac{1\,936.3}{1\,600} = 1.21$$

二、 多效蒸发

在单效蒸发过程中，每蒸发 1 kg 的水都要消耗略多于 1 kg 的加热蒸汽，若要蒸发大量的水分必然要消耗更大量的加热蒸汽。为了减少加热蒸汽的消耗量，降低药品的生产成本，对于生产规模较大，蒸发水量较大，需消耗大量加热蒸汽的蒸发过程，生产中多采用多效蒸发操作。

(一) 多效蒸发原理

多效蒸发指是将前一效产生的二次蒸气引入后一效蒸发器，作为后一效蒸发器的加热热源，而后一效蒸发器则为前一效的冷凝器。多效蒸发过程是多个蒸发器串联操作，第一效蒸发器用生蒸汽作为加热热源，其各效用前一效的二次蒸气作为加热热源，末效蒸发器产生的二次蒸气直接引入冷凝器冷凝。因此，多效蒸发时蒸发 1 kg 的水，可以消耗少于 1 kg 的加热蒸汽，使二次蒸气的潜热得到充分利用，节约了加热蒸汽，降低了生产成本，节约能源，保护了环境。

多效蒸发时，本效产生的二次蒸气的温度、压力均比本效加热蒸汽的低，所以，只有后一效蒸发器内溶液的沸点及操作压力比前一效产生的二次蒸气的低，才可以将前一效的二次蒸气作为后一效的加热热源，此时后一效为前一效的冷凝器。

要使多效蒸发能正常运行，系统中除一效外，其他任一效蒸发器的温度和操作压力均要低于上一效蒸发器的温度和操作压力。多效蒸发器的效数以及每效的温度和操作压力主要取决于生产工艺和生产条件。

(二) 多效蒸发流程

多效蒸发过程中，常见的加料方式有并流加料、逆流加料、平流加料等。下面以三效蒸发为例来说明不同加料方式的工艺流程及特点，若多效蒸发的效数增加或减少时，其工艺流程及特点类似。

1. *并流(顺流)加料多效蒸发*　最常见的多效蒸发流程为并流加料多效蒸发，三效并流(顺流)加料的蒸发流程如图 8-2 所示。3 个传热面积及结构相同的蒸发器串联在一起，需要蒸发的溶液和加热蒸汽的流向一致，都是从第一效顺序流至末效，这种流程即为称为并流加料法。在三效并流蒸发流程中，

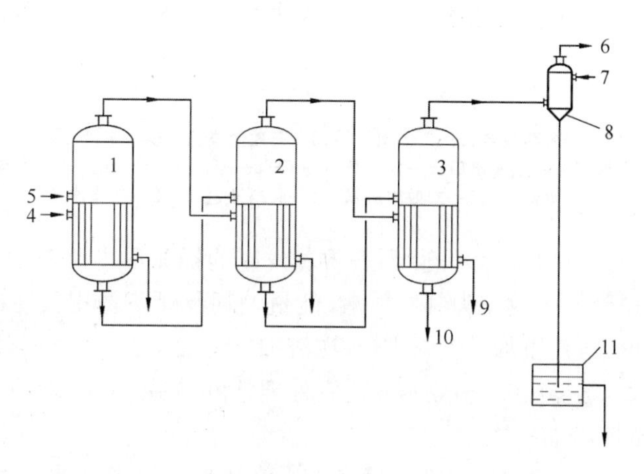

图 8-2　并流加料三效蒸发流程

1—一效蒸发器；2—二效蒸发器；3—三效蒸发器；4—加热蒸汽进口；5—原料液进口；6—不凝气体排出口；7—冷却水进口；8—末效冷凝器；9—冷凝水出口；10—完成液出口；11—溢流水箱

第一效采用加热蒸汽作为加热热源，加热蒸汽通入第一效的加热室使溶液沸腾，第一效产生的二次蒸气作为第二效的加热热源，第二效产生的二次蒸气作为末效的加热热源，末效产生的二次蒸汽则直接引入末效冷凝器冷凝并排出；与此同时，需要蒸发的溶液首先进入第一效进行蒸发，第一效的完成液作为第二效的原料液，第二效的完成液作为末效的原料液，末效的完成液作为产品直接采出。

并流加料多效蒸发具有如下特点：① 原料液的流向与加热蒸汽流向相同，顺序由一效到未效；② 后一效蒸发室的操作压力比前一效的低，溶液在各效间的流动是利用效间的压力差，而不需要泵的输送，可以节约动力消耗和设备费用；③ 后一效蒸发器中溶液的沸点比前一效的低，前一效溶液进入后一效可产生自蒸发过程，自蒸发指因前一效完成液在沸点温度下被排出并进入后一效蒸发器，而后一效溶液的沸点比前一效的低，溶液进入后一效即可呈过热状态而自动蒸发的过程，自蒸发可产生更多的二次蒸气，减少了热量的消耗；④ 后一效中溶液的浓度比前一效的高，而溶液的沸点温度反而低一些，因此各效溶液的浓度依次增高，而沸点反而依次降低，沿溶液流动的方向黏度逐渐增高，导致各效的传热系数逐渐降低，故对于黏度随浓度迅速增加的溶液不宜采用并流加料工艺，并流加料蒸发适宜热敏性溶液的蒸发过程。

2. *逆流加料蒸发流程* 三效逆流加料的蒸发流程如图 8-3 所示，加热蒸汽的流向依次由一效至末效，而原料液由末效加入，末效产生的完成液由泵输送到第二效作为原料液，第二效的完成液也由泵输送至第一效作为原料液，而第一效的完成液作为产品采出，这种蒸发过程称为逆流加料多效蒸发。

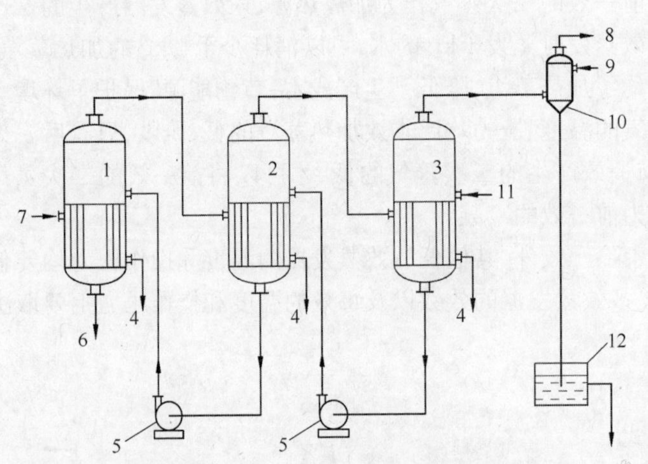

图 8-3 逆流加料三效蒸发流程

1—一效蒸发器；2—二效蒸发器；3—三效蒸发器；4—冷凝水出口；5—泵；6—完成液出口；7—加热蒸汽进口；8—不凝气体排出口；9—冷却水进口；10—末效冷凝器；11—原料液进口；12—溢流水箱

逆流加料多效蒸发特点为：① 原料液由末效进入，并由泵输送到前一效，加热蒸汽由一效顺序至末效。② 溶液浓度沿流动方向不断提高，溶液的沸点温度也逐渐升高，浓度增加黏度上升与温度升高黏度下降的影响基本上可以抵消，因此各效溶液的黏度变化不大，各效传热系数相差不大；③ 后一效蒸发室的操作压力比前一效的低，故后一效的完成液需要由泵输送到前一效作为其原料液，能量消耗及设备费用会增加；④ 各效的进料温度均低于其沸点温度，与并流加料流程比较，逆流加料过程不会产生自蒸发，产生的二次蒸气量会减少。

逆流加料多效蒸发适宜处理黏度随温度、浓度变化较大的溶液的蒸发，不适宜热敏性溶液的蒸发。

3. *平流加料多效蒸发* 平流加料三效蒸发的流程如图 8-4 所示，加热蒸汽依次由一效至末效，而每一效都通入新鲜的原料液，每一效的完成液都作为产品采出。平流加料蒸发流程适合于在蒸发过程中易析出结晶的溶液。溶液在蒸发过程中若有结晶析出，不便于各效间输送，同时还易结垢影响传热效果，故采用平流加料蒸发流程。

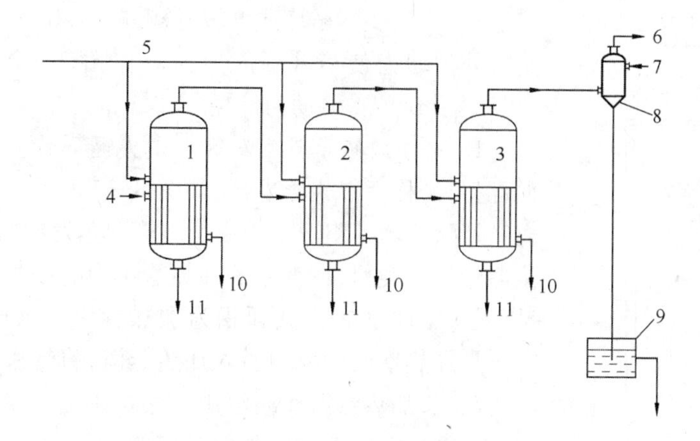

图 8-4　平流加料三效蒸发流程

1—一效蒸发器;2—二效蒸发器;3—三效蒸发器;4—加热蒸汽入口;5—原料液入口;6—不凝气体排出口;7—冷却水进口;8—末效冷凝器;9—溢流水箱;10—冷凝水排出口;11—完成液排出口

第二节　常用蒸发设备

蒸发浓缩是将稀溶液中的溶剂部分汽化并不断排除,使溶液增浓的过程。蒸发过程多处在沸腾状态下,因沸腾状态下传热系数高,蒸发速率快。对于热敏性物料可以采用真空低温蒸发,或采用在相对较高的温度下的膜式瞬时蒸发,以保证产品的质量。膜式蒸发时,溶液在加热壁面以很薄的液层流过并迅速受热升温、汽化、浓缩,溶液在加热室停留约几秒至几十秒,受热时间短,可以较好地保证产品质量。

能够完成蒸发操作的设备称为蒸发器(蒸发设备),属于传热设备,对各类蒸发设备的基本要求是:应有充足的加热热源,以维持溶液的沸腾状态和补充溶剂汽化所带走的热量;应及时排除蒸发所产生的二次蒸气;应有一定的传热面积以保证足够的传热量。

根据蒸发器加热室的结构和蒸发操作时溶液在加热室壁面的流动情况,可将间壁式加热蒸发器分为循环型(非膜式)和单程型(膜式)两大类。蒸发器按操作方式不同又分为间歇式和连续式,小规模多品种的蒸发多采用间歇操作,大规模的蒸发多采用连续操作,应根据溶液的物性及工艺要求选择适宜的蒸发器。

一、　循环型蒸发器

在循环型(非膜式)蒸发器的蒸发操作过程中,溶液在蒸发器的加热室和分离室中作连续的循环运动,从而提高传热效果,但溶液在加热室滞留量大且停留时间长,不适宜热敏性溶液的蒸发。按促使溶液循环的动因,循环型蒸发器分为自然循环型和强制循环型。自然循环型是靠溶液在加热室位置不同,溶液因受热程度不同产生密度差,轻者上浮重者下沉,从而引起

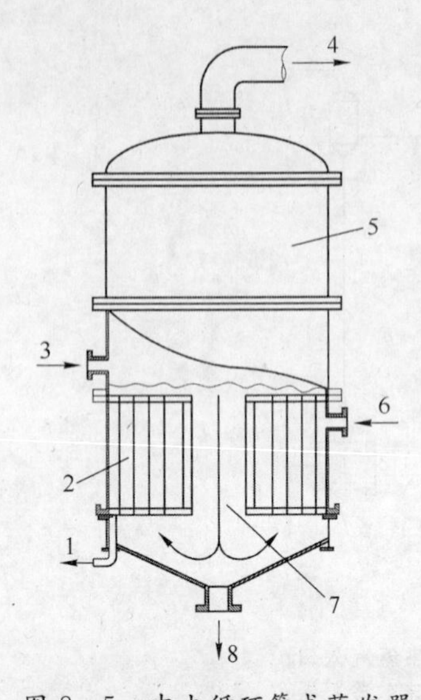

图 8-5 中央循环管式蒸发器

1—冷凝水出口;2—加热室;3—原料液进口;4—二次蒸气;5—分离室;6—加热蒸汽进口;7—中央循环管;8—完成液出口

溶液的循环流动,循环速度较慢(0.5～1.5 m/秒);强制循环型是靠外加动力使溶液沿一定方向作循环运动,循环速度较高(1.5～5 m/秒),但动力消耗大。

1. **中央循环管型蒸发器** 中央循环管型蒸发器属于自然循环型,又称标准式蒸发器,如图 8-5 所示,主要由加热室、分离室及除沫器等组成。中央循环管型蒸发器的加热室与列管换热器的结构类似,在直立的加热管束中有一根直径较大的中央循环管,循环管的横截面积为加热管束总横截面积的 40%～80%。加热室的管束间通入加热蒸汽,将管束内的溶液加热至沸腾汽化,加热蒸汽冷凝液由冷凝水排出口经疏水器排出。由于中央循环管的直径比加热管束的直径大得多,在中央循环管中单位体积溶液占有的传热面积比加热管束中的要小得多,致使循环管中溶液的汽化程度低,溶液的密度比加热管束中的大,密度差异造成了溶液在加热管内上升而在中央循环管内下降的循环流动,从而提高了传热速率,强化了蒸发过程。在蒸发器加热室的上方为分离室,也叫蒸发室,加热管束内溶液沸腾产生的二次蒸气及夹带的雾沫、液滴在分离室得到初步分离,液体从中央循环管向下流动从而生产循环流动,而二次蒸气通过蒸发室顶部的除沫器除沫后排出,进入冷凝器冷凝。

中央循环管型蒸发器的循环速率与溶液的密度及加热管长度有关,密度差越大,加热管越长,循环速率越大。通常加热管长 1～2 m,加热管直径 25～75 mm,长径比 20～40。

中央循环管型蒸发器的结构简单、紧凑,制造较方便,操作可靠,有"标准"蒸发器之称。但检修、清洗复杂,溶液的循环速率低(小于 0.5 m/秒),传热系数小。适宜黏度不高、不易结晶结垢、腐蚀性小且密度随温度变化较大的溶液的蒸发。

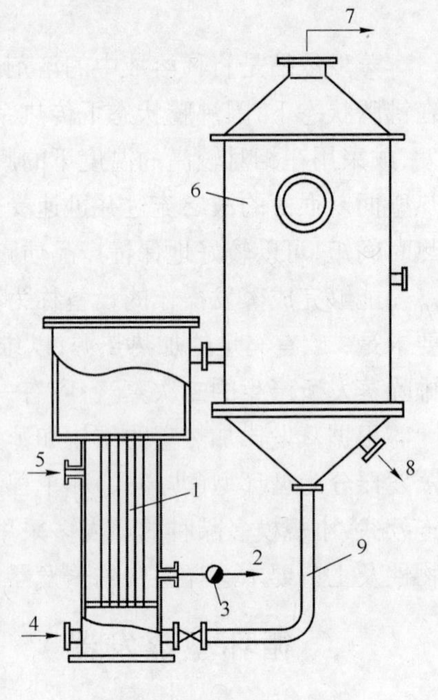

图 8-6 外加热式蒸发器

1—加热室;2—冷凝水出口;3—疏水器;4—原料液进口;5—加热蒸汽入口;6—分离室;7—二次蒸气;8—完成液出口;9—循环管

2. **外加热式蒸发器** 外加热式蒸发器属于自然循环型蒸发器,其结构如图 8-6 所示,主要由列管式加热室、蒸发室及循环管组成。加热室与蒸发室分开,加热室安装在蒸发室旁边,特点是降低了蒸发器的总高度,有利于设备的清洗和更换,并且避免大量溶液同时长时间受热。外加热式蒸发器的加热管较长,长径比为 50～100。溶液在加热管内被管间的加热蒸汽加热至沸腾汽化,加热蒸汽冷凝液经疏水器排出,溶液蒸发产生的二次蒸气夹带部分溶液上升至蒸发室,在蒸发室实现气液分离,二次蒸气从蒸发室顶部经除沫器除沫后进入冷凝器冷凝。蒸发室下部的溶液沿循环管下降,循环管内溶液不受蒸汽加热，其密度比加热管内的大，形成循环运动，循环速率可达 1.5 m/秒，完成液最后从蒸发室底部排出。外加热式蒸发器的循环速率较高，传热系数较大[一般为 1 400～3 500 W/(m^2·℃)]，并可减少结垢。外加热式蒸发器的适应性较广，传热面积受限较小，但设备尺寸较高，结构不紧凑，热损失较大。

3. 强制循环型蒸发器　在蒸发较大黏度的溶液时，为了提高循环速率，常采用强制循环型蒸发器，其结构见图 8－7所示。强制循环型蒸发器主要由列管式加热室、分离室、除沫器、循环管、循环泵及疏水器等组成。与自然循环型蒸发器相比，强制循环型蒸发器中溶液的循环运动主要依赖于外力，在蒸发器循环管的管道上安装有循环泵，循环泵迫使溶液沿一定方向以较高速率循环流动，通过调节泵的流量来控制循环速率，循环速率可达 1.5～5 m/秒。溶液被循环泵输送到加热管的管内并被管间的加热蒸汽加热至沸腾汽化，产生的二次蒸气夹带液滴向上进入分离室，在分离室二次蒸气向上通过除沫器除沫后排出，溶液沿循环管向下再经泵循环运动。

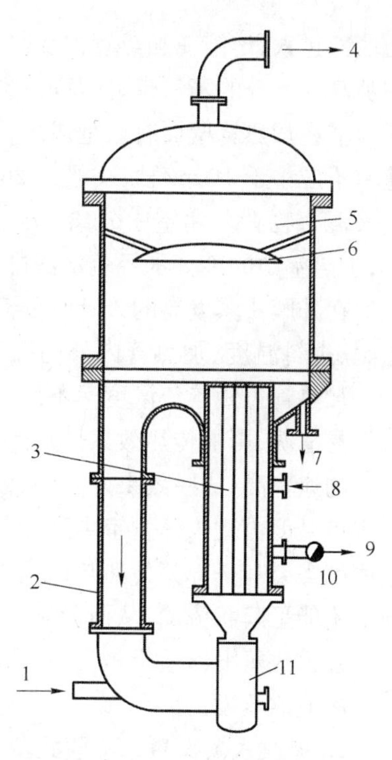

图 8－7　强制循环型蒸发器

1—原料液进口；2—循环管；3—加热室；4—二次蒸气；5—分离室；6—除沫器；7—完成液出口；8—加热蒸汽进口；9—冷凝水出口；10—疏水器；11—循环泵

强制循环型蒸发器的传热系数比自然循环的大，蒸发速率高，但其能量消耗较大，每平方米加热面积耗能 0.4～0.8 kW。强制循环蒸发器适于处理高黏度、易结垢及易结晶溶液的蒸发。

二、单程型蒸发器

单程型(膜式)蒸发器的基本特点是溶液只通过加热室一次即达到所需要的浓度，溶液在加热室仅停留几秒至几十秒，停留时间短，溶液在加热室滞留量少，蒸发速率高，适宜热敏性溶液的蒸发。在单程型蒸发器的操作中，要求溶液在加热壁面呈膜状流动并被快速蒸发，离开加热室的溶液又得到及时冷却，溶液流速快，传热效果佳，但对蒸发器的设计和操作要求较高。

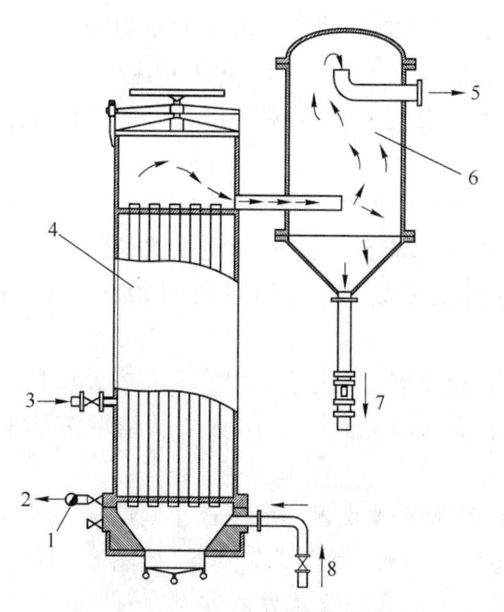

图 8－8　升膜式蒸发器

1—疏水器；2—冷凝水出口；3—加热蒸汽进口；4—加热室；5—二次蒸气；6—分离室；7—完成液出口；8—原料液进口

1. 升膜式蒸发器　在升膜式蒸发器中，溶液形成的液膜与蒸发产生二次蒸气的气流方向相同，由下而上并流上升，在分离室气液得到分离。升膜式蒸发器的结构如图 8－8 所示。主要由列管式加热室及分离室组成，其加热管由细长的垂直管束组成，管子直径为 25～80 mm，加热管长径比为 100～300。原料液经预热器预热至近沸点温度后从蒸发器底部进入,溶液在加热管内受热迅速沸腾汽化,生成的二次蒸气在加热管中高速上升,溶液则被高速上升的蒸气带动,从而沿加热管壁面成膜状向上流动,并在此过程中不断蒸发。为了使溶液在加热管壁面有效地成膜,要求上升蒸气的气速应达到一定的值,在常压下加热室出口速率不应小于 10 m/秒,一般为 20～50 m/秒,减压下的气速可达到 100～160 m/秒或更高。气液混合物在分离室内分离,浓缩液由分离室底部排出,二次蒸气在分离室顶部经除沫后导出,加热室中的冷凝水经疏水器排出。

在升膜式蒸发器的设计时要满足溶液只通过加热管一次即达到要求的浓度。加热管的长径比、进料温度、加热管内外的温度差、进料量等都会影响成膜效果、蒸发速率及溶液的浓度等。加热管过短溶液浓度达不到要求,过长则易在加热管子上端出现干壁现象,加重结垢现象且不易清洗,影响传热效果。加热蒸汽与溶液沸点间的温差也要适当,温差大,蒸发速率较高,蒸气的速率高,成膜效果好一些,但加热管上部易产生干壁现象且能耗高。原料液最好预热到近沸点温度再进入蒸发室中进行蒸发,如果将常温下的溶液直接引入加热室进行蒸发,在加热室底部需要有一部分传热热面用来加热溶液使其达到沸点后才能汽化,溶液在这部分加热壁面上不能呈膜状流动,从而影响蒸发效果。

升膜式蒸发器适于蒸发量大、溶液稀、热敏性及易生泡溶液的蒸发;不适于黏度高、易结晶结垢溶液的蒸发。

2. **降膜式蒸发器** 降膜式蒸发器的结构如图 8 - 9 所示,其结构与升膜式蒸发器大致相同,也是由列管式加热室及分离室组成,但分离室处于加热室的下方,在加热管束上管板的上方装有液体分布板或分配头。原料液由加热室顶部进入,通过液体分布板或分配头均匀进入每根换热管,并沿管壁呈膜状流下同时被管外的加热蒸汽加热至沸腾汽化,气液混合物由加热室底部进入分离室分离,完成液由分离室底部排出,二次蒸气由分离室顶部经除沫后排出。在降膜式蒸发器中,液体的运动是靠本身的重力和二次蒸气运动的拖带力的作用,溶液下降的速度比较快,因此成膜所需的气速较小,对黏度较高的液体也较易成膜。

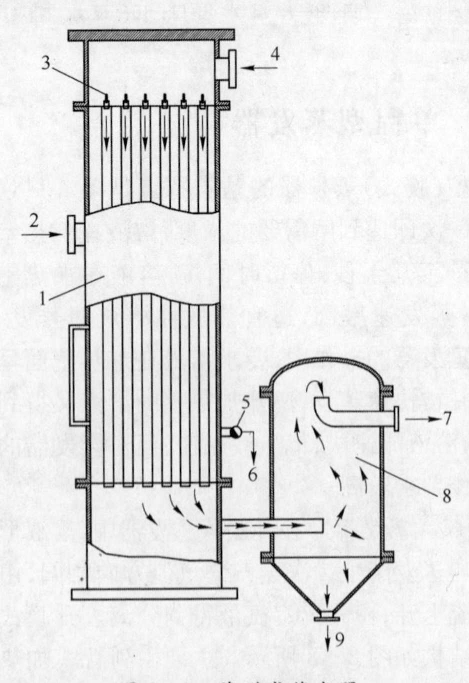

图 8 - 9 降膜式蒸发器

1—加热室;2—加热蒸汽进口;3—液体分布装置;4—原料液进口;5—疏水器;6—冷凝水出口;7—二次蒸气出口;8—分离室;9—完成液出口

降膜式蒸发器的加热管长径比 100～250,原料液从加热管上部流至下部即可完成浓缩。若蒸发一次达不到浓缩要求,可用泵将料液进行循环蒸发。

降膜式蒸发器可用于热敏性、浓度较大和黏度较大的溶液的蒸发,但不适宜易结晶结垢溶液的蒸发。

3. **升-降膜式蒸发器** 当制药车间厂房高度受限制时,也可采用升-降膜式蒸发器,如图 8 - 10 所示,将升膜蒸发器和降膜蒸发器安装在一个圆筒形壳体内,将加热室管束平均分成两部分,蒸发室的下封头用隔板隔开。原料液由泵经预热器预热至近沸点温度后从加热室底部进入,溶液受热蒸发汽化生产的二次蒸气夹带溶液在加热室壁面呈膜状上升。在蒸发室顶部，蒸气夹带溶液进入降膜式加热室，向下呈膜状流动并再次被蒸发，气液混合物从加热室底部进入分离室，完成气液分离，完成液从分离室底部排出。

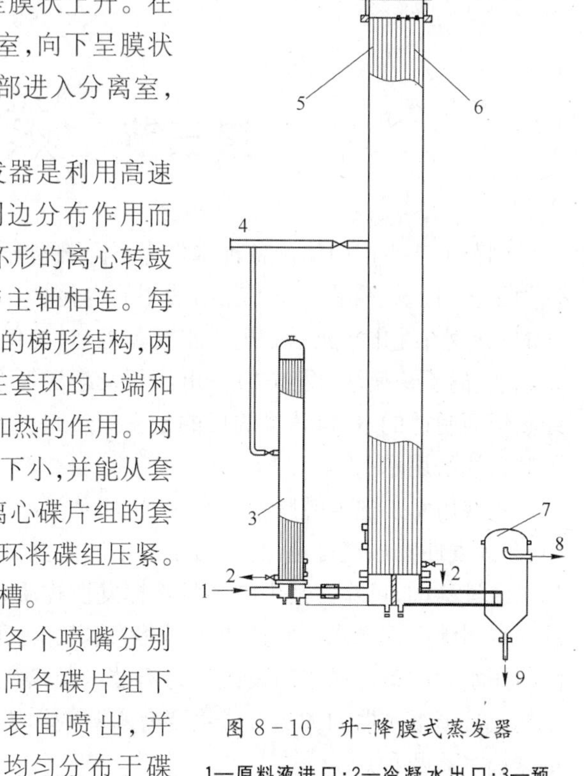

图 8-10　升-降膜式蒸发器

1—原料液进口；2—冷凝水出口；3—预热器；4—加热蒸汽进口；5—升膜加热室；6—降膜加热室；7—分离室；8—二次蒸气出口；9—完成液出口

4. *离心薄膜式蒸发器*　离心薄膜式蒸发器是利用高速旋转的锥形碟片所产生的离心力对溶液的周边分布作用而形成薄薄的液膜，其结构如图 8-11 所示。杯形的离心转鼓内部叠放着几组梯形离心碟片，转鼓底部与主轴相连。每组离心碟片都是由上、下两个碟片组成的中空的梯形结构，两碟片上底在弯角处紧贴密封，下底分别固定在套环的上端和中部，构成一个三角形的碟片间隙，起到夹套加热的作用。两组离心碟片相隔的空间是蒸发空间，它们上大下小，并能从套环的孔道垂直相连并作为原液料的通道，各离心碟片组的套环叠合面用"O"形密封圈密封，上面加上压紧环将碟组压紧。压紧环上焊有挡板，它与离心碟片构成环形液槽。

蒸发器运转时原料液从进料管进入，由各个喷嘴分别向各碟片组下表面喷出，并均匀分布于碟片锥顶的表面，液体受惯性离心力的作用向周边运动扩散形成液膜，液膜在碟片表面被夹层的加热蒸汽加热蒸发浓缩，浓缩液流到碟片周边就沿套环的垂直通道上升到环形液槽，由吸料管抽出作为完成液。从碟片表面蒸发出的二次蒸气通过碟片中部的大孔上升，汇集后经除沫再进入冷凝器冷凝。加热蒸汽由旋转的空心轴通入，并由小通道进入碟片组间隙加热室，冷凝水受离心作用迅速离开冷凝表面，从小通道甩出落到转鼓的最低位置，并从固定的中心管排出。

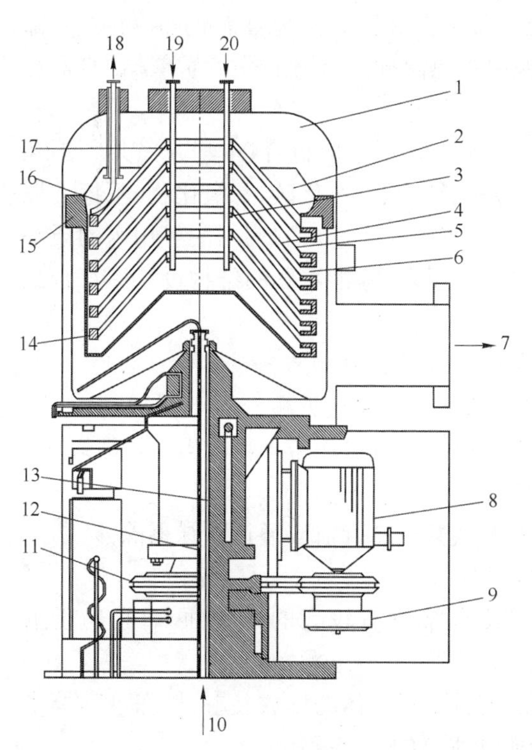

图 8-11　离心式薄膜蒸发器结构

1—蒸发器外壳；2—浓缩液槽；3—物料喷嘴；4—上碟片；5—下碟片；6—蒸汽通道；7—二次蒸气出口；8—马达；9—液力联轴器；10—加热蒸汽进口；11—皮带轮；12—排冷凝水管；13—进蒸汽管；14—浓液通道；15—离心转鼓；16—浓缩液吸管；17—清洗喷嘴；18—完成液出口；19—清洗液进口；20—原料液进口

离心薄膜式蒸发器是在离心力场的作用下成膜的，料液在加热面上受离心力的作用，液流湍动剧烈，同时蒸气气泡能迅速被挤压分离，成膜厚度很薄，一般膜厚 0.05～0.1 mm，原料液在加热壁面停留时间不超过 1 秒，蒸发迅速，加热面不易结垢，传热系数高，可以真空操作，适宜热敏性、黏度较高料液的蒸发。

第三节 蒸馏水器

制药工艺生产中使用各种水作为不同剂型药品的溶剂或包装容器的洗涤水等，这些水统称为工艺用水。药品生产工艺中使用的水包括饮用水、纯化水及注射用水。饮用水是制备纯水的原料水；纯化水包括去离子水及蒸馏水，纯化水是制备注射用水的原料水，纯化水可采用蒸馏法、离子交换法、反渗透法、电渗析及超滤等方法制备；注射用水指将蒸馏水或去离子水再经蒸馏而制得的水，再蒸馏的目的是去除热原，注射用水主要采用重蒸馏法制备，反渗透法也可制备注射用水。

把饮用水加热至沸腾使之汽化，再使蒸汽冷凝所得的水，称为蒸馏水。水在蒸发汽化过程中，易挥发性物质汽化逸出，原溶于水中的多数杂质和热原都不挥发，仍留在残液中。因而饮用水经过蒸馏，可除去其中的各种不挥发性物质，包括悬浮体、胶体、细菌、病毒及热原等杂质，从而得到纯净蒸馏水。经过两次蒸馏的水，称为重蒸馏水。重蒸馏水中不含热原，可作为医用注射用水。制备蒸馏水的设备称为蒸馏水器，蒸馏水器主要由蒸发锅、除沫装置和冷凝器三部分构成。蒸馏水器的加热方法主要有水蒸气加热及电加热两种。蒸馏水器分为单蒸馏水器和重蒸馏水器两种。

制药工艺用水的质量直接影响到药品的质量，各类工艺用水应符合《中华人民共和国药典》的具体要求。注射用水的 pH、硫酸盐、氯化物、铵盐、钙盐、二氧化碳、易氧化物、不挥发性物质及重金属等都应符合药典规定，还必须进行热原检查。为了达到制剂用注射用水的质量标准，对蒸馏水器、饮用水、加热蒸汽、操作等都有严格的要求，蒸馏水器的结构设计应符合如下基本要求：

(1) 制备蒸馏水器的材料应耐腐蚀、无毒、无污染，多用不锈钢制造。

(2) 蒸馏水器的内壁要求光滑、无死角，容易将内部的存水排放干净。

(3) 蒸发锅内部从水面到冷凝器的距离应适当。过短易将雾沫带入冷凝器，过长蒸汽会在中途冷凝。

(4) 在二次蒸气冷凝前应通过除沫器除沫，防止雾沫污染水质。

(5) 冷凝器应具有较大的冷凝面积，且易于拆装、清洗。

(6) 应配置不凝气体的排放装置，以保证蒸馏水的质量及蒸馏水器的正常操作。

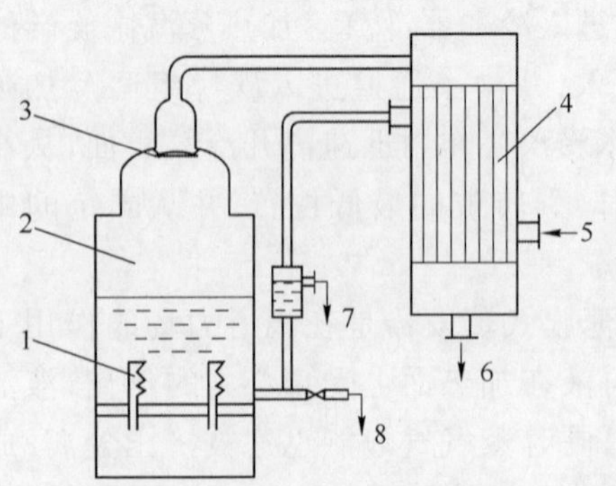

图 8-12 电热式蒸馏水器

1—电加热器；2—蒸发锅；3—除沫器；4—冷凝器；5—饮用水进口；6—蒸馏水出口；7—液位控制器；8—浓缩水出口

一、电热式蒸馏水器

电热式蒸馏水器的结构如图 8-12 所示，主要由蒸发锅、电加热器、冷凝器及除沫器等组成，其蒸发锅内安装有若干个电加热器，电加热器必须没入水中操作，否则可能烧坏。电热式蒸馏水器的工作流程如下：原料饮用水先经过冷凝器被预热，再进入蒸发锅内被电加热器加热，饮用水被加热至沸腾汽化，产生的蒸汽经除沫器除去其夹带的雾状液滴，然后进入冷凝器被冷凝为蒸馏水并作为纯化水使用。电热式蒸馏水器的出水量小于0.02 m^3/小时，属于小型的单蒸馏水器，适宜无蒸汽源的场合。

二、塔式蒸馏水器

塔式蒸馏水器主要由蒸发锅、蛇管加热器、U型管冷凝器、冷却器、气液分离器、除沫装置、溢流管等构成，其结构图如8-13所示。

塔式蒸馏水器的操作流程如下：先往蒸发锅内加入适量的蒸馏水，再开启加热蒸汽阀门，加热蒸汽经过气液分离器除去其中夹带的液滴、油滴和杂质后，进入蒸发锅内的蛇管加热器，并将管外的水加热至沸腾汽化，加热蒸汽的冷凝水（回汽水）进入废气排出器（也叫集气塔或补水器）内，将二氧化碳、氨等不凝气体排出，冷凝水又流回蒸发锅以补充锅内被蒸发的水分，过量的冷凝水由溢流管溢出，由溢流管来控制蒸发锅内的水位。蒸发锅内产生的二次蒸汽通过隔沫装置及折流式除沫器后，进入U型管冷凝器被冷凝为蒸馏水，蒸馏水落在折流式除沫器上，由出口流至冷却器，经进一步冷却降温后排出，即为成品蒸馏水。

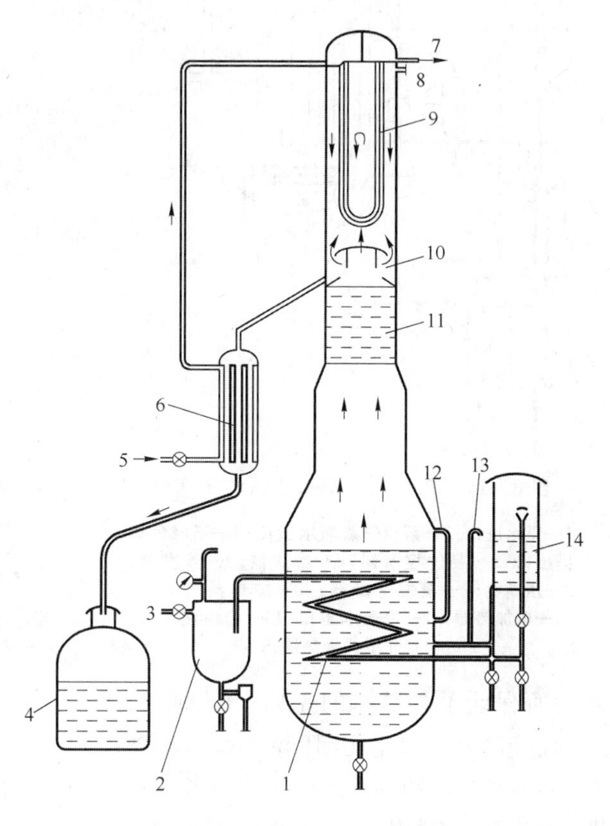

图8-13 塔式蒸馏水器结构示意图

1—加热蛇管；2—汽水分离器；3—加热蒸汽进口；4—蒸馏水贮罐；5—冷却水进口；6—第二冷却器；7—冷却水出口；8—排气孔；9—U型冷凝器；10—收集器；11—隔沫装置；12—水位管；13—溢流管；14—废气排出器

在塔式蒸馏水器操作时，蒸发锅内的水量不宜过多，加热蒸汽的压力也不宜过大，以免雾滴窜入冷凝器内而影响蒸馏水的质量。

塔式蒸馏水器是应用较早的老式蒸馏水器，生产能力较大，出水量有0.05 m^3/小时至0.4 m^3/小时等多种规格。该设备能耗较大，冷却水消耗量大，经济性较差，设备体积较大。塔式蒸馏水器可以制备重蒸馏水，现在大多供实验室或医院药房作初步清洗用水之用。

三、气压式蒸馏水器

气压式蒸馏水器又称热压式蒸馏水器，主要由蒸发室、换热器、蒸发冷凝器、压气机、电加热器、除沫器、液位控制器及泵等组成。其结构与流程如图8-14所示。

气压式蒸馏水器的工作原理如下：将原水加热使其沸腾汽化，产生的二次蒸汽经压缩使其压力及温度同时升高，再将压缩的蒸汽冷凝得蒸馏水，蒸汽冷凝所释放的潜热作为加热原水

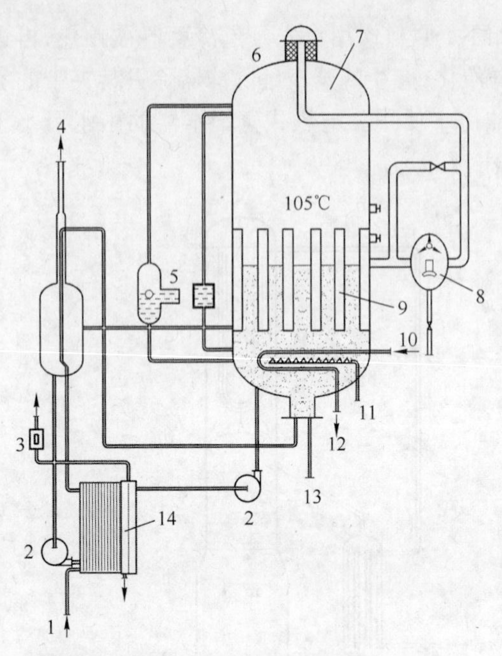

图 8-14 气压式蒸馏水器结构示意图

1—原水进口；2—泵；3—蒸馏水出口；4—不凝气体排出口；5—液位控制器；6—除沫器；7—蒸发器；8—压缩机；9—蒸发冷凝器；10—加热蒸汽进口；11—电加热器；12—冷凝水出口；13—浓缩液出口；14—板式换热器

的热源使用。

气压式蒸馏水器的操作流程如下：用泵将饮用水由进水口压入换热器预热后，再由泵送入蒸发室冷凝器的管内，管内水位由液位控制器进行调节。蒸发冷凝器下部的蒸汽加热蛇管和电加热器作为辅助加热使用（蒸发室温度约105℃），原料水被加热至沸腾，产生的蒸汽由蒸发室上部经除沫器除去其中夹带的雾滴及杂质后，进入压气机，蒸汽在压气机中被压缩，温度升高到约 120℃。将高温压缩蒸汽送入蒸发冷凝器的管间冷凝放出潜热，其冷凝水即为蒸馏水，纯净的蒸馏水经泵送入换热器中，用其余热将原水预热，成品水由蒸馏水出口排出。而蒸发冷凝器管内的原水受热沸腾汽化，产生的二次蒸汽从蒸发室经除沫器进入压气机压缩……重复前面过程，过程中产生的不凝气体由放气口排出。

气压式蒸馏水器的优势在于：在制备蒸馏水的生产过程中不需用冷却水；换热器具有回收蒸馏水中余热及对原水预热的作用；二次蒸汽经净化、压缩、冷凝等过程，在高温下停留约 45 分钟，从而保证了蒸馏水的无菌、无热原；生产能力大，工业用气压式蒸馏水器的产水量在 0.5 m^3/h以上，有的高达 10 m^3/h；自动化程度高，自动型的气压式蒸馏水器，当设备运行正常后即可实现自动控制。气压式蒸馏水器的缺点是：有传动和易磨损的部件，维修工作量大；调节系统复杂，启动慢；噪声较高；占地面积大。

气压式蒸馏水器适合于供应蒸汽压力较低，工业用水比较紧缺的厂家使用，虽一次性投资较高，但蒸馏水的生产成本较低，经济效益较好。

四、 多效蒸馏水器

为了节约加热蒸汽，可利用多效蒸发原理制备蒸馏水。多效蒸馏水器是由多个蒸馏水器串接而成，各蒸馏水器之间可以垂直串接，也可水平串接。多效蒸馏水器按换热器的结构不同可分为列管式、盘管式和板式 3 种型式。列管式多效蒸馏水器加热室的结构与列管换热器类似，各效蒸馏水器之间多水平串接；盘管式多效蒸馏水器加热室的结构与蛇管换热器类似，各效蒸馏水器之间多垂直串接；板式蒸馏水器应用较少。

1. 列管式多效蒸馏水器 列管式多效蒸馏水器主要由列管加热室、分离室、圆筒形壳体、除沫装置、冷凝器、机架、水泵、控制柜等构成，采用多效蒸发的原理制备蒸馏水。多效蒸发室按结构不同可分为降膜式、外循环管式及内循环管式等。不同列管蒸馏水器蒸发室的结构如图 8-14 所示，其蒸发室都是列管式结构，但气液分离装置有所不同，图 8-15(a)的气液分离装置为螺旋板式除沫器；(b)、(c)及(d)的气液分离装置为丝网式除沫器。螺旋板式除沫器除去雾沫、液滴及热原的效果较好，重蒸馏水的水质更佳。

图 8-15(a)的结构是目前我国较常用的列管式降膜多效蒸馏水器，其工作原理如下：经过预热的原水从 1 进入列管管束的管内，被从 2 进入到管间的加热蒸汽加热沸腾汽化，加热蒸汽冷凝后由 3 排出，产生的二次蒸汽先在蒸发器的下部汇集，再沿内胆与分离筒间的螺旋叶片旋转向上运动，蒸汽中夹带的雾滴被分离，雾滴在分离筒 7 的壁面形成液层，液体从分离筒 7 与外壳形成的疏水通道向下汇集于器底，从排水口 4 排出，干净的蒸汽继续上升至分离筒顶端，从蒸汽出口 5 排出，其蒸发室中还附有发夹式换热器 6 用以预热进料水。

图 8-15(b)也是降膜式蒸馏水器，其丝网除沫器置于蒸发室的下部作为气液分离装置；图 8-15(c)及(d)分别为外循环长管式蒸发器及内循环短管式蒸发器，其丝网除沫装置都置于蒸发室的上部。

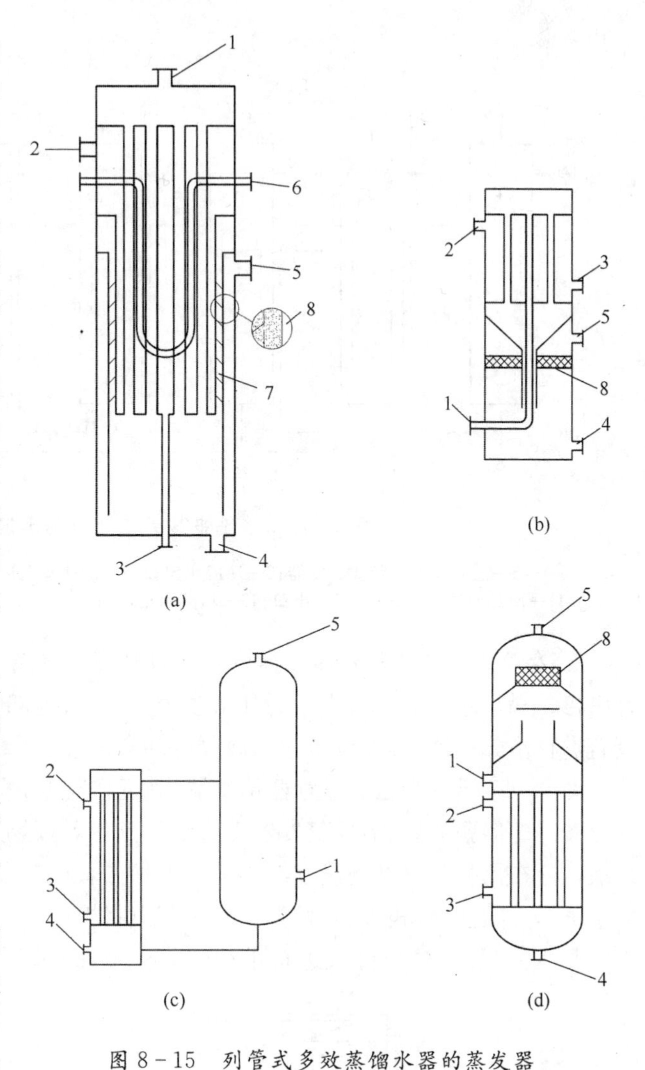

图 8-15　列管式多效蒸馏水器的蒸发器

(a) 降膜式；(b) 降膜式；(c) 外循环管式；(d) 内循环管式
1—原水进口；2—加热蒸汽进口；3—冷凝水出口；4—排水口；
5—纯蒸汽；6—发夹型换热器；7—分离筒；8—除沫器

图 8-16 为五效列管降膜式蒸馏水器结构示意图，该设备由五座圆柱形蒸馏塔水平串接组成，是常用的多效蒸馏水器，各效蒸馏水器的结构如图8-15(a)所示，其工作流程如下：

进料水(去离子水)先进入末效冷凝器(也是预热器)，被由蒸发器 5 产生的纯蒸汽预热，然后依次通过各蒸发器的发夹形换热器进行预热，被加热到 142℃后进入蒸发器 1 中，并在列管的管内由上向下呈膜状分布。外来的加热生蒸汽(约 165℃)由蒸发器 1 的蒸汽进口进入列管的管间，生蒸汽与管内的进料水进行间壁式换热，将进料水加热沸腾汽化，其冷凝液由蒸发器 1 底部的冷凝水排放口排出，蒸发器 1 中的进料水约有 30%被加热汽化，生成的二次蒸汽(约 141℃)由蒸发器 1 的纯蒸汽出口排出，作为加热热源进入蒸发器 2 的列管的管间，蒸发器 1 内其余的进料水(约 130℃)也从其底部排出再从蒸发器 2 顶部进料水口进入其列管的管内。在蒸发器 2 中，进料水再次被蒸发，而来自蒸发器 1 的纯蒸汽被全部冷凝为蒸馏水并从蒸发器 2 底部的排放水口排出，蒸发器 3～5 均以同一原理依此类推。最后蒸发器 5 产生的纯蒸汽与从蒸发器 2～5 底部排出的蒸馏水一同进入末效冷凝器，被冷却水及进料水冷凝冷却后，从蒸馏水出口排出(97～99℃)，进料水经五次蒸发后其含有杂质的浓缩水由蒸发器 5 的底部排出，末效冷凝器的顶部也需排出不凝气体。

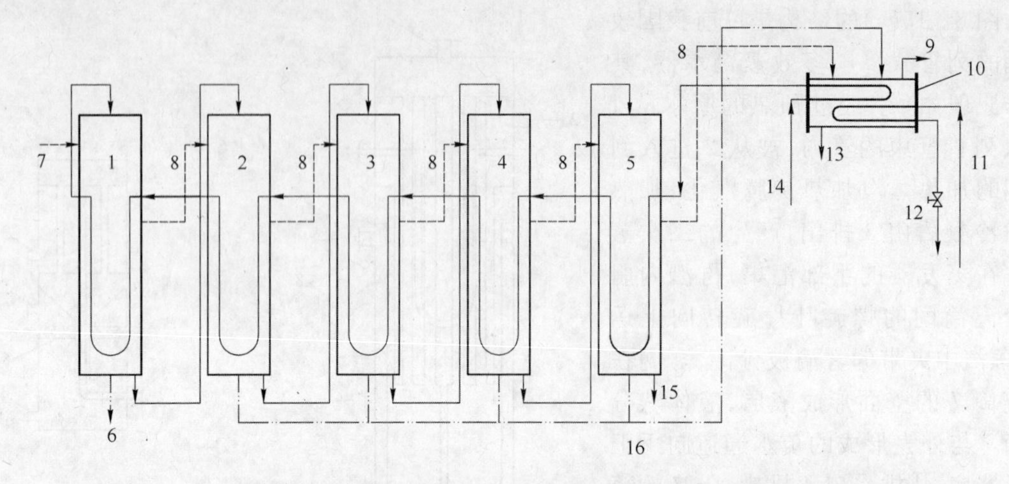

图 8－16 水平串接式五效蒸馏水器工作原理示意图

1～5—五效降膜列管式蒸发器；6—冷凝水出口；7—加热蒸汽进口；8—纯蒸汽；9—放空口；10—冷凝器；11—冷却水进口；12—冷却水出口；13—重蒸水出口；14—纯化水进口；15—浓缩水出口；16—纯蒸汽冷凝水

2. 盘管式多效蒸馏水器 盘管式多效蒸馏水器属于蛇管降膜式蒸发器，各效蒸发器多垂直串接，一般 3～5 效。该设备的外部多为圆筒形，内部的加热室由多组蛇形管组成，蛇管上方设有进料水分布器，辅助设备包括冷凝冷却器、气液分离装置、水泵及贮罐等。

图 8－17 所示为三效盘管蒸馏水器，其工作流程如下：进料水(去离子水)经泵升压后，进入冷凝冷却器预热后，再经蒸发器 1 的蛇形预热器预热后进入蒸发器 1 的液体分布器，进料水经液体分布器均匀喷淋到蒸发器 1 的蛇形加热管的管外，蛇形加热管的管内通入由锅炉送来的生蒸汽，通过间壁式换热，蛇管内的生蒸汽将管外的进料水加热至沸腾汽化，生蒸汽被冷凝为冷凝水并经疏水器排出，进料水在蛇管外被部分蒸发，产生的二次蒸汽经过气液分离装置后，作为加热热源进入蒸发器 2 的蛇形加热管内，而在蒸发器 1 中未被蒸发的进料水进入蒸发器 2 的液体分布器，喷淋到蒸发器 2 的蛇管的管外并被部分蒸发，蛇管内的蒸汽冷凝液作为蒸馏水排出，依此类推。蒸发器 3 产生的二次蒸汽与蒸发器 2 及蒸发器 3 的蒸馏水一同进入冷凝冷却器中冷凝冷却，并作为蒸馏水采出(95～98℃)，未被蒸发的含有杂质的浓缩水由蒸发器 3 的底部排出，部分通过循环泵作为进料水使用，冷凝冷却器上应设有不凝气体的排放口。

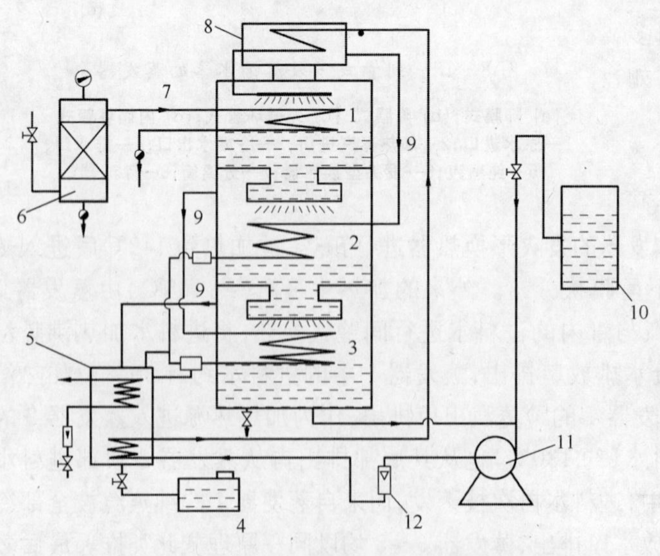

图 8－17 垂直串接盘管三效蒸馏水器工作示意图

1～3—三效蒸发器；4—重蒸水贮罐；5—冷凝冷却器；6—气液分离器；7—加热蒸汽；8—原料水贮罐；9—泵；10—料水；11—泵；12—转子流量计

多效蒸馏水器的性能取决于加热生蒸汽的压力及蒸发器的效

数,生蒸汽的压力越大,蒸馏水的产量越大;效数越多,热能利用率越高,一般以 3～5 效为宜。多效蒸馏水器的制造材料均选择无毒、耐腐蚀的 316L 或 304L 不锈钢,且整台设备为机电一体化结构,采用微机全自动控制,符合 GMP 要求。多效蒸馏水器的操作简便,运行稳定,可大大节约加热蒸汽及冷却水的用量,能耗低,热利用率高,产水量高。用多效蒸馏水器制备的蒸馏水,能有效地去除细菌、热原,水质稳定可靠,各项指标均可达到药典的要求,是制备注射用水的理想设备。

第九章 流体输送机械

导学

本章着重介绍了流体输送机械的原理、各主要部件的构成、性能参数，输送机械的分类、型号，操作方法、使用保养等事项。

通过本章的学习，要能够熟练掌握液体输送机械设备的各种型号、输液机制、设备类型间的区别、选型原则、注意事项；熟悉常用的气体输送机械，诸如离心式通风机、离心式鼓风机、旋转式鼓风机、离心式压缩机、往复式压缩机等的性能参数，使用注意事项等。

在制药生产过程中，流体输送是最常见的，甚至是不可缺少的重要单元操作。流体输送机械就是将电动机或其他原动机的能量传递给被输送的流体，以提高流体机械能的装置。因此流体输送机械根据工艺要求可将一定量的流体进行远距离输送，从低处输送到高处，从低压设备向高压设备输送。

在制药生产过程中，被输送流体的性质有很大的差异，所用的输送机械必须能满足生产上不同的要求。而且，流体输送机械还是制药生产中动力消耗的大户，要求各种输送机械能在较高的效率下运转，以减少动力消耗。为此，必须了解流体输送机械的工作原理、主要结构与性能，以便合理地进行选择和使用。

第一节 液体输送机械

液体输送机械的种类很多，总的来说，把输送液体的机械称为泵。按照工作原理的不同，分为离心泵、往复泵、齿轮泵与旋涡泵等几种。其中，以离心泵在生产上应用最为广泛。

一、 离心泵的结构部件

离心泵由于其结构简单、调节方便、适用范围广，便于实现自动控制而在生产中应用最为普遍。

1. 离心泵的基本结构　离心泵主要由叶轮、泵壳等组成，由若干个弯叶片组成的叶轮安装在蜗壳形的泵壳内,并且叶轮紧固于泵轴上。泵壳中央的吸入口与吸入管相连,侧旁的排出口与排出管连接,如图9-1所示。一般在吸入管端部安装滤网、底阀,排出管上装有调节阀。滤网可以阻拦液体中的固体杂质,底阀可防止启动前灌入的液体泄漏,调节阀供开、停机和调节流量时使用。

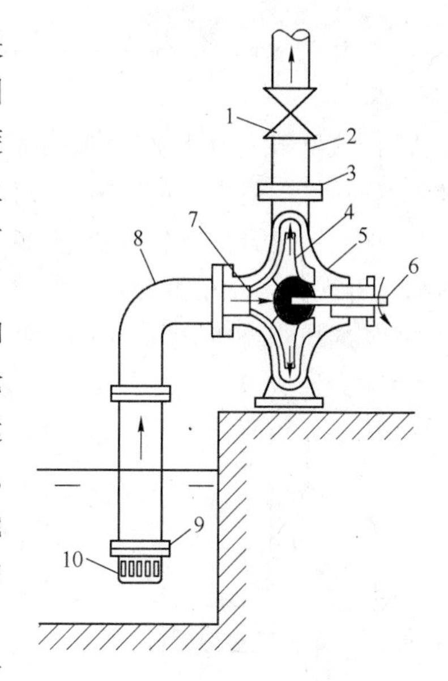

图9-1　离心泵工作原理图

1—调节阀;2—排出管;3—排出口;4—叶轮;5—泵壳;6—泵轴;7—吸入口;8—吸入管;9—底阀;10—滤网

2. 离心泵的工作原理　离心泵启动前应在吸入管路和泵壳内灌满所输送的液体。电机启动之后,泵轴带动叶轮高速旋转。在离心力的作用下,液体向叶轮外缘作径向运动,液体通过叶轮获得了能量,并以很高的速度进入泵壳。由于蜗壳流道逐渐扩大,液体的流速逐渐减慢,大部分动能转变为静压强,使压强逐渐提高,最终以较高的压强从泵的排出口进入排出管路,达到输送的目的,此即为排液原理。

图9-2示意出了离心泵内液体流动情况。当液体由叶轮中心向外缘做径向运动时,在叶轮中心形成了低压区,在液面压强与泵内压强差的作用下,液体便经吸入管进入泵内,以填补被排除液体的位置,此即为吸液原理。只要叶轮不断转动,液体就会被连续地吸入和排出。这就是离心泵的工作原理。离心泵之所以能输送液体,主要是依靠高速转动的叶轮所产生的离心力,故称为离心泵。

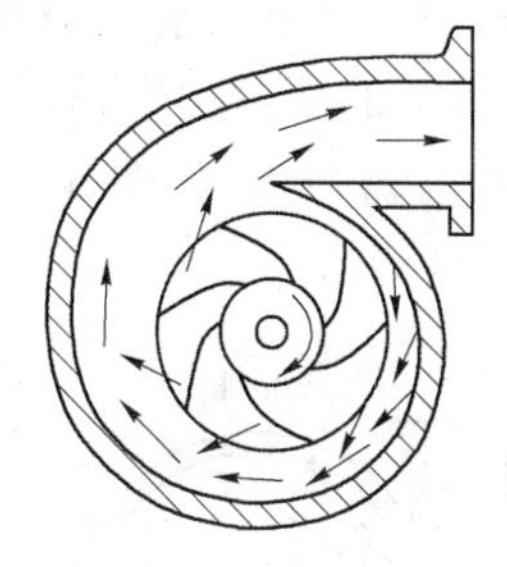

图9-2　离心泵内液体流动情况示意图

若离心泵在启动前泵壳内不是充满液体而是空气,则由于空气的密度远小于液体密度,产生的离心力很小,不足以在叶轮中心区形成使液体吸入所必需的低压,这种现象称为气缚。此时离心泵就不能正常地工作。

3. 离心泵的主要结构部件　离心泵的主要结构部件包括叶轮、泵壳和轴封装置。

(1) 叶轮:叶轮是离心泵的主要结构部件,其作用是将原动机的机械能直接传递给液体,以提高液体的静压能和动能。离心泵的叶轮类型有开式、半开式和闭式三种。

开式叶轮:在叶片两侧无盖板,如图9-3(a)所示,这种叶轮结构简单、不易堵塞,适用于输送含大颗粒的溶液,效率低。

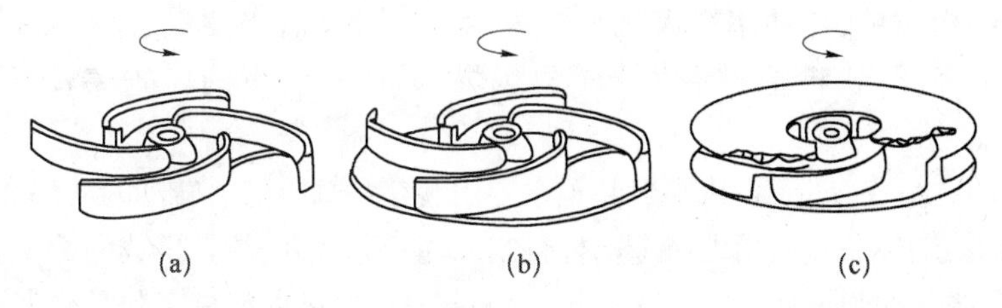

图9-3　离心泵的叶轮类型

(a) 开式;(b) 半开式;(c) 闭式

半开式叶轮：没有前盖而有后盖，如图9－3(b)所示，它适用于输送含小颗粒的液体，其效率也较低。

闭式叶轮：在叶片两侧有前后盖板，流道是封闭的，液体在通道内无倒流现象，如图9－3(c)所示，适用于输送清洁液体，效率较高。一般离心泵大多采用闭式叶轮。

闭式或半开式叶轮在工作时，部分离开叶轮的高压液体，可由叶轮与泵壳间的缝隙漏入两侧，使叶轮后盖板受到较高压强作用，而叶轮前盖板的吸入口侧为低压，故液体作用于叶轮前后两侧的压强不等，便产生指向叶轮吸入口侧的轴向推力，导致叶轮与泵壳接触而产生摩擦，严重时会造成泵的损坏。为平衡轴向推力，可在叶轮后盖板上钻一些平衡孔，使漏入后侧的部分高压液体由平衡孔漏向低压区，以减小叶轮两侧的压强差，但同时也会降低泵的效率。

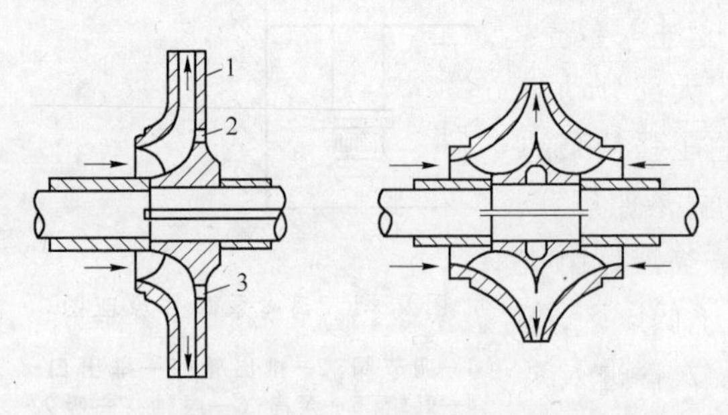

图9－4 离心泵的吸液方式

(a) 单吸式；(b) 双吸式

1—后盖板；2—平衡孔；3—平衡孔

根据离心泵不同的吸液方式，叶轮还可分为单吸式和双吸式。单吸式如图9－4(a)所示，叶轮结构简单，液体从叶轮一侧被吸入。双吸式如图9－4(b)所示，叶轮是从叶轮两侧同时吸入液体，显然具有较大的吸液能力，而且可以消除轴向推力。

(2) 泵壳：离心泵的泵壳亦称为蜗壳、泵体，构造为蜗牛壳形，其内有一个截面逐渐扩大的蜗形通道，如图9－5所示。其作用是将叶轮封闭在一定空间内，汇集引导液体的运动，从而使由叶轮甩出的高速液体的大部分动能有效地转换为静压能，因此蜗壳不仅能汇集和导出液体，同时又是一个能量转换装置。为减少高速液体与泵壳碰撞而引起的能量损失，有时还在叶轮与泵壳间安装一个固定不动而带有叶片的导轮，以引导液体的流动方向，如图9－5所示。

(3) 轴封装置：在泵轴伸出泵壳处，转轴和泵壳间存有间隙，在旋转的泵轴与泵壳之间的密封，称为轴封装置。其作用是为了防止高压液体沿轴向外漏，以及外界空气漏入泵内。常用的轴封装置是填料密封和机械密封。

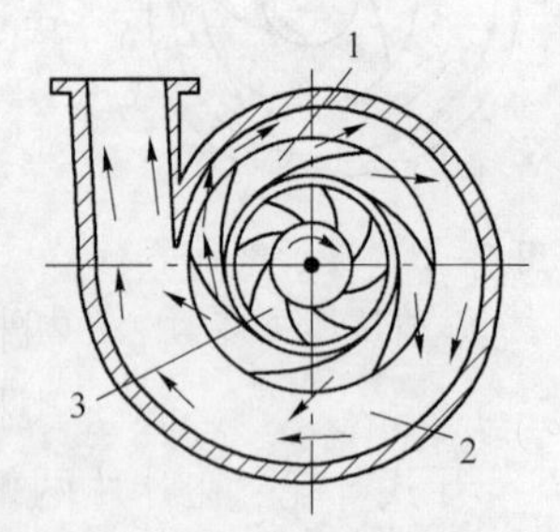

图9－5 离心泵的泵壳与导轮

1—导轮；2—蜗壳；3—叶轮

填料密封如图9－6所示，填料密封装置主要由填料函壳、软填料和填料压盖构成。软填料一般选用浸油或涂石墨的石棉绳，缠绕在泵轴上，用压盖将其紧压在填料函壳和转轴之间，迫使它产生变形，以达到密封的目的。

填料密封结构简单，耗功率较大，而且有一定量的泄漏，需要定期更换维修。因此，填料密封不适于输送易燃、易爆和有毒的液体。

机械密封如图9－7所示，机械密封装置主要由装在泵轴上随之转动的动环和固定在泵体上的静环所构成的。动环一般选用硬质金属材料制成、静环选用浸渍石墨或酚醛塑料等材料制成。两个环的端面由弹簧的弹力使之贴紧在一起达到密封目的，因此机械密封又称为端面密封。

机械密封结构紧凑，功率消耗少，密封性能好，性能优良，使用寿命长。但部件的加工精度要求高，安装技术要求比较严格，造价较高。适用于输送酸、碱以及易燃、易爆和有毒液体。

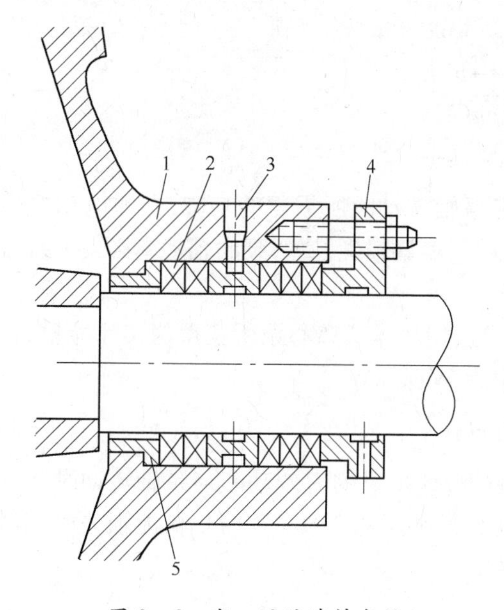

图 9-6 离心泵的填料密封

1—填料函壳；2—软填料；3—液封圈；
4—填料压盖；5—内衬套

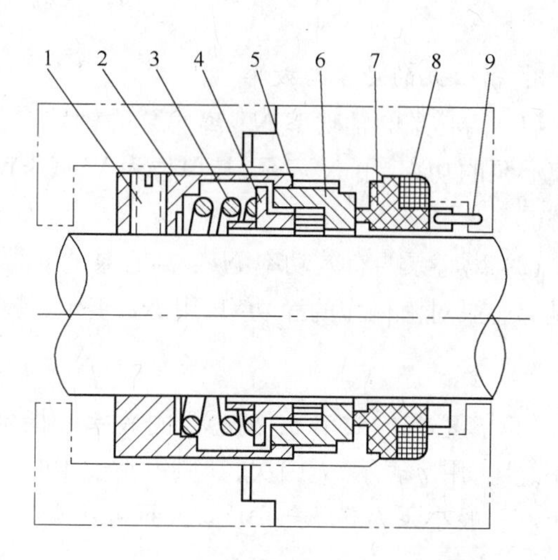

图 9-7 离心泵的机械密封示意图

1—螺钉；2—传动座；3—弹簧；4—推环；5—动环密封圈；
6—动环；7—静环；8—静环密封圈；9—防转销

二、 离心泵的性能参数

为了正确地选择和使用离心泵，就必须熟悉其工作特性和它们之间的相互关系。反映离心泵工作特性的参数称为性能参数，主要有流量、扬程、功率、效率、转速和汽蚀余量等。

1. **离心泵的流量** 离心泵的流量是指离心泵在单位时间内所输送的液体体积，用 Q 表示，其单位为 m^3/秒、m^3/分钟、m^3/小时。离心泵的流量与其结构尺寸、转速、管路情况有关。

2. **离心泵的扬程** 离心泵的扬程(又称压头)是指单位重量液体流经离心泵所获得的能量，用 H 表示，其单位为 m(指米液柱)。离心泵的扬程与其结构尺寸、转速、流量等有关。对于一定的离心泵和转速，扬程与流量间有一定的关系。

离心泵扬程与流量的关系可用实验测定，图 9-8 为离心泵实验装置示意图。以单位重量流体为基准，在离心泵入、出口处的两截面 a 和 b 间列伯努利方程，得

$$H=(Z_2-Z_1)+\frac{u_2^2-u_1^2}{2g}+\frac{p_2-p_1}{\rho g}+\sum H_f \quad (9-1)$$

式中：$Z_2-Z_1=h_0$—泵出、入口截面间的垂直距离，m；

u_2、u_1—泵出、入管中的液体流速，m/秒；

p_2、p_1—泵出、入口截面上的绝对压强，Pa；

$\sum H_f$—两截面间管路中的压头损失，m。

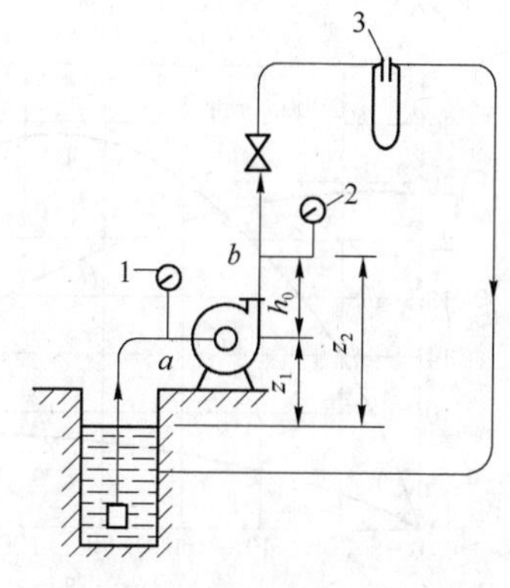

图 9-8 离心泵实验装置图

1—真空表；2—压力表；3—流量计

$\sum H_f$ 中不包括泵内部的各种机械能损失。由于两截面间的管路很短，因而 $\sum H_f$ 值可忽略。此外，动能差项也很

小,通常也不计,故式(9-1)可简化为

$$H = h_0 + \frac{p_2 - p_1}{\rho g} \tag{9-2}$$

3. 离心泵的功率与效率

(1) 离心泵的轴功率 N:离心泵的轴功率是指泵轴转动时所需要的功率,亦即电动机传给离心泵的功率,用 N 表示,其单位为 W 或 kW。由于能量损失,离心泵的轴功率必大于有效功率。

(2) 离心泵的有效功率 Ne:离心泵的有效功率是指液体从离心泵所获得的实际能量,也就是离心泵对液体作的净功率,用 Ne 表示,其单位为 W 或 kW。

$$Ne = Q\rho g H \tag{9-3}$$

(3) 离心泵的效率 η:离心泵的效率是指泵轴对液体提供的有效功率与泵轴转动时所需功率之比,用 η 表示,无因次,其值恒小于 100%。η 值反映了离心泵工作时机械能损失的相对大小。一般小泵为 50%~70%,大泵可达 90%左右。

$$\eta = \frac{Ne}{N} \tag{9-4}$$

离心泵造成功率损失的原因有容积损失、水力损失、机械损失。

在开启或运转时,离心泵可能会超负荷,因此要求所配置的电动机功率要比离心泵的轴功率大,以保证正常生产。

三、 离心泵的特性曲线

由于离心泵的种类很多,前述各种泵内损失难以准确计算,因而离心泵的实际特性曲线 $H-Q$、$N-Q$、$\eta-Q$ 只能靠实验测定,在泵出厂时列于产品样本中。

(一) 离心泵的特性曲线

在规定条件下由实验测得的离心泵的 H、N、η 与 Q 之间的关系曲线称为离心泵的特性曲线。图 9-9 表示某型号离心水泵在转速为 2 900 r/分钟下,用 20℃清水测得的特性曲线:

1. $H-Q$ 曲线　表示离心泵的扬程 H 与流量 Q 的关系。通常离心泵的扬程随流量的增大而下降,在流量极小时可能会有例外。

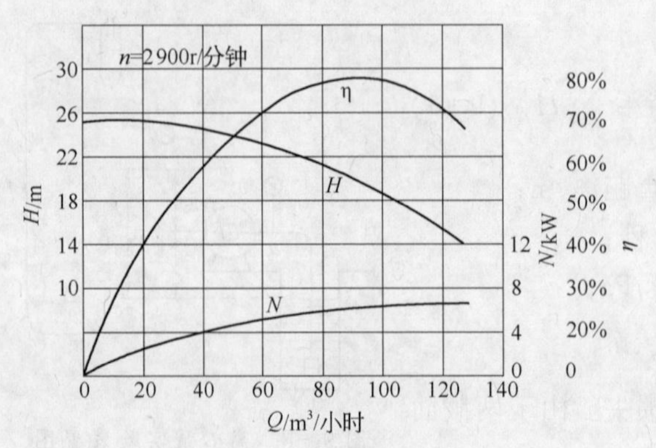

图 9-9 离心泵的特性曲线

2. $N-Q$ 曲线　表示离心泵的轴功率 N 与流量 Q 的关系。轴功率随流量的增大而增加。当流量为零时,轴功率最小。所以,在离心泵启动时,应当关闭泵的出口阀,使启动电流减至最小,以保护电机,待电机运转正常后,再开启出口阀调节到所需流量。

3. $\eta-Q$ 曲线　表示离心泵效率 η 与流量 Q 的关系,开始效率随流量增加而增大,当达到一个最大值以后效率随流量的增大反而下降，曲线上最高效率点，即为泵的设计点。在该点下运行时最为经济。在选用离心泵时，应使其在设计点附近工作。

(二) 影响离心泵性能的主要因素

1. 液体物性对离心泵特性曲线的影响

(1) 黏度对离心泵特性曲线的影响：当液体黏度增大时，会使泵的扬程、流量减小，效率下降，轴功率增大。于是特性曲线将随之发生变化。通常，当液体的运动黏度 $\upsilon > 20 \times 10^{-6}$ m^2/秒时，泵的特性参数需要换算。

(2) 密度对离心泵特性曲线的影响：离心泵的流量与叶轮的几何尺寸及液体在叶轮周边上的径向速度有关，而与密度无关。离心泵的扬程与液体密度也无关。一般地离心泵的 $H-Q$ 曲线和 $\eta-Q$ 曲线不随液体的密度而变化。只有 $N-Q$ 曲线在液体密度变化时需进行校正，因为轴功率随液体密度增大而增大。

2. 转速对离心泵特性曲线的影响　离心泵特性曲线是在一定转速下测定的，当转速 n 变化时，离心泵的流量、扬程及功率也相应变化。设泵的效率基本不变，Q、H、N 随 n 有以下变化关系，式(9-5)称为比例定律。

$$\frac{Q_2}{Q_1}=\frac{n_2}{n_1},\quad \frac{H_2}{H_1}=\left(\frac{n_2}{n_1}\right)^2,\quad \frac{N_2}{N_1}=\left(\frac{n_2}{n_1}\right)^3 \qquad (9-5)$$

式中：Q_1、H_1、N_1—在转速 n_1 下的泵的流量、扬程、功率；

Q_2、H_2、N_2—在转速 n_2 下的泵的流量、扬程、功率。

3. 叶轮直径对特性曲线的影响　当转速一定时，对于某一型号的离心泵，若将其叶轮的外径进行切削，如果外径变化不超过 5%，泵的 Q、H 、N 与叶轮直径 D 之间有以下变化关系，式(9-6)称为切割定律。

$$\frac{Q_2}{Q_1}=\frac{D_2}{D_1},\quad \frac{H_2}{H_1}=\left(\frac{D_2}{D_1}\right)^2,\quad \frac{N_2}{N_1}=\left(\frac{D_2}{D_1}\right)^3 \qquad (9-6)$$

式中：Q_1、H_1、N_1—在直径 D_1 下的泵的流量、扬程、功率；

Q_2、H_2、N_2—在直径 D_2 下的泵的流量、扬程、功率。

安装在一定管路系统中的离心泵，以一定转速正常运转时，其输液量应为管路中的液体流量，所提供的扬程 H 应正好等于液体在此管路中流动所需的压头 He。因此，离心泵的实际工作情况是由泵的特性和管路的特性共同决定的。

1. 管路特性曲线　在泵输送液体的过程中，泵和管路是互相联系和制约的。因此，在研究泵的工作情况前，应先了解管路的特性。

管路特性曲线表示液体在一定管路系统中流动时所需要的压头和流量的关系。如图 9-10 所示的管路输液系统，若两槽液面维持恒定，输送管路的直径一定，在 1—1′和 2—2′截面间列伯努利方程，可得到液体流过管路所需的压头(也即要求泵所提供的压头)为

$$He=\Delta z+\frac{\Delta p}{\rho g}+\frac{\Delta u^2}{2g}+\sum H_f \qquad (9-7)$$

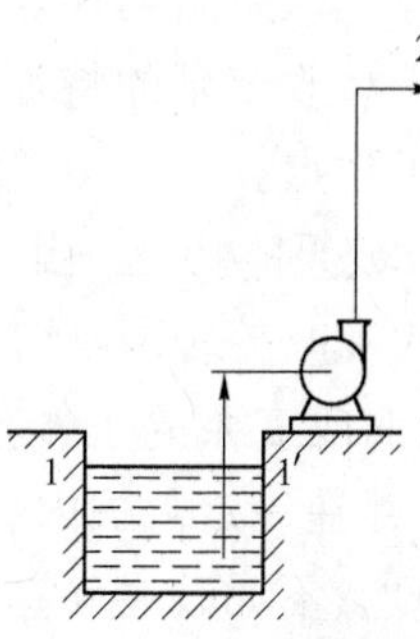

图 9-10　管路输液系统示意图

$\sum H_f$ 为该管路系统的总压头损失可表示为

$$\sum H_f = \left(\lambda \frac{l + \sum l_e}{d} + \sum \xi\right) \frac{u^2}{2g} \quad 将 u = \frac{Q}{\frac{\pi}{4} d^2} 代入得$$

$$\sum H_f = \frac{8}{\pi^2 g} \left(\lambda \frac{l + \sum l_e}{d^5} + \frac{\sum \xi}{d^4}\right) Q^2 \tag{9-8}$$

式中：$l + \sum le$ —管路中的直管长度与局部阻力的当量长度之和，m；

d—管子的内径，m；

Q—管路中的液体流量，m^3/秒；

λ—摩擦系数；

ζ—局部阻力系数。

因为两槽的截面比管路截面大很多，则槽中液体流速很小，可忽略不计，即：

$$\frac{\Delta u^2}{2g} = 0$$

令 $A = \Delta z + \dfrac{\Delta p}{\rho g}$，　$B = \dfrac{8}{\pi^2 g}\left(\lambda \dfrac{l + \sum l_e}{d^5} + \dfrac{\sum \xi}{d^4}\right)$　则式(9-7)可写成

$$H_e = A + BQ^2 \tag{9-9}$$

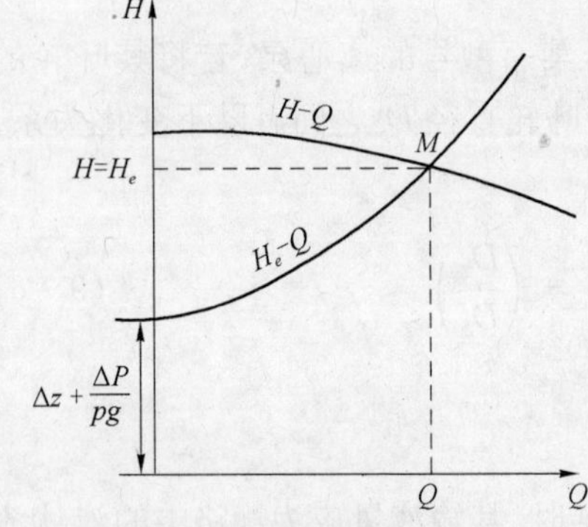

图 9-11　离心泵的工作点示意图

式(9-9)称为管路特性方程。将式(9-9)绘于在 $H-Q$ 关系坐标图上，得曲线 $He-Q$，此曲线即为管路特性曲线。此曲线的形状由管路布置和操作条件来确定，与离心泵的性能无关。

2. **离心泵的工作点**　把离心泵的特性曲线与其所在的管路特性曲线标绘于同一坐标图中，如图 9-11。两曲线的交点即为离心泵在该管路中的工作点。工作点表示离心泵所提供的压头 H 和流量 Q 与管路输送液体所需的压头 He 和流量 Q 相等。因此，当输送任务已定时，应当选择工作点处于高效率区的离心泵。

3. **离心泵的流量调节**　在实际操作过程中，经常需要调节流量。从泵的工作点可知，离心泵的流量调节实际上就是设法改变泵的特性曲线或管路特性曲线，从而改变泵的工作点。

(1) 改变泵的特性：由式(9-5)、(9-6)可知，对一个离心泵改变叶轮转速或切削叶轮可使泵的特性曲线发生变化，从而改变泵的工作点。这种方法不会额外增加管路阻力，并在一定范围内仍可保证泵在高效率区工作。切削叶轮显然不如改变转速方便，所以常用改变转速来调节流量如图 9-12 所示。特别是近年来发展的变频无

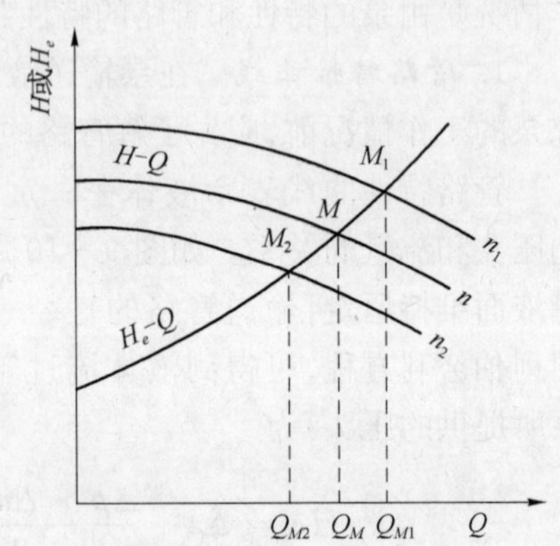

图 9-12　泵转速改变时工作点的变化情况示意图

级调速装置，调速平稳，也保证了较高的效率。

(2) 改变管路特性：管路特性曲线的改变一般是通过调节管路阀门开度来实现的。如图 9－13 所示，在离心泵的出口管路上通常都装有流量调节阀门，改变阀门的开度调节流量，实质上就是通过关小或开大阀门来增加或减小管路的阻力。阀门关小，管路特性曲线变陡，反之，则变平缓。这种方法是十分简便的，在生产中应用广泛，但机械能损失较大。

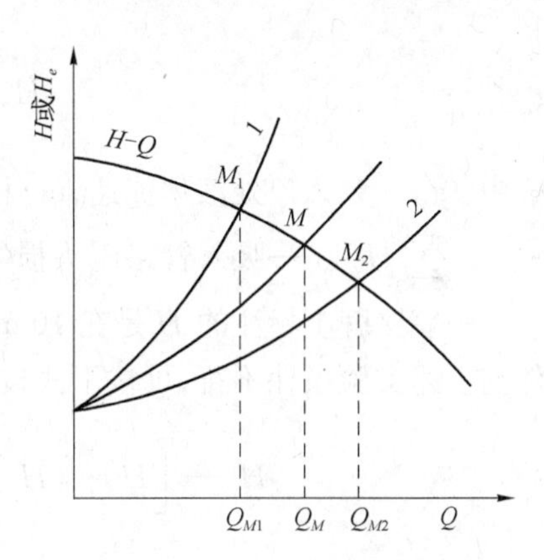

图 9－13 阀门开度改变时工作点的变化情况示意图

(3) 离心泵的并联或串联操作：当实际生产中用一台离心泵不能满足输送任务时，可采用两台或两台以上同型号、同规格的泵并联或串联操作。

离心泵的并联操作是指在同一管路上用两台型号相同的离心泵并联代替原来的单泵，在相同压头条件下，并联的流量为单泵的两倍。

离心泵的串联操作是指两台型号相同的离心泵串联操作时，在流量相同时，两串联泵的压头为单泵的两倍。

四、 离心泵的安装高度

离心泵在安装时，当叶轮入口处压力下降至被输送液体在工作温度下的饱和蒸气压时，液体将会发生部分汽化，生成蒸气泡。含有蒸气泡的液体从低压区进入高压区，在高压区气泡会急剧收缩、凝结，使其周围的液体以极高的速度涌向原气泡所占的空间，产生非常大的冲击力，冲击叶轮和泵壳。日久天长，叶轮的表面会出现斑痕和裂纹，甚至呈海绵状损坏，这种现象，称为汽蚀。离心泵在汽蚀条件下运转时，会导致液体流量、扬程和效率的急剧下降，破坏正常操作。

为避免汽蚀现象的发生，叶轮入口处的绝压必须高于工作温度下液体的饱和蒸气压，这就要求泵的安装高度不能太高。一般离心泵在出厂前都需通过实验，确定泵在一定条件下发生汽蚀的条件，并规定了允许吸上真空度和气蚀余量来表示离心泵的抗气蚀性能。

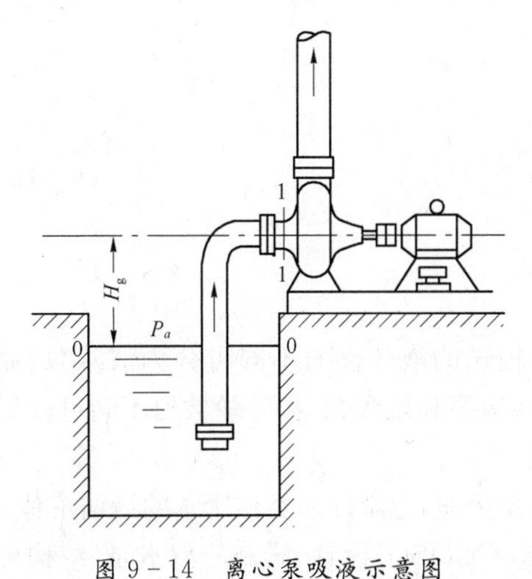

图 9－14 离心泵吸液示意图

1. **允许吸上真空度** 离心泵的允许吸上真空度是指离心泵入口处可允许达到的最大真空度，如图 10－14 所示，H_s'(以液柱高表示)可以写成

$$H_s' = \frac{P_a - p_1}{\rho g} \qquad (9-10)$$

式中：H_s'—离心泵的允许吸上真空度，m；

P_a—大气压强，Pa；

P_1—入口静压力，Pa。

允许安装高度是指泵的吸入口中心线与吸入贮槽液面间可允许达到的最大垂直距离，一般以 Hg 表示。故：

$$H_g = H'_s - \frac{u_1^2}{2g} - \sum H_{f_0-1} \tag{9-11}$$

式中：u_1 —泵入口处液体流速，m/秒；

$\sum H_{f_0-1}$ —吸入管路压头损失，m。

一般铭牌上标注的 H'_s是在 10 m(水柱)的大气压下，以 20℃清水为介质测定的，若操作条件与上述实验条件不符，可按下式校正，即

$$H_s = \left[H'_s + (H_a - 10) - \left(\frac{p_v}{9.807 \times 10^3} - 0.24\right)\right]\frac{1\,000}{\rho} \tag{9-12}$$

式中：H_s—操作条件下输送液体时的允许吸上真空度，m；

H_a—当地大气压，m(水柱)；

P_v—操作条件下液体饱和蒸汽压，Pa。

2. 汽蚀余量　汽蚀余量为离心泵入口处的静压头与动压头之和超过被输送液体在操作温度下的饱和蒸汽压头之值，用 Δh 表示：

$$\Delta h = \left(\frac{p_1}{\rho g} + \frac{u_1^2}{2g}\right) - \frac{p_v}{\rho g} \tag{9-13}$$

离心泵发生气蚀的临界条件是叶轮入口附近(截面 k—k，图 9-14 中未画出)的最低压强等于液体的饱和蒸汽压 P_v，此时，泵入口处(1—1 截面)的压强必等于某确定的最小值 $P_{1,\min}$，故

$$\frac{p_{1,\min}}{\rho g} + \frac{u_1^2}{2g} = \frac{p_v}{\rho g} + \frac{u_k^2}{2g} + \sum H_{f_1-k} \tag{9-14}$$

整理得，$$\Delta h_c = \frac{p_{1,\min} - p_v}{\rho g} + \frac{u_1^2}{2g} = \frac{u_k^2}{2g} + \sum H_{f_1-k} \tag{9-15}$$

式中：Δh_c —临界气蚀余量，m。

为确保离心泵正常操作，将测得的 Δh_c 加上一定安全量后称为必需气蚀余量 Δh_r，其值可由泵的样本中查得。

离心泵的允许安装高度也可由气蚀余量求得：

$$H_g = \frac{p_a - p_v}{\rho g} - \Delta h_r - \sum H_{f_0-1} \tag{9-16}$$

五、 离心泵的类型与规格

根据实际生产的需要，离心泵的种类很多。按泵输送的液体性质不同可分为清水泵、油泵、耐腐蚀泵、杂质泵等；按叶轮吸入方式不同可分为单吸泵和双吸泵；按叶轮数目不同可分为单级泵和多级泵等。下面介绍几种主要类型的离心泵。

1. 清水泵　清水泵应用广泛，一般用于输送清水及物理、化学性质类似于水的清洁液体。

IS 型单级单吸式离心泵系列是我国第一个按国际标准(ISO)设计、研制的清水泵，结构可靠，效率高，应用最为广泛。以 IS50—32—200 为例说明型号意义：IS 表示国际标准单级单吸

清水离心泵;50 表示泵吸入口直径,mm;32 表示泵排出口直径,mm;200 表示叶轮的名义直径,mm。

当输送液体的扬程要求不高而流量较大时,可以选用 S 型单级双吸离心泵。当要求扬程较高时,可采用 D、DG 型多级离心泵,在一根轴上串联多个叶轮,被送液体在串联的叶轮中多次接受能量,最后达到较高的扬程。

2. 耐腐蚀泵(F 型) 用于输送酸、碱等腐蚀性的液体,其系列代号 F。以 150F-35 为例:150 为泵入口直径,mm;F 为悬臂式耐腐蚀离心泵;35 为设计点扬程,m。主要特点是与液体接触的部件是用耐腐蚀材料制成。

3. 油泵(Y 型) 用于输送不含固体颗粒、无腐蚀性的油类及石油产品,以 80Y100 为例:80 为泵入口直径,mm;Y 表示单吸离心油泵;100 为设计点扬程,m。

4. 杂质泵 采用宽流道、少叶片的敞式或半闭式叶轮,用来输送悬浮液和稠厚浆状液体等等。

5. 屏蔽泵 叶轮与电机连为一体密封在同一壳体内无轴封装置的,用于输送易燃易爆或有剧毒的液体。

6. 液下泵 垂直安装于液体贮槽内浸没在液体中的,因为不存在泄漏问题,故常用于腐蚀性液体或油品的输送。

六、 离心泵的选用

根据被输送液体的物理化学性质、操作条件、输送要求和设备布置方案等实际情况,初步确定的泵的类型;根据管路系统的输液量,计算管路要求的扬程、有效功率和轴功率;确定离心泵的类型、材料以及规格,并选定配套电机或其他原动机的规格;校核泵的特性参数,若几种型号的泵都能满足操作要求,应当选择经济且在高效区工作的泵。一般情况下均采用单泵操作,在重要岗位可设置备用泵。

七、 往复泵

往复泵是一种典型的容积式输送机械。依靠泵内运动部件的位移,引起泵内容积变化而吸入和排出液体,并且运动部件直接通过位移挤压液体做功,这类泵称为容积式泵(或称正位移泵)。

1. 往复泵的基本结构 如图 9-15 所示,往复泵是由泵缸、活塞、活塞杆、吸入阀和排出阀构成的一种正位移式泵。活塞由曲柄连杆机构带动作往复运动。

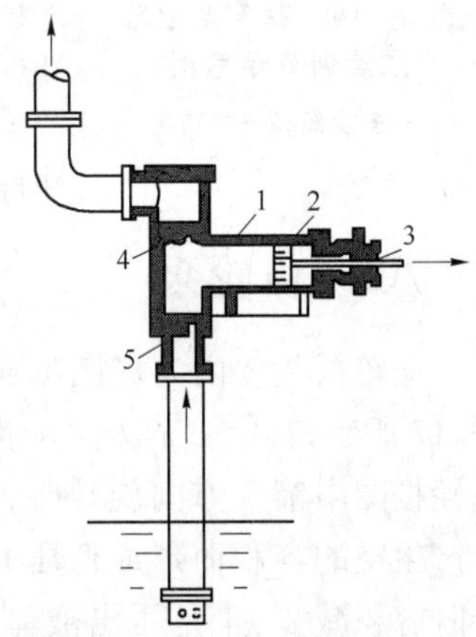

图 9-15 往复泵工作原理图

1—泵缸;2—活塞;3—活塞杆;4—排出阀;5—吸入阀

2. 往复泵的工作原理 当活塞向右移动时,泵缸的容积增大形成低压,排出阀受排出管中液体压强作用而被关闭,吸入阀被打开,液体被吸入泵缸。当活塞向左移动时,由于活塞挤压,泵缸内液体压强增大,吸入阀被关闭,排出阀被打开,泵缸内液体被排出,完成一个工作循环。可见,往复泵是利用活塞的往复运动,直接将外功以提高压强的方式传给液体,完成液体输送作用。活塞在两端间移动的距离称为冲程。图 9-15 所示为单动泵,即活塞往复运动 1 次,只吸入和排出液体各 1

次。它的排液是间歇的、周期性的，而且活塞在两端间的各位置上的运动并非等速，故排液量不均匀。

为改善单动泵排液量的不均匀性，可采用双动泵。活塞左右两侧都装有阀室，可使吸液和排液同时进行，这样排液可以连续，但单位时间的排液量仍不均匀。往复泵是靠泵缸内容积扩张造成低压吸液的，因此往复泵启动前不需灌泵，能自动吸入液体。

依靠泵内运动部件的位移，引起泵内容积变化而吸入和排出液体，并且运动部件直接通过位移挤压液体做功，这类泵称为正位移泵(或称容积式泵)。

3. 往复泵的理论平均流量

单动泵
$$Q_T = ASn \tag{9-17}$$

双动泵
$$Q_T = (2A-a)Sn \tag{9-18}$$

式中：Q_T—往复泵的理论流量，m^3/分钟；

A—活塞截面积，m^2；

S—活塞的冲程，m；

n—活塞每分钟的往复次数；

a—活塞杆的截面积，m^2。

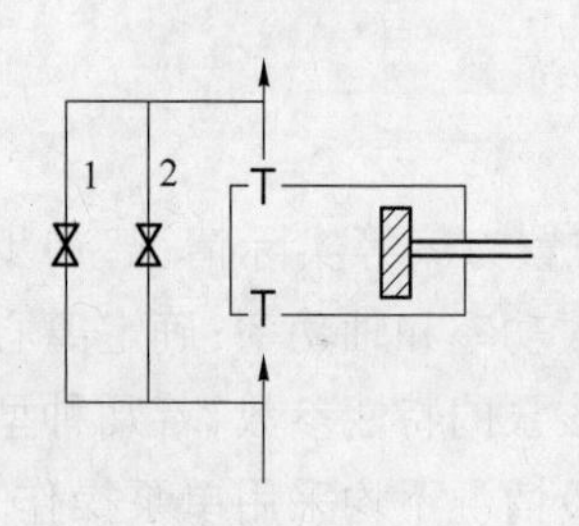

图 9-16 往复泵旁路流量调节示意图

1—安全阀；2—旁路阀

在实际操作过程中，由于阀门启闭有滞后，阀门、活塞、填料函等处又存在泄漏，故实际平均输液量为

$$Q = \eta Q_T \tag{9-19}$$

式中 η 为往复泵的容积效率，一般在 70%以上，最高可超过 90%。

4. 往复泵的流量调节　由于往复泵的流量 Q 随变化很小，故流量调节不能采取调节出口阀门开度的方法，一般可采取以下的调节手段：① 旁路调节，如图 9-16 所示，使泵出口的一部分液体经旁路分流，从而改变了主管中的液体流量，调节比较简便，但不经济。② 改变原动机转速，从而改变活塞的往复次数。③ 改变活塞的冲程。

八、齿轮泵

齿轮泵主要由为椭圆形泵壳和两个齿轮组成，如图 9-17 所示，其中一个为主动齿轮由传动机构带动，当两齿轮按图中箭头方向旋转时，上端两齿轮的齿向两侧拨开产生空的容积而形成低压并吸入液体，下端齿轮在啮合时容积减少，于是压出液体并由下端排出。液体的吸入和排出是在齿轮的旋转位移中发生的。齿轮泵是正位移泵的一种。它适合于输送小流量、高黏度的液体，但不能输送含有固体颗粒的悬浮液。

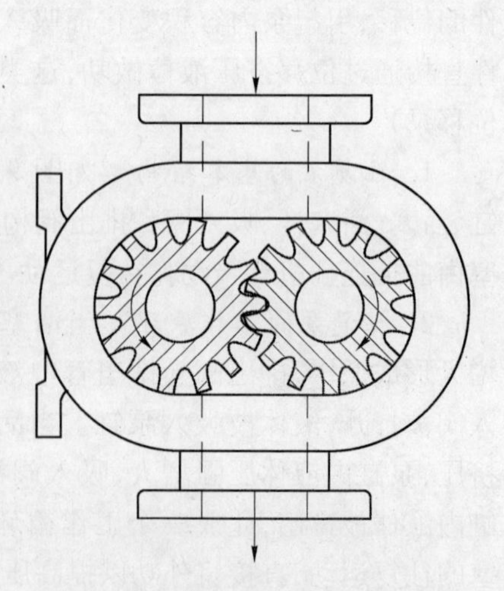

图 9-17 齿轮泵工作原理示意图

九、旋涡泵

它是一种特殊类型的离心泵，其结构如图 9-18 所

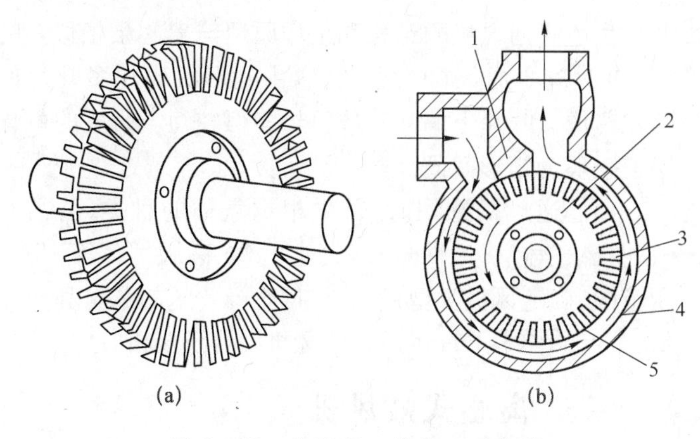

图 9-18　旋涡泵工作原理示意图

(a) 叶轮形状；(b) 泵体示意图
1—间壁；2—叶轮；3—叶片；4—泵壳；5—流道

示，它由叶轮和泵体构成。泵壳呈圆形，叶轮是一个圆盘，四周由凹槽构成的叶片以辐射状排列。泵壳与叶轮间有同心的流道，泵的吸入口与排出口由间壁隔开。

其工作原理也是依靠离心力对液体做功，液体不仅随高速叶轮旋转，而且在叶片与流道间作多次运动。所以液体在旋涡泵内流动与在多级离心泵中流动效果相类似，在液体出口时可达到较高的扬程。它在启动前需灌泵。

它适用于小流量、高扬程和低黏度的液体输送。其结构简单，制造方便，所以效率一般较低，为 20%～50%。

第二节　气体输送机械

输送和压缩气体的设备统称气体输送机械。气体输送机械主要用于克服气体在管路中的流动阻力和管路两端的压强差以输送气体，或产生一定的高压或真空，以满足各种工艺过程的需要。

气体输送机械与液体输送机械的结构和工作原理大致相同，其作用都是向流体做功以提高流体的静压强。但是由于气体具有可压缩性和密度较小，对输送机械的结构和形状都有一定影响，其特点是：对一定质量的气体，由于气体的密度小，体积流量就大，因而气体输送机械的体积大。气体在管路中的流速要比液体流速大得多，输送同样质量流量的气体时，其产生的流动阻力要多，因而需要提高的压头也大。由于气体具有可压缩性，压强变化时其体积和温度同时发生变化，因而气体输送和压缩设备的结构、形状有一定特殊要求。

气体输送机械一般以其出口表压强（终压）或压缩比（指出口与进口压强之比）的大小分类：

(1) 通风机：出口表压强不大于 15 kPa，压缩比为 1～1.15。

(2) 鼓风机：出口表压强为 15～300 kPa，压缩比小于 4。

(3) 压缩机：出口表压强大于 300 kPa，压缩比大于 4。

(4) 真空泵：用于产生真空，出口压强为大气压。

一、　离心式通风机

工业上常用的通风机有轴流式和离心式两种。轴流式通风机的风量大，但产生的风压小，一般只用于通风换气，而离心式通风机则应用广泛。

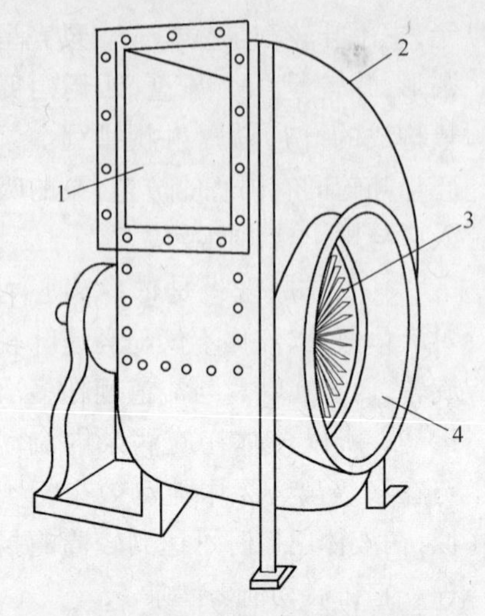

图 9-19　低压离心通风机工作原理图

1—排出口;2—机壳;3—叶轮;4—吸入口

离心式通风机的结构和工作原理与离心泵相似。图 9-19 是离心通风机的简图,它由蜗形机壳和多叶片的叶轮组成。叶轮上的叶片数目虽多但较短。蜗壳的气体通道一般为矩形截面。

离心通风机选用时,首先根据气体的种类(清洁空气、易燃气体、腐蚀性气体、含尘气体、高温气体等)与风压范围,确定风机类型;然后根据生产要求的风量和风压值,从产品样本上查得适宜的风机型号及规格。

二、 离心式鼓风机

离心式鼓风机的工作原理与离心式通风机相同,结构与离心泵相像,蜗壳形通道的截面为圆形,但是外壳直径和宽度都较离心泵大,叶轮上的叶片数目较多,转速较高。单级离心鼓风机的出口表压一般小于 30 kPa,所以当要求风压较高时,均采用多级离心鼓风机。为达到更高的出口压力,要用离心压缩机。

三、 旋转式鼓风机

罗茨鼓风机是最常用的一种旋转式鼓风机,其工作原理和齿轮泵类似,如图 9-20 所示。机壳中有两个转子,两转子之间、转子与机壳之间的间隙均很小,以保证转子能自由旋转,同时减少气体的泄漏。两转子旋转方向相反,气体由一侧吸入,另一侧排出。

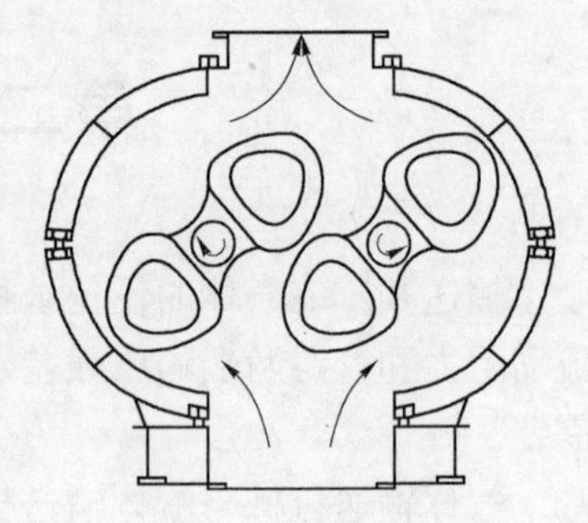

图 9-20　罗茨鼓风机工作原理示意图

罗茨鼓风机的风量与转速成正比,在一定的转速时,出口压力增大,气体流量大体不变(略有减小)。流量一般用旁路调节。风机出口应安装安全阀或气体稳定罐,以防止转子因热膨胀而卡住。

四、 离心式压缩机

离心式压缩机又称透平压缩机,其工作原理及基本结构与离心式鼓风机相同,但叶轮级数多,在 10 级以上,且叶轮转速较高,因此它产生的风压较高。由于压缩比高,气体体积变化很大,温升也高,故压缩机常分成几段,每段由若干级构成,在段间要设置中间冷却器,避免气体温度过高,离心式压缩机具有流量大,供气均匀,机内易损件少,运转可靠,容易调节,方便维修等优点。

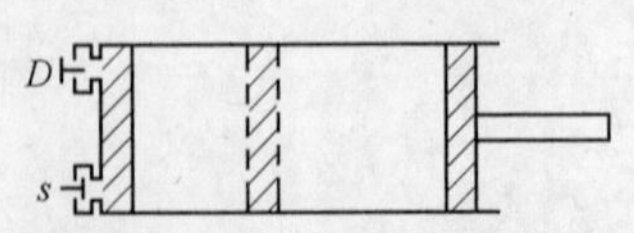

图 9-21　往复式压缩机工作原理图

D—排气阀;S—吸气阀

五、 往复式压缩机

往复式压缩机的结构与工作原理与往复泵相似。如图 9-21 所示,它依靠活塞的往复运动将气体吸入和压出,主要部件为气缸、活塞、吸气阀和排气阀。但由于压缩机的工作流体为气体，其密度比液体小得多，因此在结构上要求吸气和排气阀门更为轻便而易于启闭。为移除压缩放出的热量来降低气体的温度，必须设冷却装置。

六、 真空泵

在化工生产中要从设备或管路系统中抽出气体，使其处于绝对压强低于大气压强状态，所需要的机械称为真空泵。下面仅就常见的型式做介绍。

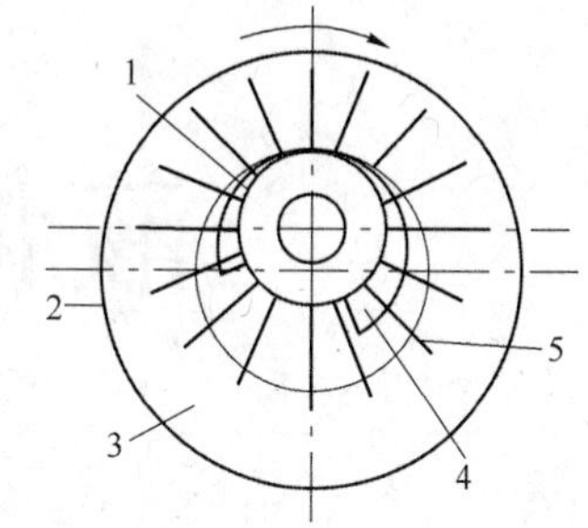

图 9－22　水环真空泵简图

1—排出口；2—外壳；3—水环；4—吸入口；5—叶片

1. 水环真空泵　如图 9－22 所示，其外壳呈圆形，外壳内有一偏心安装的叶轮，上有辐射状叶片。泵的壳内装入一定量的水，当叶轮旋转时，在离心力的作用下将水甩至壳壁形成均匀厚度的水环。水环使各叶片间的空隙形成大小不同的封闭小室，叶片间的小室体积呈由小而大、又由大而小的变化。当小室增大时，气体由吸入口吸入，当小室从大变小时，小室中的气体即由排出口排出。

水环真空泵属湿式真空泵，吸入时可允许少量液体夹带，一般可达到 83%的真空度。水环真空泵的特点是结构紧凑，易于制造和维修，但效率较低，一般为 30%～50%。泵在运转时要不断充水以维持泵内的水环液封，并起到冷却作用。

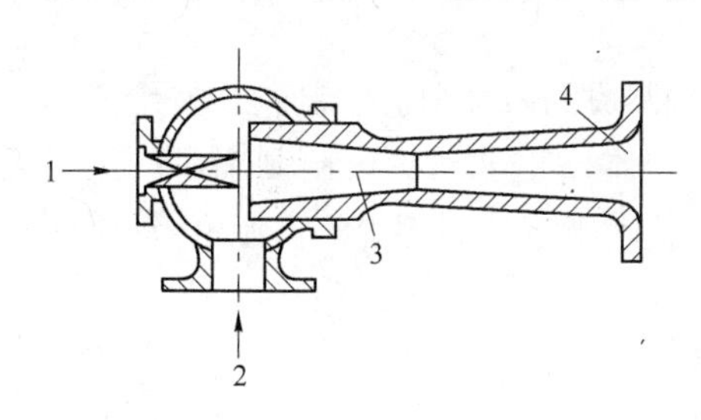

图 9－23　单级蒸汽喷射泵工作原理图

1—工作蒸汽入口；2—气体吸入口；3—混合室；4—压出口

2. 喷射真空泵　喷射泵属于流体动力作用式的流体输送机械。如图 9－23 所示，它是利用工作流体流动时静压能转换为动能而造成真空将气体吸入泵内的。

这类真空泵当用水作为工作流体时，称为水喷射泵；用水蒸气作工作流体时，称为蒸汽喷射泵。单级蒸汽喷射泵可以达到 90%的真空度，若要达到更高的真空度，可以采用多级蒸汽喷射泵。喷射泵的结构简单，无运动部件，但效率低，工作流体消耗大。

第十章

液体制剂生产设备

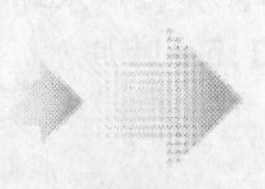

导学

本章主要介绍了液体制剂，尤其是注射剂的生产工艺流程及涉及的生产设备，诸如，安瓿洗瓶机组、安瓿蒸煮箱、安瓿甩水机、安瓿灌封设备等；还结合输液剂的生产工艺介绍了理瓶机、外洗瓶机、玻璃瓶清洗机、胶塞清洗设备等输液生产设备；对眼用液体制剂的生产设备和合剂生产设备也做了简要的介绍。

通过本章的学习可以了解包括注射剂、输液剂、眼用液体制剂、合剂等在内的液体制剂相关设备的使用、维修、保养知识。

液体制剂系指药物分散在适宜的液体分散介质中所制成的液体形态的制剂。按给药途径分为内服液体制剂、外用液体制剂和注射剂(无菌制剂)。本章主要讨论灭菌制剂中的最终灭菌小容量注射剂、最终灭菌大容量注射(输液剂)、滴眼剂，内服液体制剂中的口服液、糖浆剂。

第一节 注射剂生产设备

最终灭菌小容量注射剂是指装量小于 50 ml，采用湿热灭菌法制备的灭菌注射剂。水针剂一般多使用硬质中性玻璃安瓿做容器。除一般理化性质外，其质量检查包括：无菌、无热原、可见异物、pH 等项目均应符合相关规定。其生产过程包括原辅料与容器的前处理、称量、配制、滤过、灌封、灭菌、质量检查、包装等步骤。

一、 注射剂生产工艺流程

按照生产工艺中安瓿的洗涤、烘干、灭菌、灌装的机器设备不同，可将最终灭菌小容量注射剂生产工艺流程分为单机灌装工艺流程和洗、烘、灌、封联动机组工艺流程。无论哪种生产工艺流程在灌封前均分为 3 条生产路径来进行操作。

第一条路径是注射液的溶剂制备。注射液的溶剂常用注射用水，其制备在此不加赘述。

第二条路径是安瓿的前处理。当安瓿的长度尺寸及清洁度都达不到灌封的要求时，需要对安瓿进行割圆(即割颈和圆口)处理。一般生产时割颈和圆口在同一台割圆机上完成。为使安瓿达到清洁要求,需要对安瓿进行清洗和干热灭菌。安瓿的清洗在洗瓶机上进行。洗涤后的安瓿,一般在烘箱中进行干燥。大量生产可采用电烘箱干燥,但烘干所需时间太长,目前多采用隧道式烘箱。干热灭菌后,空安瓿处理完毕,即可进行灌封。

第三条路径是注射液的制备。原料药经检验测定含量合格后,按处方规定计算出每种原辅料的投料量,将原辅料分别按要求溶于经检查合格的注射用水中。注射液的配制与一般液体制剂的配制方法即溶解法基本相同。为了保证药液可见异物检查合格,药液配好后,需经半成品检定合格后,再进行滤过。滤过系借助于多孔性材料把固体微粒阻留,使液体通过,从而将固体与液体分离的操作过程。一般先粗滤,后精滤。滤过后进行可见异物检查。检查合格后,即可进行灌装、封口。

上述第二、第三条路径到了灌封工序即汇集在一起,灌封是将药液灌注到安瓿内并对安瓿加以封口的过程,通常在一台灌封机上完成。灌封后药液和安瓿合为一体。

灌封后的安瓿,需要立即灭菌,以免细菌繁殖。灭菌时,即要保证不影响安瓿剂的质量指标,又要保证成品完全无菌,应根据主药性质选择相应的灭菌方法与时间,必要时可采用几种方法联合使用。灭菌通常与检漏结合起来,在同一灭菌锅内完成。

灭菌后的安瓿经擦瓶机擦拭干净后,即可进行质量检查。安瓿剂的可见异物检查可使用安瓿异物光电自动检查仪。检查合格后进行印字与包装。印字和包装在印字机或印包联动机上完成。印字、包装结束,水针剂生产即完成。

二、安瓿洗涤机

目前国内药厂常使用的安瓿洗涤设备有3种,即喷淋式安瓿洗涤机组、加压气水喷射式安瓿洗涤机组与超声波安瓿洗涤机组。

(一) 喷淋式安瓿洗涤机组

喷淋洗涤法是将安瓿经灌水机灌满滤净的去离子水或蒸馏水,再用甩水机将水甩出。如此反复3次,以达到清洗的目的。该法洗涤安瓿清洁度一般可达到要求,生产效率高,劳动强度低,符合批量生产需要。但洗涤质量不如加压喷射气水洗涤法好,一般适用于5 ml以下的安瓿。

1. **工艺过程**　喷淋式灌水机主要由传送带、淋水喷头及水循环系统3部分组成,如图10-1所示。洗瓶时,把装满安瓿的铝盘放在传送带上送入箱体内。安瓿在安瓿盘内一直处于口朝上的状态,经传送带输送,使安瓿逐一通过上方的各组喷头,顶部淋水板上由多孔喷头喷出的洗涤用水淋洗安瓿,冲淋水压为0.12～0.2 MPa,并通过喷头上直径为1～1.3 mm的小孔喷出,其具有足够冲淋力量将瓶内外污物冲净,并将安瓿内注满水。未灌入安瓿内喷淋而下的洗涤用水流入水箱。流入水箱内的洗涤用水在经过滤器过滤、净化的同时,需要经常更换。

但这种洗瓶方式的缺点是占用场地大、耗水量多且不能确保每支安瓿淋洗效果,个别瓶子因受水量小而导致冲洗不充分,因此洗涤效果欠佳。

现在已有利用一排往复运动的注射针头插入传送到位的一组安瓿内进行喷淋,使水直接冲洗瓶子内壁,克服个别安瓿瓶内注不满水、冲洗不充分的缺点,达到清洗的目的。有的清洗机在安瓿盘入机后,利用一个翻盘机构使安瓿口朝下,上面有多孔喷嘴冲洗瓶外壁,下面一排注射针头由下向上插入安瓿内喷冲瓶内壁,使污尘能及时流出瓶口。还有的清洗机分有循环

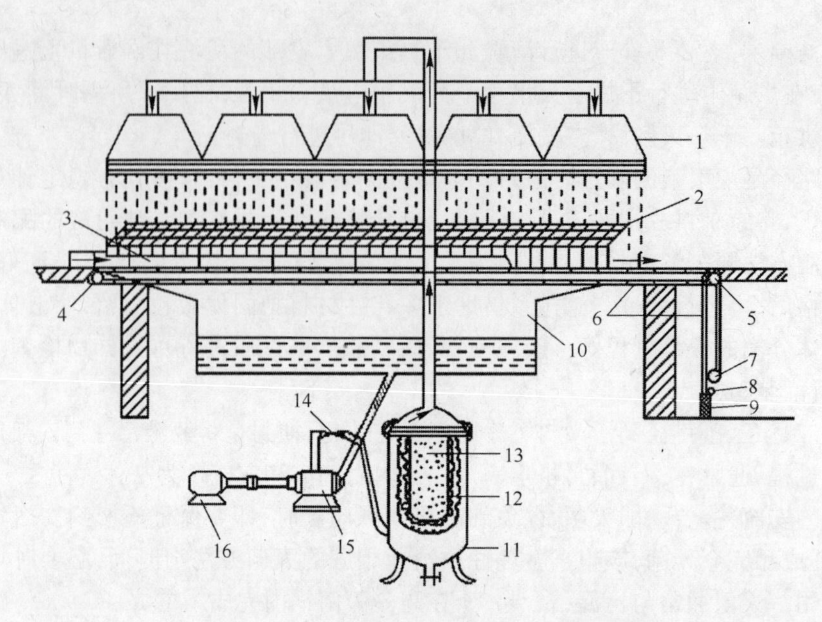

图 10-1 安瓿喷淋式灌水机示意图

1—多孔喷头;2—尼龙网;3—盛安瓿的铝盘;4—链轮;5—止逆链轮;6—链条;7—偏心凸轮;8—垂锤;9—弹簧;10—水箱;11—过滤缸;12—涤纶滤袋;13—多孔不锈钢胆;14—调节阀;15—离心泵;16—电动机

水冲淋、蒸馏水冲淋及无油压缩空气吹干等过程,以确保清洗质量。

经冲淋、注水后的安瓿送入蒸煮箱加热蒸煮,在蒸煮箱内通蒸汽加热约30分钟,随即趁热将蒸煮后的安瓿送入甩水机,将安瓿内的积水甩干。然后再送往喷淋机上灌满水,再经蒸煮消毒、甩水,如此反复洗涤2～3次即可达到清洗要求。

2. AX-5-Ⅱ型喷淋式灌水机　该机主要由运载链条、冲淋板、轨道、水箱及离心泵和过滤器等部分组成。运载链条是运载安瓿盘的运动部件;轨道是支撑运载链条的部件。其作用是起着滑动支承作用。运载链条上面放上装满安瓿的安瓿盘,在轨道上平稳运行,安瓿盘沿轨道随运载链条进出于喷淋区;冲淋喷头的作用是将从过滤器压出来的高压水流,分成多组激流的部件;水箱的作用是用来盛装冲洗安瓿的洗涤水。

装满安瓿的安瓿盘,由人工放在运动着的运载链条上,运载链条将安瓿盘送入喷淋区,接受顶部冲淋板中喷头喷下的净化水冲淋。冲淋用的循环水,首先从水箱由离心泵抽出,经过泵的循环抽吸压送形成高压水流。高压水流通过过滤器滤净后压入冲淋板上的喷头。冲淋喷头将高压水流分成多股细小激流,急骤喷入运行的安瓿内,同时也使安瓿外部得到清洗。灌满水的安瓿由运载链条从机器的另一端送出。由人工从机器上拿走,放入甩水机进行甩水。

3. 使用方法　根据生产厂家的具体要求配上与过滤器配套的过滤网;按照使用的安瓿盘尺寸调整轨道,使安瓿盘能顺利通过为宜;将冲洗液体注入水箱,水面距水箱口20～30 mm为宜;开动水泵和电动机,将装有安瓿的安瓿盘放到运载链条上,由运载链条带动安瓿进入喷淋区,然后从出口取出;生产结束时,应等机内的最后一盘安瓿取出后,切断电源;注意及时加入和更换冲洗液体,确保洗涤效果。

4. 机器的保养　在各班开车前,要在蜗轮减速器轴瓦上注入润滑油,并应定期更换;运载链条不应加润滑油,以防止污染水;冲淋板要定期刷洗,防止冲淋板上的喷淋小孔阻塞,以免影响冲洗效果；长期不使用机器时，应用塑料布或其他东西盖好。

(二) 安瓿蒸煮箱

安瓿蒸煮箱的结构如图 10－2 所示。主要由箱体、蒸汽排管、导轨、箱内温度计、压力表、安全阀、淋水排管、密封圈等组成。

安瓿蒸煮箱是安瓿在冲淋洗涤后，使附着于安瓿内外表面上的不溶性尘埃粒子，经湿热蒸煮落入水中以达到洗涤效果的设备。箱的顶部设置淋水喷管，在箱内底部设置蒸汽排管，每根排管上开有 $\phi1 \sim \phi1.5$ 的喷气孔，蒸汽直接从排管中喷出，加热注满水的安瓿，达到蒸煮安瓿的目的。

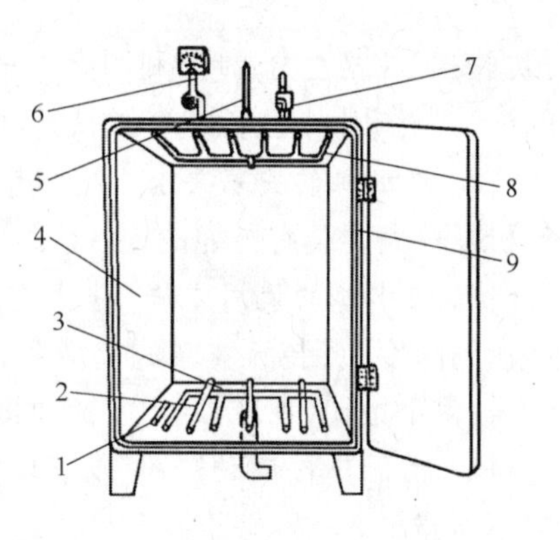

图 10－2　安瓿蒸煮箱的结构示意图

1—箱内温度计；2—导轨；3—蒸汽排管；4—箱体；5—温度计；6—压力表；7—安全阀；8—淋水排管；9—密封圈

1. *使用方法*　将喷淋清洗后灌满水的安瓿放在小车上。然后将小车推到已开门的蒸煮箱前。将其导轨与蒸煮箱导轨对齐后，由人工将小车沿导轨推入箱内。关闭并紧固好蒸煮箱门。将进气阀稍稍打开一点，同时打开排气阀，以便排出箱内的空气，达到最佳的蒸煮效果。然后缓慢开启进气阀，待排气阀有蒸汽排出时再关小进气阀，时间大约为 5 分钟，注意不要将进气阀全关闭，稍留一点。待箱内温度升至 100℃时，控制所要求的压力，保持半小时；蒸煮完毕后先将进气阀关闭，打开排水阀。当压力表降到 50 kPa 以下时，打开箱体上面的排气阀。待压力表降到零时，方可打开箱门。将小车拉出箱外，自然冷却备用。

2. *保养*　按压力容器规范进行维护保养；定期检查测量仪表、安全阀等；保持箱内清洁，定期消毒。轻装轻卸，不撞击，不超载。

(三) AS－Ⅱ－型安瓿甩水机

图 10－3 所示为常见的安瓿甩水机，它主要由外壳、离心架框、机架、固定杆、不锈钢丝网罩盘、电机及传动机件组成。

甩水机外壳由不锈钢焊制而成，起集水与防护作用；离心架框用于固定安瓿盘，并带动安瓿盘旋转，以达到甩水的目的。离心架框全部采用不锈钢焊制而成，其上焊有 2 根固定安瓿盘的压紧栏杆，在机器开动后承受安瓿盘的离心力。压紧栏杆的高度与安瓿的高度相配。离心架框上还装有不锈钢丝网罩盘，起滤水与防护安瓿的作用；机架由型钢焊制而成，起到支承各零部件的骨架作用。

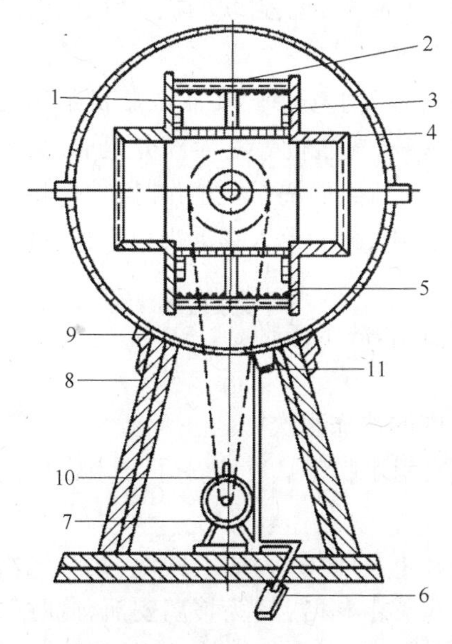

图 10－3　AS－Ⅱ型安瓿甩水机结构图

1—安瓿；2—固定杆；3—铝盘；4—离心架框；5—不锈钢丝网罩盘；6—刹车踏盘；7—电动机；8—机架；9—外壳；10—皮带；11—出水口

1. *甩水机的作用*　是将从冲淋洗瓶机及蒸煮箱中取出的盘装安瓿内的剩余积水甩干净，以便再进行喷淋灌满水，再经蒸煮消毒、甩水。将盘装安瓿放入离心架框中，离心架框上焊有 2 根固定安瓿盘的压紧栏杆，用压紧栏杆将数排安瓿盘固定在离心机的转子上，机器开动后根据安瓿盘离心力原理,利用大于重力 80～120 倍的离心力作用及在极短的时间内急刹车时的惯性力作用,将安瓿内外的洗水甩净、沥干。

2. *甩水机的安装要求* 甩水机的各脚要安装在同一水平面上,以保证机器平稳运行。电动机及机壳要装有可靠的地线。

3. *甩水机的使用方法* 按照安瓿的规格,以安瓿盘加盖后能放入、取出来调整离心架框压盘的高度;将装满安瓿的安瓿盘加盖后,放入离心架框内,按启动按钮使机器旋转 1～2 分钟;按停止按钮、刹车、取出安瓿盘即可。使用时需要注意的有两点:其一,放入安瓿盘后关好进料口,然后再按启动按钮,以确保安全,其二,如需停车时,先按停止按钮,再踩刹车踏板,否则不能停车。

4. *甩水机的保养* 定期检查机器,一般每月全部检查 1 次。检查轴承座、轴、离心架框等各部的疲劳、损伤情况及磨损情况。尤其是离心架框,对每一部分都要仔细检查,发现裂纹与破损情况应及时修理,严禁带伤使用,以防止事故的发生;轴端滚动轴承,每 2 个月须拆开注黄油 1 次。

(四) 气水喷射式安瓿洗涤机组

气水喷射式安瓿洗瓶机组的工艺及设备较复杂,但洗涤效果比喷淋式安瓿洗瓶机组要好,可达到 CMP 要求。该种机组适用于大规格安瓿和曲颈安瓿的洗涤,是目前水针剂生产上常用的洗涤方法。

1. *洗涤过程* 加压喷射气水洗涤法是目前生产上已确认较为有效的洗涤法。它是利用已过滤的蒸馏水(或去离子水)与已过滤的压缩空气,由针头喷入待洗的安瓿内,交替喷射洗涤,进行逐支清洗。压缩空气的压力一般 300～400 kPa。冲洗顺序为气—水—气—水—气,一般 4～8 次,最后再经高温烘干灭菌。

制药企业一般将加压喷射气水洗涤机安装在灌封机上,组成洗、灌、封联动机。气、水洗涤的程序由机械设备自动完成,大大地提高了生产效率。

2. *工作原理* 目前国内已生产及使用的多种不同性能的气水喷射式安瓿洗瓶机组的工作原理基本相同。它主要由供水系统、压缩空气及其过滤系统、洗瓶机等三大部分组成,见图 10-4。整个机组的关键设备是洗瓶机。气水喷射式安瓿洗瓶机组的洗瓶机工作时,首先将安瓿加入进瓶斗中,在拨轮的作用下,依次进入往复摆动的槽板中,然后落入移动齿板上,经过二水二气的冲洗吹净。工作过程如下:

(1) 安瓿送达位置 X_1 时,位于针头架上的针头插入安瓿内,注水洗瓶。

(2) 当安瓿到达位置 X_2 时,继续对安瓿补充注水洗瓶。

(3) 当到达位置 Y_1 时,经净化过滤的压缩空气将安瓿内的洗涤水吹去。

(4) 当到达位置 Y_2 时,继续由压缩空气将安瓿瓶内的积水吹净。在完成了二水二气的洗瓶。

过程中,气水开关与针头架的动作配合协调。当针头架下移时,针头插入安瓿,此时气水开关打开气或水的通路,分别向安瓿内注水或喷气。当针头架上移时,针头移离安瓿,此时气水开关关闭,停止向安瓿供水、供气。

气水喷射式安瓿洗瓶机组的关键技术是洗涤水和空气的过滤。为了防止压缩空气中带入油雾而污染安瓿,必须使空气经过净化处理,即将压缩空气先冷却使压力平衡,再经洗气罐 8 水洗、焦炭(木炭)9、瓷圈 10、双层涤纶袋滤器 3 等过滤使空气净化。净化的压缩空气一部分

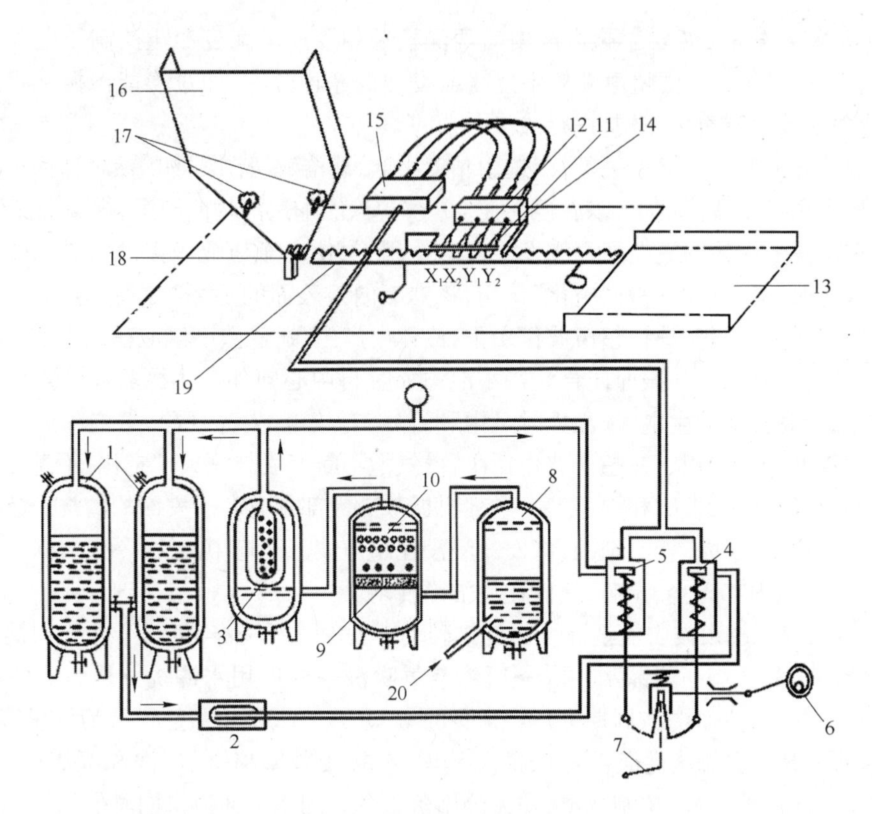

图 10－4 气水喷射式安瓿洗瓶机组工作原理示意图

1—贮水罐；2、3—双层涤纶袋滤器；4—喷水阀；5—喷气阀；6—偏心轮；7—脚踏板；8—洗气罐；9—木炭层；10—瓷圈层；11—安瓿；12—针头；13—出瓶斗；14—针头架；15—气水开关；16—进瓶斗；17—拨轮；18—槽板；19—移动齿板；20—压缩空气进口

通过管道进入贮水罐 1，洗涤用水由压缩空气压送，经双层涤纶袋滤器 2 过滤，并维持一定的压力及流量至喷水阀 4，水温不低于 50℃；另一部分净化的压缩空气则通过管道至喷气阀 5。

3. 使用时注意事项

(1) 压缩空气和洗涤用水预先必须经过过滤处理，特别是空气的过滤尤为重要，因为压缩空气中带有润滑油雾及尘埃，不易除去。滤得不净反而污染安瓿，以致出现所谓的“油瓶”现象。压缩空气压力约为 0.3 MPa。

(2) 洗瓶过程中水和气的交替，分别由偏心轮与电磁喷水阀或电磁喷气阀及行程开关自动控制，操作中要保持针头与安瓿动作协调，使安瓿进出流畅。

(3) 应定期维护所有传动件并及时加注润滑油。对失灵机件应该及时调整。

(五) 超声波安瓿洗涤机组

利用超声技术清洗安瓿是国外制药工业近 20 年来新发展起来的一项新技术。目前国内已有引进和仿造的超声波安瓿洗瓶机。它是目前制药工业行业较为先进且能实现连续生产的安瓿洗瓶设备，具有清洗洁净度高、清洗速度快等特点，其洗涤效率及效果均很理想，是其他洗涤方法不可比拟的。运用针头单支清洗技术与超声波清洗技术相结合的原理，制成的连续回转超声波洗瓶机，实现了大规模处理安瓿的要求。但有报道认为，超声波在水浴槽中易造成对边缘安瓿的污染或损坏玻璃内表面而造成脱片，应值得注意。

1. **超声波洗涤清洗原理** 超声波安瓿洗涤机采用了压电陶瓷产生的高压电效应发生超声波,达到 16～25 kHz。由超声波频率发生器发出的超声频率,通过换能器振子将能量散发出去,使清洗液发生超声化作用,进行洗涤。

超声波洗涤需要在液体里进行,应选用黏度小的,能溶解清洗污物的液体作为清洗液。清洗安瓿使用去离子水或蒸馏水,水温恒定在 60～70℃,能加速污物的溶解,提高洗涤效果。

浸没在清洗液中的安瓿在超声波发生器的作用下,使安瓿与液体接触的界面处于剧烈的超声振动状态时,会产生的一种"空化"作用,将安瓿内外表面的污垢冲击剥落,从而达到清洗安瓿的目的。所谓"空化"是在超声波作用下,液体中产生微气泡,小气泡在超声波作用下逐渐长大,当尺寸适当时产生共振而闭合。在小泡湮灭时自中心向外产生微驻波,随之产生高压、高温,小泡涨大时会摩擦生电,于湮灭时又中和,伴随有放电、发光现象,气泡附近的微冲流增强了流体搅拌及冲刷作用。在超声波作用下,微气泡不断产生与湮灭,"空化"不息。"空化"作用所产生的搅动、冲击、扩散和渗透等一系列机械效应大部分有利于安瓿的清洗。超声波的洗涤效果是其他清洗方法不能比拟的,将安瓿浸没在超声波清洗槽中清洗,不仅可保证其外壁洁净,也可保证安瓿内部无尘、无菌,从而达到洁净要求。

2. **洗涤过程** 超声波安瓿洗涤机由针鼓转动对安瓿进行洗涤,每一个洗涤周期为进瓶→灌循环水→超声波洗涤→蒸馏水冲洗→压缩空气吹洗→注射用水冲洗→压缩空气吹净→出瓶。针鼓连续转动,安瓿洗涤周期进行。常见的有 QCA－18 型安瓿超声波清洗机等。

3. **工艺流程** 安瓿从进瓶斗进入摆动斗内,在接受外壁喷淋、冲洗和灌满瓶水,沉入水中。在水中经超声波清洗、控制分离,安瓿分别落入各自的水下通道。同时借助于推瓶杆和导向器相互配合,使转鼓上的喷射针管顺利地插入安瓿内。并经作间歇回转的转鼓把安瓿带出水面,依次地转到各个工位。在转鼓停歇时间内,经过循环水冲洗、净化压缩空气吹、净化水冲洗、净化压缩空气再吹等过程,最后,在出瓶工位由翻瓶器把安瓿送入出瓶斗内列队输出到下一工位。

4. **工作原理** 工业上常用连续操作的机器来实现大规模处理安瓿的要求。运用针头单支清洗技术与超声技术相结合的原理构成了连续回转超声清洗机,其原理如图 10－5 所示。

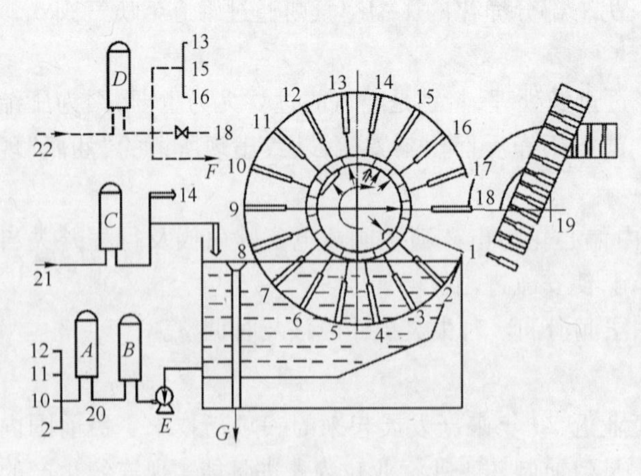

图 10－5　18 工位连续回转超声波洗瓶原理示意图

1—引盘;2—注循环水;3,4,5,6,7—超声清洗;8、9—空位;10,11,12—循环水冲洗;13—吹气排水;14—注新蒸馏水;15,16—压气吹净;17—空位;18—吹气送瓶;19—安瓿斗;20—循环水;21—新鲜蒸馏水;22—空气

A,B,C,D—过滤器;E—循环泵;F—吹除玻璃屑;G—溢流回收

18 工位连续回转超声波洗瓶机由 18 等分圆盘及针盘、上下瞄准器、装瓶斗、推瓶器、出瓶器、水箱(底部装配超声波发生器)等组成。整个针盘有 18 个工位,每个工位有一排针,可安排一组安瓿同时进行洗涤。利用一个水平卧装的轴,拖动有 18 排针管的针鼓转盘间歇旋转,每排针管有 18 支针头,构成共有 324 个针头的针鼓。与转盘相对的固定盘上,于不同工位上配置有不同的水、气管路接口,在转盘间歇转动时,各排针头座依次与循环水、压缩空气、新鲜蒸馏水等

接口相通。

将安瓿排放在呈 45°倾斜的安瓿斗中,安瓿斗下口与清洗机的主轴平行,并开有 18 个通道。利用通道口的机械栅门控制,每次放行 18 支安瓿到传送带的"V"形槽搁瓶板上。传送带间歇地将安瓿送到洗涤区。

新鲜蒸馏水(约 50℃)用泵送至孔径为 0.45 μm 的微孔膜滤器 C,经除菌后送入并注满超声洗涤槽,除菌后的新鲜蒸馏水再被引到接口 14,用以最后冲净安瓿内壁。洗涤槽内有溢流口,用以保持液面高度。由洗涤槽底部安装的超声波发生器产生超声波作用于安瓿,使安瓿与液体接触的界面产生"空化"作用,将安瓿内外表面的污垢冲击剥落,而达到清洗目的。在超声水槽下部的出水口与循环水泵相连,用泵将循环水先后打入 10 μm 滤芯粗滤器 *B* 及 1 μm 滤芯细滤器 *A* 以去除超声冲洗下来的灰尘和固体杂质粒子,最后以 0.18 MPa 压力进入 2、10、11、12 这 4 个接口。

由无油压缩机来的表压为 0.3 MPa 的压缩空气,经孔径为 0.45 μm 的微孔膜滤器 *D* 除菌后压力降至 0.15 MPa,通到接口 13、15、16 及 18,用以吹净瓶内残水和推送安瓿。

18 工位连续回转超声波洗瓶机的工作过程从图 10-5 所标的顺序为:

(1) 将安瓿送入装瓶斗,由输送带送进一排安瓿,由推瓶器推入针盘第一工位。当针盘转到第二工位时,瓶底紧靠圆盘底座,同时由针头注循环水。

(2) 从第二工位至第七工位,安瓿进入水箱内,共停留 25 秒左右接受超声波空化清洗,使污物振散、脱落或溶解。此时,水温控制在 60～70℃。该阶段使安瓿表面污垢松动、洗脱,称粗洗阶段。针鼓旋转带出水面后的安瓿空 2 个工位,即第八、第九工位。

(3) 在第十、第十一、第十二 3 个工位,安瓿倒置,针头对安瓿冲注循环水(过滤的纯化水),对安瓿进行冲洗。在第十三工位,针管喷出净化压缩空气将安瓿内部污水吹净。在第十四工位,针头用过滤的新鲜注射用水再次对安瓿内壁进行冲洗。在第十五、第十六工位再送气。至此,安瓿洗涤干净,该阶段称精洗阶段,可确保安瓿的洁净质量。

(4) 当安瓿转到第十八工位时,针头再一次对安瓿送气并利用洁净的压缩气压将安瓿从针头架上推离出来,最后处于水平位置的安瓿由出瓶器送入输送带,被推出洗瓶机。

三、安瓿灌封设备

将滤净的药液定量的灌入经过清洗、干燥及灭菌处理的安瓿内,并加以封口的过程,称为灌封。完成灌装和封口工序的机器,称为灌封机。

灌封机有多种型号。按封口的方式可分为熔封式灌封机和拉丝式灌封机两种。熔封式灌封机由于其封口是靠安瓿自身玻璃熔融而封口,往往在安瓿丝颈的封口处易产生毛细孔的隐患,并且在检查时不易鉴别出来,时间久了安瓿易于产生冷爆和渗漏现象;自 20 世纪 80 年代以来,我国开始试制拉丝灌封机。这两种设备的主要区别在于封口方式不同。拉丝灌封机是在熔封的基础上,加装拉丝钳机构的改进灌封机,这就避免了熔封机的上述缺点,封口效果理想。因而两种机器的结构,也是主要在封口部分存在差异。因此,国家药品监督管理部门明确规定,各针剂生产厂一律采用拉丝封口设备。

注射液灌封是注射剂装入容器的最后一道工序,也是注射剂生产中最重要的工序,注射剂质量直接由灌封区域环境和灌封设备决定。因此,灌封区域是整个注射剂生产车间的关键部位,应保持较高的洁净度。为保证灌封环境的洁净,CMP 规定:药液暴露部位均需达到 100

级层流空气环境，凡有灌封机操作的车间必须配置净化空调系统。同时，灌封设备的合理设计及正确使用也直接影响注射剂产品的质量。

(一) 安瓿灌封的工艺过程

安瓿灌封的工艺过程一般应包括安瓿的排整→灌注→充惰性气体→封口等工序。

1. *安瓿的排整* 将密集堆排的灭菌后的安瓿按照灌封机动作周期的要求，即在一定的时间间隔内，将定量的(固定支数)安瓿按一定的距离间隔排放在灌封机的传送装置上的操作过程。

2. *安瓿的灌注* 将配制、过滤后的药液经计量，按一定体积注入安瓿中去的操作过程。计量机构应便于调节，以适应不同规格、尺寸安瓿的要求。由于安瓿颈部尺寸较小，经计量后的药液需要使用类似注射针头状的灌注针灌入安瓿，又因灌封是数支安瓿同时进行，所以灌封机相应地有数套计量机构和灌注针头。

3. *安瓿充填惰性气体* 为了防止药品氧化，因此需要向安瓿内药液上部的空间充填惰性气体以取代空气。常用的惰性气体有氮气、二氧化碳气体，因后者可改变药液的 pH，且易使安瓿熔封时破裂，所以应尽量使用氮气。充填惰性气体的操作是通过惰性气体管线端部的针头来完成的。此外，5 ml 以上的安瓿在灌注药液前还需预充惰性气体，提前以惰性气体置换空气。

4. *安瓿的封口* 利用火焰加热，将已灌注药液且充填惰性气体的安瓿颈部熔融后使其密封的操作过程。加热时安瓿需要自转，使颈部均匀受热熔融。国内的灌封机上均采用拉丝封口工艺。拉丝封口时瓶颈玻璃不仅有火焰加热后的自身融合，而且还用拉丝钳将瓶颈上部多余的玻璃靠机械动作强力拉走，同时加上安瓿自身的旋转动作，可以保证封口严密不漏，并且使封口处玻璃厚薄均匀，而不易出现冷爆现象。

(二) 安瓿灌封的工作流程

图 10 - 6 为 LAGI - 2 安瓿拉丝灌封机的外形示意图(拉丝钳图中未绘出)。LAGI - 2 拉丝灌封机整机主要是由进瓶斗、梅花转盘、传动齿板、灌药充气部分、封口部分、出瓶口部分等组成。其具体工作流程如下：

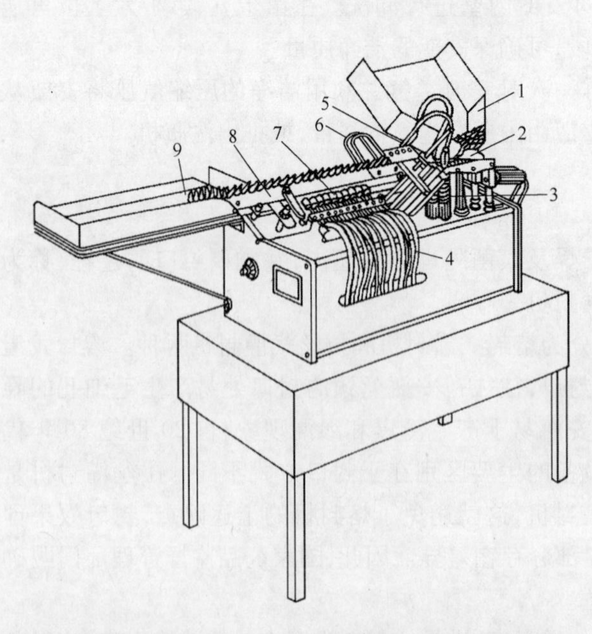

图 10 - 6 LAGI - 2 安瓿拉丝灌封机的外形示意图

1—加瓶斗；2—梅花转盘；3—灌注器；4—燃气管道；5—灌注针头；6—止灌装置；7—火焰熔封灯头；8—传动齿板；9—出瓶斗

(1) 灭菌的洁净安瓿瓶装入进瓶斗后，在梅花转盘的拨动下，依次排整进入到移动齿板之上。

(2) 安瓿随移动齿板逐步地移动到灌注针头位置处。

(3) 随后充气针头和灌药针头同时下降，分别插入数对安瓿内，完成吹气、充惰性气体以及灌注药液的动作。

(4) 安瓿的充气和灌药都是两个一组同时完成的。其先后次序为吹气→第一次充惰性气体→灌注药液→第二次充惰性气体，这几个工作步骤都是在针头插入安瓿内的瞬间完成的。

(5) 机器上还设有自动止灌装置。如果灌注针头处没有安瓿时，可通过止灌装置进行控制，停止供输药液，不使药液流出污染机器并同时造成浪费。

(6) 在充气和灌药时，此时移动齿板与固定齿板位置重叠(见图 10－8)，安瓿停止在固定齿板上。同时，压瓶机构将安瓿压住，帮助安瓿定位。当针头退出时，吹气针头停止供气，灌药针头停止供药液，压瓶机构也相应移开。

(7) 完成灌装的安瓿将由移动齿板逐步地移动到封口位置。

(8) 到了封口位置后，安瓿在固定位置上不停自转。同时，有压瓶机构压在安瓿上面，使得安瓿不会左右移动，保证了拉丝钳在夹拉丝口时的正常工作。

(9) 在封口时，安瓿的丝颈首先经过火焰预热。当丝颈加热到融熔状态时，由钨钢制成的夹钳及时夹住丝颈，拉断达到融熔状态的丝头。安瓿丝颈在被夹断处由于是熔融状态，而且安瓿在不停地自转，丝颈的玻璃便熔合密接在一起，完成了封口工序。

(10) 在拉丝过程中，夹钳共完成 4 个连续的动作：夹钳张开→前进到安瓿丝头位置→夹住丝头→退回到原始位置。然后再从第一步开始，重复上述动作。安瓿封口后，再由移瓶齿板逐步地移向出瓶轨道，沿出瓶轨道移至出瓶斗。

根据安瓿规格大小的差异，安瓿灌封机一般分为 1～2 ml、5～10 ml 和 20 ml 共 3 种机型，这 3 种不同机型的灌封机不能通用，但其机械结构形式基本相同，其中，5～10 ml 和 20 ml 两种机型更加相似。当 1～2 ml 或 5～10 ml 机型的灌封机变更安瓿规格时，需要更换灌封机上的某些附件，如计量机构等，即可适应不同安瓿的要求。通常灌封机具有同时灌封 4～8 支安瓿的功能，以保证生产效率。

(三) 安瓿灌封机的工作原理

因为应用最多的安瓿灌封机为 1～2 ml 的机型，因此，我们重点介绍该机的其结构及整机工作原理。图 10－7 所示是 LAG1－2 安瓿拉丝灌封机的结构示意图。由图所示的传动路线可知，该机由一台功率为 0.37 kW 的电动机，通过带轮的主轴传动，再经蜗轮、过桥轮、凸轮、压轮及摇臂等传动构件转换为设计所需的 13 个构件的动作，各构件之间均能满足设定的工艺要求，按控制程序协调动作。

安瓿灌封机按其功能可将结构分为传送部分、灌注部分和封口部分 3 个基本部分。传送部分的功能是进出和输送安瓿；灌注部分的功能是将一定容量的注射液灌入空安瓿内，当传送装置未送入空瓶时，该部分能够自动止灌；封口部分的功能是将装有注射液的安瓿瓶颈进行封闭，目前用拉丝封口。

LAG1－2 拉丝灌封机的主要执行功能也是这三个基本部分：送瓶机构、灌装机构及封口机构。我们详细介绍这三部分的组成及工作原理。

1. 安瓿送瓶机构　送瓶机构由进瓶斗、梅花转盘、固定齿板、移动齿板及偏心轴等组成，负责输送安瓿。图 10－8 为 LAG1－2 拉丝灌封机送瓶机构的结构示意图。

安瓿送瓶机构的作用是将安瓿进行排整。将前一道工序洗净灭菌后的安瓿放入与水平成 45°倾角的进瓶斗内。梅花转盘由链轮带动旋转，每转 1/3 周，将 2 支安瓿拨入固定齿板的三角形齿槽中。同时偏心轴作圆周旋转，带动与之相连的移瓶齿板运动，先将安瓿从固定齿板上托起，然后超过固定齿板三角形槽的齿顶，再将安瓿移动 2 个齿。如此反复，偏心轴每转动一周安瓿移动 2 个齿距，完成托瓶、移瓶和放瓶的动作，直至将安瓿送入出瓶斗。此外，应当指出

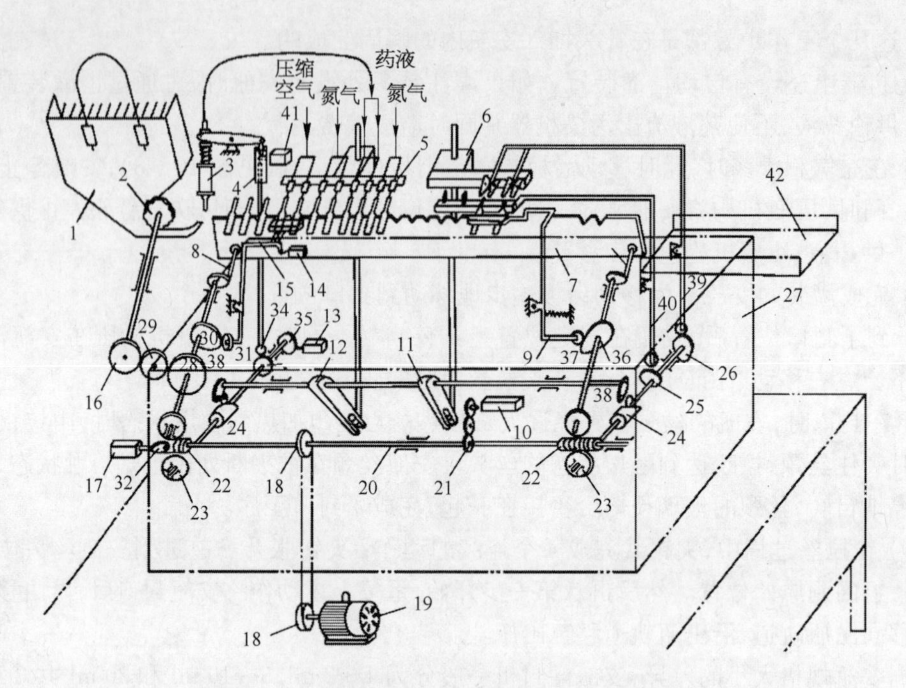

图 10-7　LAG1-2 安瓿拉丝灌封机结构示意

1—进瓶斗；2—梅花转盘；3—针筒；4—导轨；5—针头架；6—拉丝钳架；7—移瓶齿板；8—曲轴；9—封口压瓶机构；10—移瓶齿轮箱；11—拉丝钳上、下拨叉；12—针头架上下拨叉；13—气阀；14—行程开关；15—压瓶装置；16,21,28—圆柱齿轮；17—压缩气阀；18—皮带轮；19—电动机；20—主轴；22—蜗杆；23—蜗轮；24,30,32,33,35,36—丁凸轮；26—拉丝钳开日凸轮；27—丁机架；29—中间齿轮；31,34,37,39—压轮；38—摇臂压轮；40—火头让开摇臂；41—电磁阀；42—出瓶斗

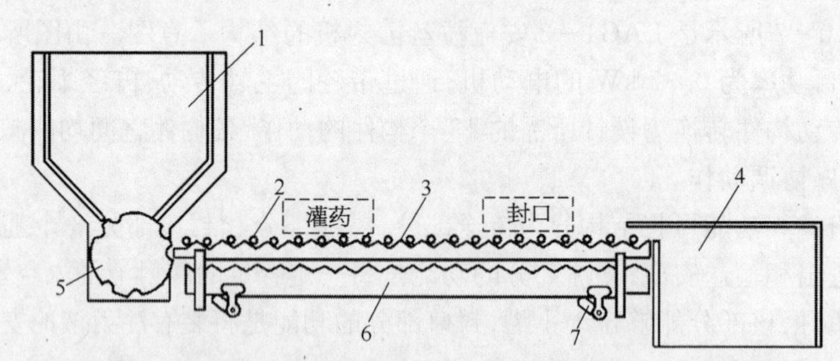

图 10-8　LAG1-2 拉丝灌封机送瓶机构的结构示意图

1—进瓶斗；2—安瓿；3—固定齿板；4—出瓶斗；5—梅花转盘；6—移动齿板；7—偏心轴

的是：① 固定齿板由上、下两条组成，使安瓿上、下两端恰好分别搁置在其三角形槽中而被固定。此时安瓿与水平依然保持 45°倾角，口朝上，以便于灌注药液。移瓶齿板与固定齿板相同，也由上、下两条组成，且齿间距也相同，但其齿形为椭圆形，以防在送瓶过程中将瓶撞碎。移动齿板安装在固定齿板内侧。即在同一垂直面内共有 4 条齿板，最上、最下的两条齿板是固定齿板，中间两条是移动齿板。② 偏心轴在旋转 1 周的周期内，前 1/3 周期用来使移瓶齿板完成送瓶过程，安瓿右移 2 个齿距，依次过灌药和封口 2 个工位，在后 2/3 周期内，安瓿在固定齿板上滞留不动，以完成药液的灌注和安瓿的封口过程。③ 最后将安瓿送到出瓶斗。完成封口的

安瓿在进入出瓶斗时，由移动齿板推动的惯性力及安装在出瓶斗前的一块有一定角度斜置的舌板的作用，使安瓿转动并呈竖立状态进入出瓶斗。

大规格安瓿灌封机的送瓶机构与1～2 ml小规格安瓿灌封机的不同之处有：① 由于安瓿的重量、体积增加，因此将2根偏心轴改为3根偏心轴，以增大机器对大规格安瓿的承受力。② 进瓶斗处的梅花转盘由3对槽改为4个槽，由每次送入2只安瓿改为只送入1只安瓿。梅花转盘后的链轮传动改为圆柱齿轮传动。③ 为了防止安瓿在进瓶斗内阻塞，在进瓶斗的一侧增加了一块插板，图10-9所示为大安瓿灌封机送瓶机构的结构示意图。

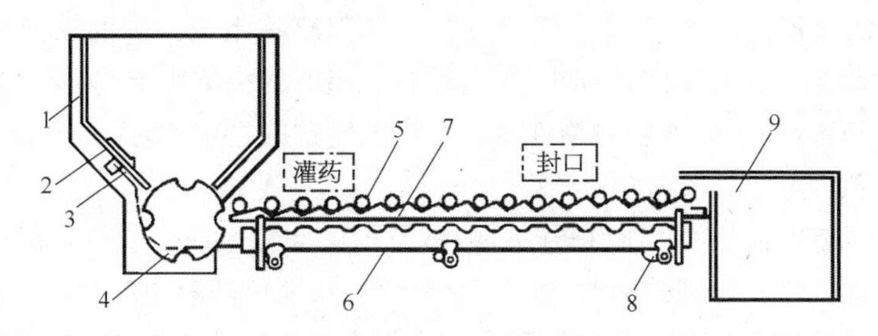

图10-9 10～20 ml安瓿灌封机送瓶机构结构示意图

1—进瓶斗；2—插板；3—拉杆；4—梅花转盘；5—安瓿；
6—移动齿板；7—固定齿板；8—偏心轴；9—出瓶斗

2. 安瓿灌装机构 灌装机构由凸轮-拉杆装置、注射灌液装置及缺瓶止灌装置三大部分组成。图10-10所示为LAG1-2安瓿拉丝灌封机灌装机构的结构示意图。

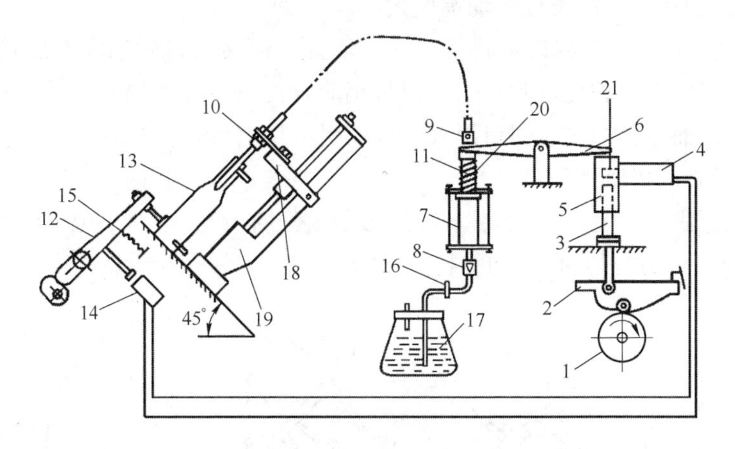

图10-10 LAG1-2 安瓿拉丝灌封机灌装机构的结构示意图

1—凸轮；2—扇形板；3—顶杆；4—电磁阀；5—顶杆座；6—压杆；7—针筒；8,9—单向玻璃阀；10—针头；11—压簧；12—摆杆；13—安瓿；14—行程开关；15—拉簧；16—螺丝夹；17—贮液罐；18—针头托架；19—针头托架座；20—针筒芯；21—电磁感应探头

(1) 凸轮一杠杆装置：由凸轮、扇形板、顶杆、顶杆座及针筒等构件组成。它的功能是完成将药液从贮液罐中吸入到针筒内并输向针头，灌装进入安瓿内的操作。它的整个传动系统如下：

凸轮1连续转动到图示位置时，通过扇形板2，转换为顶杆3的上、下往复移动，再转换为压杆6的上下摆动，最后转换为针筒芯20在针筒7内的上下往复移动。在有安瓿的情况下，顶杆3顶在电磁阀4伸在顶杆座内的部分(即电磁感应探头21)，与电磁阀4连在一起的顶杆座 5 上升,使压杆 6 摆动,压杆 6 另一端即下压,推动针筒 7 的针筒芯 20 向下运动,此时,单向玻璃阀 8 关闭,针筒 7 下部的药液通过底部的小孔进入针筒上部。针筒的针筒芯继续上移,单向玻璃阀 9 受压而自动开启,药液通过导管经过针头而注入安瓿 13 内直到规定容量。当针筒芯在针筒内向上移动时,即当凸轮不再压扇形板时,筒内下部产生真空,针筒的针筒芯靠压簧 11 复位,此时单向玻璃阀 8 打开,9 关闭,药液又由贮液罐 17 中被吸入针筒的下部,与此同时,针筒下部因针筒芯上提而造成真空再次吸取药液,顶杆和扇形板依靠自重下落,扇形板滚轮与凸轮圆弧处接触后即开始重复下一个灌药周期,如此循环,完成安瓿的灌装。

(2) 注射灌液装置:由针头、针头托架及针头托架座等组成。它的功能是提供针头进出安瓿灌注药液的动作。针头固定在针头架上,随它一起沿针头架座上的圆柱导轨作上下滑动,完成对安瓿的药液灌装;当需要填充惰性气体以增加制剂的稳定性时,充气针头与灌液针头并列安装在同一针头托架上,一起动作。

(3) 缺瓶止灌装置:由摆杆、行程开关、拉簧及电磁阀等组成。它的功能是当送瓶装置因某种故障致使在灌液工位出现缺瓶时,能自动停止灌液,以免药液的浪费和污染机器。当因送瓶斗内安瓿堵塞或缺瓶而使灌装工位的灌注针头处齿形板上没有安瓿时,摆杆与安瓿接触的触头脱空,拉簧将摆杆下拉,直至摆杆触头与行程开关触头相接触,行程开关闭合,此时接触电磁阀的电流可打开电磁阀,致使开关回路上的电磁阀动作,使顶杆失去对压杆的上顶动作而控制注射器部件,从而达到了自动止灌的功能。

大规格安瓿灌封机与小规格安瓿灌封机的灌装装置的结构相似,差别在于灌注药液的容量、注射针筒的体积及相应的压杆运动幅度大小。

3. **安瓿拉丝封口机构** 封口是将已灌注药液且充惰性气体后的安瓿瓶颈密封的操作过程。安瓿封口方式有熔封和拉丝封口。熔封是指旋转的安瓿瓶颈玻璃在火焰的加热下熔融,借助表面张力作用而闭合的一种封口形式。拉丝封口是指当旋转安瓿瓶颈玻璃在火焰加热下熔融时,采用机械方法将瓶颈闭口。

拉丝封口主要由拉丝装置、加热装置和压瓶装置三部分组成。图 10-11 所示为 LAG1-2 安瓿拉丝灌封机气动拉丝封口机构结构示意图。

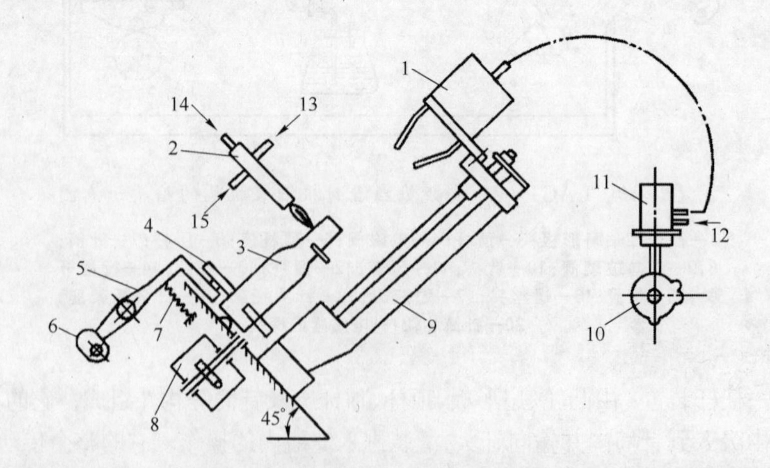

图 10-11 LAG1-2 安瓿拉丝灌封机气动拉丝封口机构结构示意图

1—拉丝钳;2—吹嘴;3—安瓿;4—压瓶滚轮;5—摆杆;6—压瓶凸轮;7—拉簧;8—蜗轮蜗杆箱;9—拉丝钳座;10—偏心凸轮;11—启动气阀;12、13—压缩空气;14—煤气;15—氧气拉丝装置包括拉丝钳、控制钳口开闭的部分及钳子上下运动部分。按其传动形式分为气动拉丝和机械拉丝两种。两者之间的不同之处在于如何控制钳口的启闭部分。气动拉丝是通过气阀凸轮控制压缩空气经管道进入拉丝钳使钳口启闭，气动拉丝结构简单，造价低，维修方便；而机械拉丝则是由钢丝绳通过连杆和凸轮控制拉丝钳口的启闭，机械拉丝结构复杂，制造精度要求高，并且不存在排气的污染，适用于无气源条件下的生产。

下面详细介绍气动拉丝封口工作原理。① 灌好药液并充入惰性气体的安瓿 3 经移瓶齿板作用进入图示位置时，安瓿颈部靠在上固定齿板的齿槽上，安瓿下部放在蜗轮箱的滚轮上，底部则放在呈半圆形的支头上，安瓿上部由压瓶滚轮 4 压住以防止拉丝钳 1 拉安瓿颈丝时安瓿随拉丝钳移动。此时，由于蜗轮转动带动滚轮旋转，从而使安瓿旋转，同时压瓶滚轮 4 也在旋转；② 加热火焰温度为 1 400℃左右，对安瓿颈部需加热部位圆周加热到一定火候，拉丝钳口张开向下，当达到最低位置时，拉丝钳收口，将安瓿头部拉住，并向上将安瓿熔化丝头抽断而使安瓿闭合。加热火焰由煤气 14、压缩空气 13 和氧气 15 混合组成；③ 当拉丝钳到达最高位置时，拉丝钳张开、闭合两次，将拉出的废丝头甩掉，这样整个拉丝动作完成。拉丝过程中拉丝钳的张合由启动气阀 11 偏心凸轮 10 控制压缩空气 12 完成；④ 安瓿封口完成后，由于压瓶凸轮 6 作用，摆杆 5 将压瓶滚轮 4 拉起，移动齿板将封口的安瓿移至下一位置，未封口的安瓿送入火焰位置进行下一个动作周期。

4. *安瓿灌封过程中常见问题及解决方法*

(1) 冲液现象：冲液是指在灌注药液过程中，药液从安瓿内冲起溅在瓶颈上方或冲出瓶外，冲液的发生会造成容量不准、药液浪费、封口焦头和封口不严密等问题。

解决冲液现象的主要措施有以下几种：① 注液针头出口多采用三角形的开口，中间拼拢形成“梅花形针端”，这样的设计能使药液在注液时沿安瓿瓶身进液，而不直冲瓶底，减少了液体注入瓶底的反冲力；② 调节注液针头进入安瓿的位置使其恰到好处；③ 改进提供针头托架运动的凸轮设计，使针管吸液和针头注药的行程加长，非注液时的行程缩短，保证针头出液先急后缓。

(2) 束液不良：束液是指注液结束时，针头上不得有液滴沾留挂在针尖上，若束液不良则液滴容易弄湿安瓿颈，既影响注射剂容量，又会出现焦头或封口时瓶颈破裂等问题。

解决束液不良现象的主要方法有以下几种：① 改进灌药凸轮的设计，使其在注液结束时返回行程缩短、速度快；② 设计使用有毛细孔的单向玻璃阀，使针筒在注液完成后对针筒内的药液有微小的倒吸作用；③ 一般生产时常在贮液瓶和针筒连接的导管上夹一只螺丝夹，靠乳胶管的弹性作用控制束液，可使束液效果更好。

(3) 封口质量问题：封口质量直接受封口火焰温度的影响，若火焰温度过高，拉丝钳还未下来，安瓿丝头已被火焰加热熔化并下垂，拉丝钳无法拉丝；火焰温度过低，则拉丝钳下来时瓶颈玻璃还未完全熔融，不是拉不动，就是将整支安瓿拉起，影响生产操作。生产中，常因火焰温度控制不好而产生“泡头”、“瘪头”、“尖头”等问题，产生原因及解决措施如下。

泡头：煤气太大、火力太强导致药液挥发，可调小火焰；预热火头太高，可适当降低火头位置；主火头摆动角度不当，一般摆动应为 1°～2°；安瓿压脚没压好，使瓶子上爬，应调整上下角度位置；拉丝钳子位置太低，造成钳去玻璃太多，使玻璃瓶内药液挥发，压力增加，而成泡头，需将拉丝钳调到相应位置。

瘪头(平头)：瓶口有水迹或药迹，拉丝后因瓶口液体挥发，压力减少，外界压力大而使瓶口倒吸形成平头。通过调节灌装针头位置和大小,不使药液外冲;调节回火火焰不能太大,防止使已圆好口的安瓿瓶口重新熔融。

尖头煤气供给量过大,导致预热火焰、加热火过强、过大,使拉丝时丝头过长,可把煤气量调小些;火焰喷枪离瓶口过远,使加热温度太低,应调节中层火头,对准瓶口,离瓶 3～4 mm;压缩空气压力太大,造成火力急,导致温度低于玻璃的软化点,可将空气量调小一点。

焦头:主要因安瓿颈部沾有药液,封口时炭化而致。例如灌药室给药太急,溅起药液在安瓿内壁上;针头回药慢,针尖挂有药滴且针头不正,针头碰到安瓿内壁;瓶口粗细不均匀,碰到针头;压药与打药行程未配合好;针头升降不灵;火焰进入安瓿内等均可导致"焦头"。通过调换针筒或针头;更换合格安瓿;调整修理针头升降装置等加以解决。

此外,充惰性气体二氧化碳时容易发生瘪头、爆头,要引起注意。由此可见,控制调节封口火焰的大小是封口质量好坏的关键,一般封口温度调节在 1 400℃,由煤气和氧气压力控制,煤气压力大于 0.98 kPa,氧气压力为 0.02～0.05 MPa。火焰头部与安瓿瓶颈间最佳距离为 10 mm,生产中拉丝火头前部还有预热火焰,当预热火焰使安瓿瓶颈加热到微红时,再移入拉丝火焰熔化拉丝,有些灌封机在封口火焰后还设有保温火焰,使封好的安瓿慢慢冷却,以防止安瓿因突然冷却而发生爆裂现象。

(四) 安瓿灌封机维修与保养

1. 灌封机自身的使用和保养

(1) 每次开车前,应先进行过滤药液的可见性异物检查,待检查合格后,再对贮液罐进行检查。

(2) 调整机器时,工具的选择及使用要适当,严禁用过大的工具或用力过猛。对松动的螺钉,一定要紧固。每次开车前,均应先用手轮摇动机器,查看各工位是否协调,待整个传动部位运转正常后,接通电源,方可开机。

(3) 检查调整好针头(充药针头、吹气针头、通惰性气体针头),并在日光灯下挑选安瓿,剔除不合格安瓿(裂纹、破口、掉底、丝细、丝粗等)。将选好的安瓿轻轻倒入安瓿斗中。

(4) 先轻微开启燃气(煤气)阀点燃灯火,再开助燃气(压缩空气)调整好火焰,开车检查充填和封口情况,如是否有擦瓶口、漏药(炭化)、容量不准,通气不均匀、或大或小等。并取出开车后灌封好的安瓿 20～30 支,检查封口是否严密、圆滑、药液可见性异物检查是否合格,随时剔除焦头、泡头、漏水等不合格品。检查合格后才能正常工作。

燃气头应该经常从火焰的大小来判断是否良好,因为燃气头的小孔使用一定时间后容易被积炭堵塞或小孔变形而影响火力。

灌封机火头上面要装排气管,用以排除热量及燃气过程中产生的少量灰尘,同时又能保持室内温度、湿度和清洁,有利于产品质量和工作人员的健康。

(5) 在生产时,充填惰性气体应该注意根据产品的要求通二氧化碳或氮气,并检查管路和针头是否通畅,有否漏气现象。还应注意通气量大小,一般以药液面微动为准。

(6) 机器必须保持清洁,生产过程中应及时清除机器上的药液和玻璃碎屑,严禁机器上有油污,严防药液及水漏滴进电机或是插头部位,以保证电器安全。

(7) 结束工作时,彻底清理卫生,应将机器各部件清洗 1 次。先用压缩空气吹净碎玻璃,再用水或酒精擦净机器上的油污和药液,要对所有的注油孔加油 1 次,并空车运转使其润滑。每周应大擦洗 1 次,特别是擦净平常使用中不易清洗到的地方。

(8) 停机时，拉丝钳应避免停留在喷枪火焰区，防止拉丝钳口长时间受高温、潮湿而损伤。

(9) 停机时，要先关电源，再依次关燃气(煤气)阀门和助燃气(压缩空气)阀门。

(10) 在机器使用前后，应按照制造厂家提供的详细说明书等技术资料检验机器性能。

(11) 灌封机每季度小修 1 次，每年大修 1 次。

2. 压缩空气贮罐的使用、维护和保养

(1) 使用前，应检查压缩空气蒸汽预热保温是否正常(温度保持在 50～60℃)。

(2) 使用时，检查压力是否稳定，缓慢打开压缩空气阀，使压力控制在规定的压力范围内。

(3) 安全装置每季度校正 1 次，压力表每半年校验 1 次。

3. 惰性气体使用方法

(1) 第一次使用惰性气体时，需要调整定值器，定到所需气量。以后再使用时，就不能随意变动。

(2) 使用惰性气体时，先打开总开关，拉开拉丝开关。然后，慢慢开启高压气瓶阀门。当电接点压力表指示的压力达到高限，高压信号电铃响起时，再将阀门开大一点即可。

(3) 当听到低压限铃响起时，说明气瓶内气量不足，应该换新气瓶。

四、安瓿洗、烘、灌封联动机

安瓿洗、烘、灌、封联动机是一种将安瓿洗涤、烘干灭菌以及药液灌封三个步骤联合起来的生产线，联动机由安瓿超声波清洗机、隧道灭菌箱和多针拉丝安瓿灌封机三部分组成。联动机实现了注射剂生产承前联后同步协调操作，不仅节省了车间、厂房场地的投资，又减少了半成品的中间周转，将药物受污染的可能性降低到最小限度，因此具有整机结构紧凑、操作便利、质量稳定、经济效益高等优点。除了可以联动生产操作之外，每台单机还可以根据工艺需要，进行单独的生产操作。

(一) 安瓿洗、烘、灌封联动机工艺流程

安瓿上料→喷淋水→超声波洗涤→第一次冲循环水→第二次冲循环水→压缩空气吹干→冲注射用水→3 次吹压缩空气→预热→高温灭菌→冷却→螺杆分离进瓶→前充气→灌药→后充气→预热→拉丝封口→计数→出成品。

安瓿洗、烘、灌封联动机主要部件有机座、传动装置、输送带、计重泵、拉丝结构、燃烧组、层流装置、电控柜等。

图 10－12 为 ACSD 安瓿超声波灌洗机，它是根据国外设备特点，结合我国针剂生产要求自行设计的国产联动机。ACSD－2 型安瓿洗烘灌封联动机是使用 2 ml 安瓿进行注射剂生产的专用机械设备。该机由 CAX－18Z/2 ml 型超声波洗涤机、SMH－18/400 型隧道灭菌箱、DALG－6Z/2 ml 型多针拉丝灌封机组成。安瓿洗、烘、灌封联动机结构原理如图 10－13所示。

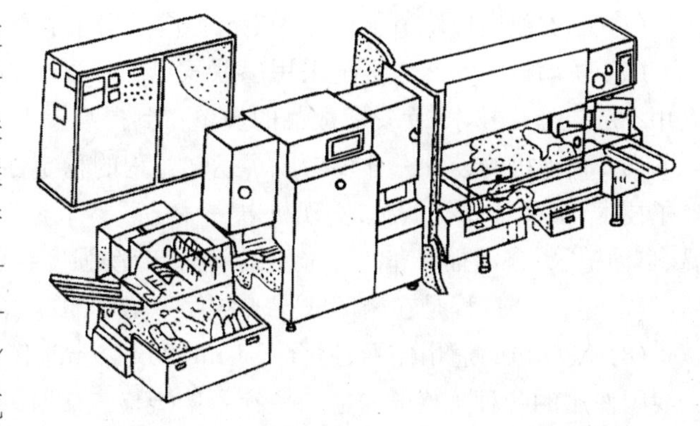

图 10－12　ACSD－2 ml 安瓿超声波洗灌洗机联动机外形示意图

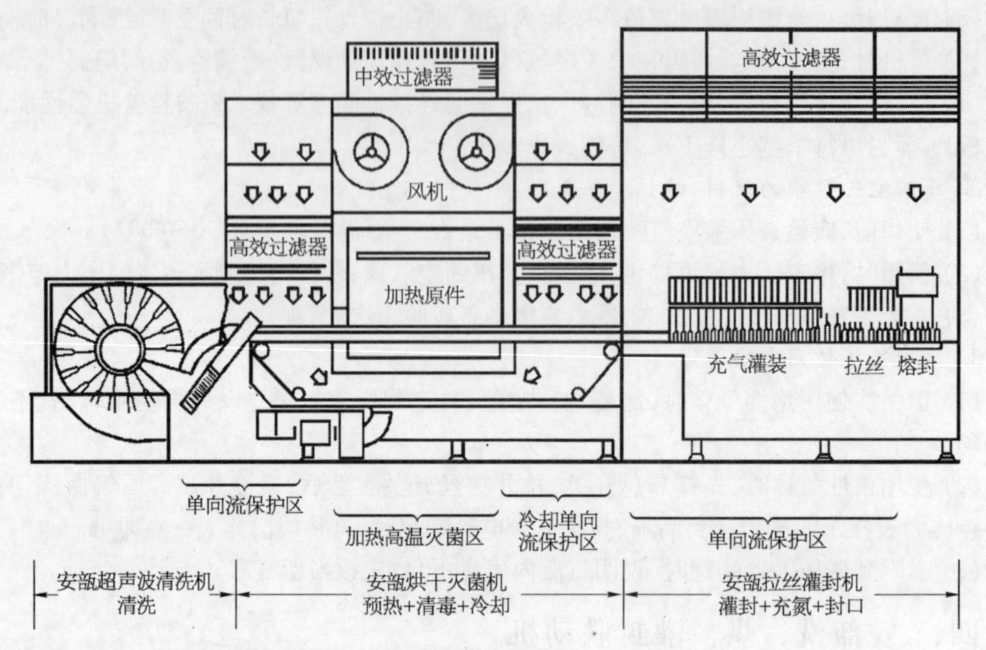

图 10-13 安瓿洗灌封联动机工作原理示意图

(二) 安瓿洗、烘、灌封联动机主要特点

(1) 采用了先进的超声波清洗技术对安瓿进行洗涤,并配合多针水气交替冲洗及安瓿倒置冲洗。洗涤用水是经孔径为 0.2～0.45 μm 滤器过滤的新鲜注射用水,压缩空气也需经孔径 0.45 μm 的滤器过滤,除去了灰尘粒子、细菌及孢子体等。整个洗涤过程采用电气控制。

(2) 采用隧道式红外线加热灭菌和热层流干热空气灭菌两种形式对安瓿进行烘干灭菌。在 100 级层流净化空气条件下,通常 350℃高温干热灭菌 5 分钟,即可去除生物粒子,杀灭细菌和破坏热原,并使安瓿达到完全干燥。

(3) 安瓿在烘干灭菌后立即采用多针拉丝灌封机进行药液灌封。灌液泵采用无密封环的柱塞泵,可快速调节装量,还可进一步调整吸回量,避免药液溅溢。驱动机构中设有灌液安全装置,当灌液系统出现问题或灌装工位没有安瓿时,能立即停机止灌。每当停机时,拉丝钳钳口能自动停于高位,避免烧坏。

(4) 在安瓿出口轨道上设有光电计数器,能随时显示产量。

(5) 联动机中安瓿的进出采用串联式,减少了半成品的中间周转,可避免交叉污染,加之采用了层流净化技术,使安瓿成品的质量得到提高。

(6) 联动机的设计充分地考虑了运转过程的稳定性、可靠性和自动化程度,采用了先进的电子技术、实现计算机控制,实现机电一体化。整个生产过程达到自动平衡、监控保护、自动控温、自动记录、自动报警和故障显示,减轻了劳动强度,减少了操作人员。

(7) 生产全过程是在密闭或层流条件下工作的,符合 GMP 要求。

(8) 联动机的通用性强,适合于 1 ml、2 ml、5 ml、10 ml、20 ml 的 5 种安瓿规格,并且适合于我国使用的各种规格的安瓿。更换不同规格安瓿时,换件少,且易更换。

(9) 该机价格昂贵,部件结构复杂,对操作人员的管理知识和操作水平要求较高,维修也较困难。

第二节 输液剂生产设备

最终灭菌大容量注射剂是指 50 ml 以上的最终灭菌注射剂,简称大输液或输液。输液容器有瓶形与袋形两种,其材料有玻璃、塑料。其中塑料中常用聚乙烯、聚丙烯、聚氯乙烯或复合膜等。

输液剂主要用于抢救危重患者,抗击自然灾害产生的疫情,补充体液、电解质或提供营养物质等,使用范围广泛。由于输液剂的用量大而且是直接进入血液的,故质量要求高于最终灭菌小容量注射剂,因此,生产条件的控制也应相对的严格一些,如配制输液的配药车间要求空气净化条件严格,为防止外界空气污染,要封闭,并设有满足要求的空气输入与排出系统。配药用器具、输液泵等应该使用特殊钢材制备。设备内腔需光滑无死角,易于蒸汽灭菌。配药缸及整个工艺管线要求封闭操作。配药缸分有单层及双层的,当需加热时,单层配药缸内将有不锈钢蒸汽加热管,双层配药缸则是利用夹层实现药液的冷却或加热的,一般配药缸内都装有搅拌器,以保证各种药液迅速混合均匀。此外输液剂的生产工艺与注射剂也有一定的差异,其生产过程中还有一些专用的设备。

目前,国内主要采用灭菌生产工艺制备输液剂,输液剂生产过程包括原辅料的准备、浓配、稀配、瓶外洗、粗洗、精洗、灌封、灭菌、质量检查、包装等工序。

一、 输液剂生产工艺流程

最终灭菌大容量注射剂使用的包装形式不同,有玻璃瓶、硬塑料瓶、软塑料袋 3 种形式包装,其工艺流程也各不相同。我们着重介绍最终灭菌大容量注射剂玻璃瓶的工艺流程及其生产设备。由制水、空输液瓶的前处理、胶塞及隔离膜的处理、配料及成品五部分组成。在输液剂的生产过程中,灌封前分为 4 条生产路径同时进行。

第一条路径是注射液的溶剂制备。注射液的溶剂常用注射用水,其制备在此不加赘述。

第二条路径是空输液瓶的处理。为使输液瓶达到清洁要求,需要对输液瓶进行多次清洗包括:清洁剂处理、纯化水、注射用水清洗等工序。输液瓶的清洗可在洗瓶机上进行。洗涤后的输液瓶,即可进行灌封。

第三条路径是胶塞的处理。为了清除胶塞中的添加剂等杂质,需要对胶塞进行清洗处理。可在胶塞清洗机上进行。胶塞经酸碱处理,用纯化水煮沸后,去除胶塞的杂质,再经纯化水、注射用水清洗等工序,即可使用。

第四条路径是输液剂的制备。其制备方法、工艺过程与水针剂的制备基本相同,所不同的是输液剂对原辅料的要求、生产设备及生产环境的要求更高,尤其是生产环境的条件控制,例如在输液剂的灌装、上膜、上塞翻塞工序,要求环境为局部 100 级。

输液剂经过输液瓶的前处理、胶塞与隔离膜的处理及制备这三条路径到了灌封工序即汇集在一起,灌封后药液和输液瓶合为一体。

灌封后的输液瓶，应立即灭菌。灭菌时，可根据主药性质选择相应的灭菌方法和时间，必要时采用几种方法联合使用。即要保证不影响输液剂的质量指标，又要保证成品完全无菌。

灭菌后的输液剂即可以进行质量检查。检查合格后进行贴签与包装。贴签和包装在贴签机或印包联动机上完成。贴签、包装完毕，生产完成输液剂成品。大输液生产联动线流程图见图10-14。

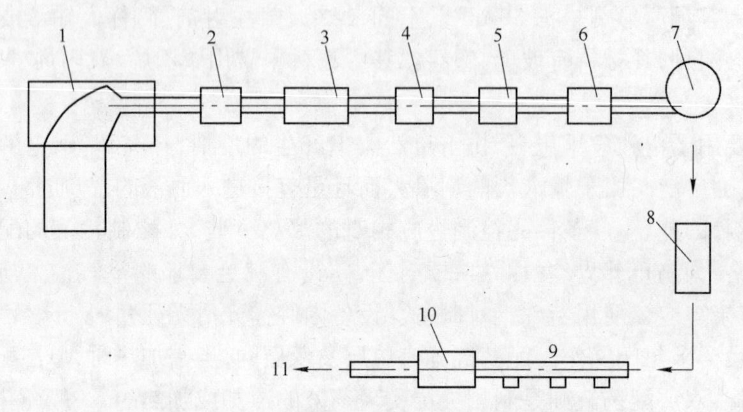

图10-14 大输液生产联动线流程示意图

1—送瓶机组；2—外洗瓶；3—洗瓶机组；4—灌装机；5—塞塞翻塞机；6—扎盖机；
7—贮瓶台；8—灭菌柜；9—灯检工段；10—贴签机；11—装箱

玻璃输液瓶由理瓶机（送瓶机组）理瓶经转盘送入外洗机，刷洗瓶外表面，然后由输送带进入滚筒式清洗机（或箱式洗瓶机），洗净的玻璃瓶直接进入灌装机，灌满药液立即封口（经盖膜、胶塞机、翻胶塞机、轧盖机）和灭菌。灭菌完成后，进行贴标签、打批号、装箱等工序，最后成品进入流通领域。

二、理瓶机

由玻璃厂来的输液瓶，通常由人工拆除外包装，送入理瓶机。也有用真空或压缩空气拎取瓶子并送至理瓶机。再经过洗瓶机完成洗瓶工作。

理瓶机的作用是将拆包取出的瓶子按顺序排列起来，并逐个输送给洗瓶机。理瓶机型式很多，常见的有圆盘式理瓶机及等差式理瓶机。

1. **工作原理** 圆盘式理瓶机如图10-15所示。其工作原理为低速旋转的圆盘上搁置着待洗的玻璃输液瓶，固定的拨杆将运动着的瓶子拨向转盘周边，经由周边的固定围沿将瓶子引导至输送带上。

等差式理瓶机如图10-16所示。其工作原理为数根平行等速的传送带被链轮拖动着一致向前，传送带上的瓶子随着传送带前进。与其相垂直布置有差速输送带，差速是为了达到在将瓶子引出机器的时候，避免形成堆积从而保持逐个输入洗瓶的目的。差速输送带是利用不同齿数的链轮变速达到不同速度要求，第Ⅰ、第Ⅱ输送带以较低速度运行，第Ⅲ输送带的速度是第Ⅰ输送带的1.18倍，第Ⅳ带的速度是第Ⅰ带的1.85倍。在超过输瓶口的前方还有一条第Ⅴ带，其与第Ⅰ带的速度比是0.85，而且与前4根带子的传动方向相反，其目的是把卡在出瓶口处的瓶子迅速带走。

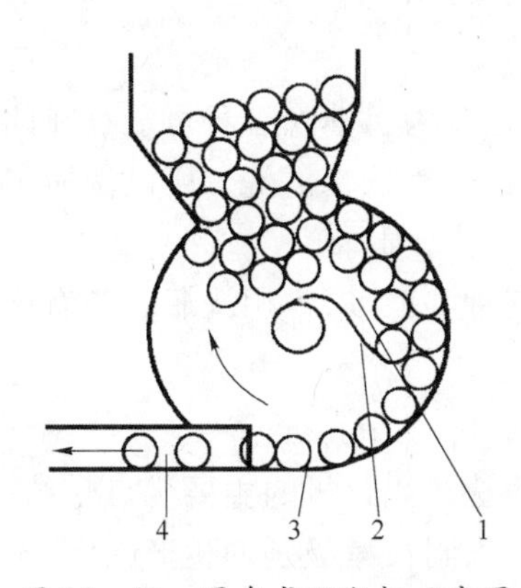

图 10－15　圆盘式理瓶机示意图

1—转盘;2—拨杆;3—围沿;4—输送带

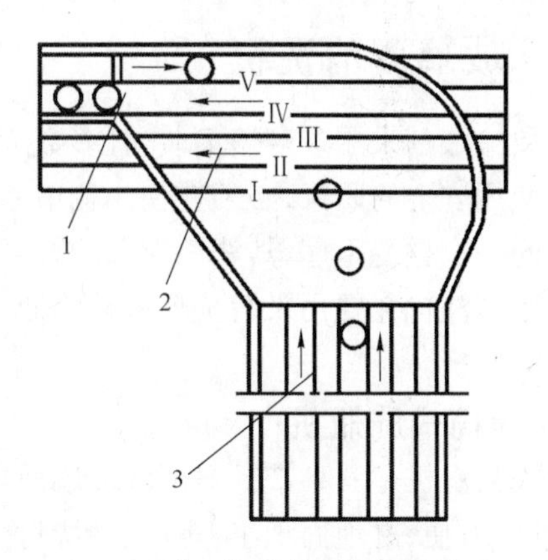

图 10－16　等差式理瓶机示意图

1—玻璃瓶出口;2—差速进瓶带;
3—等速进瓶带

2. *操作程序*　① 打开电源开关。② 打开输送带开关。③ 打开理瓶开关。④ 将瓶口朝上放在托盘上并推入理瓶盘上,再将一些瓶放在托盘上。⑤ 当理瓶盘上的瓶基本都输送到输送带上时,再将托盘上的瓶推入理瓶盘,如此反复。⑥ 当工作完毕,依次关闭理瓶、输送带、电源开关。⑦ 工作结束后,按照本设备清洁岗位操作法(SOP Standard Operation Procedure),对机器进行清洁。

三、 外洗瓶机

洗瓶是输液剂生产中一个重要工序。国家标准 GB2639—90 规定,玻璃输液瓶有 A 型、B 型两种型号,分别有 50 ml、100 ml、250 ml、500 ml 及 1 000 ml 五种规格。

外洗瓶机是洗涤输液瓶外表面的设备。常用的有 WX－6 型外洗机。通常有两种洗涤方式,一种洗涤方式为:毛刷旋转运动,瓶子通过时产生相对运动,使毛刷能全部洗净瓶子表面,毛刷上部安有喷淋水管,可及时冲走刷洗的污物。另一种洗涤方式为毛刷固定两边,瓶子在输送带的带动下从毛刷中间通过,以达到清洗目的。图 10－17 和图 10－18 为这两种外洗方法示意图。

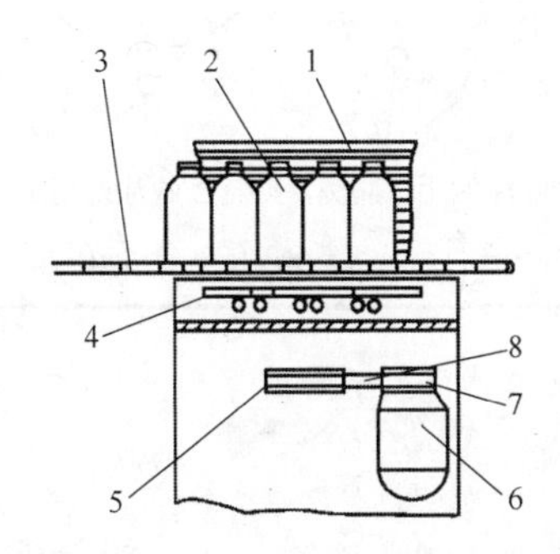

图 10－17　毛刷转动外洗机示意图

1—毛刷;2—瓶子;3—输送带;4—传动齿轮;
5,7—皮带轮;6—电机;8—三角带

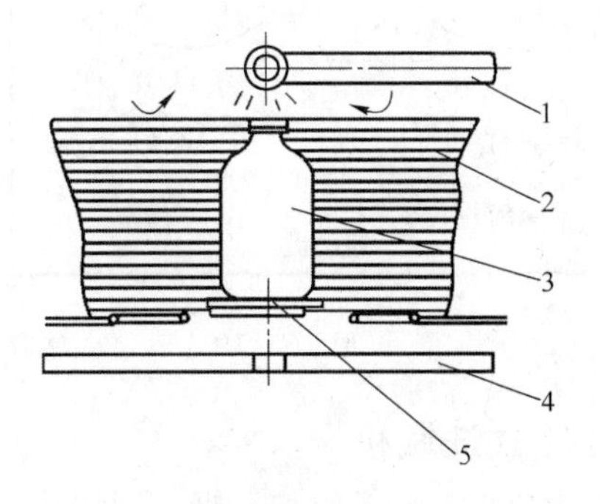

图 10－18　毛刷固定外洗机示意图

1—淋水管;2—毛刷;3—瓶子;
4—传动装置;5—输送带

四、 玻璃瓶清洗机

大多数输液剂采用玻璃瓶灌装,且多数为重复使用。为了消除各种可能存在的危害到产品质量及使用安全的因素,必须在使用输液瓶之前对其进行认真清洗。所以洗瓶工序是输液剂生产中的一个重要工序,其洗涤质量的好坏直接影响产品质量。

玻璃瓶清洗机主要用来清洗玻璃输液瓶内腔。其种类很多,常用洗瓶设备有滚筒式洗瓶机和箱式洗瓶机。

(一) 滚筒式洗瓶机

滚筒式清洗机是一种带毛刷刷洗玻璃瓶内腔的清洗机。该机的主要优点是结构简单、操作可靠、维修方便、占地面积小,粗洗、精洗可分别置于不同洁净级别的生产区内,不产生交叉污染。单班年生产量为200～600万瓶,适合于中小规模的输液剂生产厂。滚筒式洗瓶机由两组滚筒组成,其设备外形及工作位置示意图如图10－19所示。一组滚筒为粗洗段,另一组滚筒为精洗段,中间用长2 m的输送带连接。滚筒作间歇转动。常见的设备如CX200/JX200滚筒式洗瓶机。

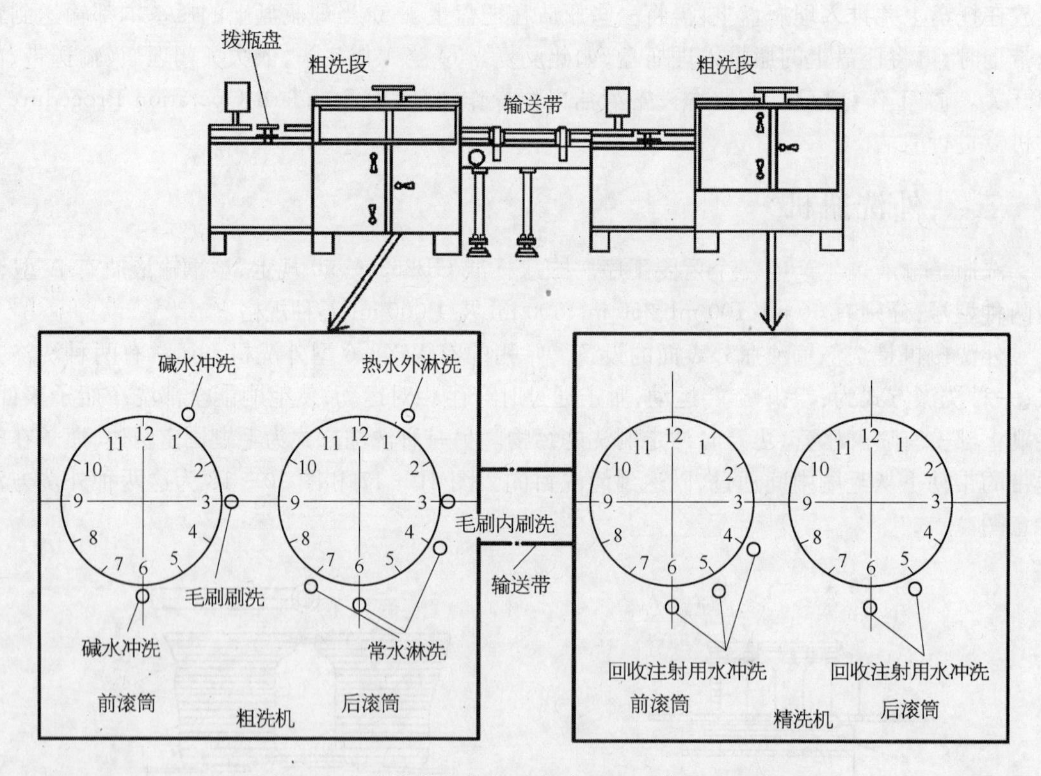

图10－19　滚筒式洗瓶机设备外形及工作位置示意图

(二) 箱式洗瓶机

箱式洗瓶机有带毛刷和不带毛刷清洗两种方式。不带毛刷的全自动箱式洗瓶机采用全冲洗方式。对于在制造及贮运过程中受到污染的玻璃输液瓶,仅靠冲洗难以保证将瓶洗净,故多在箱式洗瓶机前端,配置毛刷粗洗工序。目前,带毛刷的履带行列式箱式洗瓶机应用较广泛。随着国内外包装材料制作设备的现代化和对包装材料生产GMP的实施,全冲洗式洗瓶机将得到更广泛使用。

带毛刷的履带行列式箱式洗瓶机是较大型的箱式洗瓶机，洗瓶产量大，单班年生产量约1 000万瓶。箱式洗瓶机是个密闭系统，是由不锈钢铁皮或有机玻璃罩子罩起来工作的，没有交叉污染，冲刷准确、洗涤效果可靠，此外，玻璃输液瓶采用倒立式装夹进入各洗涤工位，洗净后瓶内不挂余水。全机采用变频调速、程序控制，带自动停车报警装置。履带行列式箱式洗瓶机工位示意图如图 10-20 所示。

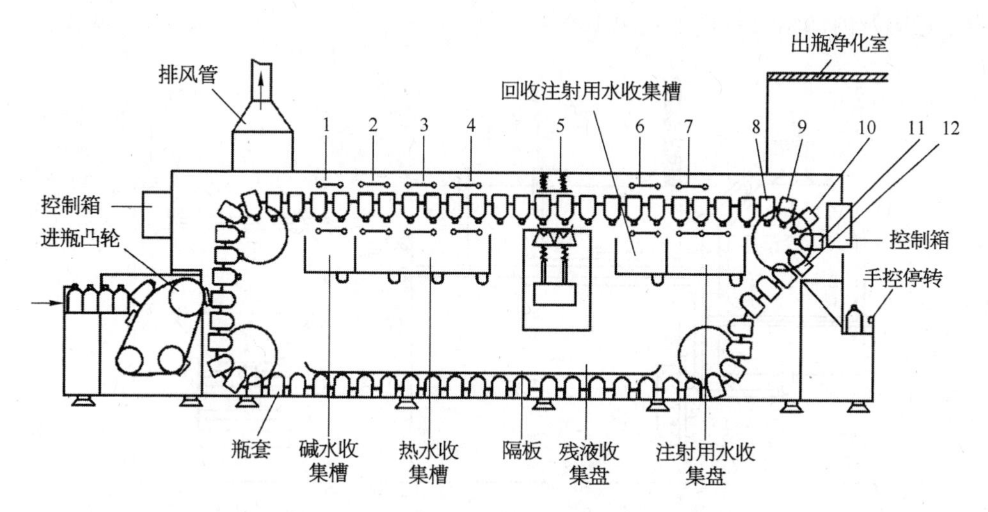

图 10-20 履带行列式箱式洗瓶机工位示意图

1,3—热水喷淋；2—碱水喷淋；4,6—冷水喷淋；5—毛刷带冷喷；7—注射用水喷淋；8,9,10,11,12—倒置沥水

五、 胶塞清洗设备

胶塞所使用的橡胶有天然橡胶、合成橡胶及硅橡胶等。天然橡胶为了便于成型加有大量的附加剂以赋予其一定的理化性质。这些附加剂主要有填充剂如氧化锌、碳酸钙，硫化剂如硫黄，防老化剂如 N-苯基 β-萘胺，润滑剂如石蜡、矿物油，着色剂如立德粉等。总之，胶塞的组成比较复杂。注射液与胶塞接触后，其中一些物质能够进入药液，使药液出现混浊或产生异物；另外有些药物还可能与这些成分发生化学反应。因此天然橡胶制成的胶塞在处理时，除了进行酸碱蒸煮、纯化水清洗外，在使用时还需在药液与胶塞之间加隔离膜。合成橡胶具有较高弹性、稳定性增强等特点。硅橡胶是完全饱和的惰性体，性质稳定，可以经多次高压灭菌，在大幅度温度范围内，仍能保持其弹性，但价格较贵，限制了它的应用。国家推荐使用丁基橡胶输液瓶塞(YY0169.1—94)，以逐步取代天然橡胶输液瓶塞，达到不用隔离膜衬垫。

制药工业中瓶用胶塞使用量极大，皆需要经过清洗、灭菌、干燥方可使用。下面介绍几种胶塞的处理设备。

(一) 夹层罐

利用夹层罐的夹层通蒸汽，采用多次蒸煮漂洗的方法处理胶塞。其生产流程为：首先用0.5%氢氧化钠煮沸 30 分钟，用自来水和新鲜的沸开水洗去胶塞表面黏附的各种游离杂质；再用 0.1%盐酸溶液煮沸约 30 分钟，用蒸馏水洗去表层黏附的填充剂，并洗去酸液；再用蒸馏水煮沸约30分钟,最后用过滤注射用水浸泡过夜。临用前,用过滤注射用水反复漂洗数次。

(二)胶塞清洗机

常用的胶塞清洗机有容器型机组和水平多室圆筒型机组两种,其特点是:集胶塞的清洗、硅化、灭菌、干燥于一体;全电脑控制;可用于大输液的丁基橡胶塞和西林瓶橡胶塞的清洗。

1. 容器型清洗机 其清洗器为圆筒型,安装时,器身置于洁净室内,机身(支架及传动装置)置于洁净室外。常用设备如JS-90型胶塞灭菌干燥联合机组。该机组主要由清洗灭菌干燥容器、抽真空系统、洁净空气输入系统、洁净水、蒸汽、热空气输入系统以及控制系统组成。其外观示意图及内部结构示意图见图10-21。

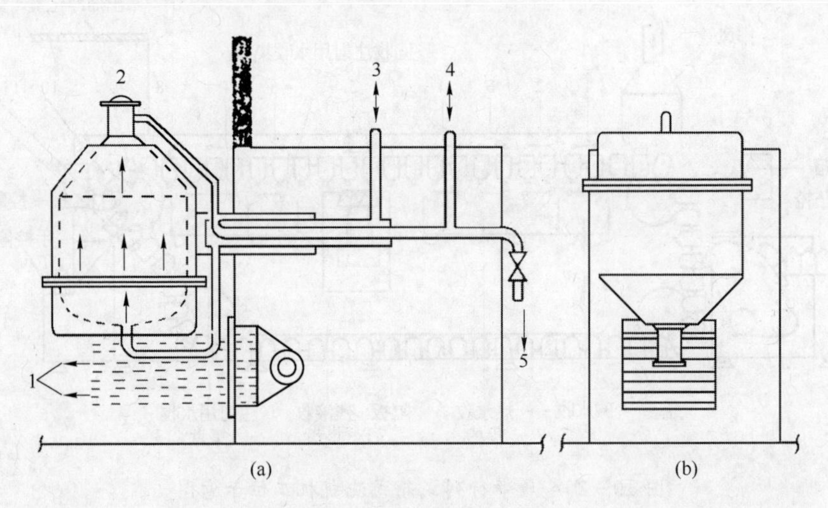

图10-21 JS-90型胶塞灭菌干燥联合机组的外观及内部结构示意图

(a)外观示意图;(b)内部结构示意图

1—100级空气层流;2—洁净区;3—准备区;4—洁净水进出口、蒸汽进出口、热空气进出口;5—胶塞

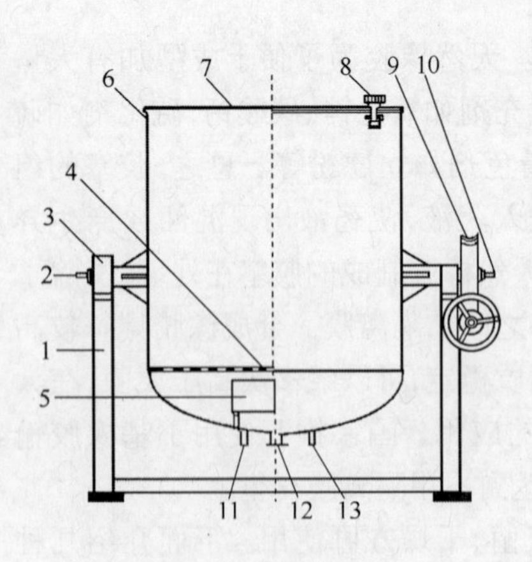

图10-22 CXS型超声波胶塞清洗罐结构示意图

1—支架;2—蒸汽进口;3—轴壳;4—分隔板;5—超声波发生器;6—罐体;7—上盖;8—锁紧;9—蜗轮蜗杆;10—进水口;11—冷凝水出口;12—排污口;13—压缩空气进口

2. 水平多室圆筒型清洗机 清洗转筒可进行慢速、快速旋转,脱水干燥的效果较好,但是胶塞需要分室卸装,以维持旋转平衡,增加了工序。车的两边也需要良好密封。其清洗过程由可编程序控制器进行程序控制,可实现工况实时显示、故障报警、中文提示和报表打印。

(三)超声波胶塞清洗罐

超声清洗是利用超声在液体中传播,使液体在超声场中受到强烈的压缩和拉伸,产生空腔、空化作用,空腔不断产生、不断移动,不断消失,空腔完全闭合时产生自中心向外具有很大能量的微激波,形成微冲流,强烈地冲击着被清洗的胶塞,大大削减了污物的附着力,经一定时间的微激波冲击将污物清洗干净。常用的设备如CXS型超声波胶塞清洗罐。如图10-22所示。

(四)转筒式自动胶塞漂洗机

该机器用于胶塞洗涤的方法是漂洗机从下部不断地

进入热蒸馏水(水温在80℃左右),在转筒的转动下使胶塞翻动,将胶塞尘埃漂出,由溢水口排出。漂洗机可正转或反转,洗涤时间可以调整(一般为20～30分钟即可)。转筒式自动胶塞漂洗机主要用于抗生素及大输液生产的胶塞洗涤。常用设备如ZDP系列转筒式自动胶塞漂洗机。

六、 输液剂的灌装设备

输液剂的灌装是将配制合格的药液,由输液灌装机灌入清洗合格的输液瓶(或袋)内的过程。灌装机是将经含量测定、可见异物检查合格的药液灌入洁净的容器中的生产设备。

灌装工作室的局部洁净度为100级。灌装误差按中国药典规定为标准容积的0～2%。根据灌装工序的质量要求,灌装后首先检查药液的可见异物,其次是灌装误差。

需要使用输液剂灌装设备将配制好的药液灌注到容器中时,对输液剂灌装设备的基本要求是:灌装易氧化的药液时,设备应有充惰性气体的装置;与药液接触的零部件因摩擦有可能产生微粒的灌装设备(如计量泵注射式),须加终端过滤器等,以保证产品质量。

分类的依据不同,灌装机的形式也不同。按灌装方式的不同可分为常压灌装、负压灌装、正压灌装和恒压灌装4种;按计量方式的不同可分为流量定时式、量杯容积式、计量泵注射式3种,按运动形式的不同可分为直线式间歇运动、旋转式连续运动2种。旋转式灌装机广泛应用于饮料、糖浆剂等液体的灌装中,由于是连续式运动,机械设计较为复杂;直线式灌装机则属于间歇式运动,机械结构相对简单,主要用于灌装500 ml输液剂。如果使用塑料瓶灌装药液,则常在吹塑机上成型后于模具中立即灌装和封口,再脱模出瓶,这样更易实现无菌生产。目前,国内使用的输液灌装机主要为用于玻璃瓶输液的计量泵注射式灌装机、恒压式灌装机等,还有用于塑料瓶、塑料袋的输液灌装机。下面介绍几种常用的输液剂灌装机。

(一) 计量泵注射式灌装机

计量泵注射式灌装机是通过计量泵对药液进行计量,并在活塞的压力下,将药液充填于容器中。先介绍其计量调节部分。

1. *计量泵式计量调节方式*　计量泵式计量器是以活塞的往复运动进行充填,为常压灌装。计量原理是以容积计量。既有粗调定位装置控制药液装量,又有微调装置控制装量精度(图10-23)。调整计量时,首先粗调活塞行程达到灌装量,装量精度由下部的微调螺母来调整,从而达到很高的计量精度。

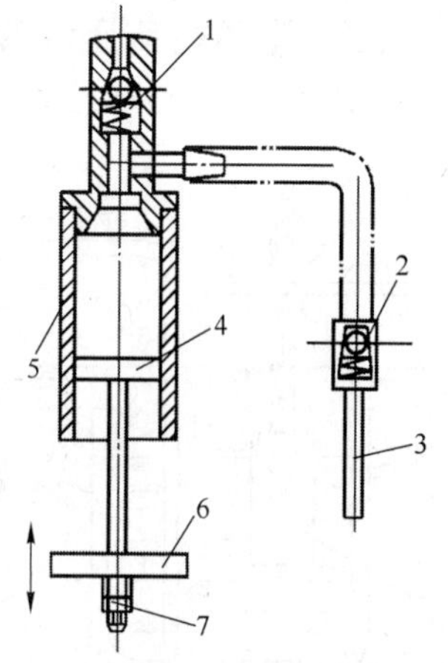

图10-23　计量泵工作原理示意图

1,2—单向阀;3—灌装管;4—活塞;5—计量缸;6—活塞升降板;7—微调螺母

计量泵注射式灌装机有直线式和回转式两种机型,前者输液瓶作间歇运动,产量较低;后者为连续作业,产量则较高。充填头有二头、四头、六头、八头、十二头等,如八泵直线式灌装机有8个充填头,是较常用计量泵注射式灌装机,图10-24为八泵直线式灌装机示意图。常用的设备如GCB8D型八泵直线式灌装机。

2. *计量泵注射式灌装机工作原理*　输送带上洗净的玻璃瓶每8个一组由两个星轮10分隔定位,V型卡瓶板卡住瓶颈,使瓶口准确对准充氮头1和进液阀2出口。灌装前,先由8个充氮头向瓶内预充氮气,灌装时边充氮边灌液。充氮头1、进液阀2及计量泵活塞的往复运动都是靠凸轮控制。从计量泵泵出来的药液

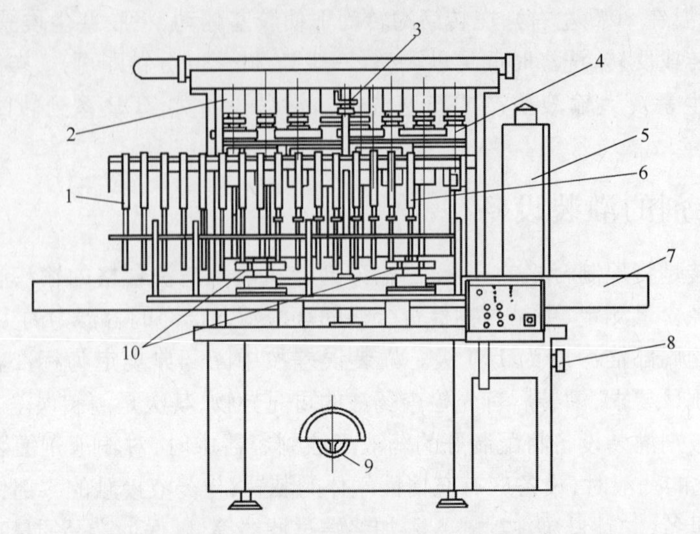

图 10-24 八泵直线式灌装机

1—预充氮头;2—进液阀;3—灌装头位置调节手柄;4—计量缸;5—接线箱;6—灌装头;7—灌装台;8—装量调节手柄;9—装置调节手柄;10—星轮

先经终端过滤器再进入进液阀 2。药液灌注完毕后,计量泵活塞杆回抽时,灌注头止回阀前管道中形成负压,灌注头止回阀能可靠地关闭,加之注射管的毛细管作用,可靠地保证了灌装完毕不滴液。

该机具有如下优点:① 通过改变进液阀出口形式可对不同容器进行灌装,除玻璃瓶外,还有塑料瓶、塑料袋及其他容器。② 为活塞式强制充填液体,适应不同浓度液体的灌装。③ 无瓶时,计量泵转阀不打开,保证无瓶不灌液。④ 采用计量泵式计量。计量泵与药液接触的零部件少,没有不易清洗的死角,清洗消毒方便。⑤ 采用容积式计量。计量调节范围较广,从 100～500 ml 可按需要调整。

(二) 量杯式负压灌装机

量杯式负压灌装机是以量杯的容积计量,负压灌装。先介绍其计量调节部分。

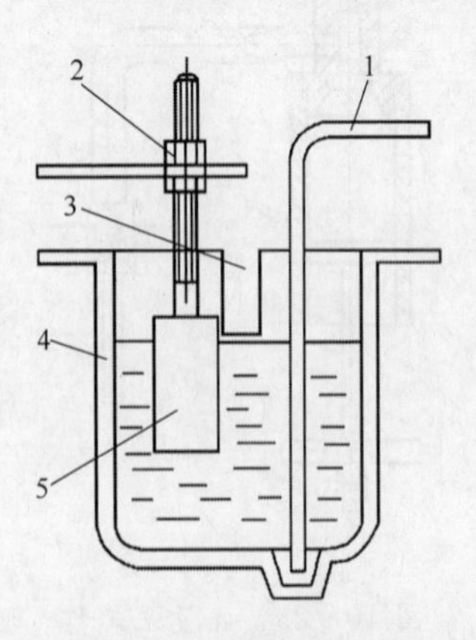

图 10-25 量杯式计量器结构示意图

1—吸液管;2—调节螺母;3—量杯缺口;4—计量杯;5—计量调节块

1. 量杯式计量调节方式 如图 10-25 所示。它是以容积定量,当药液超过液流缺口时,药液自动从缺口流入盛料桶进行计量粗定位。计量精确调节是通过计量调节块 5 在计量杯 4 中所占的体积而定的,即旋动调节螺母 2,使计量调节块 5 上升或下降,调节其在计量杯 4 内所占的体积以控制装量精度。吸液管 1 与真空管路接通,使计量杯 4 内药液负压流入输液瓶内。计量杯 4 下部的凹坑可保证将药液吸净。

2. 量杯式负压灌装机工作原理 量杯式负压灌装机多为 10 个充填头,盛料桶中配装有 10 个计量杯。除计量杯外,还有托瓶装置及无级变速装置。量杯式负压灌装机如图 10-26 所示。

量杯式负压灌装机中输液瓶由螺杆式输瓶器经拨瓶星轮送入转盘的托瓶装置,托瓶装置由圆柱凸轮控制升降,灌装头套住瓶肩形成密封空间，计量杯与灌装头由硅橡胶管连接，通过真空管道抽真空，真空吸液管将药液负压吸入瓶内。

该机具有如下特点：① 量杯计量、负压灌装；药液与其接触的零部件无相对机械摩擦，没有微粒产生，不需加终端过滤器，保证了药液在灌装过程中的可见异物检查合格；② 计量块计量调节，调节方便简捷；③ 机器设有无瓶不灌装等自动保护装置；④ 该机为回转式，产量约为 60 瓶/分钟；⑤ 机器回转速度加快时，量杯药液易产生偏斜造成计量误差。

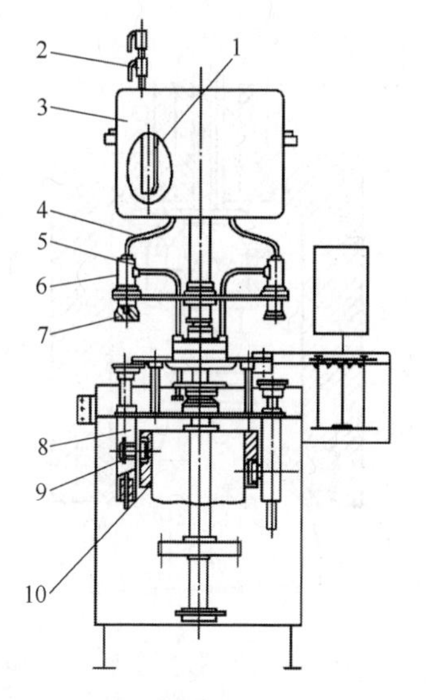

图 10-26　量杯式负压灌装机结构示意图

1—计量标；2—进液调节阀；3—盛料桶；4—硅橡胶管；5—真空吸管；6—瓶肩定位套；7—橡胶喇叭口；8—瓶托；9—滚子；10—升降凸轮

(三) 塑料瓶输液灌装机

塑料瓶输液灌装机的输液灌装方式有两种：① 一种为分步法，即从塑料颗粒处理开始，通过采用吹塑或注塑、注拉吹、挤拉吹等方式，先制成塑料空瓶，再将制出的空瓶经过整形处理、去除静电。采用高压净化空气吹净之后，灌装药液，最后封口。药液灌装方式与玻璃瓶相似；② 另一种为一步法，即从塑料颗粒处理开始，将制瓶、灌装、封口三道工序合并在一台机器上完成，即吹塑机将塑料粒料吹塑成型，制成空瓶后，立即在同一模具内进行灌装和封口，然后脱模出瓶。该法生产污染环节少，厂房占地面积小，运行费用较低，设备自动化程度高，能够在线清洗灭菌，没有存瓶、洗瓶等工序。但设备一次性投资较大，塑料瓶透明度情况一般。

(四) 塑料袋输液灌装机

塑料袋输液灌装机与玻璃瓶、塑料瓶灌装机存在显著差异。因塑料袋不能在输瓶机上行走及定位灌装，且塑料袋的进液管口很小，必须由人工辅助将灌液嘴套住灌装针头进行灌装。灌装完毕热合封口。生产半机械化，故产量较低。

七、 输液剂的封口设备

玻璃瓶输液剂的一般封口过程包括盖隔离膜、塞胶塞及轧铝盖三步。封口设备是与灌装机配套使用的设备，药液灌装后必须在洁净区内立即封口，免除药品的污染和氧化。必须在胶塞的外面再盖铝盖并轧紧，封口完毕。

目前，我国使用的胶塞有翻边型橡胶塞(符合国家标准 GB9890—88)和 T 型橡胶塞两种规格，多采用天然橡胶制成。为避免胶塞可能脱落微粒影响输液质量，在塞胶塞前需人工加盖薄膜，把胶塞与药液隔开。国家药品监督管理局规定：2004 年底前，一律停止使用天然橡胶塞，改用合成橡胶塞，这样就省去了盖薄膜的过程。铝盖(仅玻璃输液瓶用)应符合国家标准 GB5197—96。封口设备由塞胶塞机、翻胶塞机、轧盖机构成，下面分别简述。

(一) 塞胶塞机

塞胶塞机主要用于 T 型胶塞对 A 型玻璃输液瓶封口，可自动完成输瓶、螺杆同步送瓶、理塞、送塞、塞塞等工序。该机设有无瓶不供塞、堆瓶自动停机装置。待故障消除后，机器可自动恢复正常运转。常见的设备如 SSJ-6 型塞胶塞机。如图 10-27 所示。

塞胶塞机属于压力式封口机械。灌好药液的玻璃输液瓶在输瓶轨道上经螺杆按设定的节

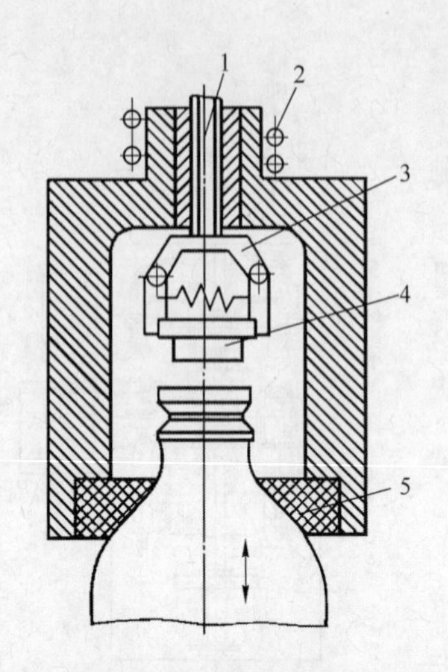

图 10-27 T 型塞胶塞机扣塞头结构与工作原理示意图

1—真空吸孔；2—弹簧；3—夹塞爪；4—T 型塞；5—密封圈

距分隔开来。再经拨轮送入回转工作台的托盘上。T 型橡胶塞在理塞料斗中经垂直振荡装置，沿螺旋形轨道送入水平轨道。水平振荡将胶塞送至扣塞头内的夹塞爪 3 上(机械手)，夹塞爪 3 抓住 T 型塞 4，当玻璃瓶瓶托在凸轮作用下上升时，扣塞头下降套住瓶肩，密封圈 5 套住瓶肩形成密封区间，此时，真空泵向瓶内抽真空，真空吸孔 1 充满负压，玻璃瓶继续上升，同时夹塞爪 3 对准瓶口中心，在凸轮控制和瓶内真空的作用下，将塞插入瓶口，弹簧 2 始终压住密封圈接触瓶肩。在塞胶塞的同时加入抽真空，使瓶内形成负压，胶塞易于塞好。同时防止药液氧化变质。

(二) 塞塞翻塞机

塞塞翻塞机主要用于翻边形胶塞对 B 型玻璃输液瓶进行封口，可自动完成输瓶、理塞、送塞、塞塞、翻塞等工序的工作。该机采用变频无级调速，并设有无瓶不送塞、不塞塞、瓶口无塞停机补塞、输送带上前缺瓶或后堆瓶自动停启，以及电机过载自动停车等全套自动保护装置。常用设备如 FS200 翻塞机。

塞塞翻塞机由理塞振荡料斗、水平振荡输送装置和主机组成。理塞振荡料斗和水平振荡输送装置的结构原理与塞胶塞机的相同。主机由进瓶输瓶机、塞胶塞机构、翻胶塞机构、传动系统及控制柜等机构组成。主要介绍塞胶塞机构与翻胶塞机构。

1. 塞塞动作　图 10-28 所示为翻边胶塞的塞塞机构示意图。当装满药液的玻璃输液瓶经输送带进入拨瓶转盘时，在料斗内，胶塞经垂直振荡沿料斗螺旋轨道上升到水平轨道，再经水平振荡送入分塞装置，加塞头 5 插入胶塞的翻口时，真空吸孔 3 吸住胶塞对准瓶口时，加塞头 5 下压，杆上销钉 4 沿螺旋槽运动，塞头既有向瓶口压塞的功能，又有由真空加塞头模拟人手的动作，将胶塞旋转地塞入瓶口内，即模拟人手旋转胶塞向下按的动作。

2. 翻塞动作　胶塞塞入输液瓶口后，其翻塞动作有翻塞杆机构完成。如图 10-29 所示为翻塞杆机构示意图。塞好胶塞的输液瓶由拨瓶轮转送至翻塞杆机构下，整个翻塞机构随主轴作回转运动，翻塞杆在平面凸轮或圆柱凸轮轨道上作上下运动。玻璃输液瓶进入

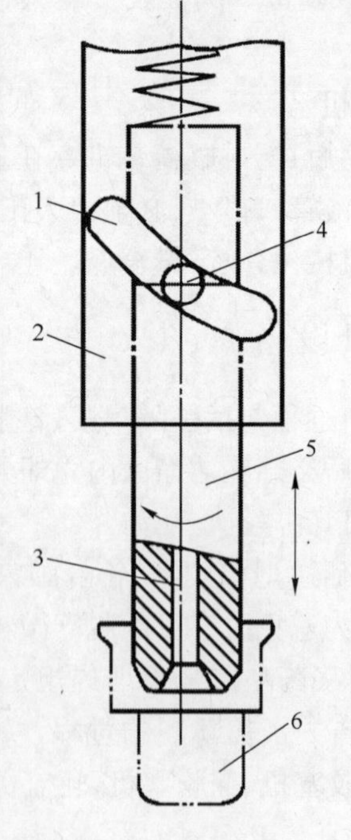

图 10-28 翻边胶塞的塞塞结构及原理示意图

1—螺旋槽；2—轴套；3—真空吸孔；4—销；5—加塞头；6—翻边胶塞

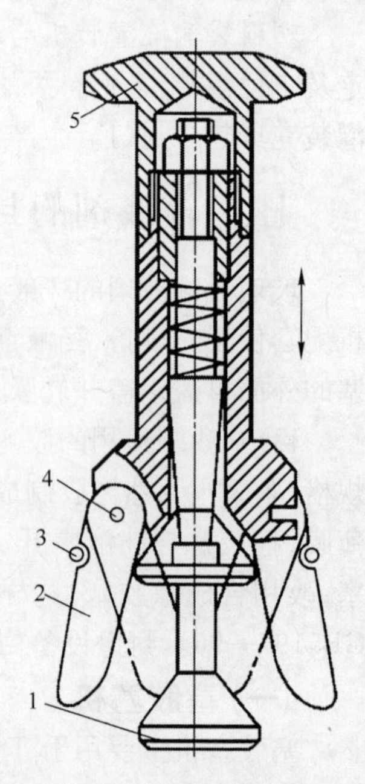

图 10-29 翻塞杆机构示意图

1—芯杆；2—爪子；3—弹簧；4—铰链；5—顶杆

回转的托盘后，瓶颈由“V”形块或花盘定位，瓶口对准胶塞，翻塞杆沿凸轮槽下降，翻塞爪插入橡胶塞，翻塞芯杆由于下降距离的限制，抵住胶塞大头内径平面停止下降，而翻塞爪张开并继续向下运动，将胶塞翻边头翻下，并平整地将瓶口外表面包住，达到张开塞子翻口的作用。

要求翻塞杆机构翻塞效果好，且不损坏胶塞，普遍设计为五爪式翻塞机，爪子平时靠弹簧收拢。

(三) 玻璃输液瓶轧盖机

铝盖既有适用于翻边型橡胶塞，也有适用于T型橡胶塞的，近年来又开发了易拉盖式铝盖、铝塑复合盖，方便于医务人员操作。轧盖机适用于各种类型的铝盖。

目前，国内普遍使用的单头间歇式玻璃输液瓶轧盖机由振动落盖装置、揿盖头、轧盖头及无级变速器等机构组成。机电一体化水平高，具有一机多能、结构紧凑、效率高等优点。常用设备如FGL1单头扎盖机。工艺过程为理盖、输瓶、取盖、落盖、压盖、扎盖。

当玻璃输液瓶由输瓶机送入拨盘时，拨盘作间歇运动，每运动一个工位经电磁振荡输送依次完成整理铝盖、挂铝盖、轧盖等功能。图10-30所示为扎盖机扎头结构示意图。轧头沿主轴旋转，在凸轮作用下，上下运动。轧头上设有三把轧刀5(图中只绘出一把)，呈正三角形布置。轧刀5收紧是由凸轮控制。三把轧刀均能自行以转销4为轴进行转动，轧刀5的旋转是由专门的一组皮带变速机构来实现的，且轧刀的位置和转速均可调。轧盖时，瓶子不转动，轧刀5绕瓶旋转，压瓶头6抵住铝盖平面，凸轮收口座1继续下降，滚轮2沿斜面运动使三把轧刀向铝盖下沿收紧并滚压，即起到轧紧铝盖作用。轧盖过程中，拨盘对玻璃输液瓶粗定位和轧头上的压盖头准确定位相结合，保证轧盖质量。

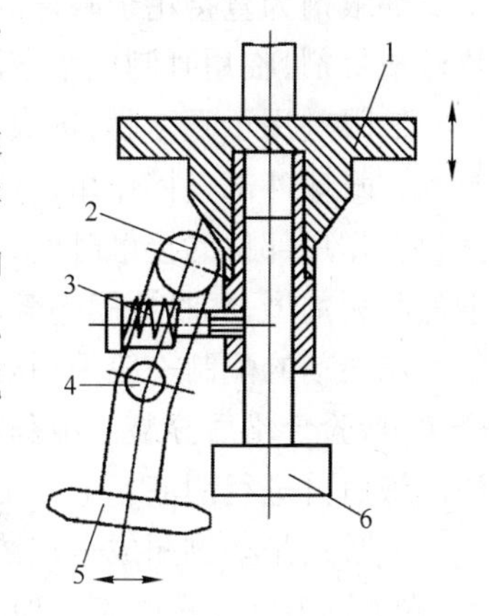

图10-30 扎盖机扎头结构示意图

1—凸轮收口座；2—滚轮；3—弹簧；4—转销；5—轧刀；6—压瓶头

八、 输液生产联动线

目前，国内在大输液生产中，常采用生产联动线。其具有生产速度高、灌装精度准、性能稳定、运行平稳、机电一体化程度高及产品质量可靠等特点。图10-31为我国较为常见的玻璃瓶大输液生产线。常用的生产联动线如BSX200玻璃瓶大输液生产联动线，它是由JP200进瓶机、WX200外洗机、CX200粗洗机、JX200精洗机、GZ200灌装机、FS200翻塞机、ZG200扎盖机等单机组成，由S-200输瓶机连接。

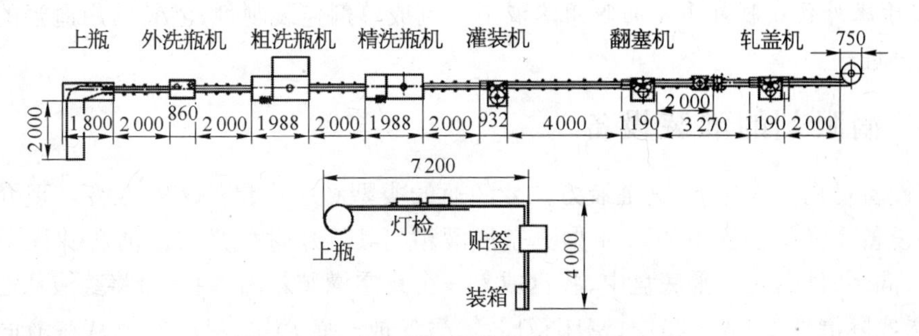

图10-31 玻璃瓶大输液生产线示意图

第三节 眼用液体制剂的生产设备

眼用液体制剂是直接用于眼部的外用液体药剂，以澄明的水溶液为主，也有少数为胶体溶液或水性混悬液。眼用液体制剂可分为滴眼剂、洗眼剂和眼内注射溶液。

滴眼剂为直接用于眼部的外用液体制剂。以水溶液为主，包括少数水性混悬液，也有将药物做成片剂，临用时制成水溶液。

滴眼剂用于眼黏膜，每次用量1～2滴，常在眼部起杀菌、消炎、收敛、缩瞳、麻醉等作用。有的在眼球外部发挥作用，有的则要求主药透入眼球内才能产生治疗作用。近年来，为了增加药物在作用部位的接触时间，减少用药次数，除了适当增加滴眼剂的黏度外，还发展了一些新型的眼用剂型，如眼用膜剂等。

滴眼剂的配制一般采用溶解法。将药物加适量灭菌溶剂溶解后，滤过至澄明，添加溶剂至全量，检验合格后分装。中药眼用溶液剂，是先将中药材按一定的提取和纯化方法处理，制得浓缩液后再进行配液。

洗眼剂是药物配成一定浓度的灭菌水溶液，供眼部冲洗和清洁用，如0.9%氯化钠溶液、2%硼酸溶液等。洗眼剂一般在医院药剂科配制。

一、眼用制剂的生产工艺流程

眼用制剂在制备时通常按主药的不同分为如下情况，视不同药物采取的制备方法也有所不同。

1. *药液性质稳定者* 常用如下工艺制备此类制剂：

主药＋附加剂→溶解、配滤→灭菌 ┐
容器(塞)→洗涤→灭菌 ┘→无菌操作分装→质量检查→印字包装

2. *主药不耐热者* 全部制备过程采用无菌操作法。所用溶剂、容器、用具均应预先灭菌并添加适宜的抑菌剂。

3. *用于眼外伤或眼部手术的眼用溶液剂* 制成单剂包装制剂，灌装后用适当的灭菌方法进行灭菌处理。

二、滴眼剂的灌装设备

灌装设备可用于大生产，其灌装方法要随瓶的类型和生产量的大小改变。现介绍间歇式减压灌装设备。常用设备如ZG－4型真空液灌箱。其工作过程是将已清洗并灭菌的滴眼剂空瓶，瓶口向下，排列在一平底盘中，将盘放入一个真空灌装箱内，由管道将药液从贮液瓶定量地(稍多于实际灌注量)放入盘中，密闭箱门，抽气使成一定负压，瓶中空气从在液面的小口逸出。然后经洗气装置通入洁净空气，恢复常压。药液即灌入瓶中，取出盘子后，将瓶子立即加塞密封。经检查合格后即可供临床应用。其配制、过滤、灌装过程示意图见图 10 - 32。

三、 灌装封口设备

图 10 - 33 为 KDL 型滴眼剂设备，它主要适用于 5～15 ml 的各种材质的圆形塑料瓶或玻璃瓶的眼药水灌封。该设备具有无瓶不灌装、不加内塞、无内塞不加外盖、定位精确、传动平稳、保护瓶盖、计量准确、操作简单等特点。

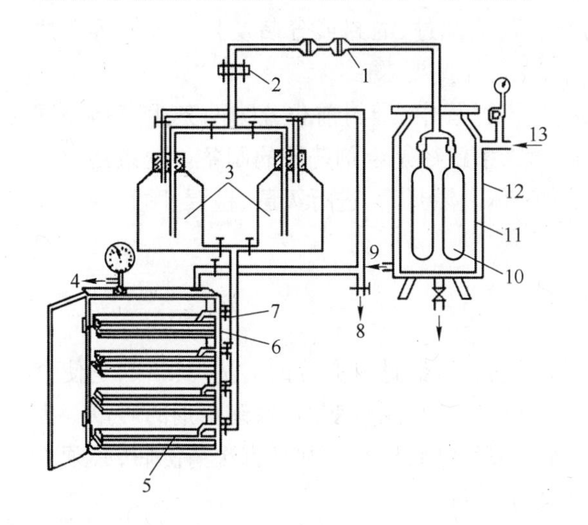

图 10 - 32　滴眼剂配制、过滤、灌装过程示意图

1—垂熔滤球；2—微孔滤器；3—贮液瓶；4—抽气管；5—塑料(或搪瓷)盘；6—真空灌装器；7—管路；8—放气管；9—蒸汽出口；10—滤棒；11—蒸气夹层；12—配液缸；13—蒸汽进口

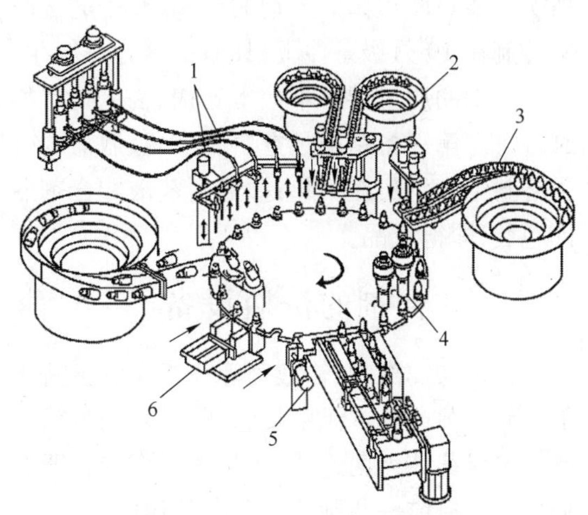

图 10 - 33′ KDL 型滴眼剂灌装封口设备工作原理示意图

1—进瓶装置；2—灌装装置；3—内塞震荡装置；4—外盖震荡盘；5—锁盖盘；6—成品出口

第四节　合剂生产设备

合剂系指主要以水为分散介质，含有药物或药材提取物的单剂量包装的供内服的液体剂型。其中，中药材要经过适当方法提取、精制、浓缩等过程。

合剂主要是在汤剂、注射剂的基础上改革与发展起来的新剂型。它吸收了糖浆剂、注射剂的工艺特点，将汤剂进一步精制、浓缩、灌封、灭菌，改进了汤剂服用体积大、味道不佳、临用时需要煎煮，患者不易接受以及易污染细菌等缺点，又因采用适当的方法提取，使得中药材中所含有的活性成分能很容易被提取出来，保持了汤剂的用药特色，尤易为老人及儿童所接受。此外，提取工艺和制剂的质量标准容易制定，特别是其能工业化生产，因而发展迅速。

为了防止合剂在贮存过程中发生霉变，应选用适宜的防腐剂，并在制备过程中经灭菌处理，密封包装，防止其霉变。此外包装容器也需要清洁处理，在灌装过程中应严格防止污染。成品口服液在贮存期间内可以允许有微量轻摇易散的沉淀。

一、合剂生产的工艺流程

中药材经过适当方法提取综合性有效成分，并经精制后加入添加剂，使溶解、混匀并滤过澄清，最后按注射剂工艺要求，将药液灌封于口服液瓶中，灭菌即得。口服液制备的一般工艺流程可简化为：配制──→过滤──→灌封──→灭菌──→检漏、贴签、装盒。

要注意的是不能热压灭菌的合剂制剂，其配制、滤过、灌封应控制在1万级洁净程度；一般情况下能热压灭菌的合剂的配制、瓶子的洗涤干燥、药液滤过、灌封或分装及封口加塞等工序应控制在10万级条件下；其他工序为一般生产区，无洁净度要求。

合剂的质量要求不如水针剂、输液剂严格，在生产过程中，灌封前也分为两条生产路径同时进行。第一条路径是空口服液瓶、瓶盖的处理；第二条路径是合剂药液的制备。两条路径到了灌封工序汇集在一起，灌封后药液和合剂瓶合为一体。灌封后，进行灭菌、检漏、贴签、装盒、外包装，即得成品。

二、合剂的洗瓶设备

合剂与安瓿剂、输液剂等一样在制备前也必须对盛装容器进行充分的清洗，其目的是使合剂达到无菌或基本无菌状态，防止合剂被微生物污染导致药液腐败变质，保证合剂的质量。因此在确保药液无菌之外，还必须对盛装容器的内外壁进行彻底清洗。并且每次清洗后，必须除去残水。目前一些制药企业中常用的洗瓶设备有如下几种。

(一) 超声波式洗瓶机

该种清洗设备被广泛地应用于液体制剂瓶式包装物的清洗，是近几年来最为优越的清洗设备之一，具有简单、省时、省力、清洗效果好、成本低等优点。下面主要介绍一些在制药工业生产中最常用的超声波式洗瓶机。

1. *转盘式超声波洗瓶机*　转盘式超声波洗瓶机的主体部分是连续转动的立式大转盘，大转盘四周围均匀分布若干机械手机架，每个机架上装2个或3个机械手，该洗瓶机突出特点是每个机械手夹持1支瓶子，在上下翻转中经多次水气冲洗，并随大转盘旋转前进完成送瓶工作。由于瓶子是逐个进行清洗，清洗效果能得到很好的保证。KCQ40是这类超声波洗瓶机的典型代表，适用于5～20 ml合剂瓶。下面主要介绍KCQ40转盘式超声波洗瓶机 如图10－34所示，主要由超声波发生器(换能器)、水气净化系统、水气吹洗装置、进出瓶机构、水气控制系统、循环水加热系统、温控系统和故障保护及调整控制系统组成，其工作过程为：

(1) 口服液瓶预先整齐的放置于贮瓶盘中，将整盘的玻璃瓶放入洗瓶机的料槽中，用推板将整盘的瓶子推出，使玻璃瓶留在料槽中，料槽中的玻璃瓶全部口朝上，相互紧靠。料槽的平面与水平面成30°的角，料槽上方置有淋水器，将料槽中的玻璃瓶注满循环水(循环水由机内泵提供压力，经过滤后循环使用)，注满水的瓶子在重力的作用下下滑至水箱的水面以下。

(2) 装满水的玻璃瓶滑至水面以下，利用超声波在液体中的空化作用对玻璃瓶进行清洗。超声波换能头紧紧地靠在料槽末端，其与水平面也成30°角，因此可以保证瓶子顺畅地通过。

(3) 经过超声波初步清洗的瓶子，由送瓶螺杆将瓶子理齐并逐个送入提升轮的送瓶器中，送瓶器由旋转滑道带动做匀速回转的同时，受固定的凸轮控制作升降运动，旋转滑道运转一周，送瓶器完成接瓶、上升、交瓶、下降一个完整的运动周期。

(4) 提升轮将玻璃瓶逐个交给匀速旋转的大转盘上的机械手。大转盘四周围均匀分布着

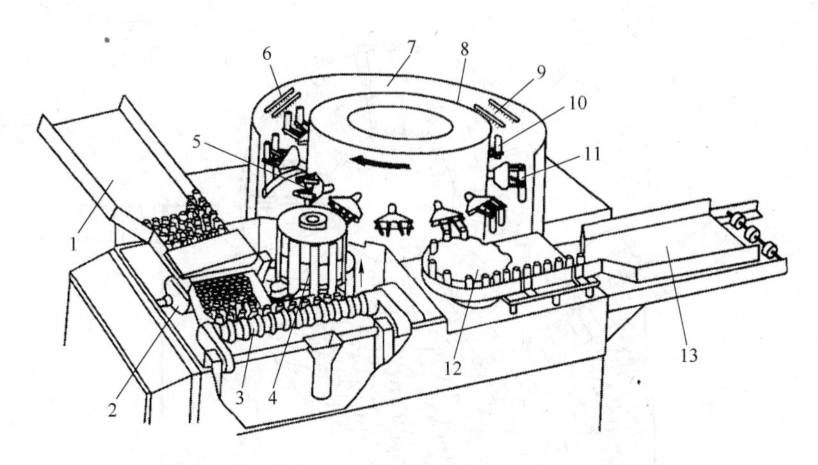

图 10-34　KCQ40 型超声波洗瓶机结构示意图

1—料槽；2—超声波换能头；3—送瓶螺杆；4—提升轮；5—瓶子翻转工位；
6，7，9—喷水工位；8，10，11—喷气工位；12—拨盘；13—滑道

机械手机架，每机架上左右对称装两对机械手夹子，大转盘带动机械手匀速转动，夹子在提升轮和拔盘的位置上，由固定环上的凸轮控制开夹动作接送瓶子。机械手在瓶子翻转工位由翻转凸轮控制翻转 180°，使瓶子也翻转 180°，瓶口向下接受下面逐个工位的水、气冲洗。

(5) 在喷水、气工位 6～11，固定在摆环上的射针和喷管完成对瓶子的 3 次水和 3 次气的内外冲洗。射针插入瓶内，从射针顶端的 5 个小孔中喷出的水的激流冲洗瓶子内壁和瓶底，与此同时固定喷头架上的喷头则喷水冲洗瓶外壁，位置 6、位置 7、位置 9 喷出的是压力循环水和压力净化水，位置 8、位置 10、位置 11 均喷出压缩空气以便吹净残留的水。射针和喷管固定在摆环上，摆环由摇摆凸轮和升降轮控制"上升→跟随大转盘转动→下降→快速返回"的运动循环。

(6) 洗干净的瓶子在机械手夹持下再经翻转凸轮作用翻转 180°，使瓶口恢复向上，然后送入拔盘，拔盘拨动玻璃瓶由滑道送入下一步工序，即干燥灭菌隧道。

该超声波洗瓶机能够实现平稳的无级调速，水气的供和停由行程开关和电磁阀控制，压力可根据需要调节并由压力表显示，并且水、气可由外部或机内泵加压并经机器上的 3 个过滤器过滤。

2. *转鼓式超声波洗瓶机*　该设备主体部分为卧式转鼓，进瓶装置及超声处理部分基本与 QCL40A 相同，经过超声处理后的瓶子继续下行，经排列与分离，以一定数量的瓶子为一组，由导向装置缓缓推入到作间歇回转动作的转鼓上，并被插入到转鼓上面的针筒上，随着转鼓的回转，在后面不同的工位上间歇地进行冲循环水、冲净化压缩空气、冲新蒸馏水、再冲新蒸馏水的过程，最后，在末工位瓶子从转鼓上退出，翻转使瓶口向上，从而完成洗瓶工序。其原理如图 10-35。

(二) 冲淋式洗瓶机

该设备是用泵将水加压，经过滤器过滤后压入冲淋盘，由冲淋盘将高压水流分成许多股激流或者使用射针将瓶内外冲洗干净，主要由人工操作。有的辅以离心机甩水，也可使用净化压缩空气吹去水，从而将残水除净。缺点是耗水量较大。常见设备如 KXP 型直线式洗瓶机及 KWH 型瓶外清洗烘干机。

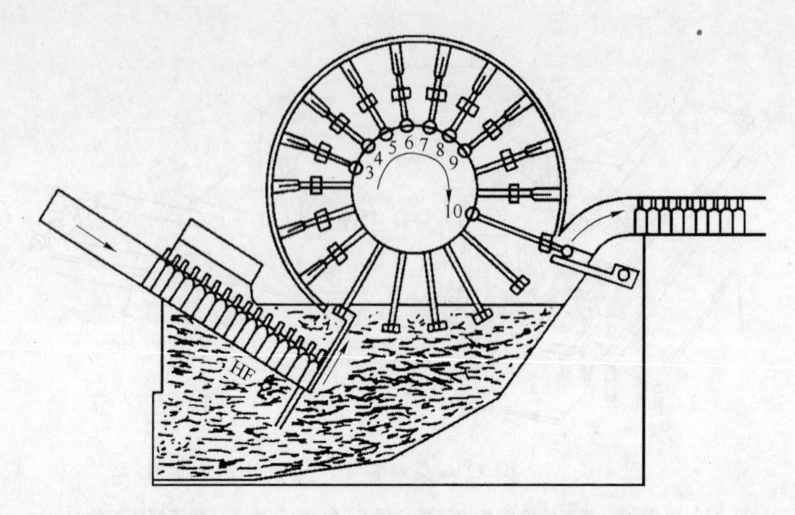

图 10-35 转鼓式超声波洗瓶机原理示意图

3,4,5—浸泡水洗工位;6,7—喷压力循环水工位;
9—喷压力净化水工位;8,10—冲压缩空气工位

1. KXP 型直线式洗瓶机　该机主要用于对直管瓶的清洗,采用螺杆送瓶,瓶子经过加压的循环水、去离子水两道内外多次冲淋后,由净化压缩空气吹去遗留水珠,以达到清洗的目的。

2. KWH 型瓶外清洗烘干机　该机与 KXP 型直线式洗瓶机相似,是口服液生产线中灌封后的清洗烘干设备。采用螺杆、不锈钢网带输送瓶子,瓶子经过加压的自来水反复冲洗,把附着瓶上的灰尘、砂粒等杂质清除干净。然后由净化压缩空气吹去表面水珠,再进入烘道,热风循环适温烘干。

(三) 毛刷式洗瓶机

此种洗瓶机与毛刷式输液洗瓶机相类似,即可以单独使用,也可接联动线。方法是以毛刷的机械运动再配以碱水或酸水、自来水、纯化水使得合剂瓶能获得较好的清洗效果。此法洗瓶的缺点:由于以毛刷的运动进行洗刷,难免会有一些毛掉入合剂瓶中,此外瓶壁内粘的很牢的杂质不易被清洗掉,还有一些死角也不易被清洁干净。

三、 合剂灌封机

合剂灌封机是合剂生产线中的主要设备,是用于易拉盖合剂玻璃瓶的自动定量灌装和封口设备。根据合剂玻璃瓶在灌装中完成送瓶、灌液、加盖、扎封的运动形式,灌封机有直线式和回转式两种。灌封机上一般主要包括自运送瓶、灌药、送盖、封口、传动等几个部分。下面简单介绍几种合剂的灌封机。

1. YGZ10 系列灌封机　该灌封机的灌封部分的关键部件是泵组件和药量调整机构,它们的主要功能就是定量灌装药液。大型联动生产线上的泵组件是由不锈钢精密加工而成,药量调整机构有粗调和细调两套机构。送盖部分主要有电磁振荡台。滑道实现瓶盖的翻盖、送盖,实现瓶盖的自动供给。封口部分主要有三爪三刀组成的机械手完成瓶子的封口。密封性和平整性是封口部分的主要指标。该灌封机的操作方式分为手动和自动两种,由其操作台上的钥匙开关控制。手动方式主要用于设备的调式和试运行,自动方式主要用于机器连线的自动生产。该机采用可编程控制器和变频调速控制,具有无瓶不灌、无瓶不上盖的功能。机器的使用与保养应注意：① 灌封机在开机前应对包装瓶和瓶盖进行人工目测检查；② 在启动机器以前要检查机器润滑情况，从而保证运转灵活；③ 手动4～5个循环以后，应当对所灌药量进行定量检查；④ 调整药量调整部件，至少保证 0.1 ml 的精确度。此时可自动操作，使得机器连线工作；⑤ 操作人员在连线工作中要随时观察设备，处理一些异常情况，例如下盖不通畅、走瓶不顺畅或碎瓶等，并抽检轧盖质量；⑥ 发现异常情况，如出现机械故障，可以按动安装在机架尾部或设备进口处操作台上的紧急制动开关，进行停机检查、调整。

2. **DGK5/20 型合剂瓶易拉盖自动灌轧机**　该设备主要适用于合剂制剂生产中的计量灌装和轧盖。它是将灌液、加铝盖、轧口功能汇于一机，采用螺旋杆将瓶垂直送入转盘，结构合理，运转平稳。灌液分两次灌装，避免液体泡沫溢出瓶口，并设有缺瓶止灌装置，以免料液损耗，污染机器及影响机器的正常运行。轧盖由三把滚刀采用离心力原理，将盖收轧锁紧，因此本机在不同尺寸的铝盖及料瓶的情况下，机器都能正常运转。该机具有生产效率高、结构紧凑、占地面积小、计量精度高、无滴漏、轧盖质量好、轧口牢固、铝盖光滑无折痕、操作简便、清洗灭菌方便、变频无级调速等特点。

3. **KGF 型合剂灌封机**　该机灌装、封口合二为一，结构紧凑，是合剂生产线中的灌装主机，主要用于对易拉盖(或铝塑盖)直管瓶的灌装、上盖、封口。采用螺杆进瓶，送瓶可靠；局部跟踪灌装，不易产生泡沫；电磁振荡送盖，上盖率高。

四、合剂联动生产线

合剂如果单机生产，从洗瓶机到灌封机，都必须由人工进行搬运工作，在此过程中，大大地增加了药液污染的概率，例如空瓶等待灌封时环境的污染、人体的接触以及由于人流与物流设计问题而造成不必要的污染等。因此，要想达到较高的产品质量，就必须改变这种状况。而采用联动生产线方式即能提高和保证合剂的生产质量，又减少了生产人员的数量和劳动强度，设备布置更为紧密、合理，车间管理也得到了相应的改善。因此，采用联动线灌装合剂可保证产品质量达到 GMP 需求。

合剂剂联动生产线主要是由洗瓶机、灭菌干燥设备、灌封设备、贴签机等组成。其目的是为了更合理地整合、利用资源，进一步地保证产品的质量。根据生产的需要，可以把上述各台生产设备有机地连接起来形成合剂联动生产线。

合剂联动线联动方式有串联方式和分布方式两种。

分布式联动方式是将同一种工序的单机布置在一起，进行完该工序后，将产品集中起来，送入下道工序，此种联动方式能够根据每台单机的生产能力和实际需要进行分布，例如，可以将两台洗瓶机并联在一起，以满足整条生产线的需要，并且可避免一台单机产生故障而使全线停产，该联动生产线用于产量很大的品种。

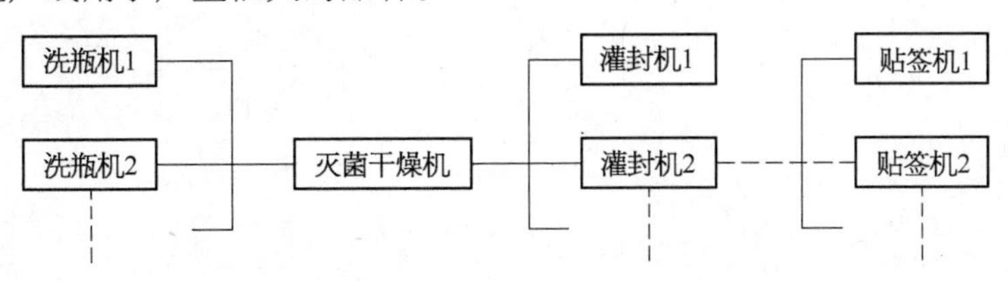

图 10-36　合剂联动生产线分布式联动方式示意图

串联式联动方式为每台单机在联动线中只有一台,此种方式适用于产量中等情况的生产。要求各台单机的生产能力要相互匹配。在联动线中,生产能力高的单机要适应生产能力低的设备。此种方式的缺点是如果一台设备发生故障,易造成整条生产线停产。目前国内合剂联动生产线一般采用该种联动方式。在该种方式中,各单机按照相同生产能力和联动操作要求协调原则设计来确定其参数指标,节约生产场地,使整条联动生产线成本下降。

YLX-1/2 型合剂自动灌封联动机组是工业生产中常见的合剂灌封联动设备。该机组是由 YQC10A 型超声波洗瓶机、GMS500 型隧道灭菌烘箱及 YGZ10 型液体灌封机组成(图 10-37)。

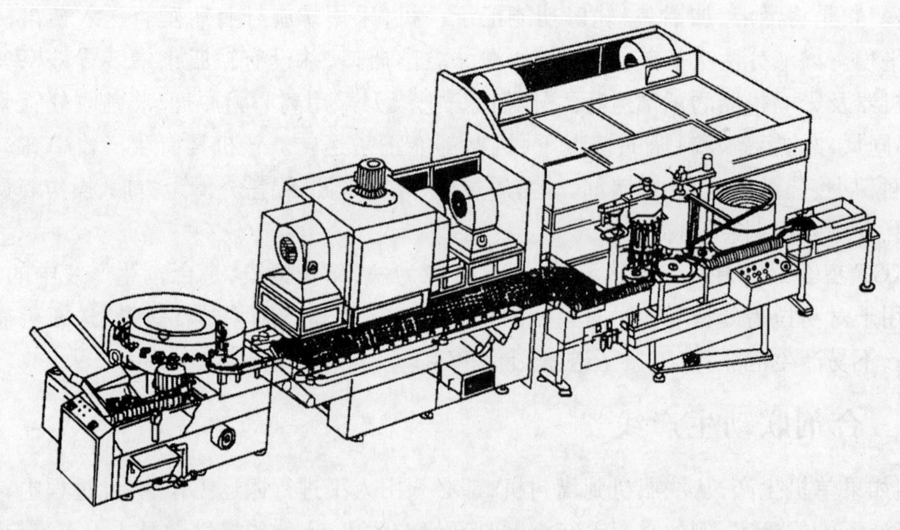

图 10-37 YLX-1/2 型合剂自动灌封联动机组外形示意图

该机组的生产过程为:合剂瓶由洗瓶机入口处被送入后,清洗干净的合剂瓶被推入灭菌干燥机隧道,经过干燥灭菌后,瓶子被隧道内的传送带送到出口处的振动台,由振动台送入灌封机入口处的输瓶螺杆,在灌封机完成灌装封口后,再由输瓶螺杆送到贴签机进行贴签。贴签后将产品装盒、装箱。

目前贴签机的连接有两种方式,一种是直接和贴签机相连完成贴签;另一种是由瓶盘装走,进行清洗和烘干外表面,送入灯检待检查,经过可见异物检查合格后,再送入贴签机进行贴签。

第十一章 固体制剂生产设备

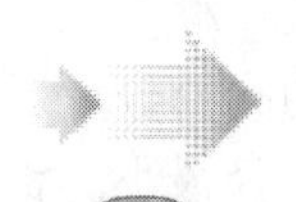

导学

本章主要介绍了包括片剂、丸剂、胶囊剂等的固体制剂的生产设备的机械原理、设备分类、使用方法、维修保养等知识。

通过对本章的学习，要能够熟练掌握制粒过程及所涉及的设备、压片过程及所涉及的设备、包衣方法及所涉及的设备；熟悉塑制法和泛制法制丸过程及所涉及的设备、滴制法制丸过程与设备；了解胶囊剂生产设备，包括硬胶囊剂的填充设备、软胶囊剂的生产设备。

生产固体制剂需要遵照GMP的要求，在特定的环境条件下，将原料药加工成具有特定形状的剂型，包装成为药品，供临床应用。因此，设备的应用水平将直接决定了物料的成型程度及最终所得制剂质量的好坏。固体制剂便于服用，携带方便。制备过程中生产成本相对较低，质量标准容易控制，适宜大规模生产。因此，固体制剂目前在临床上应用广泛。固体制剂生产设备通常包括干燥设备、粉碎设备、混合设备、颗粒制造设备、成型设备以及包装设备等。常见的固体剂型包括片剂、颗粒剂、散剂、胶囊剂、滴丸剂、膜剂等。

第一节 片剂生产设备

片剂是由一种或多种药物配以适当的辅料经加工而制成。片剂的生产方法有粉末压片法和颗粒压片法两种。粉末压片法是直接将均匀的原辅料粉末置于压片机中压成片状；颗粒压片法是先将原辅料粉末制成颗粒，再置于压片机中冲压成片状。而颗粒的制造又分为干颗粒法、湿颗粒法和一步制粒法。压制成片后可进行包衣，包衣片又可分成糖衣片、肠溶衣片和薄膜衣片；根据包衣材料的不同，可实现胃溶、肠溶和缓释、控释等目的。片剂生产的工艺过程主要有制粒、压片、包衣和包装等工序。

一、片剂生产的一般过程

片剂的生产一般需要经过以下工艺过程：原辅料→粉碎、过筛→物料配料、混合造粒→干燥→压片→包装→储存。

1. 粉碎与过筛　粉碎主要是借机械力将大块固体物料碎成大小适用物料的过程，其主要目的是减少粒径、增加比表面积，固体药物粉碎是制备各种剂型的首要工艺。通常把粉碎前粒度与粉碎后粒度之比称为粉碎度。对于药物所需的粉碎度，要综合考虑药物本身性质和使用要求，例如细粉有利于固体药物的溶解和吸收，可以提高难溶性药物的生物利用度，当主药为难溶性药物时，必须有足够的细度以保证混合均匀及溶出度符合要求。常用的粉碎方法有开路粉碎与循环粉碎、干法粉碎与湿法粉碎、单独粉碎与混合粉碎以及低温粉碎等，根据被粉碎物料的性质、产品粒度的要求以及粉碎设备的形式等不同条件可采用不同的粉碎方法。

粉末粒径在混合、制粒、压片等单元操作中对药品质量以及制剂生产都具有显著影响，因此，《药典》中对制剂都有粒度的要求。药物粉碎后，需要通过过筛使粗粉与细粉分离，并通过控制筛孔的大小来得到需要的粒径均匀的药物粉末。粉碎后药物表面积增大，溶解与吸收加强，生物利用度提高。《中华人民共和国药典》(2010 年版)一部中对标准药筛的孔径进行了明确的规定，共分为 9 种筛号，一号筛的筛孔内径最大，依次减小，九号筛的筛孔内径最小。相应的，药典还规定了 6 种粉末规格。

最粗粉：指能全部通过一号筛，但混有能通过三号筛不超过 20%粉末；

粗粉：指能全部通过二号筛，但混有能通过四号筛不超过 40%的粉末；

中粉：指能全部通过四号筛，但混有能通过五号筛不超过 60%的粉末；

细粉：指能全部通过五号筛，并含能通过六号筛不少于 95%的粉末；

最细粉：指能全部通过六号筛，并含能通过七号筛不少于 95%的粉末；

极细粉：指能全部通过八号筛，并含能通过九号筛不少于 95%的粉末。

粉碎后的粉末必须经过筛选才能得到粒度比较均匀的粉末，以适应医疗和药剂生产需要。药筛有冲制筛和编织筛两种。冲制筛又称模压筛，系在金属板上冲出圆形的筛孔而制成；编织筛由具有一定机械强度的金属丝(如不锈钢、铜丝、铁丝等)或其他非金属丝(如丝、尼龙丝、绢丝等)编织而成。冲制筛多用于高速旋转粉碎机的筛板及药丸等粗颗粒的筛分，编织筛单位面积上筛孔较多、筛分效率高，可用于细粉的筛选。与金属易发生反应的药物，需用非金属丝制成的筛，常用尼龙丝但编织筛的线容易移动，致使筛孔变形，分离效率下降。

2. 配料混合　在片剂生产过程中，主药粉与赋形剂根据处方称取后必须经过几次混合，以保证充分混匀。混合不均会导致片剂出现斑点，崩解时限、强度不合格，影响药物疗效。主药粉与赋形剂并不是一次全部混合均匀的，首先加入适量的稀释剂进行干混，而后再加入黏合剂和润湿剂进行湿混，以制成松软适度的软材。在混合时，若主药量与辅料量相差悬殊，一般不易混匀，应该采用等量递加法进行混合，或者采用溶剂分散法，即将少量的药物先溶于适宜的溶剂中再均匀地喷洒到大量的辅料或颗粒中，以确保混合均匀。主药与辅料的粒子大小相差悬殊，容易造成混合不均匀，应将主药和辅料进行粉碎，使各成分的粒子都较小并力求一致，以确保混合均匀。大量生产时采用混合机、混合筒或气流混合机进行混合。物料混合时，粒子的混合状态常以对流混合、剪切混合和扩散混合等运动形式加以混合。

3. 制粒　用以压片的物料必须具备良好的流动性和可塑性，才能保证片剂较小的重量差异和符合要求的硬度，得到合格的片剂。但是，大多药物粉末的可压性及流动性都很差，需加入适当辅料及黏合剂(胶浆)，制成流动性和可压性都较好的颗粒后，再将颗粒压片，这个过程称为制粒。因此，制粒是把熔融液、粉末、水溶液等物料加工成有一定形状大小的粒状物的操作过程。除某些结晶性药物可直接压片外，一般粉末状药物均需事先制成颗粒才能进行压片，以保证压片过程中无气体滞留，药粉混合均匀，同时避免药粉积聚、黏冲等。制粒的目的在于改善粉末的流动性及片剂生产过程中压力的均匀传递、防止各成分离析及改善溶解性能等目的。制粒方法主要有湿法制粒、干法制粒、流化床制粒和晶析制粒等。同样，要根据药物的性质选择制粒方法，为压片做好准备。湿法制粒适用于受湿和受热不起化学变化的药物；当片剂中成分对水分敏感，或在干燥时不能经受升温干燥，而片剂组分中具有足够内在黏合性质时，可采用干法制粒。

(1) 湿法制粒：湿法制粒是指在粉末中加入液体黏合剂(有时采用中药提取的稠膏)、混合均匀，制成颗粒。湿法制粒是经典的制粒方法，湿法制成颗粒流动性好，耐磨性较强，压缩成型性好，增加了粉末的可压性和黏着性，可防止在压片时多组分处方组成的分离，能够保证低剂量的药物含量均匀。湿颗粒法制造工艺适用于受湿和受热不起化学变化的药物。

制颗粒前需先制成软材，制软材是将原辅料细粉置混合机中，加适量润湿剂或黏合剂，混匀。润湿剂或黏合剂用量以能制成适宜软材的最少量为原则。软材的质量，由于原辅料性质的不同很难订出统一规格，一般以“握之成团、触之即散”为宜。

制备的软材需要通过筛网筛选合适的湿颗粒，颗粒的大小一般根据片剂大小由筛网孔径来控制，一般大片(片重 0.3～0.5 g)选用 14～16 目筛，小片(片重 0.3 g 以下)选用 18～20 目筛制粒。过筛的方法可分为一次过筛和多次过筛法。一次过筛制粒时可用较细筛网(14～20 目)，只要通过筛网一次即得；也可采用多次制粒法，即先使用 8～10 目筛网，通过 1～2 次后，再通过 12～14 目筛网，这种方法适用于有色的或润湿剂用量不当以及有条状物产生或者黏性较强的药物。湿颗粒应显沉重，少细粉，整齐而无长条。湿粒制成后，应尽可能迅速干燥，放置过久湿粒也易结块或变形。

(2) 干法制粒：干法制粒是将粉末在干燥状态下压缩成型，再将压缩成型的块状物破碎制成颗粒。当片剂中成分对水分敏感，或在干燥时不能经受升温干燥，而片剂组成分中具有足够内在黏合性质时，可采用干法制粒。制粒过程中，需要将混合物料先压成粉块，然后再制成适宜颗粒，也称大片法。阿司匹林对湿热敏感，其制粒过程即采用大片法制粒。干法制粒可分压片法和滚压法。压片法是将活性成分、稀释剂(如必要)和润滑剂混合，这些成分中必须具有一定黏性。在压力作用下，粉末状物料含有的空气被排出，形成相当紧密的块状。然后将大片碎裂成小的粉块。压出的大片粉块经粉碎即得适宜大小的颗粒，然后将其他辅料加到颗粒中，轻轻混合，压成片剂。滚压法与压片法的原理相似，不同之处在于滚压法应用压缩磨压片，在压缩前预先将药物与赋形剂的混合物通过高压滚筒将粉末压紧，排出空气，然后将压紧物粉碎成均匀大小的颗粒，加润滑剂后即可压片。该法不加任何液体，在粒子间仅靠压缩力使之结合，因此常用于热敏材料及水溶性极好的药物。虽其应用方法简单省时，但是由于压缩引起的活性降低也需要引起注意。而且，该法使用的压力较大，才能使某些物质黏结，有可能会导致延缓药物的溶出速率，因此该法不适宜于小剂量片的制粒。

(3) 流化床制粒：流化床制粒是用气流将粉末悬浮，呈流态化，再喷入黏合剂溶液，使粉末凝结成粒。制粒时，在自下而上的气流作用下药物粉末保持悬浮的流化状态，黏合剂溶液由上部或下部向流化室内喷入使粉末聚结成颗粒。可在一台设备内完成沸腾混合、喷雾制粒、气流干燥的过程(也可包衣)，是流化床制粒法最突出的优点。但是，影响流化床制粒的因素较多，黏合剂的加入速度、流动床温度、悬浮空气的温度、流量和速度等诸多因素均可对颗粒成品的质量与效能产生影响，操作参数比湿法制粒更为复杂。

(4) 喷雾干燥制粒：喷雾干燥制粒时，在原辅料中加入黏合剂混合，不断搅拌均匀后，用泵输送至雾化器高压喷出，在干燥的热空气流中雾化成大小适宜的液滴，水分蒸发后形成细小的颗粒。喷雾干燥制粒可直接由液态物料得到粉末状固体颗粒，干燥速度快，物料受热时间短，热敏性物料也可进行喷雾干燥制粒，制得颗粒具有良好的分散性和流动性。但是，喷雾干燥设备费用高，能量消耗大，且进行黏性较大物料的喷雾制粒时需注意粘壁现象的发生。

4. **干燥和整粒** 已制好的湿颗粒应根据主药和辅料的性质于适宜温度尽快通风干燥。干燥是利用热能除去含湿的固体物质或膏状物中所含的水分或其他溶剂，获得干燥物品的工艺操作。干燥的温度应根据药物性质而定，一般控制在 50～60℃。加快空气流速，降低空气湿度或者真空干燥，均能提高干燥速度。为了缩短干燥时间，个别对热稳定的药物，如磺胺嘧啶等，可适当提高干燥温度。含有结晶水的药物，如硫酸奎宁，要控制干燥温度和时间，防止结晶水的过量丢失，使颗粒松脆而影响压片及片剂的崩解。干燥时，温度应逐渐升高，以免颗粒表面快速干燥而影响内部水分挥发。

干燥后的颗粒往往会粘连结块，应当再进行过筛整粒，整粒时筛网孔径应与制粒用筛网孔径相同或略小。如果干颗粒比较疏松，则不宜用较细筛网，否则颗粒易破碎，产生较多细粉，影响压片。

5. **压片** 在压片之前，制得的颗粒需要对主药含量进行测定，以主药含量计算片重，进行压片。压片是片剂成型的关键步骤，通常由压片机完成。压片机的基本机械单元是一对钢冲和一个钢冲模，冲模的大小和形状决定了片剂的形状。压片机工作的基本过程为：填充→压片→推片，这个过程循环往复，从而自动的完成片剂的生产。

6. **包衣** 片剂包衣是指在素片(或片芯)外层包上适宜厚度的衣膜，使片芯与外界隔离。一般片剂不需包衣，包衣后可达到以下目的：① 隔离外界环境，避光防潮，增加对湿、光和空气不稳定药物的稳定性；② 改善片剂外观，掩盖药物的不良气味，减少药物对消化道的刺激和不适感，提高患者的顺应性；③ 控制药物释放速度和部位，达到缓释、控释的目的，如肠溶衣，可避开胃中的酸和酶，在肠中溶出；④ 隔离配伍禁忌成分，防止复方成分发生配伍变化。

根据使用的目的和方法的不同，片剂的包衣通常分糖衣、肠溶衣及薄膜衣等数种。糖衣层由内向外的顺序为隔离层、粉衣层、糖衣层、有色糖衣层、打光层。包衣层所使用材料应均匀、牢固、与片芯不起作用，崩解时限应符合药典片剂项下的规定，不影响药物的溶出与吸收；经较长时期贮存，仍能保持光洁、美观、色泽一致，并无裂片现象。包衣方法有锅包衣法、空气悬浮包衣法、压制包衣法以及静电包衣法、蘸浸包衣法等。

7. **包装** 包装系指选用适当的材料或容器，利用包装技术对药物半成品或成品的批量进行分(灌)、封、装、贴签等操作，给某种药品在应用和管理过程中提供保护、签订商标、介绍说明，并且使其经济实效、使用方便的一种加工过程的总称。包装中有单件包装、内包装、外包装等多种形式。药品包装的首要功能是保护作用，起到阻隔外界环境污染及缓冲外力的作用，并且避免药品在贮存期间，可能出现的氧化、潮解、分解、变质；其次要便于药品的携带及临床应用。

二、 制粒过程与设备

制粒过程能够去掉药物粉末的黏附性、飞散性、聚集性，改善药粉的流动性，使药粉具备可压性，便于压片，是固体制剂生产过程中重要的环节。依据制粒方法不同，有不同的制粒设备。在制粒过程中，需要根据药物的性质，选择合适的制粒方法，才能制得合格颗粒，用于片剂的压制。

(一) 湿法制粒设备

湿法制粒是最常用的制粒方法，常用的湿法制粒机主要有挤压制粒机、转动制粒机、高速搅拌制粒机以及流化床制粒机等。

1. *挤压制粒机*　挤压制粒机的基本原理是利用滚轮、圆筒等将物料强制通过筛网挤出，通过调整筛网孔径，得到需要的颗粒。制粒前，按处方调配的物料需要在混合机内制成适宜于制粒的软材，挤压制粒要求软材必须黏松适当，太黏挤出的颗粒成条不易断开，太松则不能成颗粒而变成粉末。目前，基于挤压制粒而设计的制粒机主要有摇摆式制粒机、旋转挤压制粒机和螺旋挤压制粒机。挤压制粒设备的结构比较如图 11－1 所示。

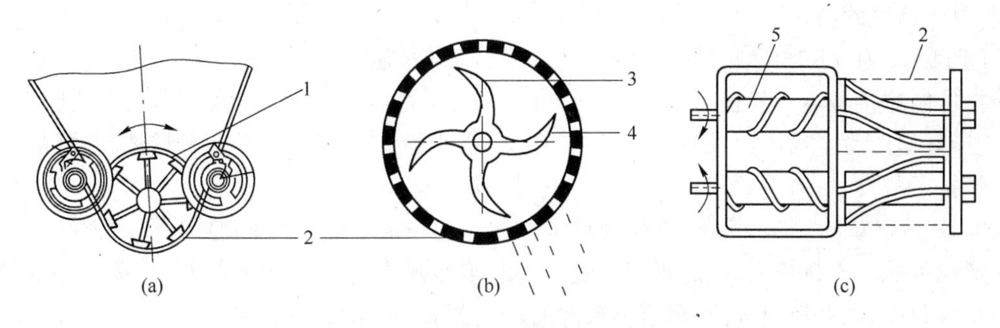

图 11－1　挤压式制粒机示意图

(a) 摇摆式制粒机；(b) 旋转挤压制粒机；(c) 螺旋挤压制粒机
1—七角滚轮；2—筛网；3—挡板；4—刮板；5—螺杆

摇摆式制粒机是目前国内常用的制粒设备，结构简单、操作方便，生产能力大且安装拆卸方便，所得颗粒的粒径大小分布较为均匀，还可用于整粒。

摇摆式制粒机的主要构造是在一个加料斗的底部用一个七角滚轮，借机械动力作摇摆式往复转动，模仿人工在筛网上用手搓压而使软材通过筛孔而成颗粒。筛网具有弹性，可通过控制其与滚轴接触的松紧程度来调节制成颗粒的粗细。摇摆式制粒机工作时七角滚轮由于受到机械作用而进行正反转的运动，筛网不断紧贴在滚轮的轮缘上往复运动，软材被挤入筛孔，将原孔中的原料挤出，得到湿颗粒。工作时，电动机带动胶带轮转动，通过曲柄摇杆机构使滚筒作往复摇摆式转动。在滚筒上刮刀的挤压与剪切作用下，湿物料挤过筛网形成颗粒，并落于接收盘中。

影响摇摆式制粒机所制得颗粒质量的因素主要是筛网和加料量。加料过多，或筛网过松，则制得颗粒粗且紧密；加料过少，或筛网较紧，则制得颗粒细且疏松。在使用过程中，需要注意安装筛网的松紧、材质及效果。筛网多为金属制成，维生素 C、水杨酸钠等药物遇金属会变质、变色，可使用尼龙筛网。由于摇摆式制粒机是通过滚筒对筛网的挤压而得到颗粒，物料对筛网的摩擦力和挤压力较大，使用尼龙筛网非常容易破损需经常更换，而且尼龙筛网弹性较大，当软材较黏时，过筛较慢，制成颗粒的硬度也较大。不锈钢筛网较好。摇摆式制粒机所制得颗粒成品粒径分布均匀，利于湿颗粒的均匀干燥；而且机器运转平稳，噪声小，易清洗。由于挤压所出的制粒产品水分较高，必须具有后续干燥工艺，为了防止刚挤出的颗粒堆积在一起发生粘连，多对这些颗粒采用高温热风扫式干燥，使颗粒表面迅速脱水，然后再用振动流化干燥。

旋转制粒机适合于黏性较大的物料，可避免人工出料所造成的颗粒破损，具有颗粒成型率高的特点。旋转制粒机主要由底座、加料斗、颗粒制造装置、动力装置、齿条等部分组成。颗粒制造装置为不锈钢圆筒，圆筒两端各备有不同筛号的筛孔，一端孔的孔径比较大，另一端孔的孔径比较小，以适应粗细不同颗粒的制备。圆筒的一端装在固定底盘上，所需大小的筛孔装在下面，底盘中心有一个可以随电动机转动的轴心，轴心上固定有十字形四翼刮板和挡板，两者的旋转方向不同。制粒时，将软材投放在转筒中，通过刮板旋转，将软材混合切碎并落于挡板和圆筒之间，在挡板的转动下被压出筛孔而成为颗粒，落入颗粒接受盘而由出料口收集。

螺旋挤压制粒机分为单螺杆式及双螺杆式，有前出料和侧出料两种挤出形式。其工作原理与摇摆式制粒机和旋转挤压制粒机相似，只在转子的形状上有所不同。螺旋挤压制粒机工作时，物料借助螺杆上螺旋的推力进入制粒室，并被挤压通过筛孔而形成颗粒。同样具有操作方便、易于清洗的特点。

图 11－1 为 YK160 型摇摆式制粒机、JZL 型旋转挤压制粒机及双螺杆挤压制粒机的示意图。挤压制粒机虽然有其优点，但是由于制粒的生产过程中工序复杂、操作工人的劳动强度大、生产环境的粉尘噪声大、清场困难等特点，在企业的大生产中已经越来越被高效混合的一步制粒机所取代，目前主要应用于小型企业及实验室的中试。

2. **转动制粒机** 转动制粒是在物料中加入一定量的黏合剂或润湿剂，通过搅拌、振动和摇动形成颗粒并不断长大，最后得到一定大小的球形颗粒。转动制粒过程分为微核形成阶段、微核长大阶段、微丸形成阶段，最终形成具有一定机械强度的微丸。在微核形成阶段，首先将少量黏合剂喷洒在少量粉末中，在滚动和搓动作用下聚集在一起形成大量的微核，在滚动时进一步压实；然后，将剩余的药粉和辅料在转动过程中向微核表面均匀喷入，使其不断长大，得到一定大小的丸状颗粒；最后，停止加入液体和粉料，使颗粒在继续转动、滚动过程中被压实，形成具有一定机械强度的颗粒。转动制粒特别适用于黏性较高的物料。

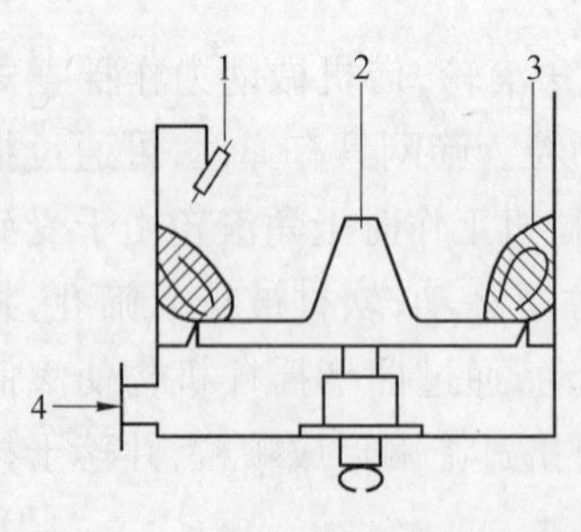

图 11－2 转动制粒机示意图

1—喷嘴；2—转盘；
3—粒子层；4—通气孔

转动制粒机也叫离心制粒机（图 11－2），主要构造是带有可旋转圆盘以及喷嘴和通气孔的锅体。物料加入锅体后，在高速旋转的圆盘带动下做离心旋转运动，向容器壁集中。聚集的物料又被从圆盘的周边吹出的空气流吹散，使物料向上运动，此时黏合剂从物料层斜面上部的喷嘴喷入，与物料相结合，靠物料的激烈运动使物料表面均匀润湿，并使散布的粉末均匀附着在物料表面，层层包裹，形成颗粒。颗粒最终在重力作用下落入圆盘中心，落下的粒子重新受到圆盘的离心旋转作用，从而使物料不停地做旋转运动，有利于形成球形颗粒。如此反复操作可以得到所需大小的球形颗粒。颗粒形成后，调整气流的流量和温度可对颗粒进行干燥。

转动制粒法的优点是处理量大，设备投资少，运转率高。缺点是颗粒密度不高，难以制备粒径较小的颗粒。在希望颗粒形状为球形、颗粒致密度不高的情况下，大多采用转动制粒。但是由于其同样存在着粉尘及噪声大、清场困难的特点，因此目前制药企业的大生产中应用较少，多用于实验室的样品中试及教学演示。

3. **高速搅拌制粒机** 该机是通过搅拌器混合以及高速造粒刀的切割作用而将湿物料制

成颗粒的装置，是一种集混合与造粒功能于一体的高效制粒设备，在制药工业中有着广泛应用。高速搅拌制粒机主要由制粒筒、搅拌桨、切割刀和动力系统组成，其结构如图11-3所示。其工作原理是将粉料和黏合剂放入容器内，利用高速旋转的搅拌器的迅速完成混合，并在切割刀作用下制成颗粒。搅拌桨主要使物料上下左右翻动并进行均匀混合，切割刀则将物料切割成粒径均匀的颗粒。搅拌桨安装在锅底，能确保物料碰撞分散成半流动的翻滚状态，并达到充分的混合。而位于锅壁水平轴的切割刀与搅拌桨的旋转运动产生涡流，使物料被充分混合、翻动及碰撞，此时处于物料翻动必经区域的切割刀可将团状物料充分打碎成颗粒。同时，物料在三维运动中颗粒之间的挤压、碰撞、摩擦、剪切和捏合，使颗粒摩擦更均匀、细致，最终形成稳定球状颗粒从而形成潮湿均匀的软材。

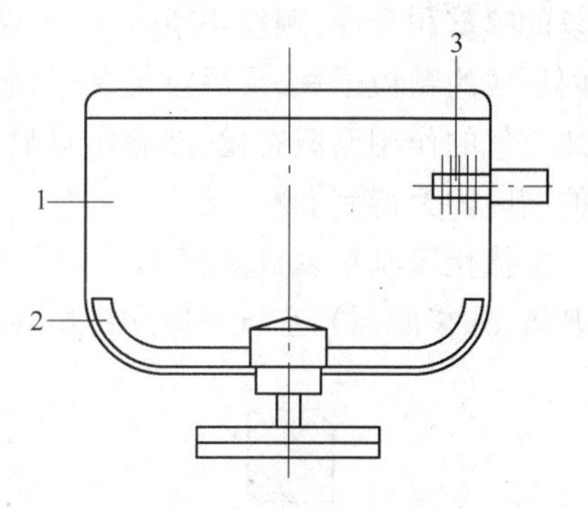

图11-3　高速搅拌制粒机示意图

1—容器；2—搅拌桨；3—切割刀

高速搅拌制粒机工作时，先将原辅料按处方比加入盛料筒，启动搅拌电机将干粉混合1～2分钟，待混合均匀后，加入黏合剂，再将湿物料搅拌4～5分钟即成为软材。然后，启动造粒电机，利用高速旋转的造粒刀将湿物料切割成颗粒。因物料在筒内快速翻动和旋转，使每一部分的物料在短时间内均能经过造粒刀部位而被切割成大小均匀的颗粒。药粉和辅料在搅拌桨的作用下混合、翻动，分散形成大颗粒；然后，大块颗粒被切割刀绞碎、切割，并配合搅拌桨，使颗粒得到强大的挤压、滚动而形成大小适宜、致密均匀的颗粒。部分结合力弱的大颗粒被搅拌器或切割刀打碎，碎片作为核心颗粒经过包层进一步增大，最终形成适宜的颗粒。其中，制粒颗粒目数大小由物料的特性、制料刀的转速和制粒时间等因素制约，改变搅拌桨的结构、调节黏合剂的用量及操作时间可改变制备颗粒的密度和强度。

在操作高速搅拌制粒机时先将物料按处方比例加入容器内，开动搅拌桨混合干粉，待均匀后加入黏合剂，继续搅拌，使物料制成软材，再打开切割刀，将软材切割成颗粒状。完成制粒后湿颗粒进行干燥，烘干后可直接用于压片，且压片时的流动性通常较好。

搅拌混合制粒是在一个容器内进行混合、捏合和制粒，8～10分钟即可得到大小均匀的颗粒，与传统的挤出制粒相比具有省工序、操作简单、快速等优点，与传统的槽型混合机相比，可节约15%～25%的黏合剂用量。而且，槽型混合机所能进行操作的品种可无需做多大改动，即可应用该设备操作。该方法处理物料量大，制粒又是在密闭容器中进行，工作环境好，设备清洁比较方便，清场容易，能够达到GMP的要求。该设备制成的颗粒大小均匀、质地结实、细粉少，压片时流动性好，压成片后硬度高，崩解、溶出性能也较好。虽然搅拌混合制粒设备存在着高耗能、高耗时的缺点，但是工人的劳动强度与应用其他湿法制粒的设备相比，明显减小，工序工时也相对减少，因此搅拌混合制粒设备仍是目前较为常用的制粒设备。

4．流化床制粒机　流化床制粒机广泛应用于粉体制粒和粉体、颗粒、丸的肠溶、缓控释薄膜包衣，它的工作原理是物料粉末粒子在原料容器（流化床）中受到经过净化后的加热空气预热和混合，呈环流化状态，黏合剂溶液雾化喷入后，使若干粒子聚集成含有黏合剂的团粒，由于空气对物料的不断干燥，使团粒中水分蒸发，黏合剂凝固，此过程不断重复进行，形成均匀的多微孔球状颗粒。

操作时，把物料粉末与各种辅料装入容器中，温度适宜的气流从床层下部通过筛板吹入，使物料呈流化状态并且混合均匀，然后开始均匀喷入黏合剂溶液，粉末开始聚结成粒，经过反复的喷雾和干燥，颗粒不断长大，当颗粒的大小符合要求时停止喷雾，然后继续送热风将床层内形成的颗粒干燥，最后收集制得颗粒，送至下一步工序。该设备的运转特点是粉末受到下部热空气的作用而流态化，然后定量喷入黏合剂，物料在床层内不断翻滚运动，使粉料在流态化的同时团聚得到颗粒。

流化床制粒装置如图 11-4 所示，主要由容器、气体分布装置(如筛板等)、喷嘴、气固分离装置(如袋滤器)、空气进口和出口、物料排出口组成。盛料容器的底是一个不锈钢板，布满直径 1～2 mm 筛孔，开孔率为 4%～12%，上面覆盖一层 120 目不锈钢丝制成的网布，形成分布板。上部是喷雾室，在该室中，物料受气流及容器形态的影响，产生由中心向四周的上下环流运动。黏合剂由喷枪喷出。粉末物料受黏合剂液滴的黏合，聚集成颗粒，受热气流的作用，带走水分，逐渐干燥。喷射装置可分为顶喷、底喷和切线喷 3 种：顶喷装置喷枪的位置一般置于物料运动的最高点上方，以免物料将喷枪堵塞；底喷装置的喷液方向与物料方向相同，主要适用于包衣，如颗粒与片剂的薄膜包衣、缓释包衣、肠溶包衣等；切线喷装置的喷枪装在容器的壁上。流化床制粒装置结构上分成 4 部分：空气过滤加热部分构成第一部分；第二部分是物料沸腾喷雾和加热部分；第三部分是粉末收集、反吹装置及排风结构；第四部分是输液泵、喷枪管路、阀门和控制系统。该设备需要电力、压缩空气、蒸汽 3 种动力源。电力供给引风机、输液泵、控制柜。压缩空气用于雾化黏合剂、脉冲反吹装置、阀门和驱动汽缸。蒸汽用来加热流动的空气，使物料得到干燥。

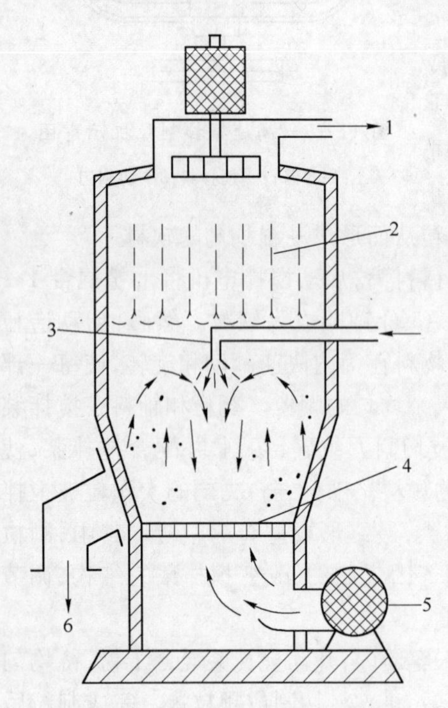

图 11-4 流化床制粒装置示意图

1—空气出口；2—袋滤器；3—喷嘴；4—筛板；5—空气进口；6—产品出口

流化制粒根据处理量和用途的不同，有间歇式流化沸腾制粒器和强制循环型流化床制粒器两种作业形式。如果期望得到粒径为数百微米的产品，可采用批次作业方式的间歇式流化沸腾制粒器。该设备的运转特点是先将原料粉流态化，然后定量喷入黏合剂，使粉料在流化状态下团聚形成合适粒径的微粒，原始颗粒的聚并是该过程的主要机制。当处理量较大时，则应选用连续式流化制粒设备，这类装置多由数个相互连通的流化室组成，药粉经过增湿、成核、滚球、包覆、分级、干燥等过程形成颗粒。它是在原料粉处于流态化时连续地喷入黏合剂，使颗粒不断翻滚长大，得到适宜粒径后排出机外。可通过优化多室流化床的工艺条件，使颗粒形成的不同阶段都处在最佳操作条件下完成。

流化床制粒机适用于热敏性或吸湿性较强的物料制粒，且要求所用物料的密度不能有太大差距，否则难以制成颗粒。在符合要求的物料条件下，流化床制粒机所制得的颗粒外形圆整，多为 40～80 目，因此在压片时的流动性和耐压性较好，易于成片，对于提高片剂的质量相当有利。该设备可直接完成制粒过程中的多道工序，减少了企业的设备投资，并且降低了操作人员的劳动强度，具有生产流程自动化程度高、生产效率高、产量大的特点。但是由于该设备动力消耗较大，对厂房环境的建设要求较高，在厂房设计及应用时需注意到这一点。

（二）喷雾干燥制粒设备

喷雾干燥制粒是一种将喷雾干燥技术与流化床制粒技术结合为一体的新型制粒技术，其原理是通过机械作用，将原料液用雾化器分散成雾滴，分散成很细的像雾一样的微粒，增大水分蒸发面积，加速干燥过程，并用热空气（或其他气体）与雾滴直接接触，在瞬间将大部分水分除去，使物料中的固体物质干燥成粉末而获得粉粒状产品的一种过程。溶液、乳浊液或悬浮液，以及熔融液或膏状物均可作为喷雾干燥制粒的原料液。根据需要，喷雾干燥制粒设备可得到粉状、颗粒状、空心球或团粒状的颗粒；也可以用于喷雾干燥。

喷雾干燥制粒设备结构如图 11－5 所示，由原料泵、雾化器、空气加热器、喷雾干燥制粒器等部分构成。制粒时原料液经过滤器由原料泵输送到雾化器雾化为雾滴，空气由鼓风机经过滤器、空气加热器及空气分布器送入喷雾干燥制粒器的顶部，热空气与雾滴在干燥制粒器内接触、混合，进行传热与传质，得到干燥制粒产品。

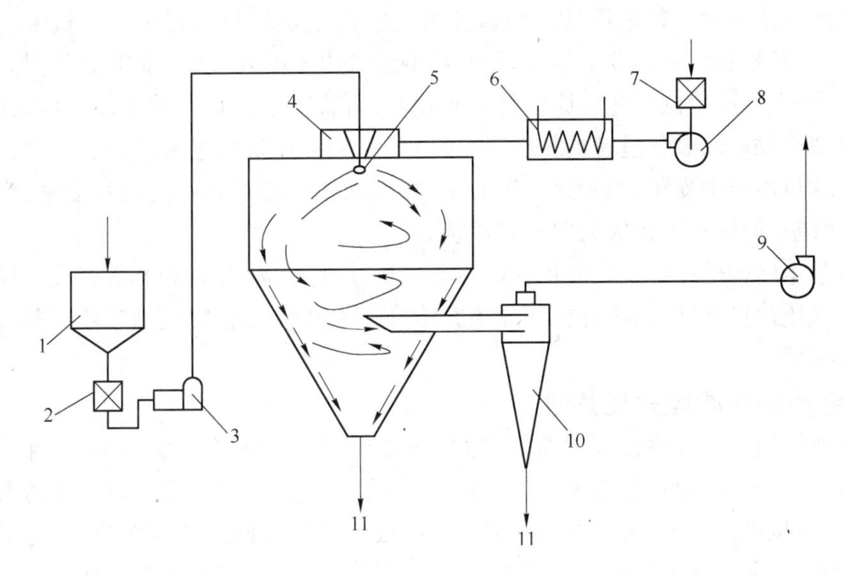

图 11－5　喷雾干燥制粒设备示意图

1—原料罐；2—过滤器；3—原料泵；4—空气分布器；5—雾化器；6—空气加热器；7—空气过滤器；8—鼓风机；9—引风机；10—旋风分离器；11—产品

喷雾干燥制粒过程分为 3 个基本阶段：第一阶段，原料液的雾化。雾化后的原料液分散为微细的雾滴，水分蒸发面积变大，能够与热空气充分接触，雾滴中的水分得以迅速汽化而干燥成粉末或颗粒状产品。雾化程度对产品质量起决定性作用，因此，原料液雾化器是喷雾制粒的关键部件。第二阶段，干燥制粒。雾滴和热空气充分接触、混合及流动，进行干燥制粒。干燥过程中，根据干燥室中热风和被干燥颗粒之间运动方向可分为并流型、逆流型和混流型。第三阶段，颗粒产品与空气分离。喷雾制粒的产品采用从塔底出粒，但需要注意废气中夹带部分细粉。因此在废气排放前必须回收细粉，以提高产品收率，防止环境污染。

雾化器是喷雾制粒的关键部件，要保证溶液的喷雾干燥制粒过程是在瞬间完成的，必须最大限度地雾化分散原料液，增加单位体积溶液的表面积，才能使传热和传质过程加速，利于干燥制粒的进行。雾滴越细，其表面积越大。根据雾滴形成的方式可将雾化器分为气流式雾化器、压力式雾化器和旋转式雾化器。一般情况下,气流式雾化器所得雾滴较细,而压力式和旋转式雾化器所得雾滴较粗。因此,常选用压力式或旋转式雾化器制备较大颗粒产品,而气流式雾化器常用于较细的粉状产品。

喷雾干燥制粒设备具有部件易清洗、生产效率高、操作人员少的特点。并且在整个过程中物料都处于密闭状态,避免了粉尘的飞扬,保证了生产环境的洁净度要求。但是由于喷雾干燥制粒设备装置复杂,耗能高,占地面积大,企业的一次性投资成本较大。而且设备中的关键部件雾化器及粉末回收装置价格较高,因此,喷雾干燥制粒设备不是中小制药企业选择制粒设备的首选。

三、 压片过程与设备

片剂是由一种或多种药物配以适当的辅料均匀混合后压制而成的片状制剂。在制备时将物料摆放于模孔中,用冲头进行压制形成片状的机器称为压片机。片剂的生产方法有粉末压片法和颗粒压片法两种。粉末压片法是直接将均匀的原辅料粉末置于压片机中直接压成片状,这种方法对药物和辅料的要求较高,只有片剂处方成分中具有适宜的可压性时才能使用粉末直接压片法;颗粒压片法是先将原辅料制成颗粒,再置于压片机中冲压成片状,这种方法通过制粒过程使药物粉末具备适宜的黏性,大多片剂的制备均采用这种方法。片剂成型是药物和辅料在压片机冲模中受压,当到达一定的压力时,颗粒间接近到一定的程度时,产生足够的范德华力,使疏松的颗粒结合成为整体的片状。

压片机基本结构是由冲模、加料机构、填充机构、压片机构、出片机构等组成。压片机又分为单冲冲撞式压片机、旋转式压片机和高速旋转式压片机等。此外,还有二步(三步)压片机和多层片压片机等。

(一) 电动单冲冲撞式压片机

电动单冲冲撞式压片机设备结构如图 11 - 6 所示,是由冲模(模圈、上冲、下冲)、施料装置(饲料靴、加料斗)及调节器(片重调节器、出片调节器、压力调节器)组成的。其动力装置是转动轮,可以电动也可以手摇,为上冲单向加压。冲模是直接实施压片的部分,决定了片剂的大小、形状和硬度。调节装置包括压力调节器、片重调节器和推片调节器等。压力调节器是用于调节上冲下降的深度;下冲杆附有上、下两个调节器,上面一个为出片调节器,负责调节下冲抬起的高度,使之恰好与模圈的饲粉器负责将颗粒填充到模孔,并把下冲顶出的片剂推至收集器中;下面一个是调节下冲下降深度(即调节片剂重量)的片重调节器。

工作时,单冲压片机的压片过程是由加料、压片至出片自动连续进行的。这个过程中,下冲杆首先降到最低,上冲离开模孔,饲料靴在模孔内摆动,颗粒填充在模孔内,完成加料。然后饲料靴从模孔上面移开,上冲压入模孔,实现压片。最后,上冲和下冲同时上升,将药片顶出冲模。接着饲料靴转移至模圈上面把片剂推下冲模台而落入接收器中,完成压片的一个循环。同时,下冲下降,使模内又填满了颗粒,开始下一组压片过程;如是反复压片出片。单冲压片机每分钟能压制 80～100 片。

单冲压片机所制得片剂的质量和硬度(即受压大小)受模孔和冲头间的距离影响,可分别通过片重调节器和压力调节部分调整。片重轻时,将片重调节器向上转,使下冲杆下降,增加模孔的容积,借以填充更多的物料,使片重增加。反之,上升下冲杆,减小模孔的容积可使片重减轻。冲头间的距离决定了压片时压力的大小,上冲下降得愈低,上、下冲头距离愈近,则压力

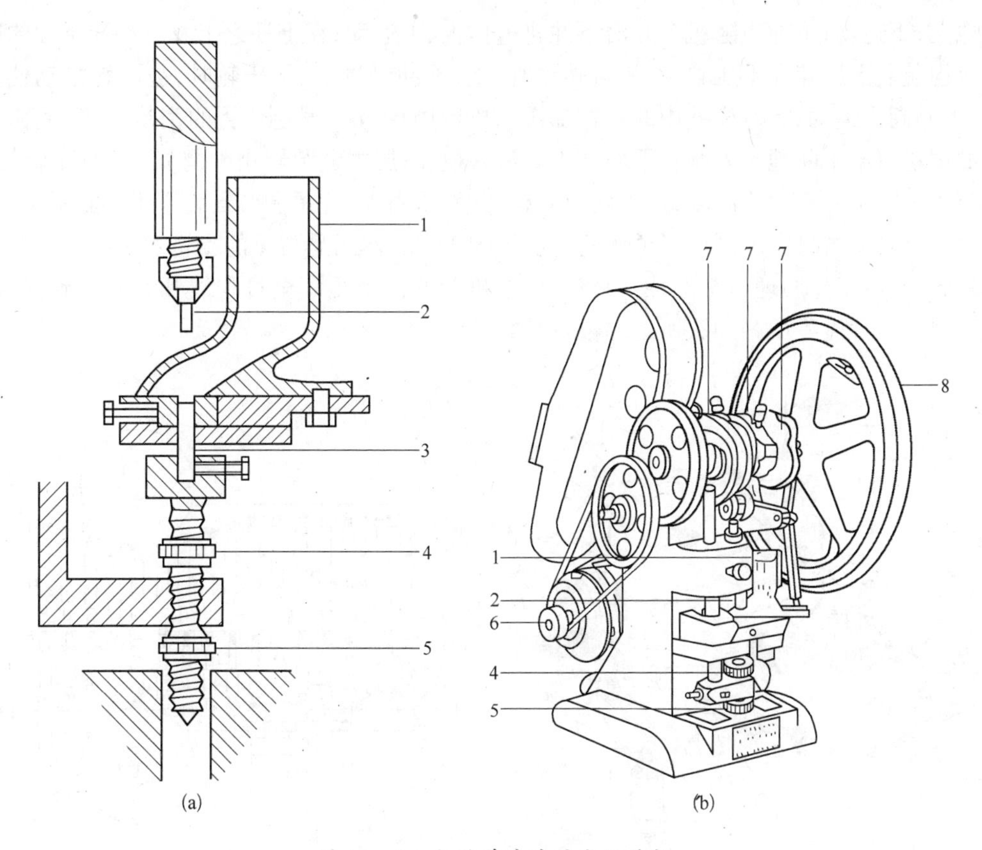

图 11-6　电动单冲冲撞式压片机

(a) 冲头结构示意图;(b) 整机示意图
1—加料斗;2—上冲;3—下冲;4—出片调节器;
5—片重调节器;6—电动机;7—偏心轮;8—手柄

愈大,片剂越硬。反之,片剂越松。

单冲压片机结构简单,操作和维护方便,可方便的调节压片的片重、片厚以及硬度,但是,单冲压片机压片时是一种瞬时压力,这种压力作用于颗粒的时间极短;而且存在空气垫的反抗作用,颗粒间的空气来不及排出,会对片剂的质量产生影响。因此,单冲压片机制得片剂容易松散,大规模生产时质量难以保证,而且产量也太小。因此,单冲压片机多作为实验室里做小样的设备,用于了解压片原理和教学。

(二) 旋转式压片机

单冲压片机的缺点限制了其在大规模片剂生产中的应用,目前的片剂生产多使用旋转式压片机,旋转式压片机对扩大生产有极大的优越性。旋转式压片机是基于单冲压片机的基本原理,又针对瞬时无法排出空气的缺点,在转盘上设置了多组冲模,绕轴不停旋转,变瞬时压力为持续且逐渐增减压力,从而保证了片剂的质量。

旋转式压片机主要由动力部分、传动部分和工作部分组成,其核心部件是一个可绕轴旋转的 3 层圆盘,上层装着若干上冲,在中层与上冲对应的位置装着模圈,下层的对应位置装下冲;另有位置固定的上、下压轮、片重调节器、压力调节器、饲粉器、刮粉器、推片调节器以及附属机构如吸尘器和防护装置等。圆盘位于绕自身轴线旋转的上、下压轮之间,此外还有片重调节器、出片调节器、刮料器、加料器等装置。上层的上冲随机台而转动并沿着固定的上冲轨道有规律地上、下运动；下冲也随机台并沿下冲轨道作上、下运动；在上冲之上及下冲的下面的固定位置分别装着上压轮和下压轮，在机台转动时，上、下冲经过上、下压轮时，被压轮推动使上冲向下、下冲向上运动，并对模孔中的颗粒加压。机台中层有一固定位置的刮粉器，颗粒由固定位置的饲粉器中不断地流入刮粉器中并由此流入模孔；压力调节器用于调节下压轮的高度，从而调节压缩时下冲升起的高度，高则两冲间距离近，压力大；片重调节器装于下冲轨道上，用调节下冲经过刮粉器时高度以调节模孔的容积。图 11－7 左图是常见的旋转式多冲压片机的结构示意图，右图工作原理示意图，图中将圆柱形机器的一个压片全过程展开为平面形式，以更直观地展示压片过程中各冲头所处的位置。

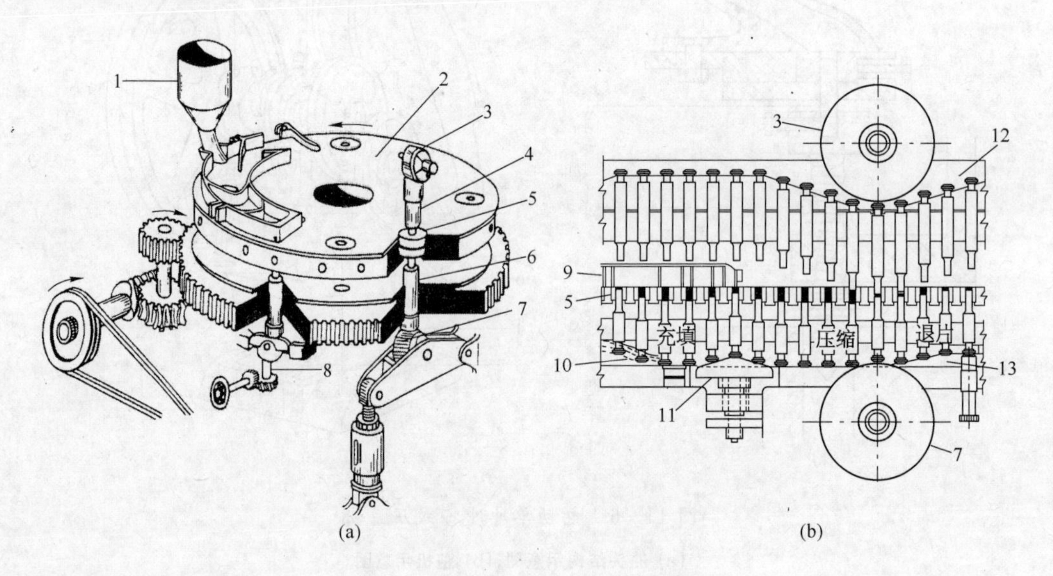

图 11－7　旋转式压片机示意图

(a) 外部示意图；(b) 内部示意图

1—加料斗；2—旋转盘；3—上压轮；4—上冲；5—中模；6—下冲；7—下压轮；8—片重调节器；9—栅式加料器；10—下冲下行轨道；11—重量控制用凸轮；12—上冲上行轨道；13—下冲上行轨道

工作时，圆盘绕轴旋转，带动上冲和下冲分别沿上冲圆形凸轮轨道和下冲圆形凸轮轨道运动，同时模圈作同步转动。此时，冲模依次处于不同的工作状态，分别为填充、压片和退片。处于填充状态时，颗粒由加料斗通过饲料器流入位于其下方置于不停旋转平台之中的模圈中，这种充填轨道的填料方式能够保证较小的片重差异。圆盘继续转动，当下冲运行至片重调节器上方时，调节器的上部凸轮使下冲上升至适当位置而将过量的颗粒推出。通过片重调节器调节下冲的高度，可调节模孔容积，从而达到调节片重的目的。推出的颗粒则被刮料板刮离模孔，并在下一次填充时被利用。接着，上冲在上压轮的作用下下降并进入模孔，下冲在下压轮的作用下上升，对模圈中的物料产生的较缓的挤压效应，将颗粒压成片，物料中空气在此过程中有机会逸出。最后，上、下冲同时上升，压成的片子由下冲顶出模孔，随后被刮片板刮离圆盘并滑入接收器。此后下冲下降，冲模在转盘的带动下进入下一次填充，开始下一次工作循环。下冲的最大上升高度由出片调节器来控制，使其上部与模圈上部表面相平。

旋转式压片机的多组冲模设计使得出片十分迅速，且能保证压制片剂的质量。目前，多冲压片机的冲模数量通常为 19、25、33、51 和 75 等，单机生产能力较大。如 19 冲压片机每小时的生产量为 2 万～5 万片，33 冲为 5 万～10 万片，51 冲约为 22 万片，75 冲可达 66 万片。多冲压片机的压片过程是逐渐施压，颗粒间容存的空气有充分的时间逸出，故裂片率较低。同时，加料器固定，运行时的振动较小，粉末不易分层，且采用轨道填充的方法，故片重较为准确均一。

目前国内制药企业常用的旋转式压片机为 ZP－33B 型，与 ZP－33 型相比，ZP－33B 型压片设备改善了其前身压力小、噪声高、粉尘大、不能换冲模压制异型片的缺点。设备的生产能力也有进一步提高，可以达到 4 万～11.8 万片/小时，并且配备了断冲、超压等自我保护系统。与高速旋转式压片机相比，由于旋转式压片机存在生产效率低、粉尘大、操作复杂、设备及生产环境清洁困难等缺点，目前仅仅应用于大企业的生产工艺中试、产量要求不高的中小企业或实验室的教学演示过程中。

(三) 高速旋转式压片机

传统敞开的压片过程以及压片工序的断裂所导致的压片间粉尘和泄漏在国内大型制药企业中也屡见不鲜，而这已经不能再满足目前 GMP 对于压片间的洁净度要求了。随着制药工程的进步，通过增加冲模的套数，装设二次压缩点，改进饲料装置等，旋转式压片机已逐渐发展成为能以高速度旋转压片的设备。该设备有压力信号处理装置，可对片重进行自动控制及剔废、打印等各种统计数据，对缺角、松裂片等不良片剂也能自动鉴别并剔除。该设备全封闭、无粉尘、保养自动化、生产率高，符合 GMP 要求。

高速压片机的压片过程包括填充、定量、预压、主压成型、出片等工序。首先，上、下冲头在冲盘带动下分别沿上、下导轨反向运动，当冲头进入填充区，上冲头向上运动绕过强迫加料器，同时，下冲头经下拉凸轮作用向下移动。此时，下冲头上表面与模孔形成一个空腔，药粉颗粒经过强迫加料器叶轮搅拌填入中模孔空腔内，当下冲头经过下拉凸轮的最低点时形成过量填充。压片机冲头随冲盘继续运动，下冲头经过填充凸轮时逐渐向上运动，并将空腔内多余的药粉颗粒推出中模孔，进入定量段。在定量段，填充凸轮上表面为水平，下冲头保持水平运动状态，由定量刮板将中模上表面多余的药粉颗粒刮出，保证了每一中模孔内的药粉颗粒填充量一致。为防止中模孔中的药粉被甩出，定量刮板后安装了盖板。下冲保护凸轮将下冲头拉下，上冲头由下压凸轮作用也向下运动，当中模孔移出盖板时，上冲头进入中模孔。当冲头经过预压轮时，完成预压动作再继续经过主压轮，通过主压轮的挤压完成压实动作，最后通过出片凸轮，上冲上移，下冲上推并将压制好的药片推出中模孔，药片进入出片装置，完成整个压片流程。

以 ZPYG500 系列的高速旋转式压片机为例，设备在工作时，压片机的主电机通过交流变频无级调速器，并经蜗轮减速后带动转台旋转。转台的转动使上、下冲头在导轨的作用下产生上、下相对运动。颗粒经充填、预压、主压、出片等工序被压成片剂。并且，设备配备有间隙式微小流量定量自动润滑系统，可自动润滑上下轨道、冲头，降低轨道磨损。同时配备有传感器压力过载保护装置，当压力超压时，能保护冲钉，自动停机。以及配备了强迫加料器各种形式叶轮可满足不同物料需求。

四、 压片过程中易出现的问题

片剂的质量要求，在国家药典上是有明确规定的，诸如片剂的含量、崩解时限、溶出度、片重差异、外观等，所以在制备过程中一定要严格控制，把好质量关，发现问题及时解决，减少不必要的损失，创造更大的效益。

1. **松片**　松片是指片剂压成后用手轻轻加压即行碎裂。造成松片的原因有多方面，处方调配不当、药物本身性质所限，以及压片设备的原因等均可造成松片。例如，黏合剂或润湿剂用量不足或选择不当，颗粒疏松，细粉多，此时需要添加黏合剂或润湿剂，或者使用合适的润湿剂；颗粒含水量太少时，完全干燥的颗粒有较大的弹性变形，所压成片剂的硬度较差，许多含有洁净水的药物，在颗粒烘干时会失去一部分的结晶水，颗粒变松脆，容易形成松片，可在颗粒中喷入适量的稀乙醇(50%～60%)，保证颗粒含适量水，可增强其塑性，降低颗粒间摩擦力。药物本身的性质，如脆性、可塑性、弹性和硬度等也会影响片剂的松紧，例如，中草药的粉末中有纤维素及酵母粉等，有较强的弹性，在大压力下虽可成型，但一经放置即易因膨胀而松片，可在处方中增多具有较强塑性的辅料，如可压性淀粉、微晶纤维素、乳糖等，或选用更优良的黏合剂，如 HPMC(Hypromellose，Cellulose)等；原料的弹性也与晶态有关，针状或片状结晶压片后易松片，必要时可先将针状或片状结晶粉碎。此外，压片机的压力过小，或冲头长短不齐，则片剂所受压力不同，也容易造成松片，此时需将压力或冲头应调节适中；压缩时间对松片也有影响，塑性变形的发展需要一定的时间，如压缩速度太快，塑性很强的材料弹性变形的趋势也将增大，易于松片，需要适当降低压片速度。

2. *裂片*　片剂受到振动或放置时，从腰间开裂或顶部脱落一层称为裂片，一般顶部开裂较为常见，称为顶裂。造成这种现象的原因，是用单冲压片机压片时，片剂的上表面压力较大；用旋转压片机压片时，片剂的上、下表面的压力较大，在片剂上表面或上、下表面的弹性复原率高；由于物料产生塑性变形的趋势与受压时间有关，片剂的上表面受压时间最短并首先移出模孔并脱离模孔的约束，所以易由顶部裂开，且单冲压片机比旋转压片机易裂片。因此，压力分布不均匀以及由此引起的弹性复原率不同是裂片的主要原因之一，物料的压缩成型性差可造成片剂内部压力分布不均匀而易于裂片。此外，颗粒中细粉太多，压缩时空气不能排除，解除压力后，空气体积膨胀而导致裂片；压力过大、加压过快可造成裂片；模孔变形、磨损，压片机的冲头受损伤以及推片时下冲未抬到与模孔上缘相平的高度等，也可造成裂片。要解决这些原因造成的裂片，就要从压片成型理论入手，充分了解和改善物料的流动性和可塑性，例如加入适宜的辅料；同时，改进压片机械设计，例如多冲压片机的逐渐加压代替单冲压片机的瞬时加压。

在实际压片过程中，造成裂片的原因多为处方调配问题。例如，黏合剂或润湿剂选择不当，用量不够，黏合力差，颗粒过粗、过细或细粉过多，需要调整黏合剂或润湿剂的用量；颗粒中油类成分较多，减弱了颗粒间的黏合力，或由于颗粒太干以及含结晶水的药物失去结晶水过多而引起，可先用吸收剂将油类成分吸干后，再与颗粒混合压片，也可与含水较多的颗粒掺合压片；富有弹性的纤维性药物在压片时易裂片，可加糖粉克服；压力过大，片剂太厚，冲模不合格，压力不均，使片剂部分受压过大而造成顶裂，这些情况需调整压片机的设置，以获得质量合格的片剂。

3. *粘冲*　粘冲是指压片时，冲头和模圈上有细粉黏着，明显时上下冲都有细小颗粒黏着，使片剂表面不光洁、不平或有缺痕。颗粒太潮，药物易吸湿，室内温度、湿度过高均易产生粘冲，应重新干燥颗粒，车间恒温、恒湿，保持干燥。此外，润滑剂用量不足或分布不均匀时，应增加用量，并充分混合。冲模表面粗糙或有缺损，冲头刻字(线)太深，或冲头表面不洁净也会造成粘冲，应更换冲模，并擦净冲头表面，抛光以保持高光洁度。

4. *崩解迟缓*　崩解时限指固体制剂在规定的介质中，以规定的方法进行检查全部崩解溶散或成碎粒并通过筛网所需时间的限度。除了缓释、控释等特殊片剂以外，一般的口服片剂都应在胃肠道内迅速崩解。若片剂超过了规定的崩解时限,即称为崩解超限或崩解迟缓。片剂内部是一个多孔体,水分可通过这些孔隙而进入到片剂内部,引起片剂崩解,水分透入的快慢与片剂内部的孔隙状态和物料的润湿性有关。因此,压片时的压缩力可影响片剂内部的孔隙,可溶性成分与润湿剂可影响片剂亲水性(润湿性)及水分的渗入,物料的压缩成型性与黏合剂可影响片剂结合力的瓦解,而崩解剂是片剂体积膨胀崩解的主要因素,这些环节均可影响片剂的崩解,应根据实际出现的问题加以解决。诸如崩解剂选择不当,用量不足,干燥不够,崩解力差;黏合剂的黏性太强,用量过多或润湿剂的疏水性太强,用量过多;压片时压力过大,片剂过于坚硬;这些问题可通过调整崩解剂的用量以及在不引起松片情况下减少压力来解决。

5. **溶出超限** 片剂在规定的时间内未能溶解出规定量的药物,即为溶出超限,也称为溶出度不合格。片剂不崩解,颗粒过硬,药物的溶解度差等均可影响片剂的溶出度,应根据实际情况予以解决。

6. **片重差异大** 片重差异是药典规定的片剂的质量检测项目,压制的同一批片剂在重量上的差异,如果超出药典的规定范围,意味着药片的剂量差异已经不能忽略,有可能影响到临床疗效。产生片重差异的原因有多种,例如颗粒内的细粉太多或颗粒的大小相差悬殊,流动性不好,颗粒填充不均等,应重新制粒或除去颗粒中过多的细粉,改善颗粒流动性;此外,冲头与模孔吻合性不好、造成下冲外周与模孔壁之间漏下较多药粉、冲头长短不一、加料斗高度装置不对、加料斗或加料器堵塞也能引起片重差异,此时应做好机件保养,检查机件有无损件。

7. **片剂含量不均匀** 所有造成片重差异过大的因素,皆可造成片剂中药物含量的不均匀。如果粒子的形态比较复杂或表面粗糙,则粒子间的摩擦力较大,一旦混匀后就不易再分离;当采用溶剂分散法将小剂量药物分散于空白颗粒时,由于大颗粒的孔隙率较高,小颗粒的孔隙率较低,所以吸收的药物溶液量有较大差异,在随后的加加过程中由于振动等原因,使大、小颗粒分层,小颗粒沉于底部,造成片重差异过大以及含量均匀度不合格。因此,物料的混合均匀对片剂的质量具有重要的影响。

而对于小剂量的药物来说,除了混合不均匀以外,可溶性成分在颗粒之间的迁移是其含量均匀度不合格的一个重要原因。干燥过程中,物料内部的水分向物料的外表面扩散时,可溶性成分也被转移到颗粒的外表面,这就是所谓的可溶性成分的迁移。在干燥结束时,水溶性成分在颗粒的外表面沉积,导致颗粒外表面可溶性成分的含量高于颗粒内部,即颗粒内外的可溶性成分含量不均匀。如果在颗粒之间发生可溶性成分迁移,将大大影响片剂的含量均匀度,尤其是采用箱式干燥时,这种迁移现象最为明显。因此采用箱式干燥时,应经常翻动物料层,以减少可溶性成分在颗粒间的迁移。采用流化床干燥时,由于湿颗粒各自处于流化运动状态,并无紧密接触,所以一般不会发生颗粒间的可溶性成分迁移,有利于提高片剂的含量均匀度。不过,采用流化床干燥法时应注意:由于颗粒处于不断地运动状态,颗粒与颗粒之间有较大的摩擦、撞击等作用,会使细粉增加,而颗粒表面往往水溶性成分含量较高,所以这些被留下的细粉中的药物(水溶性)成分含量也较高,不能轻易地弃去,也可在投料时就考虑这种损耗,以防止片剂中药物的含量偏低的问题。

8. **变色或色斑、麻点** 因易吸湿而变性的药品如三溴片、碘化钾片、乙酰水杨酸片等在潮湿情况下与金属接触易变色,应当在干燥天气压片和减少与金属接触来改善。复方制剂中原辅料颜色差异太大,在制粒前未经磨碎或混合不均则容易产生花斑;压片时的润滑剂未经细筛筛过并未与颗粒充分混匀,也易出现色斑。颗粒过硬或有色片剂的颗粒松紧不均也会出现色斑或麻点，颗粒应制得松软些。有色片剂多采用乙醇润湿剂进行制粒，最好不采用淀粉浆。压片时，上冲油垢过多，随着上冲移动而落于颗粒中产生油点，只需经常清楚过多的油垢就可克服。

当片剂中含有可溶性色素时，即便湿混时已将色素及其他成分混合均匀，但由于颗粒干燥后，大部分色素迁移到颗粒的外表面(内部的颜色很淡)，发生可溶性成分的迁移，压成的片剂表面会形成很多"色斑"，为了防止"色斑"出现，最根本的方法是选用不溶性色素，例如使用色淀(即将色素吸附于吸附剂上再加到片剂当中)。

9. 叠片　叠片是指两片压在一起，压片时由于粘冲或上冲卷边等原因致使片剂粘在上冲上，在继续压入已装颗粒的模孔中而成双片。或者由于下冲上升位置太低，而没有将压好的片剂及时送出，又将颗粒加入模孔中重复加压。这样压力相对过大，机器易受损害。此时应及时停止操作，调换冲头，检修调节器。

五、包衣方法与设备

包衣是制剂工艺中的一项单元操作，除了片剂的包衣，有时也用于颗粒或微丸的包衣。由于良好的隔离及缓控释作用，包衣在制药工业中占有越来越重要的地位。包衣操作是一种较复杂的工艺，随着包衣装置的不断改善和发展，包衣操作由人工控制发展到自动化控制，使包衣过程更可靠、重现性更好。

(一) 包衣方法

包衣是指一般药物经压片后，为了保证片剂在贮存期间质量稳定或便于服用及调节药效等，在片剂表面包以适宜的物料，该过程称为包衣。片剂包衣后，素片(或片芯)外层包上了适宜的衣料，使片剂与外界隔离，可达到增加对湿、光和空气不稳定药物的稳定性；掩盖药物的不良臭和味；减少药物对消化道的刺激和不适感；达到靶向及缓控释药的作用；防止复方成分发生配伍变化等目的。合格的包衣应达到以下要求：包衣层应均匀、牢固、与片芯不起作用，崩解时限应符合药典片剂项下的规定；经较长时期贮存，仍能保持光洁、美观、色泽一致，并无裂片现象；不影响药物的溶出与吸收。

根据使用的目的和方法的不同，片剂的包衣通常分糖衣、薄膜衣及肠溶衣等数种。

1. 包糖衣　一般工艺为：包隔离层→粉衣层→糖衣层→有色糖衣层→打光。隔离层不透水，可防止在后面的包衣过程中水分浸入片芯，最常用的隔离层材料为玉米朊。包衣时应控制好糖衣层厚度，一般 3～5 层，以免影响片剂在胃中的崩解。隔离层之外是一层较厚的粉衣层，可消除片剂的棱角。包粉衣层时，使片剂在包衣锅中不断滚动，润湿黏合剂使片剂表面均匀润湿后，再加入适量撒粉，使之黏着于片剂表面，然后热风干燥 20～30 分钟(40～55℃)，不断滚动并吹风干燥。操作时润湿黏合剂和撒粉交替加入，一般包 15～18 层后，片剂棱角即可消失。常用润湿黏合剂有糖浆、明胶浆、阿拉伯胶浆或糖浆与其他胶浆的混合浆，其中糖浆浓度常为 65%(g/g)或 85%(g/ml)，明胶的常用浓度为 10%～15%。常用撒粉是滑石粉、蔗糖粉、白陶土、糊精、淀粉等，滑石粉一般为过 100 目筛的细粉。滑石粉和碳酸钙为包粉衣层的主要物料，当与糖浆剂交替使用时可使粉衣层迅速增厚，芯片棱角也随之消失，因而可增加包衣片的外形美观。因糖浆浓度高，受热后立即在芯片表面析出蔗糖微晶体的糖衣层，包裹药片的粉衣层，使表面比较粗糙、疏松的粉衣层光滑细腻、坚实美观。操作时加入稍稀的糖浆，逐次减少用量(湿润片面即可)，在低温(40℃)下缓缓吹风干燥，一般包制 10～15 层。如需包有色糖衣层，则可用含0.3%左右的食用有色素糖浆。打光一般用川蜡，使用前需精制，然后将片剂与适量蜡粉共置于打光机中旋转滚动，充分混匀，使糖衣外涂上极薄的一层蜡，使药片更光滑、美观，兼有防潮作用。

2. *包薄膜衣*　是指在片芯外包一层比较稳定的高分子材料，因膜层较薄而得名。薄膜包衣的一般工艺为：片芯→喷包衣液→缓慢干燥→固化→缓慢干燥。操作时，先预热包衣锅，再将片芯置入锅内，启动排风及吸尘装置，吸掉吸附于素片上的细粉；同时用热风预热片芯，使片芯受热均匀。然后开启压缩泵，将已配制好的包衣材料溶液均匀地喷雾于片芯表面，同时采用热风干燥，使片芯表面快速形成平整、光滑的表面薄膜。喷包衣液和缓慢干燥过程可循环进行，直到形成满意的薄膜包衣。

常用的薄膜衣材料为羟丙基甲基纤维素(HPMC，hypromellose，cellulose)、丙烯酸树脂类聚合物、聚乙烯吡咯烷酮(PVP, polyvinyl pyrrolidone)以及水溶性增塑剂(甘油、聚乙二醇、丙二醇)、非水溶性增塑剂(蓖麻油、乙酰化甘油酸酯、邻苯二甲酸酯)等。近年来，随着新材料的开发应用，缓释、控释片多采用包衣的方法以达到多效、长效的目的。

与糖衣片相比，薄膜衣片在整个包衣过程中，包衣锅处于负压状态，产尘量小、噪声小，符合GMP生产管理规范要求。而薄膜衣片辅料的增重仅为片芯的2%～4%，可以大大节省物料；在不影响片剂质量(产生花斑、裂片)情况下对片剂崩解也无影响，可以很好地提高了药物的生物利用度和溶出度。另外，薄膜衣片的服用对糖尿病患者和忌糖患者也都没有服用限制，扩大了病患者使用范围。包衣后不需晾片过程，就可直接进入包装工序，大大缩短了生产周期。因此，糖衣逐步被薄膜包衣所代替。在国外药品片剂生产中，已基本上形成了糖浆包衣被薄膜包衣所取代的趋势，国内大多数中外合资制药企业在新药、普药片剂生产中，也在优先选用薄膜包衣技术，加速淘汰糖浆包衣生产工艺。

(二) 包衣设备

目前常用的包衣设备有荸荠型糖衣机、改良的喷雾包衣的荸荠型糖衣机、高效包衣机和沸腾喷雾包衣机等，用以将素片包制成糖衣片、薄膜衣片或肠溶衣片。

荸荠型糖衣机也是滚转式包衣设备，因其锅体为荸荠形而得名。但是，荸荠型糖衣机由于锅内空气交换效率低，干燥慢，气路不能密闭，有机溶剂污染环境等不利因素，以及噪声大、劳动强度大、成品率低、对操作工人技术要求较高等诸多缺点，目前已经逐步被具有自动化配置的流化包衣法和压制包衣法所代替。

1. *滚转包衣法*　依据滚转包衣原理，在荸荠型糖衣机的基础上改良的设备包括喷雾包衣机和高效包衣锅。喷雾包衣机在荸荠型糖衣机的基础上加载喷雾设备，从而克服产品质量不稳定、粉尘飞扬严重、劳动强度大、个人技术要求高等问题，且投入较小，该设备是目前包制普通糖衣片的常用设备，还常兼用于包衣片加蜡后的抛光。

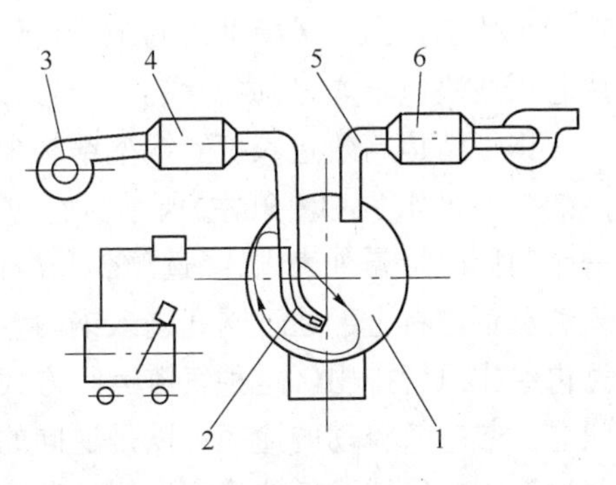

图11-8　喷雾包衣机示意图

1—包衣锅；2—喷雾系统；3—风机；4—热交换器；5—排风管；6—集尘过滤器

(1) 喷雾包衣机：该设备结构如下图11-8所示，主要由喷雾装置、铜制或不锈钢制的糖衣锅体、动力部分和加热鼓风吸尘部分组成。

糖衣锅体的外形也为荸荠形，锅体较浅、开口很大,各部分厚度均匀,内外表面光滑,包衣锅一般倾斜安装于转轴上,倾斜角和转速均可以调节,适宜的倾斜角(一般 30°～45°)和转速能使药片在锅内达到最大幅度的上下前后翻动,这种锅体设计有利于片剂的快速滚动,相互摩擦机会较多,而且散热及液体挥发效果较好,易于搅拌;锅体可根据需要采用电阻丝、煤气辅助加热器等直接加热,或者用热空气加热;锅体下部通过带轮与电动机相连,为糖衣锅体提供动力。片剂在锅中不断翻滚、碰撞、摩擦,散热及水分蒸发快,而且容易用手搅拌,利用电加热器边包层边对颗粒进行加热,可以使层与层之间更有效地干燥。

在包衣锅的底部还装有输送包衣溶液、压缩空气和热空气的埋管喷雾装置,包衣溶液在压缩空气的带动下,由下向上喷至锅内的片剂表面,并由下部上来的热空气干燥,所以可以大大减轻劳动强度,加速包衣及其干燥过程,提高劳动生产率。喷雾装置分为"有气喷雾"和"无气喷雾"两种,有气喷雾是包衣溶液随气流一起从喷枪口喷出,适用于溶液包衣。有气喷雾要求溶液中不含或含有极少的固态物质,黏度较小。一般有机溶剂或水溶性的薄膜包衣材料应用有气喷雾的方法。包衣溶液或具有一定黏性的溶液、悬浮液在压力作用下从喷枪口喷出,液体喷出时不带气体,这种喷雾方法称为无气喷雾法。当包衣溶液黏度较大或者以悬浮液的形式存在时,需要较大的压力才能进行喷雾,而无气喷雾时压力较大比较适合。无气喷雾不仅可用于溶液包衣,也可用于有一定黏度或者含有一定比例的固态物质的液体包衣,例如,用于含有不溶性固体材料的薄膜包衣以及粉糖浆、糖浆等的包衣。

(2) 高效包衣机:高效包衣机的结构、工作原理与传统的荸荠式包衣机完全不同。荸荠式包衣机干燥时,热交换仅限于表面层,热风仅吹在片芯层表面,部分热量直接由吸风口吸出而没有被利用,从而浪费了热源,包衣表面的厚薄也不一致。因此,封闭式的高效包衣锅被开发应用。高效包衣机干燥时热风表面的水分或有机溶剂进行热交换,并能穿过片芯间隙,使片芯表面的湿液充分挥发,因而保证包衣的厚薄一致,且提高了干燥效率、充分利用了热能。高效包衣机具有密闭、防爆、防尘、热交换效率高的特点,并且可根据不同类型片剂的不同包衣工艺,将参数一次性地预先输入微机(也可随时更改),从而实现包衣过程的程序化、自动化。

高效包衣机由包衣机、包衣浆贮罐、高压喷浆泵、空气加热器、吸风机、控制台等主辅机构组成。包衣锅为短圆柱形并沿水平轴旋转,四周为多孔壁,热风由上方引入,由锅底部的排风装置排出,特别适用于包制薄膜衣。工作时,片芯在包衣机洁净密闭的旋转转筒内,不停地作复杂轨迹运动,翻转流畅,交换频繁。恒温包衣液经高压泵,同时在排风和负压作用下从喷枪喷洒至片芯。由热风柜供给的 10 万级洁净热风穿过片芯从底部筛孔经风门排出,包衣介质在片芯表面快速干燥,形成薄膜。

锅型结构高效包衣机的锅型结构大致可以分成间隔网孔式、网孔式、无孔式三类。网孔式高效包衣机如图 11-9(左)所示。它的整个圆周都带有 1.8～2.5 mm 圆孔。整个锅体被包在一个封闭的金属外壳内,经过预热和净化的气流通过右上部和左下部的通道进入和排出。当气流从锅的右上部通过网孔进入锅内,热空气穿过运动状态的片芯间隙,由锅底下部的网孔穿过再经排风管排出。这种气流运行方式称为直流式,在其作用下片芯被推往底部而处于紧密状态。热空气流动的途径可以是逆向的,即从锅底左下部网孔穿入,再经右上方风管排出,称为反流式。反流式气流将积聚的片芯重新分散,处于疏松的状态。在两种气流的交替作用下,片芯不断地变换"紧密"和"疏松"状态,从而不停翻转,充分利用热源。

间隔网孔式外壳的开孔部分不是整个圆周,而是按圆周的几个等分部位,如图 11-9(右)

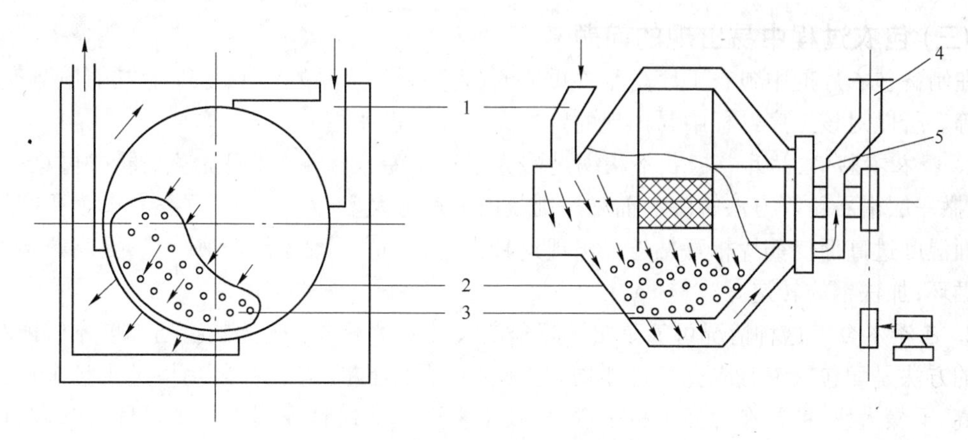

图 11－9　高效包衣机示意图

1—进气管；2—锅体；3—片芯；4—排风管；5—风门

所示。在转动过程中，开孔部分间隔的与风管接通，处于通气状态，达到排湿的效果。这种间隙的排湿结构使热量得到更加充分的利用，节约了能源；而且锅体减少了打孔的范围，制作简单，减轻了加工量。

而无孔式锅体结构则是通过特殊的锅体设计使气流呈现特殊的运行轨迹，在充分利用热源的同时，巧妙的排出，锅体上没有开孔，不仅简化了制作工艺，而且锅体内光滑平整，对物料没有任何损伤。

2. *流化床包衣法*　流化床包衣设备与流化制粒、流化干燥设备的工作原理相似，是利用气动雾化喷嘴将包衣液喷到药片表面，经预热的洁净空气以一定的速度经气体分布器进入包衣锅，从而使药片在一定时间内保持悬浮状态，并上下翻动，加热空气使片剂表面溶剂挥发而成膜，调节预热空气及排气的温度和湿度可对操作过程进行控制。不同之处在于干燥和制粒时由于物料粒径较小，比重轻，易于悬浮在空气中，流化干燥与制粒设备只要考虑空气流量及流速的因素，而包衣的片剂、丸剂的粒径大，自重力大，难于达到流化状态，所以流化床包衣设备中须加包衣隔板，以减缓片剂的沉降，保证片剂处于流化状态的时间较长，达到流化包衣的目的。

流化式包衣机是一种常用的薄膜包衣设备，具有包衣速度快，效率高，用料少（包薄膜衣时片重一般增加 2%～4%），对崩解影响小，防潮能力强，不受药片形状限制，自动化程度高等优点。缺点是包衣层太薄，且药片悬浮运动时的碰撞使薄膜衣易碎，造成颜色不均，不及糖衣片美观，需要通过在包衣过程中调整包衣物料比例和减小锅速、锅温来解决。

3. *压制包衣法*　压制包衣设备是以特制的传动器连接两台压片机配套使用，以实施压制包衣的设备。一台压片机专门用于压制片芯，然后由传动器将压成的片芯输送至另一台压片机的包衣转台模孔中，模孔中预先填入包衣材料作为底层，然后在转台的带动下，片芯的上层又被加入等量的包衣材料，然后加压，使片芯压入包衣材料中而得到包衣片剂。

压制包衣生产流程将压片和包衣过程结合在一起，自动化程度高，劳动条件好，大大缩短了包衣时间，简化了包衣流程，且能源利用效率高，不浪费资源，因此在环保、时效和能量利用等方面来看，压制包衣代表了包衣技术未来的发展方向。但由于其对压片机械的精度要求较高，目前国内尚未广泛使用。

(三)包衣过程中易出现的问题

在制备包衣片剂中包衣工序是至关重要的,它关系到产品的外观质量,直接影响到产品的销量等。所以对该工序过程中易出现的问题尤其要重点关注。

1. **糖衣不粘锅、粘片** 糖衣不粘锅是因为锅壁上蜡未除尽,可用洗净锅壁或再涂一层热糖浆、撒一层滑石粉等方法解决。而粘片则是由于喷量太多、太快,违反了溶剂蒸发平衡原则,片表面湿度过高而使药片相互粘连。出现这种情况,应适当降低包衣液喷量,提高热风温度,加快循环,加快锅的转速。

2. **色泽不匀** 这种情况可能是由于配包衣液时搅拌不匀或固体状特质细度不够所引起,解决的方法是配包衣液时应充分搅拌均匀。此外,片面粗糙、有色糖浆用量过少且未搅匀、温度过高、干燥太快、糖浆在片面上析出过快、衣层未干就加蜡打光等操作均可导致包衣色泽不匀。这时,可采用浅色糖浆,增加所包层数,逐渐升温控制温度来解决,情况严重时需要洗去衣层,重新包衣。也可能是因为包衣液的黏度增加,则雾滴粒径增加,使干燥雾滴中心处小坑及火山口样凹坑的发生率增加,对基片的铺展、聚结及干燥速度减小,片的衣膜粗糙度增加,色泽分布不均匀,并有架桥现象的出现。解决方法是在配制包衣液时应适当降低包衣液的固含量,比如加入一定比例的乙醇。

3. **片面不平** 可能由于撒粉太多,温度过高、衣层未干就包第二层,可用改进操作方法,做到低温干燥,勤加料,多搅拌等方法解决。也可能由于减小了锅速,从而减少了片剂经过喷射区的概率却增加了片剂留在某一区的概率,从而增加了片剂过湿的可能性,导致衣层包衣厚薄不一致、片面不美观。

4. **起泡、皱皮** 包衣液固含量选择不当,包衣机转速过快、喷量太小引起。或者是由于干燥不当,包衣液喷雾压力低而使喷出的液滴受热浓缩程度不均造成衣膜出现波纹。此时应选择适当的包衣液固含量,适当调节转速及喷量的大小。若是由于片芯硬度太差引起,应改进片心的配方及工艺;同时应立即控制蒸发速率,提高喷雾压力。

5. **不能安全通过胃部或在肠部不溶解** 肠溶片不能安全通过胃部是由于衣料选择不当,衣层太薄,衣层机械强度不够等原因,可常用合理选择衣料,重新调整包衣处方等方法解决。而肠溶片在肠内不溶解(排片)由于衣料选择不当,衣层太厚,贮存变质等原因,可常用合理选择衣料等方法,针对原因,合理解决。

第二节 丸剂生产设备

丸剂是将药材细粉或提取物加适宜的黏合剂或其他辅料制成的球形或类球形制剂,根据药材及辅料的性质以及临床应用的要求,丸剂的制备方法包括塑制法、泛制法以及滴制法。塑制法是将原辅料混合均匀后,经挤压、切割、滚圆等工序制备丸剂,主要设备有丸条机和制丸机;泛制法是将原辅料在转动的适宜容器中,经交替润湿、撒布而逐渐成丸的方法,可用糖衣锅或连续成丸机生产;滴制法是将药物与适宜的基质混匀,熔融后利用分散装置滴入不相混溶的液体冷却剂中冷凝成丸的方法,应用滴丸机或轧丸机生产。丸剂的生产设备依据生产工艺不同而各异，常用的生产设备包括丸条机、轧丸机、滴丸机等。

一、　塑制法制丸过程与设备

塑制法是指用药物细粉或提取物配以适当辅料或黏合剂，制成软硬适宜、可塑性较大的丸块，依次经制丸条、分粒、搓圆而成丸粒的一种制丸方法。辅料多用于蜜丸、糊丸、蜡丸、浓缩丸、水蜜丸的制备。

1. **原辅料的准备**　按照处方调配所需药材，挑选清洁、炮制合格、称量配齐、干燥、粉碎、过筛。

2. **制丸块**　药物细粉混合均匀后，加入适量黏合剂，充分混匀，制成湿度适宜、软硬适度的可塑性软材，即丸块，行业术语称“合坨”。丸块取出后应立即搓条；若暂时不搓条，应保湿盖好，防止干燥。制丸块是塑制法的关键，丸块的软硬程度及黏稠度，直接影响丸粒成型和在贮存中是否变形。优良丸块的标准是能随意塑形而不开裂，手搓捏而不粘手，不黏附器壁。一般用捏合机进行生产。捏合机是由一对互相啮合和旋转的桨叶所产生强烈剪切作用而使半干状态的物料紧密接触从而获得均匀的混合搅拌。捏合机可以根据需求设计成加热和不加热形式，它的换热方式通常有：电加热、蒸汽加热、循环热油加热、循环水加热等。捏合机由金属槽及两组强力的S形桨叶构成，槽底呈半圆形，两组桨叶转速不同，且沿相对方向旋转，根据不同的工艺可以设定不同的转速，最常见的转速是28～42r/分钟。由于桨叶间的挤压、分裂、搓捏及桨叶与槽壁间的研磨等作用，可形成不粘手、不松散、湿度适宜的可塑性丸块。丸块的软硬程度以不影响丸粒的成型以及在储存中不变形为度。

3. **制丸条**　丸条是指由丸块制成粗细适宜的条形，以便于分粒。制备小量丸条可用搓条板，将丸块按每次制成丸粒数称取一定质量，置于搓条板上，手持上板，两板对搓，施以适当压力，使丸块搓成粗细一致且两端齐平的丸条，丸条长度由所预定成丸数决定。大量生产时可用丸条机，分螺旋式和挤压式两种。螺旋式丸条机工作时，丸块从漏斗加入，由轴上叶片的旋转将丸块挤入螺旋输送器中，丸条即由出口处挤出(图11－10)。出口丸条管的粗细可根据需要进行更换。挤压式出条机工作时，将丸块放入料筒，利用机械能推进螺旋杆，使挤压活塞在绞料筒中不断前进，筒内丸块受活塞挤压由出口挤出，呈粗细均匀状。可通过更换不同直径的出条管来调节丸粒质量。目前企业生产过程中，一般都在丸条机模口处配备丸条微量调节器，以便于调整丸条直径，来控制丸重。从而达到保证丸粒的重量差异在药典规定范围内的目的。

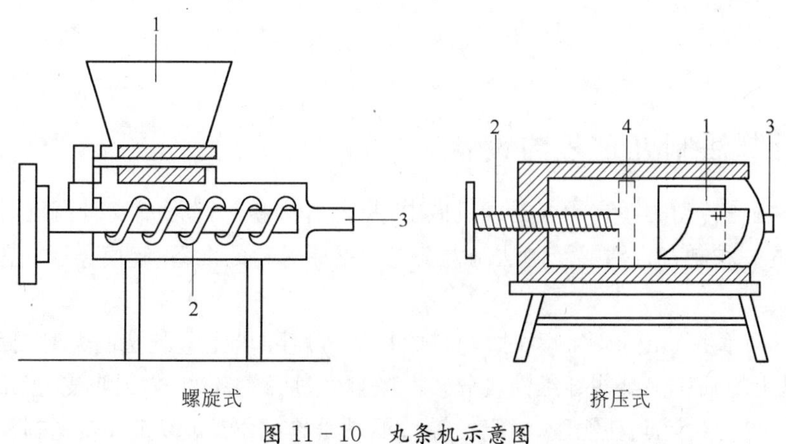

图11－10　丸条机示意图

1—加料口；2—螺旋杆；3—出条口；4—挤压活塞

4. 制丸粒　丸条制备完成后,将丸条按照一定粒径进行切割,便得到丸粒,大量生产丸剂时使用轧丸机,有双滚筒式和三滚筒式。其中以三滚筒式最为常见,各滚筒以不同速度同向旋转,滚筒上的半圆形切丸槽将滚筒间的丸条等量切割成小段,并搓圆,得到丸剂,可用于完成制丸和搓圆的过程。双滚筒式轧丸机主要由两个半圆形切丸槽的铜制滚筒组成。两滚筒切丸槽的刀口相吻合。两个滚筒以不同的速度作同一方向的旋转,转速一快一慢,约为90r/分钟和70r/分钟。操作时将丸条置于两滚筒切丸槽的刃口上,滚筒转动将丸条切断,并将丸粒搓圆,由滑板落入接收器中。

三滚筒式轧丸机主要结构是3只槽滚筒呈三角形排列。底下的一只滚筒直径较小,是固定的,转速约为150r/分钟。上面两只滚筒直径较大,式样相同,靠里边的一只也是固定的,转速约为200r/分钟,靠外边的一只定时移动,转速250r/分钟(图11-11)。工作时将丸条放于上面两滚筒间,滚筒转动即可完成分割与搓圆工序。操作时在上面两只滚筒间宜随时揩拭润滑剂,一面软材粘滚筒。适用于蜜丸的成型,通过更换不同槽径的滚筒,可以制得丸重不同的蜜丸。所得成型丸粒呈椭圆形,药丸断面光滑,冷却后即可包装。但是此设备不适于生产质地较松的软材丸剂。

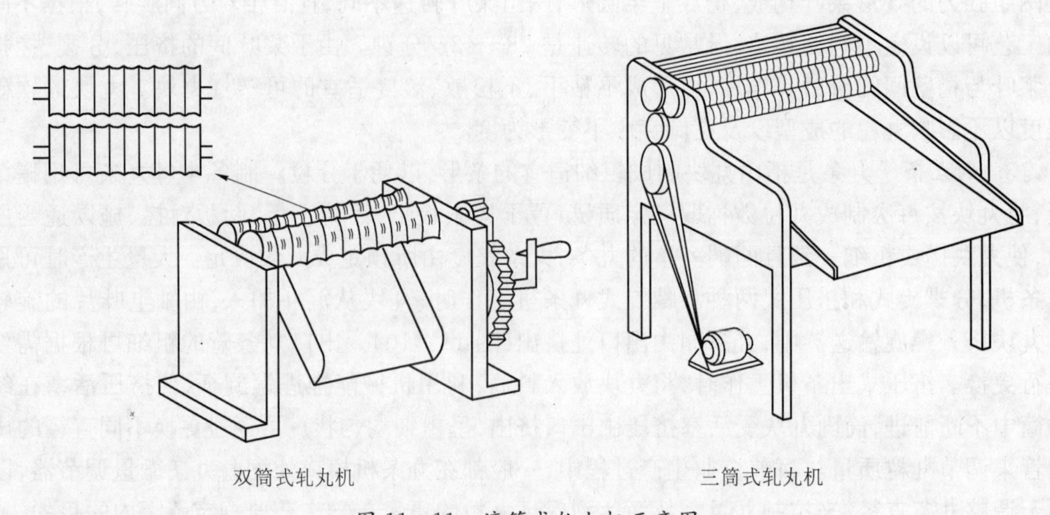

图11-11　滚筒式轧丸机示意图

5. 干燥　一般成丸后应立即分装,以保证丸药的滋润状态。有时为了防止丸剂的霉变,可进行干燥。

二、泛制法制丸过程与设备

泛制法是指在转动的适宜的容器或机械中,将药材细粉与赋形剂交替润湿、撒布,不断翻滚,逐渐增大的一种制丸方法。泛制法制丸工艺包括原材料的准备、起模、成型、盖面和干燥等过程。

1. 原辅料的准备　泛制法制丸时,药料的粉碎程度要求比塑制法制丸时更为细些,一般宜用120目以上的细粉。某些纤维性成分较多或黏性过强的药物(如大腹皮、丝瓜络、灯心草、生姜、葱、荷叶、红枣、桂圆、动物胶、树脂类等),不易粉碎或不适泛丸时,须先制汁作润湿剂泛丸;动物胶类如龟板胶、虎骨胶等,须加水加热熔化,稀释后泛丸;树脂类药物如乳香、没药等,用黄酒溶解作润湿剂泛丸。

2. **起模**　起模是泛丸成型的基础，是制备水丸的关键。泛丸起模是利用水的湿润作用诱导出药粉的黏性，使药粉相互黏着成细小的颗粒，并在此基础上层层增大而成丸模的过程。起模应选用方中黏性适中的药物细粉，包括药粉直接起模和湿颗粒起模两种。

3. **成型**　将已筛选均匀的球形模子，逐渐加大至接近成丸的过程。若含有芳香挥发性或特殊气味或刺激性极大的药物，最好分别粉碎后，泛于丸粒中层，可避免挥发或掩盖不良气味。

4. **盖面**　盖面是指使表面致密、光洁、色泽一致的过程，可使用干粉、清水或清浆进行盖面。盖面是泛丸成型的最后一个环节，作用是使整批投产成型的丸粒大小均匀、色泽一致，提高其圆整度及光洁度。

5. **干燥**　控制丸剂的含水量在9%以内。一般干燥温度为80℃左右，若丸剂中含有芳香挥发性成分或遇热易分解变质的成分时，干燥温度不应超过60℃。可采用流化床干燥，可降低干燥温度，缩短干燥时间，并提高水丸中的毛细管和孔隙率，有利于水丸的溶解。

泛制法多用于水丸的制备，多用手工操作，但具有周期长、占地面积大、崩解及卫生标准难控制等缺点。近年则多用机械制丸，常用设备有小丸连续成丸机等。

小丸连续成丸机组(图11-12)由输送、喷液、加粉、成丸、筛丸等部件相互衔接构成机组，包括进料、成丸、筛选等工序。工作时，药粉由压缩空气运送到成丸锅旁的加料斗内，经过配制的药液存放在容器中，然后由振动机、喷液泵或刮粉机把粉、液依次分别撒入成丸锅内成型。药粉由底部的振动机或转盘定量均匀连续地进入成丸锅内，使锅内的湿润丸粒均匀受粉，逐步长大。最后，通过圆筛筛选合格丸剂。

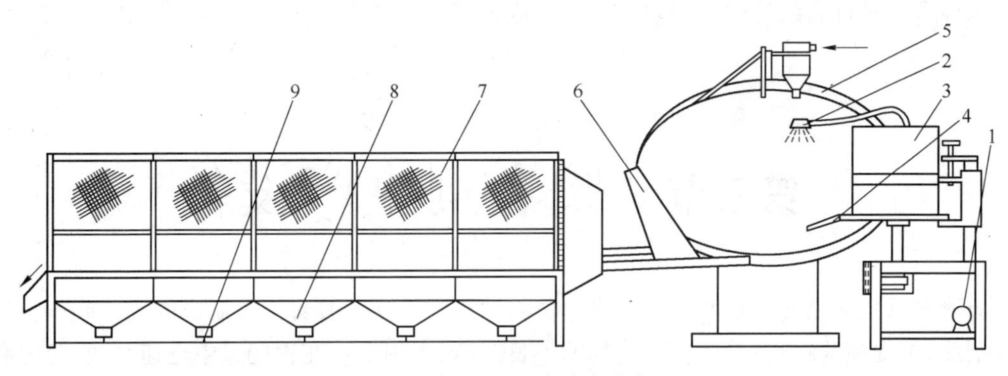

图11-12　小丸连续成丸机

1—喷液泵；2—喷头；3—加料斗；4—粉斗；5—成丸锅；6—滑板；7—圆筒筛；8—料斗；9—吸粉器

三、滴制法制丸过程与设备

滴制法是指药材或提取物与适宜的基质制成溶液或混悬液，滴入一种与之不相混溶的液体冷凝剂中，冷凝而成丸粒的一种制丸方法。

1. **基质的制备与药物的加入**　先将基质加温熔化，若有多种成分组成时，应先熔化熔点较高的，后加入熔点较低的，再将药物溶解、混悬或乳化在已熔化的基质中。

滴丸的基质要满足以下要求：不与主药发生作用，不破坏主药的疗效；熔点较低或加一定量的热水(60～100℃)能溶化成液体，而遇骤冷后又能凝固成固体(在室温下仍保持固体状态)，并在加进一定量的药物后仍保持上述性质；对人体无害。

2. 保温脱气　药物加入过程中往往需要搅拌，会带入一定量的空气，若立即滴制则会把气体带入滴丸中，而使剂量不准，故需保温(80～90℃)一定时间，以使其中空气逸出。

3. 滴制　经保温脱气的物料，经过一定大小管径的滴头，等速滴入冷凝液中，凝固形成的丸粒徐徐沉于器底或浮于冷凝液表面，即得滴丸。取出，除去冷凝液即可。

滴丸机主要由滴管、保温设备、控制冷却剂温度的设备、冷却剂容器等组成。目前常用的由上向下滴的小滴丸机，有 20 个滴头，药液液位稳定，每个滴头都可调速，能自动测定滴速，冷却剂不流动，可在需要时随时出丸。凡与药液、滴丸接触部分都用不锈钢或玻璃材料制成，以防药物变质。工作时，将药粉与基质放入调料罐的料桶内，通过加热、搅拌制成滴丸的混合药液，经送料管道输送到滴灌到滴头。当温度满足设定值后，机器打开滴嘴，药液由滴嘴小孔流出，在端口形成液滴后，滴入下面冷却缸内冷却剂（石蜡油)中，药滴在表面张力作用下成型(圆球状)。石蜡油在冷却磁力泵的作用下形成从冷却缸内的上部向下部的流动，滴丸随着石蜡油从螺旋冷却管下端向上端流动，并在流动中降温定型，最后在螺旋冷却管的上端出口落到分离机构上，滴丸被传送带送出分离箱。石蜡油落到分离箱的上部的过滤装置，经过滤装置处理后流回分离箱。

同样的，冷却剂也要求不与主药、基质相混溶，也不与主药、基质发生作用，不破坏疗效；同时要有适当的密度，即与液滴密度要相近，以利于液滴逐渐下沉或缓缓上升；有适当的黏度，使液滴与冷却剂间的黏附力小于液滴的内聚力而收缩成丸。脂肪性基质常用水或不同浓度的乙醇作为冷却剂，水溶性基质可用液状石蜡、植物油、煤油或它们的混合物为冷却剂。

4. 选丸、包衣与包装　将制得的丸粒进行筛选，用适宜的药筛将丸粒筛选均匀一致的丸粒符合标准的进行后续的包衣、包装，即可完成丸剂的制备。

第三节　胶囊剂生产设备

胶囊剂系指药物装于空心硬质胶囊中或密封于弹性软质胶囊中而制成的固体制剂。制成胶囊剂后，可提高药物稳定性，掩盖药物的不良嗅味，服用后可在胃肠道中迅速分散、溶出和吸收，或者将药物按需要制成缓释、控释颗粒装入胶囊中，达到延效作用；也可制成肠溶胶囊，将药物定位释放于小肠；液态药物或含油量高的药物可充填于软质胶囊中形成固体制剂，液态药物固体剂型化，便于携带服用。

胶囊剂有硬胶囊剂(hard capsules)和软胶囊剂(soft capsules，亦称胶丸)两种。硬胶囊剂系将固体药物填充于空硬胶囊中制成。硬胶囊呈圆筒形，由上下配套的两节紧密套合而成，其大小用号码表示，可根据药物剂量的大小而选用。硬胶囊剂的制备包括空胶囊的制备和药物的填充、封口等，填充是硬胶囊生产的关键工艺，目前多由自动的硬胶囊填充机完成。软胶囊剂又称胶丸剂，系将油类或对明胶等囊材无溶解作用的液体药物或混悬液封闭于软胶囊中而成的一种圆形或椭圆形制剂。软胶囊剂又可分有缝胶丸和无缝胶丸，分别采用压制法和滴制法制成。

一、 硬胶囊剂生产的一般过程

硬胶囊剂是将粉状、颗粒状、片剂或液体药物直接灌装于胶壳中而成。能达到速释、缓释、控释等多种目的，胶壳有掩味、遮光等作用，利于刺激性、不稳定药物的生产、存储和使用。硬胶囊剂的溶解时限优于丸、片剂，并可通过选用不同特性的囊材以达到定位、定时、定量释放药物的目的，如肠溶胶囊、直肠用胶囊、阴道用胶囊等。硬胶囊剂的生产工艺是：将物料粉碎→过筛→混合→填充→封口→包装。

(一) 胶囊壳的原料

明胶为空胶囊的主要成囊材料，是由大型哺乳动物的骨或皮水解制得，以骨骼为原料所制得的骨明胶，质地坚硬，透明度差且性脆；以猪皮为原料所制得的猪皮明胶，透明度好，富有可塑性。因此，为兼顾胶囊壳的强度和可塑性，采用骨、皮的混合胶较为理想。此外，还需要控制明胶的黏度，黏度过大，制得的空胶囊厚薄不均，表面不光滑；黏度过小，干燥需时间长，壳薄而易破损。因此，明胶的黏度一般控制在 4.3～4.7 mPa/秒。

同时，为了进一步增加明胶的韧性和可塑性，通常还需加入甘油、山梨醇、羧甲基纤维素钠(CMC－Na)、油酸酰胺磺酸钠等增塑剂；加入增稠剂琼脂可减少流动性，增加胶动力；对光敏感药物，还需加入遮光剂二氧化钛(2%～3%)；食用色素等着色剂、防腐剂尼泊金等辅料可起到美观、防腐的作用。但是以上组分并不是任一种空胶囊都必须具备，而应根据具体情况加以选择。

肠溶胶囊即可先制备肠溶性填充物料，即将药物与辅料制成的颗粒以肠溶材料包衣后，填充于胶囊而制成肠溶胶囊剂，也可制备肠溶空胶囊达到肠溶的目的。通过甲醛浸渍法或肠溶包衣，即可使胶囊壳具有肠溶性而制成肠溶胶囊剂。

(二) 胶囊壳的型号

空胶囊的规格由大到小分为 000、00、0、1、2、3、4、5 号共 8 种，一般常用的是 0～5 号，相对应的容积分别为 0.75、0.55、0.40、0.30、0.25、0.15 ml。胶囊有平口与锁口两种，生产中一般使用平口胶囊，待填充后封口，以防其内容物漏泄。

(三) 空胶囊壳的制备工艺

空胶囊由囊体和囊帽组成，制作过程可分为溶胶、蘸胶制坯、干燥、拔壳、截割及整理等 6 个工序，主要由自动化生产线完成。生产环境的温度应为 10～25℃，相对湿度为 35%～45%，空气净化度 10 000 级。空胶囊可用 10%环氧乙烷与 90%卤烃的混合气体进行灭菌。制得空胶囊囊体应光洁、色泽均匀、切口平整、无变形、无异臭；松紧度、脆碎度、崩解时限(10 分钟内全部溶化或崩解)应药典符合规定。空胶囊应贮存在密闭的容器中，环境温度不应超过 37℃(15～25℃最适宜)，相对湿度(RH)不得超过 40%(30%～40%最适宜)，即应阴凉干燥处避光保存备用。

(四) 硬胶囊剂的填充工艺

若纯药物粉碎至适宜粒度就能满足硬胶囊剂的填充要求，即可直接填充。但多数药物由于流动性差等方面的原因，一般均需加适量的稀释剂、润滑剂等辅料才能满足填充(或临床用药)的要求。常需加入蔗糖、乳糖、微晶纤维素、改性淀粉、二氧化硅、硬脂酸镁、滑石粉、羟丙基纤维素等改善物料的流动性或避免分层等来达到要求。有时也需加入辅料制成颗粒、小丸等后再进行填充。故而胶囊的填充内容物可以是粉末、颗粒、微粒,甚至连固体药物及液体药物都可进行填充。要保证制得胶囊剂剂量的一致性,在填充时必须达到定量填充。目前,胶囊填充内容物的方式可分为4种。

1. *冲程法* 由螺旋钻压进物料,它依据药物的密度、容积和剂量之间的关系,直接将粉末及颗粒填充到胶囊中定量。可通过变更推进螺杆的导程,调节充填机速度,来增减充填时的压力,从而控制分装重量及差异。半自动充填机就是采取这种充填方式,它对药物的适应性较强,一般的粉末及颗粒均适用此法。

2. *填塞式定量法* 它是用填塞杆逐次将药物装粉夯实在定量杯里,达到所需充填量后药粉冲入胶囊定量填充。定量杯由计量粉斗中的多组孔眼组成。工作时,药粉从锥形贮料斗通过搅拌输送器直接进入计量粉斗的定量杯中,并经填塞杆多次夯实;定量杯中药粉达到定量要求后充入胶囊体。充填重量可通过调节压力和升降充填高度来调节。这种充填方式装量准确,对流动性差的和易黏结的药物也能达到定量要求。这两种填充方式对物料要求不高,适合于不易分层、复方组分或流动性较差的物料的填充。

3. *插管式定量法* 这种方法将空心计量管插入贮料斗中,使药粉充满计量管,并用计量管中的冲塞将管内药粉压紧,然后计量管旋转到空胶囊上方,通过冲塞下降,将孔里药料压入胶囊体中;每副计量管在计量槽中连续完成插粉、冲塞、提升,然后推出插管内的粉团,进入囊体。填充药量可通过计量管中冲杆的冲程来调节,适于流动性差但混合均匀的物料,如针状结晶药物、易吸湿药物等。

4. *滑块法* 这种方法的原理是容积定量,使物料自由流入体积固定的定量杯中,再经过滑块的孔道流入空胶囊。因此,这种方式要求物料具有良好的流动性,常需制粒才能达到,多用于颗粒的填充。

二、 硬胶囊剂的填充设备

硬胶囊生产中多采用全自动硬胶囊充填机,按照其主轴传动工作台运动方式分为两大类:一类是连续式,另一类是间歇式。按充填形式又可分为:重力自流式和强迫式两种。按计量及充填装置的结构可分为:冲程法、插管式定量法、填塞式。

现以间歇回转式全自动胶囊填充机为例,介绍硬胶囊填充机的结构和工作原理。硬胶囊填充的一般工艺过程为:空心胶囊自由落料→空心胶囊的定向排列→胶囊帽和体的分离→剔除未被分离的胶囊→胶囊的帽体进行水平分离→胶囊体中被充填药料→胶囊帽体再次套合及封闭→充填后胶囊成品被排出机外。

胶囊填充机是硬胶囊剂生产的关键设备,由机架、胶囊回转机构、胶囊送进机构、粉剂搅拌机构、粉剂填充机构、真空泵系统、传动装置、电气控制系统、废胶囊剔出机构、合囊机构、成品胶囊排出机构、清洁吸尘机构、颗粒填充机构组成。

硬胶囊填充机工作时,首先由胶囊送进机构(排序与定向装置)将空胶囊自动地按小头(胶囊身)在下,大头(胶囊帽)在上的状态,送入模块内,并逐个落入主工作盘上的囊板孔中。然后,拔囊装置利用真空吸力使胶囊帽留在上囊板孔中,而胶囊体则落入下囊板孔中。接着,上囊板连同胶囊帽一起被移开,胶囊体的上口则置于定量填充装置的下方,药物被定量填充装置填充进胶囊体。未拔开的空胶囊被剔除装置从上囊板孔中剔除出去。最后,上、下囊板孔的轴线对正,并通过外加压力使胶囊帽与胶囊体闭合。出囊装置将闭合胶囊顶出囊板孔,进入清洁区,清洁装置将上、下囊板孔中的胶囊皮屑、药粉等清除,胶囊的填充完成,进入下一个操作循环。由于每一工作区域的操作工序均要占用一定的时间,因此主工作盘是间歇转动的。

国内硬胶囊填充机研发起步较晚,而国外的生产历史较长。近几年国内产品发展速度很快,例如半自动的胶囊填充机 ZJT 系列以达到机电一体化的程度,并且主要技术性能指标已经接近或达到了国外同类产品的技术水平。

三、 软胶囊剂生产过程

软胶囊剂俗称胶丸,系将一定量的药液直接包封于球形或椭圆形的软质囊中制成的制剂。药物制成软胶囊剂后整洁美观、容易吞服、可掩盖药物的不适恶臭气味,而且装量均匀准确,溶液装量精度可达±1%,软胶囊完全密封,其厚度可防氧进入,提高药物稳定性,延长药物的储存期。因此,低熔点药物、生物利用度差的疏水性药物、不良苦味及臭味的药物、微量活性药物及遇光、湿、热不稳定及易氧化的药物适合制成软胶囊。若是油状药物,还可省去吸收、固化等技术处理,可有效避免油状药物从吸收辅料中渗出,故软胶囊是油性药物最适宜的剂型。

软胶囊的制备工艺包括:配料→化胶→滴制或压制→干燥等过程。其生产制造过程要求在洁净的环境下进行,且产品质量与生产环境密切相关。一般来说,要求其生产环境的相对的湿度为 30%~40%,温度为 21~24℃。

软胶囊的制法有两种:滴制法和压制法。滴制法和制备丸剂的滴制法相似,冷却液必须安全无害,和明胶不相混溶,一般为液状石蜡、植物油、硅油等。制备过程中必须控制药液、明胶和冷却液三者的密度以保证胶囊的有一定的沉降速度,同时有足够的时间冷却。滴制法设备简单,投资少,生产过程中几乎不产生废胶,产品成本低。但目前因胶囊筛选及去除冷却剂的过程相对复杂困难,滴丸法制备软胶囊在规模化生产时受到限制。压制法是目前广泛采用的生产方法,它首先将明胶与甘油、水等溶解制成胶板,再将药物置于两块胶板之间,调节好出胶皮的厚度和均匀度,用钢模压制而成。压制法产量大,自动化程度高,成品率也较高,计量准确,适合于工业化规模生产。

四、 软胶囊剂的生产设备

成套的软胶囊生产设备包括明胶溶液制备设备、药液配制设备、软胶囊压(滴)制设备、软胶囊干燥设备、废胶回收设备。目前,根据生产方法不同,常用的软胶囊生产设备可分为滴丸机(滴制式软胶囊机)和旋转式压囊机两种。

(一) 滴丸机

滴丸机(滴制式软胶囊机)是滴制法生产软胶囊的设备,其基本工作原理是将原料药与适当融溶的囊材(一般为明胶液)从双层滴头中以不同速度、连续地前后滴入冷凝的不相混溶的介质中,使定量的胶液包裹定量的药液,在表面张力作用下形成球形,并逐渐冷却、凝固成软胶囊。滴制中,胶液、药液的温度、滴头的大小、滴制速度、冷却液的温度等因素均会影响软胶囊的质量,应通过实验考查筛选适宜的工艺条件。

全自动滴丸机工作时,首先将药液加入料斗中,明胶浆加入胶浆斗中,当温度满足设定值后(一般将明胶液的温度控制在 75~80℃,药液的温度控制在 60℃左右为宜),机器打开滴嘴,根据胶丸处方,调节好出料口和出胶口,由剂量泵定量。胶浆、药液应当在严格同心的条件下先后有序的从同心管出口滴出,滴入下面冷却缸内的冷却剂(通常为液状石蜡,温度一般控制在 13～17℃)中,明胶在外层,先滴到冷却剂上面并展开,药液从中心管滴出,立即滴在刚刚展开的明胶表面上,胶皮继续下降,使胶皮完全封口,油料便被包裹在胶皮里面,再加上表面张力作用,使胶皮成为圆球形药滴在表面张力作用下成型(圆球状)。在冷却磁力泵的作用下,冷却剂从上部向下部的流动,并在流动中降温定型,逐渐凝固成软胶囊,将制得的胶丸在室温(20～30℃)冷风干燥,再经石油醚洗涤两次,再经过 95%乙醇洗涤后于 30～35℃烘干,直至水分合格后为止,即得软胶囊。

(二) 压囊机

软胶囊的大规模生产多由压囊机完成,该设备是将胶液制成厚薄均匀的胶片,再将药液置于两个胶片之间,用钢板模或旋转模压制软胶囊的一种方法。压囊机的设备结构如图 11－13 所示,主要由贮液槽、填充泵、导管、楔形注入器和滚模构成。

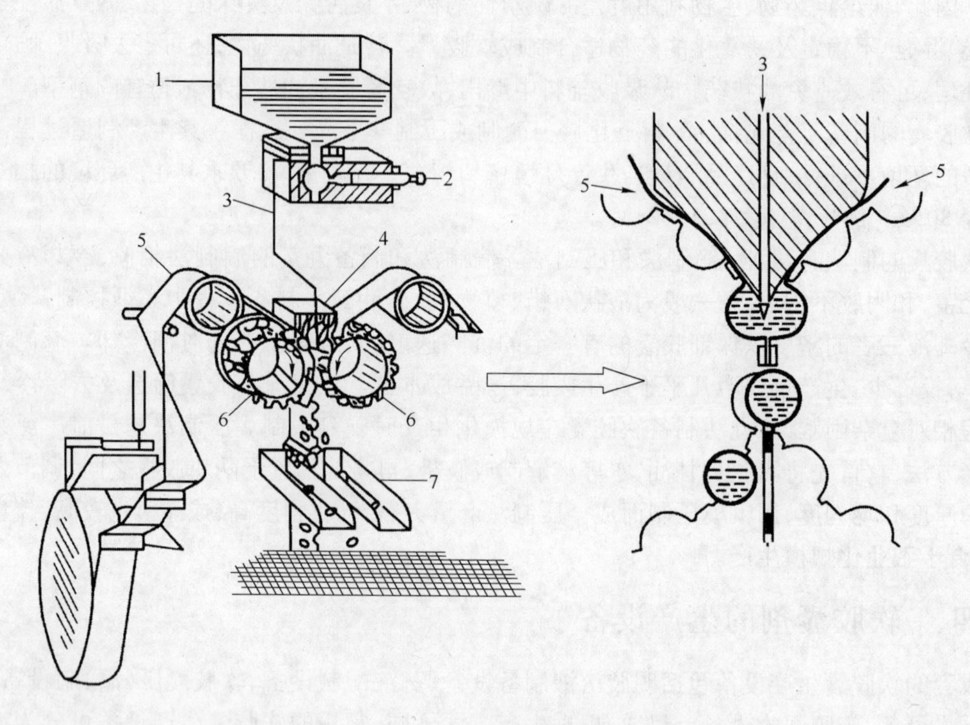

图 11－13 自动旋转压囊机示意图

1—贮液槽;2—填充泵;3—导管;4—楔形注入器;5—明胶带;6—滚模;7—斜槽

模具由左右两个滚模组成,并分别安装于滚模轴上。滚模的模孔形状、尺寸和数量可根据胶囊的具体型号进行选择。两根滚模轴做相对运动,带动由主机两侧的胶皮轮和明胶盒共同制备得到的两条明胶带向相反方向移动,相对进入滚模压缝处,一部分已加压结合,此时药液通过填充泵经导管注入楔形喷体内,借助供料泵的压力将药液及胶皮压入两个滚模的凹槽中,由于滚模的连续转动,胶带全部轧压结合,使两条胶皮将药液包封于胶膜内,剩余的胶带切断即可。

工作时,将配制好的明胶液置于机器上部的明胶盒中,由下部的输胶管分别通向两侧的涂胶机箱。明胶盒由不锈钢制成,桶外设有可控温的夹套装置,一般控制明胶桶内的温度在 60℃左右。预热的涂胶机箱将明胶液涂布于温度为 16～20℃的鼓轮上。随着鼓轮的转动,并在冷风的冷却作用下，明胶液在鼓轮上定型为具有一定厚度的均匀的明胶带。由于明胶带中含有一定量的甘油，因而其塑性和弹性较大。两边所形成的明胶带被送入两滚模之间，下部被压合。同时，药液通过导管进入温度为 37～40℃的楔形注入器中，并被注入旋转滚模的明胶带内，注入的药液体积由计量泵的活塞控制。当明胶带经过楔形注入器时，其内表面被加热而软化，已接近于熔融状态，因此，在药液压力的作用下，胶带在两滚模的凹槽（模孔）中即形成两个含有药液的半囊。此后，滚模继续旋转所产生的机械压力将两个半囊压制成一个整体软胶囊，并在 37～40℃发生闭合而将药液封闭于软胶囊中。随着滚模的继续旋转或移动，软胶囊被切离胶带，制出的胶丸，先冷却固定，再用乙醇洗涤去油，干燥即得。

第十二章 药品包装机械设备

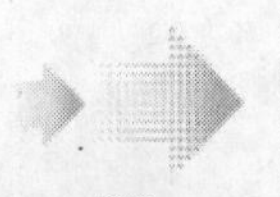

导学

本章主要介绍了药用包装材料的性能、种类、适用范围、选用注意事项等；药品包装机械设备的简单构造、基本工作原理、使用维修、保养等相关知识。

通过对本章学习，要求掌握包装的基本定义、常用的包装机械的基本工作原理以及基本结构，熟悉药品包装的常用材料以及容器，了解包装机械的国内外发展方向及动态，了解GMP对药品包装及其设备的要求，了解相关的法律法规和标准；理解药品包装对药品质量的重要性；能够应用本章及相关知识进行药品包装材料及容器的筛选，能够进行常用药品包装设备的日常维护、简单问题的处理以及投运过程中的简单调试等相关工作。

药品作为一种特殊的商品，需采用合适的材料、容器借助于一定的技术对之进行包装，以在储存、运输、装卸、销售等整个流通过程中起到保护药品质量、方便储运以及促进销售的作用。药品包装是药品生产中的一个非常重要的环节，其不但具有一切商品包装的共性，同时还需要满足保证药品安全有效及使用方便的特殊要求。

第一节 药品包装基本概念

药品包装是指选用适宜的材料和容器，利用一定技术对药物制剂的成品即药品进行分(灌)、封、装、贴签等加工过程的总称。对药品进行包装，就是为药品在运输、贮存、管理和使用过程中提供保护、分类和说明。药品的包装要从安全、有效兼具保护药品的功能以及携带、使用安全等方面进行考虑。药品生产及经过质检以后的全过程中都必须保证有合适完好的包装。目前随着科学技术的发展，药品包装早已不再是单纯盛装药品的附属工序而是利用包装使药品更加方便临床的使用，如已经大量使用的单剂量包装、疗程包装和按给药途径要求的一次性使用包装，还有以提高药物疗效和降低药物的毒副反应为目的设计的一些特殊剂型，因此，对药品包装进行认知和开展研究工作是一项与保证药品质量、配合临床治疗密切相关的重要工作。

一、 药品包装的分类

所谓药品包装包含两层含义：一是指包装药品所用的材料、容器及辅助物的总称，即药品的包装；二是指包装药品的操作过程，即包装药品所采用的技术及包装方法。

药品包装从不同的角度存在多种分类方法，而各种分类方法并非完全孤立的，而是相互之间存在一定的交叉，并且人们习惯上也并不采用某种单一的分类方法来阐述药品包装，现就常用的药品包装的分类进行简单列举：

1. **按药品使用的对象分类**　可将包装分为医疗用包装、市场销售用包装、工业用包装等三类。

(1) 医疗用包装：使用对象是医务工作人员，进一步按照其用途还可分为调剂用包装、投药用包装和处置用包装。

(2) 市场销售用包装：使用对象是一般市场流通环节中有购买药物行为的个体或集体。

(3) 工业用包装：使用对象为药厂等用于工业生产的单位。

2. **按使用方法分类**　可将包装分为单位包装、批量包装两类。

(1) 单位包装：单位用量的药物进行的单独包装。

(2) 批量包装：对批次量的药品进行的整体包装。

3. **按照药品的包装层次以及次序分类**　可以将药物包装分为内包装、中包装和大包装或者第一次包装、第二次包装、第三次包装等。

(1) 内包装：是直接与药品接触的包装，其包装过程为将药品装入包装材料(如安瓿、铝塑泡罩、西林瓶等)中。

(2) 中包装：是指药品包装进内包装容器后，所用到的第二层包装，也即介于内包装和外包装之间的包装过程。

(3) 大包装：也常与中包装一起称为外包装，是指将完成内包装和中包装的药物装入大的袋、桶、罐等容器中的过程。

4. **按照药物制剂的剂型进行分类**　如片剂、胶囊剂、注射剂等。

5. **按包装药品所采用的材料分类**　可将药品包装分为纸质材料包装、塑料材料包装、玻璃材料包装和金属容器包装。

6. **按包装过程所采用的技术分类**　可将药品包装分为防湿包装、隔气包装、遮光包装、无菌包装、热收缩包装、安全包装和缓冲包装等，本部分内容将在药品包装技术中进行进一步阐述。

7. **按包装最终形成的形态分类**　可以分为安瓿包装、铝塑泡罩包装、软管包装、西林瓶包装、袋包装等。

二、 药品包装技术

药品包装技术即为达到药品包装目的而采用容器、材料和辅助物而施加技术方法的操作活动。通常有防湿包装、隔气包装、遮光包装、无菌包装、热收缩包装、安全包装、缓冲包装等。

1. **药品防湿包装与隔气包装**　为保证容器内药品不受外界湿气或气体影响而变质的包装方法或包装容器称为防湿包装或隔气包装。药品包装一般采用密封包装材料、密封容器或采用真空、充气包装技术等措施来达到防湿与隔气目的，也可采用硅胶、分子筛等吸湿剂或某些脱氧剂来解决。

防湿、隔气包装除了对包装材料有性能要求以外,还要求容器要具有良好的密封性,像瓶类容器,其透湿与透气主要与瓶口的密封情况有关,如瓶口端面的平滑程度、周边长度、瓶盖与瓶子的压紧程度以及塑料瓶体厚度的均一性等,而对衬垫材料的要求是透湿度与透气度低且富有弹性、柔软、易复原等。

将包装容器内的气体抽出后再加以密封的方法,即药品的真空包装,可避免内部的湿气、氧气对药品的影响,并可防止霉菌和细菌的繁殖。用于真空包装的薄膜多为复合膜,如聚酯/聚乙烯、玻璃纸/铝箔/聚乙烯等,真空包装一般在腔室式真空包装机内进行。

用惰性气体置换包装容器内部的空气可以避免药品的氧化变质以及霉变,常用到的气体有氮气、二氧化碳或它们的混合气体。气体的置换可采用喷嘴式充气装置或腔室式真空充气包装机,前者的作用效率高但气体置换率差,后者多用于塑料袋,为分批操作,作业效率较低但气体置换率高。

2. **药品遮光包装** 对于一些光敏性的药物,为防止其受光分解,一般采用遮光容器包装或在容器外再加遮光的外包装,如维生素、生物碱等光照后可引起变色或含量下降。药品的破坏程度与光的照射剂量有关,所谓光的照射剂量等于光强×照射时间。遮光容器一般可采用遮光材料如金属或铝箔等,或采用在材料中加入紫外线吸收剂或遮光剂等方法。

3. **药品无菌包装** 药品的无菌包装是指在洁净的环境中将无菌的药品充填并密封在事先灭过菌的容器中以达到在有效期内保证药品质量的目的,一般采用复合材料通过不同形式的挤压、复合成型进行包装。污染药品的微生物主要有细菌、霉菌、病毒等,主要来源于大气环境、厂房环境、原料、包装材料和容器、包装设备、操作人员和操作工具等。对包装容器可以采用物理或化学方法进行灭菌。

4. **热收缩包装** 将物品用热收缩薄膜进行包封,再经过加热使薄膜收缩而包装的方法称为热收缩包装。热收缩薄膜是根据热塑性塑料在加热条件下能复原的特性,在制膜过程中,预先对薄膜进行加热拉伸,再经强制冷却而定型。热收缩包装适应不同形状物品的包装,也可将数件物品集积捆束起来进行包装,具有透明性和密封功能,并可防止物品启封失窃,起到一定的安全包装的作用。

5. **安全包装** 安全包装包括防偷换安全包装和儿童安全包装两种。

(1) 防偷换安全包装:是具有识别标志或保险装置的一种包装,如果包装已经被启封过,即可从识别标志或保险装置的破损或脱落而识别。包装容器的封口、纸盒的封签和厚纸箱用压敏胶带的封条等都可起到防偷换的目的,另外也可采用防盗瓶盖、内部密封箔、单元包装、透明膜外包装、热收缩包装和瓶盖套等方法达到防偷换安全包装的目的。

(2) 儿童安全包装:主要是为了防止幼儿误服药物而采用的带有保护功能的特殊包装形态。通过各种封口、封盖使容器的开启有一种复杂顺序,以便有效地防止好奇的幼儿开启,但成人使用时又不会感觉困难。儿童安全包装一般采用安全帽盖、高韧性塑料薄膜的带状包装、撕开式的泡罩包装等措施。

6. **缓冲包装** 缓冲包装技术是为防止商品在运输过程中的振动、冲击、跌落的影响而受损,采用缓冲材料吸收冲击能,从而使势能转化成形变能,再缓慢释放而达到保护商品的技术。药品内包装的缓冲与剂型有关,外包装主要采用开槽型瓦楞纸箱,按缓冲材料的来源可以分为两大类:天然缓冲材料与合成缓冲材料,主要有瓦楞纸板、皱纹纸、植物纤维以及泡沫塑料、气囊塑料薄膜等。

三、 药品包装的作用

药品包装系药品生产的延续，属于药品生产过程的最后一道工序。药品从原料、中间体到成品、包装再到使用，一般都要经过生产和流通（包括销售领域）两个阶段。药品包装则起着重要桥梁和纽带的作用。普遍认为具有如下功能。

1. **保护功能** 药品在流通过程中受到外界因素如气候环境性因素、生物性因素及机械性因素等的影响，其质量均会受到影响。通常，药物暴露在空气中易氧化、染菌，部分药物遇光会分解、变色，遇水和潮气会造成剂型的破坏和变质，部分热敏性药品遇热易挥发或软化，外界机械因素会造成制剂变形、破裂等。而药品所发生的上述变化会导致药品失效，轻则达不到治病的效果，重则会成为致病因素。因此药品包装无论外观的装潢设计如何，都必须将包装材料的保护功能作为首要因素考虑。

2. **方便流通、销售与使用的功能** 药品从生产企业经贮运、装卸、分发、销售到患者的全部流通过程，包装均起着重要的作用。如为方便贮运采用的运输包装和集合包装；为保护药品采用的防震包装、隔热包装等；为方便销售用到的销售包装等。

另外为适应药品使用过程的各种需要，药品包装需携带和取用方便，可采用不同的包装方式，如单剂量包装、气雾剂包装等。

3. **信息传递功能** 药品包装还是信息传递的媒介，标签、说明书内容均有具体的要求，其所标示的注册商标、品名、批准文号、主要成分含量、装量、主治、用法、用量、禁忌、厂名、批号、有效期等，所传递的信息便于对症下药。另外药品包装的外观设计也在某种程度上可以起到促进销售的作用。

第二节 药品包装材料及容器

药品包装离不开包装材料，包装材料对所包装药品的质量、有效期、包装形式、销售以及成本等均有着重要的影响。作为包装材料应具有一定的稳定性、阻隔性能、结构性能和加工性能。对于包装容器，药品的内包装容器也称为直接容器，常用玻璃、塑料、金属或复合材料等。中包装材料一般采用纸盒，外包装一般采用具有缓冲作用的瓦楞纸箱、塑料桶等。对包装容器而言，按其密封性能可分为密闭容器、气密容器和密封容器。密闭容器只可以防止固体异物的侵入（纸箱、纸袋等）；气密容器可以有效防止固体和液体异物的侵入（塑料袋、塑料瓶等）；而密封容器可以防止气体、微生物等的侵入（安瓿、直管瓶等）。

一、 药品包装材料

常用的药品包装材料主要有：纸、塑料、玻璃、金属、橡胶以及由上述成分组合而成的复合材料。

1. **纸** 纸是纤维制品，在包装上应用最为广泛，在药品包装中，几乎所有的中包装和大包装都采用纸包装材料。

2. **塑料** 塑料系合成树脂经过加工形成的塑料材料或者固化交联形成的刚性材料，有些塑料中需要加入某些填充剂或添加剂以改善塑料性能，按照其热性能可将塑料分为热塑性塑料和热固性塑料两种。塑料是一种人工合成的高分子化合物，具有许多像纸、玻璃、金属等材料所不具备的优点，现在已经发展成为最主要的包装材料之一，用途非常广泛，并且有逐步取代金属和玻璃容器的趋势。但塑料容器包装仍然存在有诸如穿透性、溶出性、吸附性、变形性以及有可能发生化学反应等问题，仍需要我们开展深入研究以解决上述问题，从而使塑料更好地应用于药品包装。

3. **玻璃** 玻璃是一种过冷液体以固体状态存在的非晶态物质，外观类似固体，微观结构又有些像液体，其主要成分是二氧化硅、碳酸钠等，也可按照不同的要求改变其主要成分的比例，并加入不同量的各种添加剂。由于其优良的性能以及价格的低廉，玻璃目前仍然是药品包装中应用最普遍的材料之一。

4. **金属** 金属材料具有较好的延伸性和良好的强度及刚性，耐热耐寒，气密性较好，不透气，不透光，不透水，具有加工成包装容器的良好基础。常用的金属包装材料有铝、铁、锡等，铁基包装材料有镀锡薄钢板、镀锌薄钢板等。镀锡薄钢板俗称马口铁，多用于药品包装盒、罐等。铝易于压延和冲拔，可制成更多形状的容器，如气雾剂容器、软膏剂软管等。铝箔广泛地应用于铝塑泡罩包装和双铝箔包装等。

5. **橡胶** 橡胶属于高分子材料，有天然橡胶和合成橡胶两大类。在包装上多作为塞子和垫片用于密封玻璃瓶口，这是橡胶包装材料的主要用途。而其密封性主要来源于遮光性和弹性这两大特性。橡胶在使用之前常需要用稀酸、稀碱液煮、洗或者用其他被吸收物做饱和处理，来除去微粒，以保证制剂，尤其是注射用药品的稳定性。

6. **复合材料** 复合材料是由两种或两种以上不同性质的材料，通过物理或化学的方法，在宏观上组成具有新性能的材料。各种材料在性能上互相取长补短，产生协同效应，使复合材料的综合性能优于原组成材料而满足各种不同的要求，因此在药品包装材料中，复合材料的应用越来越广泛。

二、 对药品包装材料的要求

药品包装材料作为与药品直接接触的物质，就药品包装而言，包装材料应具有一定的稳定性、阻隔性能、结构性能和加工性能才能满足药品包装的需要。

1. **材料的力学性能** 药品包装材料的力学性能，主要包括弹性、强度、塑性、韧性以及脆性等。弹性主要决定了药品包装材料的缓冲防震性能；强度主要包括抗压抗拉性、抗跌落性、抗撕裂性等，强度指标对于不同的药品包装材料具有不同的重要意义；塑性是指在外力作用下发生形变，移除外力后形状无法恢复的性质；韧性是指在外加载荷突然袭击时的一种及时并迅速变形的能力。

2. **材料的物理性能** 药品包装材料的物理性能主要有密度、吸湿性、阻隔性、导热性和耐寒耐热性等。

3. **材料的化学性能** 药品包装材料的化学性能是指其在外界环境的影响下，不容易发生化学作用(老化、腐蚀)等，具有一定化学惰性的性能。

4. **材料的可加工性能** 药品包装材料应该要适应工业生产过程中的加工处理，如根据使用对象的需要加工成不同形状的容器或是要求包装材料具有可印刷、易着色的性质等。

除此之外，对包装材料还有生物安全性和绿色环保等要求，即药品包装材料必须无毒，与药物接触也不能产生有害物质，无菌以及无放射性等。总之，药品包装材料必须对人体无伤害，对药品和环境均无污染以及易回收。

三、药品包装材料的选择原则

药品包装不仅影响到药品的贮存与运输，还会直接影响到药品的质量，因此必须要高度重视药品包装的质量，牢固树立药品包装材料是药品重要组成部分这一概念减少药品包装对药品质量的影响。在选择药品包装材料的过程中，应该遵循以下原则：

1. **对等性原则**　即在选择药品包装材料时，除了考虑保证药品质量外，还应考虑药品的品性或相应的价值。对于贵重药品以及附加值较高的药品，需选择价格性能比较高的包装材料；对价格适中的常用药品，要多考虑经济性，兼顾美观；对于价格较低的普通药品，应在确保安全性的同时，多注重实惠性，选择价格相对较低的包装材料。

2. **适应性原则**　所谓适应性原则即为药品包装材料的选用应与流通条件相适应。因为各种药品的流通条件并不相同，因此选择包装材料时必须遵循适应性原则。所谓的流通条件包括气候、运输方式、流通对象及流通周期等。

3. **协调性原则**　即药品包装应与改包装所承担的功能相协调。如药品的内包装和外包装所承担的功能不同，在选择其材料是就需要从不同要求出发，选择与对应功能相协调的包装材料。

4. **相容性原则**　是指药品包装材料与药物间的相互影响或迁移，包括物理相容、化学相容和生物相容。必须保证最后一次剂量用完之前，药物的成分不会发生任何变化，必须选用对药品没有影响、对人体无伤害的材料来进行药品包装，但要实现这一点必须经过大量的实验进行选择和验证。

5. **无污染原则**　目前广泛使用的药品包装材料中，总体上都具有保证药品疗效的功能，但某些材料也存在着使用后处理困难的问题。我们在选择包装材料时，不仅要考虑其需要具有优良的性能，还应考虑其使用后的处理与回收利用的问题，使之对环境不会产生污染和影响。

6. **美学原则**　因为药品包装具有促进销售的功能，所以在选择药品包装材料时还需要考虑其颜色、透明度、挺度等因素，也就是需要运用美学，使药品包装发挥其应有的作用。

综上所述，合理选择适当的药品包装材料及合适的包装形式是一个全方位综合考虑的复杂课题。

四、药品包装容器

药品包装容器种类繁多，但其中以瓶类容器居多，故本部分内容主要介绍瓶类包装容器。对于瓶包装容器来讲，由瓶体及瓶盖组成，瓶体包含瓶身、瓶颈、瓶口，瓶身与瓶口之间是否有过渡区(即瓶颈)是区分管与瓶的一个重要标志。药品的瓶包装容器有玻璃瓶、塑料瓶和铝瓶等几种。

(一) 玻璃瓶包装容器

作为一种被普遍选用的药品包装材料，前已述及，玻璃具有良好的化学稳定性、密封性、光透明性，以及一定的机械强度等一系列优点。

1. **药品包装用玻璃的选择原则** 在针对不同的药物选择玻璃作为包装材料时，应遵循下列原则：良好的化学稳定性；良好适宜的抗温度急变性；良好稳定的规格尺寸；良好的机械强度；适宜的避光性能；良好的外观和透明度。

除上述几点外，在选择玻璃瓶包装容器时还需要从经济性及与其他包装材料和设备的配套性等方面进行综合评价予以选择。

2. **临床药品包装用玻璃瓶** 玻璃制的瓶包装容器以其不同的存在性状以及性能特点，使之可以适合于多种剂型的包装。

(1) 输液剂玻璃瓶包装：玻璃输液瓶具有光洁透明、易消毒、耐侵蚀、耐高温、密封性能好等特点，临床应用较多。

(2) 口服液剂玻璃瓶包装：口服液剂是在中药汤剂的基础上，按照注射剂的工艺进行生产的一种临床常用剂型，以保健品居多，多数采用玻璃瓶包装，分为直口瓶和螺口瓶两种，螺口瓶是在直口瓶基础上发展起来的一种改进包装容器，对光敏感的药物应选择具有遮光性能的棕色玻璃瓶。

(3) 粉针剂玻璃瓶包装：粉针剂是以各类抗生素药品为主，其包装主要是模制注射剂瓶和管制注射剂瓶，即西林瓶，其中管制西林瓶有 5 ml、7 ml、10 ml、25 ml 共 4 种规格，模制西林瓶按形状分为 A 型、B 型两种，A 型有 5 ml、7 ml、8 ml、10 ml、15 ml、20 ml、25 ml、30 ml、50 ml、100 ml 共 10 种规格，B 型有 5 ml、7 ml、12 ml 共 3 种规格。

(4) 水针剂玻璃瓶包装：水针剂使用的玻璃小容器称为安瓿，目前我国水针剂生产使用的容器都是安瓿。安瓿瓶一般采用的是中性玻璃制作，并且为便于检查澄明度，多采用无色玻璃制作，但对于需避光保存的水针剂，一般采用棕色玻璃制作安瓿。为避免折断安瓿瓶颈时造成玻璃屑、微粒等进入安瓿而污染药液，我国已强制推行色环易折安瓿和点刻痕易折安瓿两类曲颈易折安瓿。

(二) 塑料瓶包装容器

玻璃瓶包装具有许多优点，且已在一定时期内长期作为主要的药品包装容器使用，但其使用过程中存在生产能耗高、劳动强度大、易破损、使用前需清洗干燥灭菌等繁琐操作的不足之处。为克服玻璃瓶包装容器的这些缺点，塑料容器应运而生。药用塑料瓶的种类繁多，且随着塑料化工的迅速发展，塑料的功能和质量得到进一步的提升和发展，作为药品包装容器的选择余地越来越大，因此在药品包装容器中应用越来越广泛。药用塑料瓶的优点在于质量轻、不易碎、具化学惰性、耐水蒸气渗透性能及密封性能优良，且在灌装药品之前进行生产，故可避免清洗灭菌等工序，也避免了二次污染的可能性，因此得到了迅速的发展。药用塑料瓶主要有口服固体药用塑料瓶、口服液体药用塑料瓶和塑料输液瓶几种。用于不同的场合对其有不同的技术要求。

1. **药用塑料瓶的技术要求** 对口服固体、液体药用塑料瓶的主要技术要求比较类似，主要有：外观质量、密封性能、水蒸气渗透性、乙醛含量、灼烧残渣、溶出物试验、脱色试验、微生物限度等，具体可参照相关国家或行业标准；对塑料输液瓶的要求要比口服药用塑料瓶高，需进行物理化学性能、材料性能等多个项目的监控，主要有：外观鉴别、耐灭菌、温度适应性、抗跌落性、穿透性、耐压性、密封性及漏液检查、悬挂强度、厚度、透明度、水蒸气渗透、粒子污染、柔软性以及灼烧残渣、重金属、添加剂用量、微生物限度、异常毒性等项目。

2. **药用塑料瓶的选择** 药用塑料瓶规格跨度极大，小的仅几毫升，大的可达 1 000 ml，颜色多样，形状各异。那么如何选择合适的药用塑料瓶，我们在选择过程中应注意以下几点：

(1) 塑料瓶的主原料、助剂以及配方：针对药用塑料瓶用来盛装固体和液体制剂时制定了相关的标准，分别规定了适用的主原料，且必须符合无毒、无异味的要求，但还需要针对原料的综合性能加以选用。

(2) 密封性、水蒸气渗透性：这是药用塑料瓶的两个重要技术指标，关乎所装药物的稳定性，而该稳定性指标与模具的质量、瓶子的厚薄、与瓶盖匹配的优劣等诸多因素有关。

(3) 产品质量标准：药用塑料瓶除了必须执行国家或行业标准外，一般企业均应制定严于国家和行业标准的企业标准。

(4) 质量保证体系：只有完善、先进的质保体系才能确保实物质量的优良可靠。

(5) 装药稳定性与相容性：选用塑料瓶，一般应先进行装药实验以考察装药稳定性及容器与药物之间的相容性，通过科学检测判定药物与容器材质之间的相互渗透、溶出、吸附及化学反应等。

第三节　药品包装设备

包装机械即完成全部或部分包装过程的机器，包装过程包括充填、包装、裹包、封口等主要包装工序以及与其相关的前后工序，如清洗、堆码和拆卸等。此外，还包括盖印、计量等附属设备。而药品包装机械是特殊的专业机械，且必须符合 GMP 的要求，故形成了一种独立的机械类型。

一、药品包装设备分类

药品包装机械的种类繁多，但同其他机械一样，主要有动力部分与传动系统、包装动作执行机构、控制系统、机身等几个组成要素。

药品包装机械的通常是分为两大类：加工包装材料的机械和完成包装过程的机械。另外还有完成前期和后期工作过程的辅助设备，将几台自动包装机与某些辅助设备连接起来，通过检测与控制装置进行协调就可以构成自动包装线；如包装机之间不是自动输送和连接起来而是依靠工人完成辅助操作，则称为包装流水线。

包装机械按照包装产品的类型可分为专用包装机、多用包装机和通用包装机；按照其自动化程度可分为全自动包装机和半自动包装机；按功能不同可分为充填机械、灌装机械、裹包机械、封口机械、贴标机械、清洗机械、干燥机械、杀菌机械、捆扎机械、集装机械、多功能包装机械以及完成其他包装作业的辅助包装机械。

二、固体制剂包装设备

固体制剂中最常见的是片剂和胶囊剂。固体制剂的包装方式很多，但最常见的还是瓶包装、泡罩包装、袋包装及其他热封包装等。我们重点介绍这些包装机械及生产线。

(一) 固体制剂瓶包装设备

瓶包装包括玻璃瓶和塑料瓶包装，属大剂量包装。目前玻璃瓶的应用已经在逐渐减少，塑料瓶包装占据的份额越来越大。一般瓶包装设备能够完成理瓶、计数、装瓶、塞纸、理盖、旋盖、贴标签、印批号等工作。许多固体成型药物都常以瓶装形式供应于市场。瓶装机一般包括理瓶机构、输瓶轨道、数片头、塞纸机构、理盖机构、旋盖机构、贴签机构、打批号机构、电器控制部分等。

1. 计数机构 目前固体制剂计数主要采用圆盘计数机构、光电计数机构。

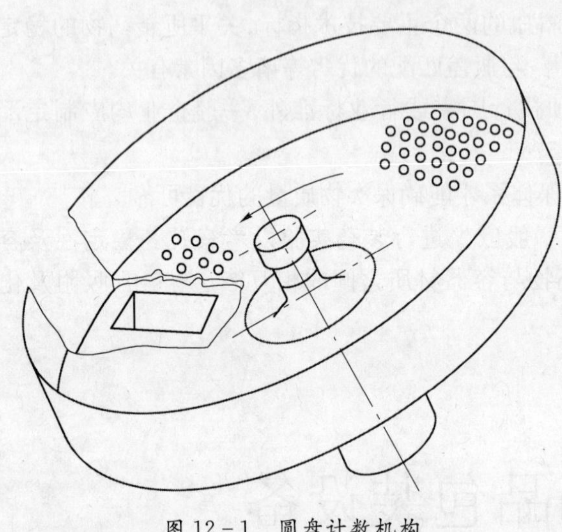

图 12-1 圆盘计数机构

(1) 圆盘计数机构：一个与水平面成30°倾角的带孔转盘，盘上有几组小孔，小孔的个数依据每瓶的装量数决定。在装盘下面装有一个固定不动的具扇形缺口的托板，其扇面面积只容纳转盘上的一组小孔。缺口下方紧接着一个落片斗，落片斗下口抵着装药瓶口。

转盘上小孔的形状应与待药粒形状相同，且尺寸略大，转盘的厚度要满足小孔内只能容纳一粒药的要求。转速不能过高，一要避免转速过高产生离心力，二要与输瓶的速度相匹配。

(2) 光电计数机构：利用一个旋转平盘，平盘旋转产生的离心力将药粒抛向转盘周边，在周边围墙开缺口处，药粒被抛出滑入药粒溜道，利用溜道上设有的光电传感器将信号放大并进行转换计数，达到设定粒数后，控制器向磁铁发出信号，翻转通道上的翻板，将计数后的药粒输送入瓶，其结构见图 12-2。

光电计数装置对于尺寸足够大的药粒，反射的光通量能够启动信号转换器就可以进行正常的计数工作，其计数范围远远超过模板式计数装置，且可在不需要更换机器零件的前提下，任意设定计数数目实现装量的调整。

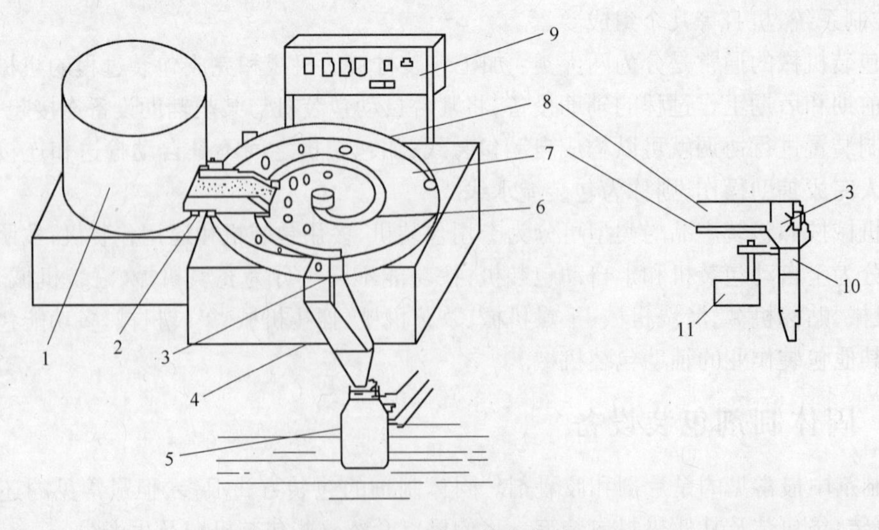

图 12-2 光电计数机构

1—料筒；2—下料溜板；3—光电传感器；4—药粒溜道；5—药瓶；6—回形拨杆；7—旋转平盘；8—围墙；9—控制器面板；10—翻板；11—磁铁

2. 输瓶机构 多采用直线、匀速、常走的输送带,其走速可调,由理瓶机送到输瓶带上的瓶子,具有足够的间隔,因此送到计数器落料口前的瓶子不应有堆积的现象。在落料口处多设有挡瓶定位装置,间歇挡住待装的空瓶和放走已装满药物的瓶子。多采用梅花盘间歇旋转输送机构。间歇转位,定位准确。

3. 塞纸机构 一般情况,药瓶中装满药物后,为避免运输过程中的振动造成药物破碎,常在瓶口塞入纸团,常见的塞纸机构是利用真空吸头,从裁好的纸中吸起一张纸,然后转移到瓶口处,由塞纸冲头将纸折塞入瓶,其工作原理见图 12-3。

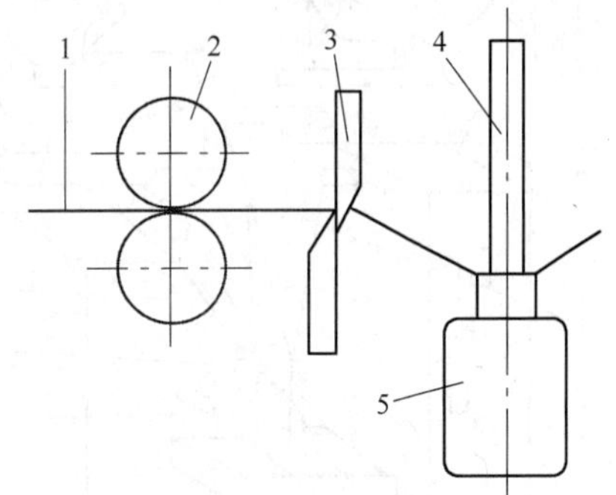

图 12-3 塞纸机构

1—纸;2—送纸滚轮;3—切刀;4—塞纸杆;5—药瓶

4. 封蜡机构与封口机构 封蜡机构是将玻璃药瓶加盖软木塞后,为防止吸潮,用石蜡将瓶口封固的机械。包括熔蜡罐及蘸蜡机构。熔蜡罐是利用电加热使石蜡熔化并保温的容器;蘸蜡机构利用机械手将输瓶轨道上的药瓶(已加木塞的)提起并翻转,使瓶口朝下浸入石蜡液面一定深度,然后再翻转到输瓶轨道前,将药瓶放在轨道上。

塑料瓶装药物时,因塑料瓶尺寸规范,可采用浸树脂纸封口,利用模具将胶模纸冲裁后,经加热使封纸上的胶软熔。输送轨道将待封药瓶送至压辊下,当封纸带通过时,封口纸粘于瓶口上,废纸带自行卷绕收拢。

5. 理盖、旋盖机构 无论玻璃药瓶还是塑料药瓶,均以螺旋口和瓶盖连接,人工旋盖不仅劳动强度大,并且松紧程度不一致。瓶盖由电磁振动给料装置及定向机构进行整理,按一定规则排列瓶盖,由机械手输送至旋盖头位置。旋盖机构设在输瓶轨道旁,用机械手将输送到位的药瓶抓紧,旋盖头由上部自动落下,先衔住对面机械手送来的瓶盖,再将快速瓶盖拧在瓶口上,当旋拧到一定松紧程度后,拧盖头自动松开,并恢复到原位,等待下一个工作周期。如果轨道上没有药瓶,机械手抓不到药瓶,则拧盖头不下落,送盖机械手也不送盖,机构不工作,直到机械手抓到瓶子,下一周期才重新开始。

旋盖头上设有旋紧力通过设置的摩擦片的压紧力调整,瓶盖旋紧到合适程度后摩擦片打滑,可防止旋盖过紧造成瓶盖损坏。

(二) 固体制剂袋包装设备

固体制剂也常采用袋包装的形式,其利用卷筒状的热封包装材料,在机器上自动完成制袋、药物计量、充填、封口和切断等系列操作,是一种多功能包装机。其常用热封包装材料主要是各种薄膜及由纸和塑料、铝箔等制成的复合材料,具有一定的防潮阻气性、良好的热封性和印刷性,另具质轻柔、价格低廉、易携带、易开启等优点。

1. 袋包装设备分类与工作程序 袋包装设备按制袋方向可以分为立式和卧式;按照操作方式可以分为间歇式和连续式;按照所包装的物料可以分为颗粒包装机、片剂包装机、粉剂包装机、胶囊包装机和膏体包装机等。固体制剂制袋充填封口包装机的工作过程包含以下程序:

(1) 制袋:主要完成包装材料的牵引、成型、纵封,将包装材料制成一定形状的袋子。

(2) 药品的计量和充填:主要完成待包装物料的计量并将之充填到已制好的袋子中。

(3) 封口及切断:主要完成将已充填了物料包装袋的封口以及将之切断形成独立包装。

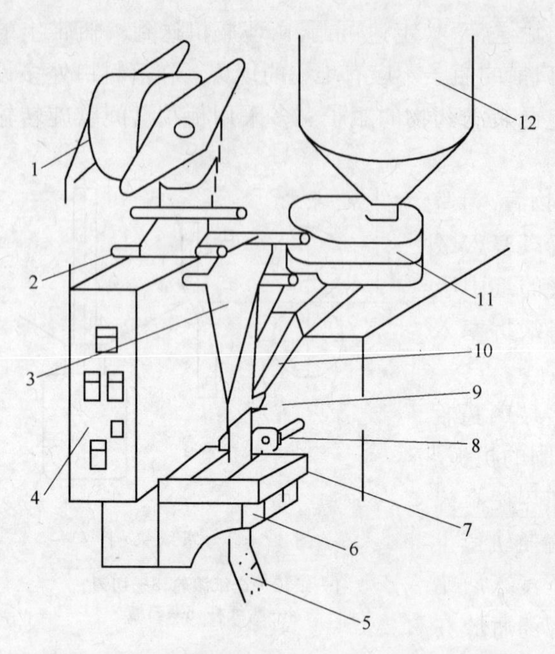

图 12-4 立式间歇自动制袋中缝封口充填包装机

1—包装带辊；2—张紧辊；3—包装带；4—电控箱；5—成品药袋；6—冲裁器；7—热合器；8—挤压辊；9—折带夹；10—落料溜道；11—计量加料器；12—料斗

(4) 检测与计数：主要对包装板块进行质量检测并统计包装数量。

2. 立式间歇自动制袋中缝封口充填包装机　自动制袋充填包装机的种类很多，但其区别主要在于成型装置和封口装置以及包装材料的连续输送，其基本工作原理相差不大，现以立式间歇自动制袋中缝封口充填包装机为例进行简单介绍，其工作原理如图 12-4 所示。

在机器开始操作前，操作者需按工作程序将薄膜装牵引至袋成型器上，通过成型器和加料管及成型筒的作用，形成中缝搭接的圆筒形，其中的加料管具有外做制袋管、内为输料管的双重功能。在袋成型器上，纵封器对已成型的袋子进行纵向封口后，纵封器复位，横封切断器完成下袋上口和上袋下口的横封，在封口的同时向下牵引一个袋子的距离，并将两个袋子切断，物料的充填是在薄膜受牵引下移时完成的。

(三) 固体制剂泡罩包装设备

药品泡罩包装又称为水泡眼包装，即 PTP(press through packaging)包装技术，是将透明的塑料薄片或薄膜加热软化，采用相应成型方法形成泡罩，将药物放置进入泡罩内，再用涂有黏合剂的药用覆盖材料在一定压力和温度条件下进行热封，经冲裁成独立板块后形成泡罩包装。泡罩结构如图 12-5 所示。

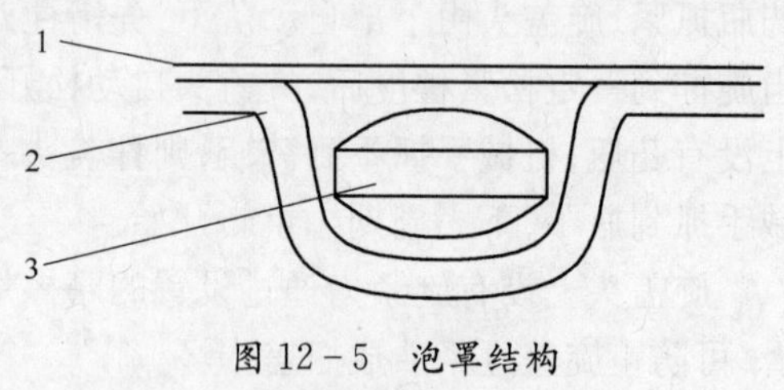

图 12-5 泡罩结构

1—铝箔；2—塑料网窝；3—药物

泡罩包装板块尺寸的确定和药片排列方式的选择是药品泡罩包装的重要环节，板块尺寸应符合美观大方、便于携带的原则，药品的排列则既要考虑节省包装材料，还要与药品每剂适用量相适应，又要考虑封合后要符合密封性能的要求。

板块上药品的粒数和排列根据板块的尺寸、药片的尺寸及服用量确定。目前，板块上药片粒数大多为 10 粒/板、12 粒/板，小尺寸的药物有 20 粒/板。每一泡罩中可装 1 粒、2 粒或 3 粒，如图 12-6 所示。

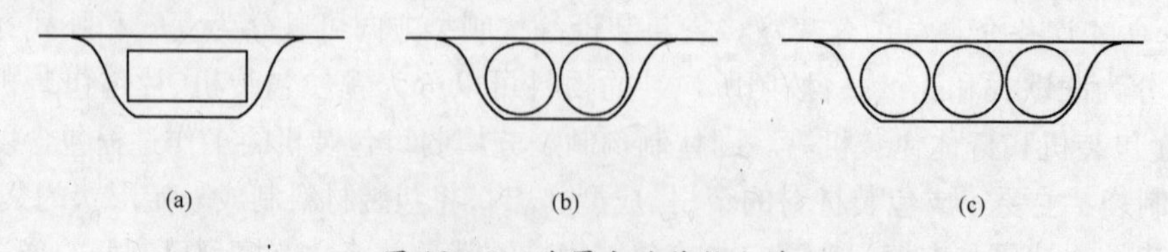

图 12-6 泡罩内的药物充填

(a) 一片装；(b) 二片装；(c) 三片装

1. **泡罩包装的优点**　泡罩包装是发达国家在20世纪60年代发展起来的包装技术，其可以用来包装各种几何形状的口服固体药品——素片、糖衣片、胶囊等。其具有以下优点：

(1) 在平面内完成包装作业，占地面积小，用较少的人力即可实现快速包装作业，便于环境净化、减少污染，简化包装工艺，降低能源消耗。

(2) 泡罩使药品相互隔离，在运输过程中药品之间不会发生碰撞。

(3) 板块尺寸小，方便携带和服用。并且在服用前才打开药品的最后包装，增加了用药安全感和减少用药时的细菌污染。

其使用过程中受到限制主要是由于塑料的防潮性能引起，而随着塑料工业的发展，不断开发新型包装材料，使得泡罩包装机被更广泛地采用。

2. **塑料片材成型方法**　塑料片材的成型是整个泡罩包装中最为重要的工序，成型方法也会影响到泡罩包装机的结构，泡罩成型方法可以分为以下4种，如图12-7所示：

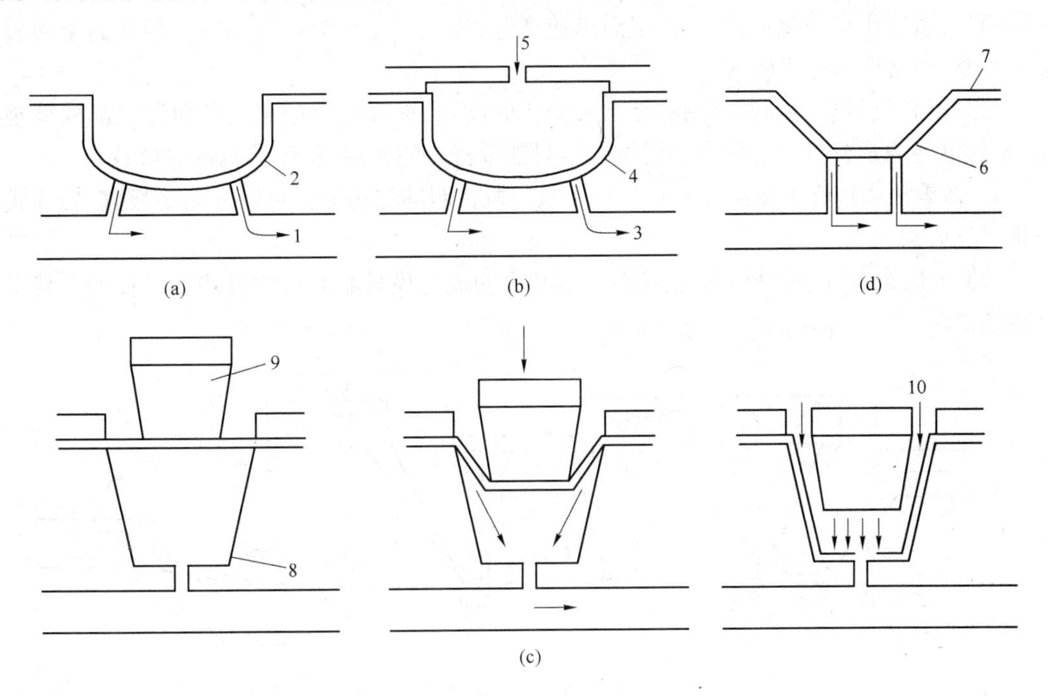

图12-7　泡罩成型方式

(a) 吸塑成型；(b) 吹塑成型；(c) 冲头辅助吹塑成型；(d) 凹凸模冷冲压成型
1—真空接口；2—成型模具；3—排气孔；4—成型模具；5—压缩空气接口；6—凹模；
7—凸模；8—成型模具；9—冲头；10—压缩空气

(1) 真空吸塑成型(负压成型)：利用真空负压将加热软化的薄膜吸入成型模具的泡罩窝内形成一定的几何形状，吸塑成型一般采用辊筒式模具，具有成型泡罩尺寸较小，形状简单，拉伸不均匀，顶部较薄的特点。

(2) 正压吹塑成型(正压成型)：利用压缩空气将加热软化的薄膜吹入成型模的泡罩窝内，形成需要的几何形状的泡罩。多用于板式模具。具有成型泡罩壁厚较均匀，可成型大尺寸泡罩的特点。

(3) 冲头辅助吹塑成型：用冲头将加热软化的薄膜压入模腔内，当冲头完全压入时，通入压缩空气，使薄膜紧贴模腔内壁，完成成型加工工艺。冲头尺寸为成型模腔的60%～90%，多用于板式模具。合理设计冲头形状尺寸,冲头推压速度和推压距离,可获得壁厚均匀、棱角挺阔、尺寸较大、形状复杂的泡罩。

(4) 凸凹模冷冲压成型:当采用包装材料刚性较大时,热成型方法不能适用,而采用凸凹模冷冲压成型方法,即凸凹模合拢,对膜片进行成型加工,其中空气由成型模内的排气孔排出。

3. *泡罩的热封方法* 在成型泡罩中充填好药物后,将盖材覆盖其上,将两者封合,这也是泡罩包装的一个关键工序。其基本原理是使内表面加热,然后加压使其紧密接触,形成完全焊合,这一操作在很短时间内完成。热封方法有两种:

(1) 辊压式:将待封合的材料通过连续转动的两辊之间,使之连续封合,但是包装材料通过转动的两辊之间并在压力作用下停留时间较短,故若想合格热封,必须使辊的转动速度减慢或者包装材料在封合之前充分预热。

(2) 板压式:在待封合物料到达封合工位时,通过加热的热封板和下模板与封合表面接触,并将其紧密压在一起进行焊合,然后迅速离开,完成一个包装工艺循环。板式封合包装成品较平整,封合所需压力较大。

热封辊和热封板的表面常制有点状或网状的纹路,提高封合的强度和包装成品的外观质量,更为重要的是在封合过程中起到拉伸热封部位材料的作用,从而消除收缩褶皱。

4. *泡罩包装机的分类及其特点* 泡罩包装机按照其结构形式可以分为平板式、辊筒式和辊板式三大类。

(1) 平板式泡罩包装机:平板式泡罩包装机的成型模具和封合模具均为平板型。其工艺流程图如图 12-8 所示。

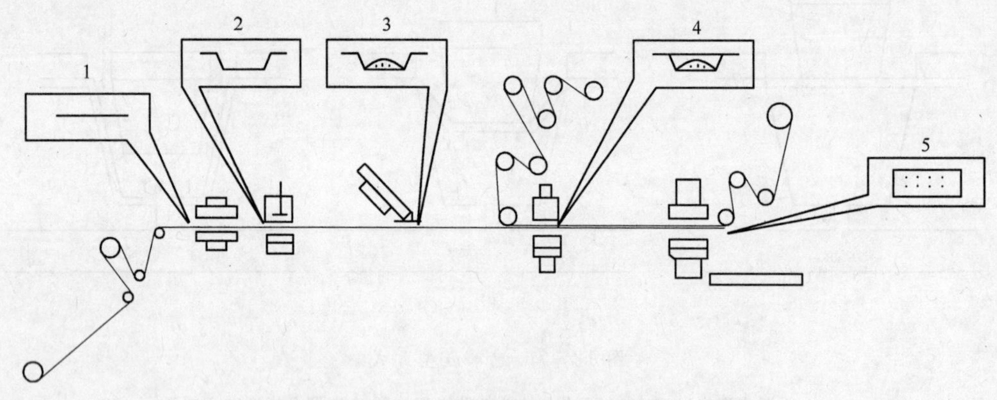

图 12-8 平板式泡罩包装机工艺流程简图

1—预热段;2—吹压成型;3—药物充填;4—热封合;5—成品冲裁

平板式泡罩包装机具有以下特点:① 热封时,上、下模具平面接触,为保证封合质量,要有足够的温度和压力以及封合时间,不易实现高速运转。② 热封合消耗功率较大,封合牢固程度不如辊筒式封合效果好,适用于中小批量药品包装和特殊形状物品包装。③ 泡窝拉伸比大,泡窝深度可达 35 mm,满足大蜜丸、医疗器械行业的需求。

(2) 辊筒式泡罩包装机:辊筒式泡罩包装机与平板式泡罩包装机流程相差不大,其成型模具和封合模具均为辊筒型。

辊筒式泡罩包装机具有以下特点:① 真空吸塑成型,连续包装,生产效率高,适合大批量包装。② 瞬间封合,线接触,消耗动力小,传导到药片上的热量少,封合效果好。③ 壁厚难以控制且不匀,不适合深泡窝成型。④ 适合片剂、胶囊剂、胶丸等剂型的包装。⑤ 结构简单,操作维修方便。

(3) 辊板式泡罩包装机:辊板式泡罩包装机的成型模具为平板型,封合模具均为辊筒型。

具有以下特点:① 结合辊筒式和平板式包装机的优点,克服两种机型的不足。② 采用平板式成型模具,压缩空气成型,泡罩的壁厚均匀、坚固,适合于各种药品包装。③ 连续封合,PVC片与铝箔在封合处为线接触,封合效果好。④ 高速打字、压痕,无横边废料冲裁,高效率,节约包装材料,泡罩质量好。⑤ 上、下模具通冷却水,下模具通压缩空气。

三、 药品包装辅助设备

药品包装生产线中,除计量分装、灌装充填、封口、贴标等设备外,还包括有许多辅助机械,如检测设备、甄选设备和装盒机等。

(一) 甄选设备

甄选设备的种类很多,其中有机械式、光电式、人工式等。甄选设备一般设置在包装自动线的结合部位,根据称重、光电目测等手段进行甄选判断。

1. **重量甄选设备**　最初主要采用简单机械进行重量甄选,目前自动重量甄选机的应用越来越广泛。其主要利用药品包装落在高速输送带上的运动状态下对物料进行称重,不需要中断包装生产过程,主要通过精确的对单件药物的包装进行称重,将药品包装按照重量自动地进行分类。

装有微型计算机的检重器能提供每个重量区域的包装数量和每班的包装产品等数据,也能计算药物包装重量的平均误差和标准误差,甚至可以自动控制充填机的充填精确度,降低生产成本。还可以在检重器上配备剔除装置,及时将不合格的包装从生产线上剔除,这些检重器还可完成检查药品包装中的缺片、缺袋和少瓶等情况并自动剔除。

2. **光电式缺片甄选设备**　对于已完成包装的板块如果装药缺失,则需要剔除改包装板块。一般缺片检验都是用肉眼进行,但随着包装速度的提高,目视检验会出现错漏,容易出现质量事故,缺片检验器的引入,不仅大大减轻了工作强度,还能保证药品的包装质量。在缺片检验器上一般都装有自动排出装置,如发现有缺片的包装板块可自动检出并剔除。

(1) 泡罩包装的缺片检验器构造:在缺片检验器的传感元件中,投光器和受光器相对安置。检验器可有两种传感元件,一种是可以透过膜片的适合于铝膜封合前检验的穿透型传感器;另一种是只能从一方检验的适合于封合后检验的反射型传感器。

穿透型传感检测缺片:此种传感器是利用片剂将光源遮挡从而检测出有无片剂。光源一般采用透射率好、光通量稳定的近似于红外线的发光二极管,其所发出的光线能透过透明膜片、透明着色膜片以及半透明的纸类。对于此类传感器,因为检测过程中薄膜片不易受到振动,且成本低廉,故使用较为广泛。片剂直径和受光直径必须要相称,如果受光直径过小,则只能检测到薄膜边缘的信号,因此必须选择好合适的受光直径,以获得准确的检测结果。

反射传感检测缺片:反射型传感器是仅从片剂的一面一个方向来检测封合好的板块,如图12-9所示。投光器要与受光器保持一定角度,以使投光入射到铝膜板上而反射到受光器上。如果该泡罩内装有药片,则反射角会有变化或者是反射光减弱,从而即可检测出是否缺片。传感器内装有放大器、灵敏电位器,能够根据片剂位置校正反射偏差,并且反射型传感器依靠板块表面反射光线工作,因此需要充分控制板块的振动,故必须配有专门的板块导轨。

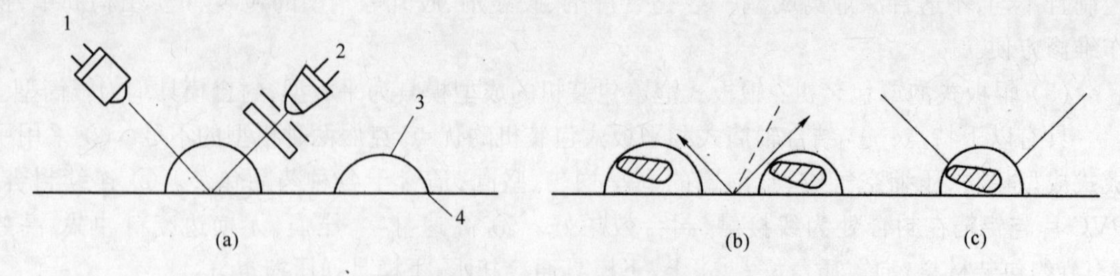

图 12-9 光电式反射型传感器

(a) 在空壳内有反射光;(b) 在薄板片上有反射光;(c) 片剂遮光

1—投光器;2—受光器;3—薄膜;4—铝箔

识别线路:检测片剂的信号经适当放大后,被变为数字信号进行传递和处理。

(2) 缺片板块的排出:缺片板块的排出形式主要有 3 种。

第一种是采用空气气流将之吹入滑槽的形式,如图 12-10 所示,在规定输出时间才开启电磁阀,使空气不致吹到前后膜板上,气流方向要稍向后倾斜。

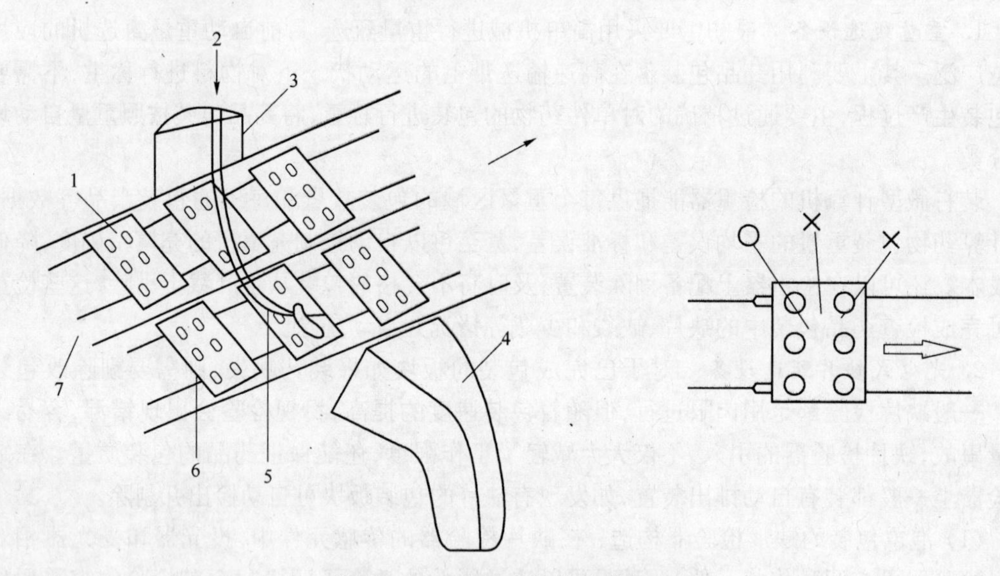

图 12-10 吹气法排出缺片板块

1—板块;2—空气流;3—滑槽;4—滑槽;5—喷管;6—棘爪;7—传送带

第二种是自动倾斜式,如图 12-11 所示,当检测器检测出缺片板块时,在两个传送带之间的过渡部分将发生倾斜,使 A 传送带上的缺片板块自动落下。但这种方法需要采用定时凸轮来保证板块的流动与自动倾斜的开闭周期一致,否则,位于缺片板块的前一板块的后部会落下,而后一板块的前部也会向前伸出,导致传送不正常。

第三种是采用空气吸入阀式,如图 12-12 所示。冲切板块正常进行,信号穿透的板块被送往传送带,但在传送的过程中,由于吸入阀的作用,缺片板块落下。这种方式是一次吸引板块,与自动倾斜式一样是需要采用定时凸轮。

除以上 3 种外,还有其他一些外观甄选机、图像监视药片检查仪等。目前,机器视觉系统在药品检测方面的应用也越来越广泛。

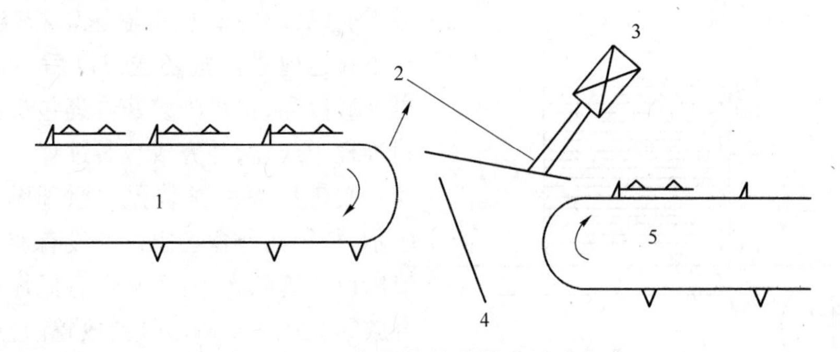

图 12-11 自动倾斜式排出缺片板块

1—传送带 A;2—自动倾斜;3—螺旋管;4—不良板块;5—传送带 B

(二) 装盒设备

纸盒装盒机是一种通用的包装设备,是一种把具有完整商标的药品板块或一个贴有标签的药品盒子或安瓿与说明书同时装入一个包装纸盒中的药品包装机械。

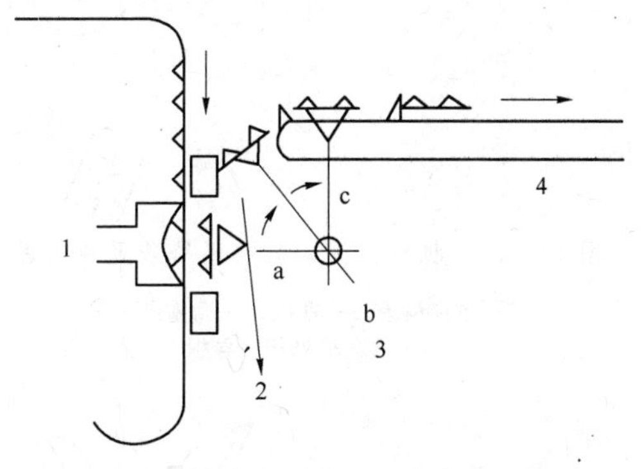

图 12-12 空气吸入阀式排出缺片板块

1—板块冲切;2—不良板块;3—吸入阀;4—传送带

1. 装盒机种类 按照工艺不同,可以将纸盒装盒机的结构分为 3 种形式。

第一种是将事先已制好的纸盒放入装盒机内,由装盒机自动将纸盒打开,并自动将药瓶、泡罩包装板块或软膏管等和说明书装入盒内,并将纸盒盖好输出,这种装盒机工艺较为合理,成本较低,可单独使用,也可以跟其他设备如装瓶机、泡罩包装机等连线使用。

第二种是将事先模切好的纸盒平板坯由人工一沓沓地放入装盒机内,装盒机自动将一张张平板纸坯折叠成盒子,如果需要还可以在盒内自动装入凹槽分格盘,再将药品以及说明书装入盒子或是凹槽分格盘中,最后将盒盖好、封好。其包装规格可以通过简单更换几个部件即可变换,且在更换部件的过程中,不需要任何辅助工具,手动即可完成。

第三种是由制盒机、装盒机、盖盖机、堆叠机等单机组成联动包装线。首先将成卷的卡纸板装入制盒机,制备获得有凹槽的包装盒,凹槽间距根据包装物设计,制成的纸盒,自动进入装盒机,等待装盒机自动将单个药品准确装入每个凹槽内,当一盒装满后,再自动将说明书装入盒内,输送到合盖机进行合盖封口,这一类设备使用范围很广泛。

装盒机主要由包装盒片供给装置、包装盒输送装置、底部盒口折封装置、包装物料的计量与装填装置、包装盒的上盒口折封装置、包装盒的排出以及检测装置等组成。

2. 纸盒供给装置

(1) 包装盒坯供给装置:纸盒盒坯可以用于制盒机制盒后供装盒机应用,也可以直接用于包装机械,在包装过程中完成制盒和封盒过程。其供送可以采用机械摩擦引送和真空吸送装置、机械推板、胶带摩擦引送装置等。

机械推板供给装置工作原理如图 12-13 所示,纸盒盒坯叠放于料箱中,料箱下部前侧有一送出缝口,其大小可用调节螺杆、定位块等组成的调节装置调节,每次只允许一张盒坯被送出,推板上有一锯齿形刀,在传动装置驱动下,沿滑槽往复运动。推板前进,锯齿形刀将料箱中

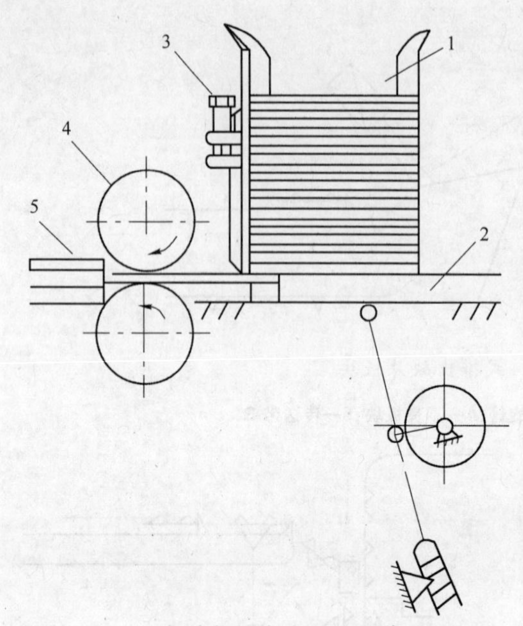

图 12-13 机械推板式盒坯供给装置原理图

1—盒坯料箱；2—推板；3—调整装置；
4—输送辊筒；5—导板

最下面的盒坯推出，由输送辊将其在导板的引导下输送前进。盒坯送出以后，可以先制成盒再装载药品，也可先装药再裹包折封，在裹包折封过程中成盒，并完成包装过程。

胶带摩擦引送装置的原理图如图 12-14 所示，料箱前方盒坯出口处设有调节器，用来调节出口的缝隙大小；后端设有托坯弯板，用来使叠放的盒坯在料箱中倾斜放置。盒坯料箱底部安装有输送胶带，接触最下面一张盒坯并依靠摩擦力将之从料箱中拖出，经导板引导进到输送带上继续向前传送。传送胶带连续转动，故可以达到料箱中的盒坯从料箱内逐张送出，其供给能力很高。

(2) 叠合盒片供给装置：叠合盒片的供给经常采用真空吸送，其具有工作可靠、效率高、适应性强、供送盒机构以及运动均比较简单等优点。该类装置主要用真空吸嘴吸住叠合盒片

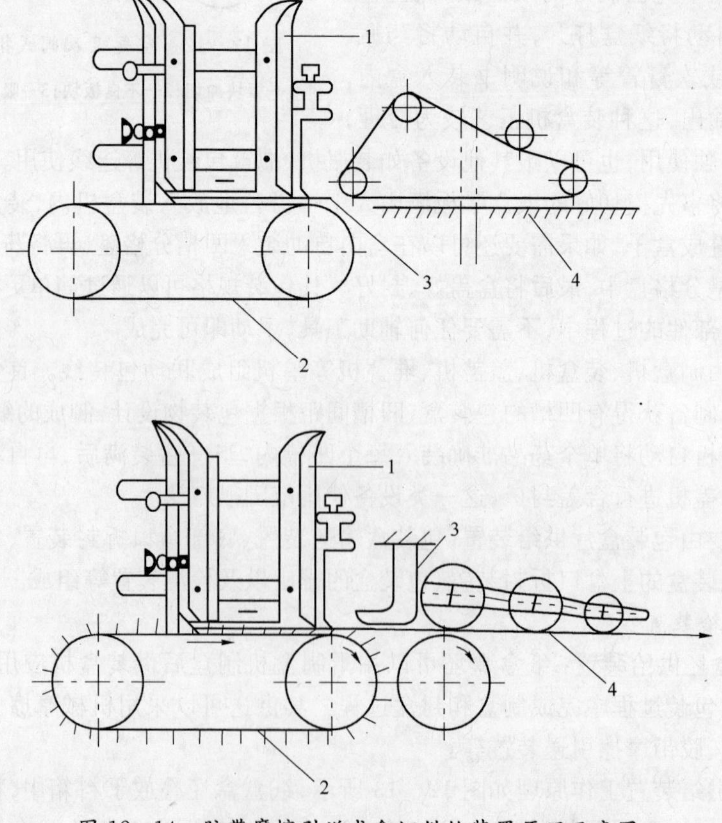

图 12-14 胶带摩擦引送式盒坯供给装置原理示意图

1—盒坯料箱；2—传送带；3—导板；4—输送带

的一个大的侧面，然后将其从贮箱底部拖出并经过通道送到纸盒托槽。进入成型通道后盒片侧面受到成型通道侧壁逐渐收缩部分的约束，将自动沿着盒片上的印迹偏转，将盒片撑开形成盒体。再向前运行一段距离后，便由盒底折封装置将纸盒盒底折封，以备装载待包装药品。

(3) 开盒装盒机：注射剂安瓿瓶经过灭菌及质量检查后进入安瓿外包装生产线，完成安瓿的印字、装盒、加说明书、贴标签等操作，此处主要介绍开盒装盒机的工作及结构原理。

国家标准对安瓿的尺寸有一定的规定，因此装安瓿用的纸盒尺寸规格也是标准的。开盒机就是依照标准纸盒的尺寸设计和动作的。其结构示意图如图 12－15 所示。其工作过程包括上盒(底在上，盖在下)、推盒(每次推一盒)、开盒几个动作。首先将纸盒堆放在贮盒输送带上，由推盒板将最下层的一个纸盒推到翻盒爪的位置，随着翻盒爪旋转过来，压开盒底，弹簧片挡住盒底，盒底、盒盖张开。翻盒爪与推盒板作同步运动。随着推盒板将后一个盒子推过来，不断驱动前一个盒子向前运动，依靠翻盒杆上的曲线，逐渐打开纸盒。纸盒打开后等待安瓿印字机将印好字的安瓿瓶装入到盒子中。另外在翻盒机构上还设有光电管，其作用是监控纸盒的个数并指挥输送带的动作。

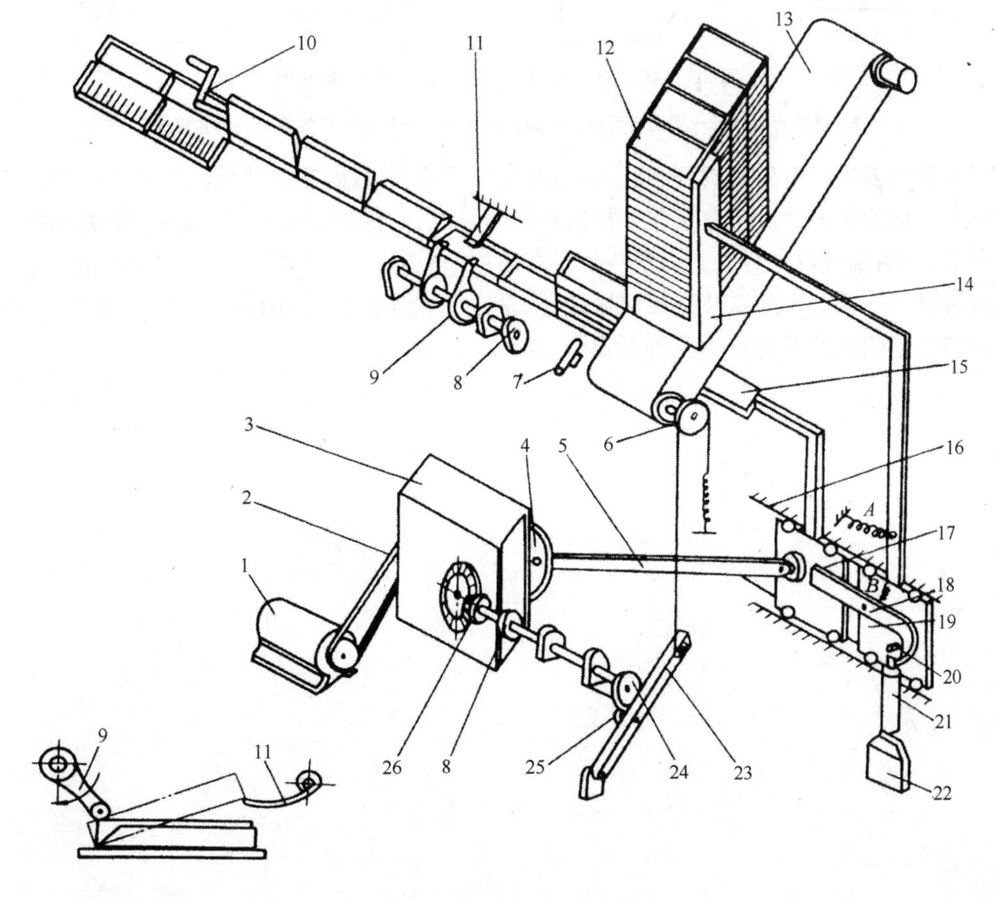

图 12－15　开盒机结构示意图

1—电动机；2—传动带；3—变速箱；4—曲柄盘；5—连杆；6—飞轮；7—光电管；8—链轮；9—翻盒爪；10—翻盒杆；11—弹簧片；12—包装盒；13—包装盒输送带；14—推盒板；15—往复推盒板；16—滑轨；17—滑动块；18—返回钩；19—滑板；20—限位销；21—脱钩器；22—牵引吸铁；23—摆杆；24—凸轮；25—滚轮；26—伞齿轮

(三) 包装盒封口装置

包装盒封口装置的动作较为简单，实质上它应是装盒机结构组成中的一个部分，它与包装盒底部盒口折封装置结构与工作原理均比较类似。其折封顺序与工作原理如图 12-16 所示。包装盒的两个小封舌由活动折舌板和固定折舌板折合，活动折舌板由凸轮杠杆机构或者其他机构操控，在包装盒输送链道运转间歇时间内完成；固定折舌板在输送链道运行中实现对另一个小舌的折合，带有插舌的大封盖也是在输送链输送包装盒运行过程中进行折合，折合达到一定程度，封盖折舌插板将之弯折以备插舌，最后由封盒模板把封盖的插舌插入盒中完成折封。

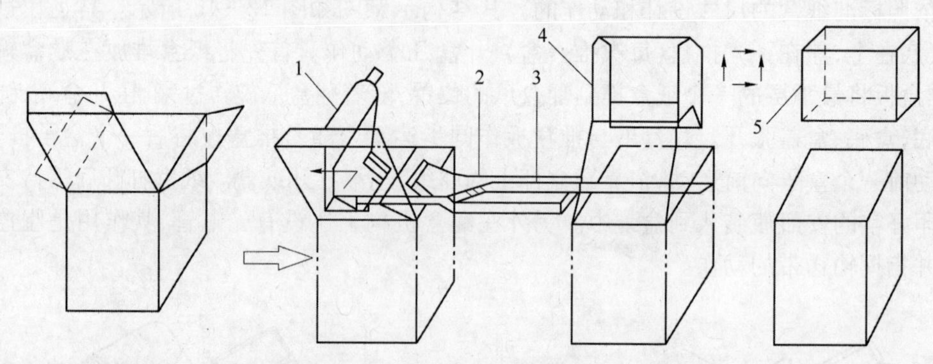

图 12-16 包装盒的折封及装置原理示意图

1—活动折舌板；2—固定折舌板；3—封盖折舌板；4—封盖折射插板；5—封盒模板

若包装盒要求封口处贴封签，则还需要按照要求再施加封签贴封操作。若两个小封舌及两个封盖结构的包装盒用于直接包装松散粉粒物品时，为保障包装严密性，在包装盒两端折合封口之前，与两端盒口先封接上一塑料薄膜覆盖层，再进行盒口的折封。纸盒包装中的封口作业机械装置——折合舌盖以及封接机械装置，系由凸轮连杆机构和折合导板、导条组合，根据机器包装工艺的需要可配置成多种形式。